普通高等教育"十三五"规划教材

农业水利工程概论

（第二版）

主编　倪福全　邓玉　谭燕平　郑志伟

中国水利水电出版社
www.waterpub.com.cn
·北京·

内 容 提 要

本教材是普通高等教育"十三五"规划教材,共分十五章,包括绪论、农业水利工程基本知识、水资源、地表水库工程、地下水源工程、引水工程、渠系建筑物、农业灌溉工程、节水灌溉、病险水库整治工程、城镇供水工程、农村饮水安全工程、水土保持工程、防洪治河工程、农村小水电工程等内容,并配有课外拓展知识和思考题。

本教材可作为农业院校农业水利工程、水利水电工程、环境科学、环境工程、水土保持、应用生态学等专业的教材,也可供广大水利工程技术人员参考。

图书在版编目（CIP）数据

农业水利工程概论 / 倪福全等主编. -- 2版. -- 北京 ： 中国水利水电出版社, 2016.6(2024.8重印).
普通高等教育"十三五"规划教材
ISBN 978-7-5170-4385-0

Ⅰ. ①农… Ⅱ. ①倪… Ⅲ. ①农田水利－水利工程－高等学校－教材 Ⅳ. ①S27

中国版本图书馆CIP数据核字(2016)第161271号

书　　名	普通高等教育"十三五"规划教材 **农业水利工程概论（第二版）** NONGYE SHUILI GONGCHENG GAILUN
作　　者	主编　倪福全　邓　玉　谭燕平　郑志伟
出版发行	中国水利水电出版社 （北京市海淀区玉渊潭南路 1 号 D 座　100038） 网址：www.waterpub.com.cn E-mail：sales@mwr.gov.cn 电话：(010) 68545888（营销中心）
经　　售	北京科水图书销售有限公司 电话：(010) 68545874、63202643 全国各地新华书店和相关出版物销售网点
排　　版	中国水利水电出版社微机排版中心
印　　刷	清淞永业（天津）印刷有限公司
规　　格	184mm×260mm　16 开本　24.25 印张　576 千字
版　　次	2011 年 2 月第 1 版　2011 年 2 月第 1 次印刷 2016 年 6 月第 2 版　2024 年 8 月第 4 次印刷
印　　数	8001—9000 册
定　　价	**68.00 元**

《农业水利工程概论》（第二版）
编写人员名单

主　编　倪福全　邓　玉　谭燕平（四川农业大学）

　　　　　郑志伟（天津农学院）

副主编　唐科明　马　菁　周　曼（四川农业大学）

参　编　王丽峰　李　清（四川农业大学）

　　　　　肖　让（河西学院）

第二版前言

　　本教材是普通高等教育"十三五"规划教材，是根据教材编写要求对《农业水利工程概论》2011 年第一版的修订版。

　　本教材自 2011 年出版至今已整整 5 年。其间，我国在防汛抗旱减灾、重大水利工程建设、农村饮水安全、农田水利基础设施、最严格水资源管理制度、水生态文明建设、水利重点领域改革、水治理体制机制、依法治水管水等方面取得了重大进展。"十三五"期间，我国将进一步完善防洪抗旱减灾体系、大幅提升水资源利用效率和效益、显著提高城乡供水安全保障水平、明显改善农村水利基础设施条件、全面加强水生态治理与保护、深化水利改革管理工作。

　　农业水利是三农的命脉。为契合当前国内外水利发展需求，本教材依据新时期"四生"（生存、生产、生活、生态）需水的迫切需求和特点，构建了农业水利工程的新体系，主要包括灌溉与排水工程、民生水利工程、平安水利工程、生态水利工程等，力求及时将有关最新成果呈现给广大读者，根据原教材多年教学实践，更新了国内外水资源及水利工程发展相关数据，调整了章节安排，增加了国内外近 5 年以来的相关研究成果，旨在普及农业水利工程等的基本知识，增进新时期水环境、水安全、水生态文明建设的意识，促进农村水贫困问题的解决。

　　本教材作为农业院校全校公共选修课和农业水利工程专业的起始读物，在编写过程中，着重考虑了农业院校低年级大学生的特点，通过图文并茂，理论与实践相结合，加之课外拓展知识的补充，使同学们在学习中产生兴趣，在兴趣中学习，使同学们认识到农业水利工程不仅仅是农业院校的一门重要的学科，更是一种文化的积淀和对千千万万人民的一种责任。本书浅显易懂，着重阐明农业水利工程的基本特点、作用、类型、构造与布置方式，并适度介绍学科新进展和最新的农业水利建设成就，以使学生获得较为全面、系统的农业水利工程方面的基本知识和体系。

　　本教材共十五章，由倪福全、邓玉、谭燕平、郑志伟任主编，唐科明、马箐、周曼任副主编，参编人员有王丽峰、李清、肖让等。全书由倪福全、邓玉统稿。

　　在本教材编写过程中，参阅并引用了大量的教材、专著和论文，在此对已列举和未列举的全体文献的撰写者表示衷心的感谢。

　　感谢向编者提供资料、编写建议和意见及关心本教材出版的所有同志。

　　由于编写者水平有限，书中难免出现不妥之处，恳请读者批评指正并提出修改意见。

编　者

2016 年 3 月

第一版前言

　　水利是农业的命脉，也是国民经济的基础。善治国者，必重水利。加强农业水利工程建设，是建设和发展现代农业的基础，对确保国家的粮食安全，保障农产品有效供给，提高农业综合生产能力，促进人水和谐、建设社会主义新农村具有重要的支撑作用；是灾后重建和民生工程的重要内容，是扩大内需、巩固经济止滑回升、向好发展势头的重要手段；是增强农业抗灾减灾能力的有力抓手；是解决"三农"问题的基础。2010 年 3 月 5 日温总理在政府工作报告中指出："以主产区为重点，全面实施全国新增千亿斤粮食生产能力建设规划。以农田水利为重点，加强农业基础设施建设，加快大中型灌区的配套改造，扩大节水灌溉面积，建设高标准农田，完成大中型和重点小型病险水库除险加固任务。要进一步增加农村生产生活设施建设投入，启动新一轮农村电网改造，今年再解决 6000 万农村人口的安全饮水问题，实施农村清洁工程，改善农村生产生活条件"。2010 年 12 月 21～22 日召开的中央农村工作会议在确定的 2011 年农村工作总体要求中特别强调要"大兴水利基础"。

　　近年来，我国气候异常，极端天气频繁，多种灾害频发、并发。特别是降水时空分布不均，全国呈现先旱后涝、旱涝并发的特点，部分地区还发生了严重的山洪、泥石流、滑坡灾害，水土流失严重，水环境不断恶化。据统计，仅 2010 年因洪灾直接造成经济损失达 3745 亿元，因旱灾直接经济损失达769 亿元。其中，2010 年干旱造成我国粮食损失约 168 亿 kg，超过我国粮食产量的 3%。这些问题的解决急需大批农业水利工程、水利水电工程、农业、资源环境、农业机械、计算机、水土保持、经济管理等专业人才的共同参与。

　　本教材针对新农村建设及灾后重建中"三生"（生产、生活、生态）需水的迫切需求和特点，构建了新时期农业水利工程的新体系，主要包括灌溉与排水工程、民生水利工程、平安水利工程、生态水利工程等。

　　本教材作为农业水利工程专业的低年级必修课，其目的是力求让农业水利工程专业的学生进一步巩固专业思想，以增进对专业的认同感与归属感，架起一座进一步学习专业知识的桥梁。本教材作为农业院校的全校公共选修课，其目的就是提高农业院校渴望了解农业水利工程相关基本理论和知识的学生的学习兴趣，通过本课程的学习能够更好地在农业水利工程建设中发挥更大的作用。

本书作为农业院校全校公共选修课和农业水利工程专业的启始读物，在编写过程中，着重考虑了农业院校低年级学生的特点，通过图文并茂、理论与实践相结合的方式，加之课外知识的补充，使同学们在学习中产生兴趣，在兴趣中学习，使同学们认识到农业水利工程不仅仅是农业院校的一门重要学科，更是一种文化的积淀和对千千万万人民的一种责任。

本书浅显易懂，着重阐述农业水利工程基本特点、作用、类型、构造与布置方式，并适度介绍学科新进展和最新的农业水利建设成果，以使学生对农业水利工程知识体系有较为全面、系统的认识和了解。各章主要内容分别是：

第一章绪论，介绍了农业水利工程的特点、分类、重要意义和发展趋势。

第二章农业水利工程基本知识，通过对水文学、水力学、工程地质、水利工程材料以及土力学的简介对学习本书作铺垫。

第三章水资源，主要介绍水资源及其特性、中国水资源概况、农业水资源规划、水资源的合理利用与开发。

第四章地表水库工程，在概述水利枢纽的基础上，介绍土石坝、重力坝和拱坝等地表水库工程。

第五章地下水源工程，主要介绍垂直系统工程、水平系统工程、联合系统工程等地下水源工程。

第六章引水工程，在概述引水枢纽的基础上，着重介绍水闸、闸室及两岸连接建筑物。

第七章渠系建筑物，主要介绍灌溉渠道、渡槽、隧洞、倒虹吸管、跌水与陡坡、农桥等渠系工程。

第八章农业灌溉工程，主要介绍农业灌溉工程，包括灌溉水源、取水方式及其水利计算、灌溉渠系系统的规划布置、田间工程规划、灌溉渠系设计。

第九章节水灌溉，介绍节水灌溉工程技术、节水灌溉配套农业技术、节水灌溉综合技术模式、几种主要农作物节水的高效灌溉制度。

第十章病险水库整治工程，主要介绍农业水利工程的运行管理、病险水库的检查与观测、水工建筑物的养护与修理、我国病险水库的概况与除险加固。

第十一章城镇供水工程，主要介绍管网及水厂的类型及其布置、优化设计与维护、规划设计程序等。

第十二章农村饮水安全工程，主要介绍我国农村饮水安全的发展、影响因素、现状、对策与管理。

第十三章水土保持工程，主要介绍水土流失的定义、危害、影响因素、侵蚀量计算，水土保持工程措施、生物措施、耕作措施等。

第十四章防洪治河工程，主要介绍河道整治工程、堤防工程、分（蓄、滞）洪工程、防汛抢险、泥石流防治工程等。

第十五章农村小水电工程，主要介绍水电站的组成和类型、进水建筑物、压力管道、平水建筑物、厂房及设备、厂房有特点的水电站、农村小水电的发展与问题。

本书由倪福全任主编。各章节参编人员分别是：第一、十二章，倪福全；第二章，杨敏、胡建；第三章，田奥、倪福全；第四章，杨敏；第五、六章，卢修元；第七、八章，张志亮、倪福全；第九章，郑彩霞、倪福全；第十章，王丽峰、倪福全；第十一章，胡建；第十三、十四章，卢修元、吴敬花；第十五章及附录，曾云。全书由倪福全统稿。

本书的讲义稿已作为全校公共选修课和农业水利工程专业一年级的必修课试用了三轮以上。2008 年，周振、张炅同、蒋琳琳等参与了本书稿的资料收集和整理；2009 年，陈卓、唐亭、黄柯等对本书稿的文字进行了校对；2010 年，颜春益、李林锐、熊熙琳等参与了本书稿资料的进一步收集、整理；付成咸用 CAD 清绘了本书稿的全部插图；敬玺对本书稿的文字又一次地进行了认真校对。在此，对他们的辛勤劳动诚表衷心的感谢。

编者参阅并引用了大量的教材、专著和论文，在此对这些文献的作者们，也一并表示诚挚的感谢。

由于编者水平有限，书中难免出现不妥之处，恳请读者批评指正。

倪福全

2010 年 10 月

目 录

第一章 绪 论

第一节 农业水利及其工程特点

一、中国农业水利发展史

中国大部分地区受季风气候的影响，降雨量时空分布不均，旱涝灾害频繁，要确保农业丰收和社会经济的发展，必须靠农田水利工程来加以调节进行灌溉或排水，可以说，中国的农业发展史，也是一部农田水利史；中华民族的发展史是一部与水旱灾害斗争的治水史。

（一）战国以前的农田水利

中国农业从大禹治水的传说开始直至今天，都是在与洪涝旱碱沙等自然灾害作斗争的过程中逐步发展起来的。可以说，没有水利，就没有农业，这和古代欧洲的农业"决定于天气的好坏"截然不同。农田灌溉在我国农业技术发展史上占有重要的地位，中国农田水利建设出现虽早，但就华夏族活动中心的黄河中下游地区而言，战国以前农田水利的重点是防洪排涝。夏商时期，黄河流域就出现了"沟洫"，即兼做灌溉排水的渠道；公元前6世纪，楚国人兴建了芍陂，利用洼地建筑了长约100里的水库；公元前4世纪，魏国西门豹治邺时，创建了引漳十二渠。

（二）战国至秦汉时期的农田水利

战国时期，情况发生了很大的变化，农田灌溉成为水利建设的重点，出现了一批大型水利工程。主要的有陂塘蓄水工程——芍陂，灌溉分洪工程——都江堰，大型渠系灌溉工程——郑国渠，多首制引水工程——漳水渠。

1. 都江堰和长江流域的灌溉工程

公元前256年秦灭西周后，在蜀郡守李冰的主持下，修建了举世闻名的都江堰水利工程（图1-1）。工程建于岷江冲积扇地形上，为无坝引水渠系。渠首工程主要由鱼嘴、宝瓶口和飞沙堰3部分组成。在科学技术上有许多创造，是古代灌溉渠系中不可多得的优秀典型。都江堰除灌溉效益外，还有防洪、航运和城市供水的作用，促进了川西平原的经济繁荣，战国末年修建在今湖北宜城的白起渠是陂渠串联式灌溉工程。它从汉水支流蛮水引水，将分散的陂塘和渠系串联起来，提高了灌溉保证率。汉元帝建昭五年，南阳太守召信臣在汉水支流唐白河一带修建的六门竭，也是陂渠串联形式。

2. 郑白渠和黄河流域灌溉工程

关中平原上规模最大的郑国渠，秦始皇元年（公元前246年）由郑国主持兴建。工程西引泾水，东注洛水，干渠全长300余里，灌溉面积号称4万余顷。西汉太始二年又扩建了白渠，灌溉面积4500余顷。这一带还有六辅渠。在渭水及其支流上，则有成国渠、蒙茏渠和灵轵渠。利用洛水的灌溉工程有以井渠施工技术著称的龙首渠。修建在今山西太

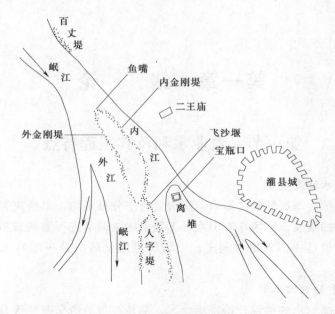

图 1-1 都江堰水利枢纽示意图

原西南晋水上的智伯渠，是一座有坝取水工程，汾河下游也曾引黄河水灌溉。

3. 坎儿井和西北华北地区灌溉工程

坎儿井是新疆吐鲁番盆地一带引取渗入地下的雪水进行灌溉的工程形式。西汉时期已见诸记载。新疆塔里木河和罗布泊一带，西汉时期广兴屯田，也多有灌溉工程。河西走廊、宁夏河套灌溉也有修建。战国初年，在今河北南部临漳县一带由魏国西门豹主持兴建的引漳十二渠，是有文字记载的最早的大型渠系。西汉时期在今石家庄地区兴建的太白渠，规模也相当可观。

此外，这一时期还有以芍陂、鸿隙陂为代表的江淮流域灌溉；以文齐在云南修陂池为代表的长江上游水利；以泰山下引汶水为代表的山东地区水利等。

4. 农田水利的科技成就

在水资源方面，《吕氏春秋·圜道》指出了降水受东南季风影响的事实。《周礼·职方氏》罗列了全国主要的河流湖泊分布及其灌溉利益。《管子·地员》对地下水质和埋深与其土壤性质和作物的关系有所说明。

（三）东汉至南北朝的农田水利

三国时期曹魏在淮河南北大兴屯田，修建陂塘等灌溉工程较多。长江上游地区，新莽时期由益州太守文齐主持建造陂池，为云南水利的先驱。长江下游一带，孙吴及南朝在建业建都，附近水利普遍开发。其中位于句容县的赤山塘规模最大，灌田万顷。晋代在今丹阳县所修练湖及镇江市东南的新丰塘，灌溉面积也达数百顷。钱塘江流域水利工程则以东汉永和五年修建的绍兴鉴湖最为著称。在黄河流域这段时间有河西走廊内陆河灌溉，河套引黄灌溉，特别是北魏太平真君五年引黄河水的艾山渠规模较大。东汉初年在今北京市密云、顺义一带引潮白河水灌溉，效益显著。曹魏嘉平二年在永定河上兴建的戾陵堰灌区，灌溉面积有万余顷。在淮河流域，西晋时期淮泗流域涝灾严重。西晋咸宁四年杜预指出，陂塘阻水是涝灾原因之一。他主张废弃曹魏以来新建的陂塘和疏浚排水河道的建议得到实施。西晋初年在黄河北岸今安阳、邯郸地区，北魏中期在今河北省衡水、沧州及其以北地区涝情严重，崔楷也提出过大面积排水计划。

（四）唐宋时期的农田水利

这一时期南方蓄水塘堰迅速发展，浙江鄞县东钱湖、广德湖和小江湖等均创自唐代。东南沿海的渠系灌溉工程大多兼有抵御海潮内侵的作用。唐太和七年在今浙江宁波兴建它山堰，溢流坝横栏鄞江，抬高上游水位并隔断下游成湖。堰上游开渠引水，灌田数千顷。位于今福建莆田的木兰陂，始建于北宋，也是类似的渠系灌溉工程。在河海流域，唐代主要是排水防涝。北方水利有特色的是大规模农田放淤，特别是在熙宁变法中，放淤形成高潮。唐朝还制定出我国现存最早的全国性水利法规《水部式》。宋代单愕著《吴中水利书》和魏观著《四明它山水利备览》等农田水利专著相继问世。

（五）元明清时期的农田水利

这一时期农田水利著作大量涌现。明万历年间，徐贞明在调查的基础上撰述《潞水客谈》，提出综合治理海河流域河流、湖泊，发展水田灌溉的建议，并试行有效。南宋以后江南加速开发，两湖水利的垸田迅速发展，珠江三角洲垸堤称作堤围，也开始于宋代，在清代较前代成倍增长。

这一时期的农田水利著作有《农书》《农政全书》《授时通考》《三吴水利录》《泾渠志》等；此外，还有翻译和介绍西方水利技术的著作明代徐光启的《泰西水法》等。

（六）民国时期的农田水利

这一时期的以西北地区陕西兴建的几处大型灌溉工程最为著称。首先动工的是由李仪祉负责设计和施工的泾惠渠。它恢复了有两千多年历史的引泾灌溉。截至1947年陕西诸灌区建成通水的有泾、渭、梅、黑、汉、褒和湔等7个灌区，灌溉面积合计138万亩。海河流域农田水利以1933年兴建的滹沱河灌溉工程规模较大，有长480m的拦河堰，以及引水闸和泄水闸等建筑物，可灌溉30余万亩。长江中下游兴建的农田水利工程中，以几处排水闸较为出名，位于江苏常熟县的白茆河节制闸共5孔，宽44m，改善了这一带圩田排水条件。位于湖北武昌的金水河排涝闸，建成于1935年，共3孔，每孔宽7m，受益面积93万亩。太湖地区电力排灌开始于1924年，1930年武进县戚墅堰电厂电力排灌面积已达4万多亩。东南沿海灌溉较著名的有福建长乐县莲柄港提水灌溉工程，1927年动工，1935年改建为电力提水，灌溉面积6万余亩。

1931年5月在吴江县成立的模范灌溉庞山实验场，是最早成立的农田水利科研机构。它以水稻灌水实验为主。主要项目有优良水稻品种调查、二杆行实验、浸水实验、栽培迟早实验、品种比较实验等。1934年12月在安徽临淮关成立模范灌溉试验场，主要进行小麦灌溉试验。1935年在天津成立崔兴沽灌溉试验场，主要研究课题有作物最佳灌溉时间、灌溉定额的确定、排水方法实验和盐碱地改良等。此外还有河北省改良碱地委员会，专门进行盐碱地改良实验。它们成为中国现代农田水利科学实验的开端。

（七）中华人民共和国时期的农田水利

中华人民共和国成立后，经过大规模的农田水利基本建设，农田水利工程的数量、效益和抗御水旱灾害的能力都有很大的提高。与1949年相比，2014年全国耕地面积虽然减少 1 亿多亩、人口增加了 1.5 倍，但粮食总产却在 6214 亿 kg 的基础上增长了 4 倍多，人均粮食由 209kg 增加到 451kg，增长了 1 倍多。此外，棉花、油料、肉类、水产、果品、蔬菜等成几倍到十几倍增长，其中灌溉面积扩大和供水能力的提高是一个主要的因素。据 2014 年末统计，已建成五级以上江河堤防 28.44 万 km，累计达标堤防 18.87 万 km，全国水库从中华人民共和国成立初的 20 多座增加到 97735 座，水库总库容 8394 亿 m³。其中：大型水库 697 座，总库容 6617 亿 m³，中型水库 3799 座，总库容 1075 亿 m³。全国耕地灌溉面积 6454 万 hm²，占全国耕地面积的 53.8%，灌溉面积大于 2000 亩及以上的灌区共 22448 处，耕地灌溉面积 3397.5 万 hm²。全国节水灌溉工程面积 2901.9 万 hm²，其中：喷灌、微灌面积 784.3 万 hm²，低压管灌面积 827.1 万 hm²。建成农村水电站 47073 座，装机容量 7322 万 kW，占全国水电装机容量的 24.3%。全国水土流失综合治理面积达 111.61 万 km²，累计封禁治理保有面积达 79 万 km²，建成生态清洁型小流域 340 条。

我国农业水利取得了巨大成就，对我国的粮食生产和国民经济发展、社会进步发挥了巨大的作用。当前，要保障我国人口、资源、环境的协调发展，要保障农业稳定增长和经济社会可持续发展，国家对农村水利提出了更高的要求：满足粮食稳定增长及其他农产品需求；加快中西部农村水利建设；加快农村和乡镇供水工程建设；加强综合治理，改善水环境。

农业水利是指为提高农业综合生产能力和改善农村生态环境与农民生活条件服务的水利措施。它是农业和农村基础设施的重要组成部分，也是民生水利的工作重点和主要内容，具有显著的公益性和公共产品属性。我国的农村水利建设项目主要由各级政府投资或补助引导进行项目建设，项目建设内容不仅涉及农村饮水安全、小型农田水利建设、灌区改造、节水灌溉、牧区水利等方面，也还涉及病险水库除险加固、水土保持生态建设、农村水电建设等领域。根据国家有关政策及相关发展目标和任务要求，当前以及今后一段时期，农村饮水安全工程建设、大中型灌区节水改造、小型农田水利建设等将成为我国农村水利建设国家投资项目的重点领域和主要方向。

农业水利是为发展农业生产、确保农村饮水安全、改善农村水环境质量等服务的水利事业，其基本任务是通过水利工程技术措施和非工程措施，改变不利于农业生产发展、农民生活、农村生态环境的自然条件，为农业高产稳产、农民生活、农村经济和农村生态环境提供高效服务。当前的主要目标是：让农村居民都喝上符合卫生标准的饮用水；农业生产条件进一步改善，达到农民人均占有 1 亩旱涝保收田；农村水生态、水环境恶化趋势得到有效遏制，使"塘变深、水变清、岸变绿"，坡耕地基本得到治理，沙化、退化草原普遍实行轮牧、休牧，农村人居环境得到改善；建立较为完善的农村水利建设和管理机制，促进实现"乡风文明"和"管理民主"；沿海发达地区初步实现农村水利现代化，为新农村建设提供坚实的基础条件，为其他地区积累经验、做好示范。

农业水利要通过工程措施和非工程措施才能发挥效能。农业水利工程措施主要包括堤、坝、水闸、涵洞、渡槽、沟渠、井、水泵站、管道、鱼道、码头、电厂、河道整治、水土保持、污水处理以及水产养殖、旅游和环境保护中与水有关的工程设施；农业水利非工程措施特别是防洪的非工程措施，包括洪泛区管理、灾前准备及应急计划、洪水预警、灾害救援、防汛抢险、洪水保险等，可提高人类对洪水的适应能力，减轻洪水灾害损失。

从事农业水利活动的各项工作称为农业水利事业，主要包括防洪、排水、灌溉、供水、水力发电、航运、水土保持、水资源保护以及水产养殖、旅游和改善生态环境等。农业水利的历史随着人类社会的发展而发展，随着人类社会的进步而进步，现代农业水利事业的发展趋势是充分应用现当代科学技术，加强农业水利管理，充分发挥水利工程的经济效益、社会效益和环境效益，实现水资源的可持续发展。

二、农业水利工程的特点

农业水利工程就是为消除水害和开发利用水资源而修建的工程。

我国水利历史悠久，传统的农业水利一般指狭义的农业水利，主要指防治旱、涝、渍灾害，对农田实施灌溉、排水等以服务于粮食生产的人工措施。其主要特点是：以发展农业灌溉为主要目标，目标单一，竭力开发水资源，甚至超过生态承载能力，严重破坏生态环境；单纯依靠工程措施满足供给要求，且重建设轻管理，重经济轻制度，重骨干工程轻配套建设；管理体制实行计划分配、行政分割；注重经济可行、技术可能，忽略环境生态要求；缺乏社会监督和用水户的参与；水利工程散、乱、杂，缺乏统一的规划。

现代农业水利，为适应新时期乡村城镇化、经济发展的要求，农业水利工程不仅要注重功能上的配套，更要兼顾农业生产、农民生活、农村经济和农村生态环境；如今农村物质积累越来越多、农业经济越来越发达、农村城市化步伐加快，农业水利需要努力提高工程建设标准，为农村经济发展和社会进步提供更高的防洪排涝保障；在物质生活更加丰富、人文文化更加自由的氛围下，农业水利工程的作用已经不再局限于灌溉排水，也需要结合环境、美观，起到美化环境的作用；注重管理软件和管理硬件的建设，从水利机制入手，加强工程管理，从根本上扭转重建轻管的弊端；须努力提高水资源的利用效率，注重生态环境的保护，坚持农业水利走可持续发展的路子；同时注意高科技在水利管理和水利测量中应用，使得水利工程管理更加的精准和现代化。农业水利在不同时期具有不同的目标和发展重点，传统农业水利重视工程建设和经济效益的发展重点；现代农业水利重视综合发展、统筹环境保护，坚持可持续发展道路。由此可见，全面建设小康社会，加快农业农村现代化目标的提出，赋予了农业水利更加艰巨而又紧迫的任务，新时期的农业水利需要更加注重人水的和谐发展、工程的永续发展、技术的科技发展。

农业水利工程与其他工程相比，具有如下特点：

（1）有很强的系统性和综合性。单项农业水利工程是同一流域、同一地区内各项水利工程的有机组成部分，这些工程既相辅相成，又相互制约；单项农业水利工程自身往往是综合性的，各服务目标之间既紧密联系，又相互矛盾。农业水利工程和国民经济的其他部门也是紧密相关的。规划设计农业水利工程必须从全局出发，系统地、综合地进行分析研究，才能得到最为经济合理的优化方案。

（2）对环境有较大的影响。农业水利工程不仅通过其建设任务对所在地区的经济和社会发生影响，而且对江河、湖泊以及附近地区的自然面貌、生态环境、自然景观，甚至对区域气候，都将产生不同程度的影响。这种影响有利有弊，规划设计时必须对这种影响进行充分估计，努力发挥农业水利工程的积极作用，消除其消极影响。

（3）工作条件复杂。农业水利工程中各种水工建筑物都是在难以确切把握的气象、水文、地质等自然条件下进行施工和运行的，它们又多承受水的推力、浮力、渗透力、冲刷力等的作用，工作条件较其他建筑物更为复杂。

（4）农业水利工程的效益具有随机性，根据每年水文状况不同而效益不同，还与气象条件的变化有密切联系，影响面很广。农业水利工程规划是流域规划或地区水利规划的组成部分，而一项农业水利工程的兴建，对其周围地区的环境将产生很大的影响，既有兴利除害有利的一面，又有淹没、浸没、移民、迁建等不利的一面。为此，制定农业水利工程规划，必须从流域或地区的全局出发，统筹兼顾，以期减免不利影响，收到经济、社会和环境的最佳效果。

（5）农业水利工程一般规模大，技术复杂，工期较长，投资多，兴建时必须按照基本建设程序和有关标准进行。

（6）群众性强，需要广大农民参与。农田水利遍及全国各地，与所有农民的生产、生活都有密切关系，是一项群众性的事业，每年都要发动近亿劳动力从事已建成工程的清淤维护岁修、水毁工程修复和新工程的兴建。群众性、互助合作性是农田水利的重要特点之一。

（7）公益性较强，需要政府扶持。农田水利既有农田灌溉、水产养殖和生活供水等兴利功能，也有防洪、除涝、降渍、治碱、防治地方病等除害减灾功能；既可以为花卉、蔬菜、果园、养鱼等高附加值产业服务，又承担着大田作物灌排、保证国家粮食安全的任务。

（8）具有垄断性，需要政府加强宏观管理。按受益农户多少区分，小型农田水利可分为两大类：一类是农户自用的微型工程，如水窖、水池、浅井等；另一类是几十户、成百上千个农户共用、规模相对较大、具有农村公共工程性质的泵站、水库、引水渠等。受地形、水资源等条件限制，多数公共工程具有天然垄断性，不能像乡镇企业那样搞市场竞争、破产倒闭。灌溉所用水资源，属国家或集体所有，是公共资源。所有生活在当地的农户都有公平用水的权利。用水权是农民生存权的组成部分，为农民生存条件服务的公用水源和公用设施不适合让私人垄断。

（9）建设项目工程点多、面广、量大。最初的农村小型水利工程修建，是因局部有灌溉、排水或者防洪排涝的需求，从而进行小区域建设，而未统筹考虑流域或行政单位的情况，缺乏整体规划或远景布置，使工程呈现点多、面广、线长、施工地点分散等特点，运行管理十分困难。如2014年农村饮水安全工程在建投资规模801.8亿元，累计完成投资710.2亿元，解决6710万农村居民和农村学校师生的饮水安全问题。截至2014年年底，农村集中式供水受益人口比例78.1％。当年中央安排预算内投资114.0亿元，用于规划内188处大型灌区续建配套与节水改造、19处新建灌区建设、150处中型灌区建设、14个省份大型灌排泵站更新改造、97个规模化节水灌溉增效示范和63个牧区水利项目建设；安排中央财政资金378.09亿元用于小型农田水利建设。全年新增有效灌溉面积1648千公顷，新增节水灌溉工程面积2512千公顷。

（10）建设项目工程类型多、涉及内容广，建设规模存在较大的差异性。农村水利建设项目，涵盖了服务"三农"的各类水利工程和设施，如水源工程、灌排渠系、各类建筑物、农村饮水安全、高效节水灌溉工程等，还包括为数众多的塘坝、堰闸、小型排灌泵站、机井、水池水窖等各类小型农田水利工程；在建设规模上，既有大型灌区节水改造、大型泵站更新改造等规模较大的建设项目，也有小型农田水利工程、高效节水灌溉工程、雨水集蓄利用工程等小（微）型建设项目。

（11）建设项目工程的管理体制和运行机制具有明显的多样化特征。如在工程管理体制上，有专管机构管理、群管组织管理、专管与群管相结合管理、农户自行管理等多种方式；在工程运行管护方面，各类专管机构按照"减员增效、定岗定员、管养分管"的改革思路正在不断探索，逐步建立工程运行管护的新机制；小型农田水利等工程，运行管护的形式比较多，既有各类农民用水合作组织（如用水户协会）、村组集体负责并承担工程运行管护的，也有通过承包、租赁、拍卖等方式进行管护的。

（12）建设项目投资来源渠道多，建设资金构成成分相对复杂。从投资来源上，既有中央和地方各级政府的投入，也有工程管理单位和受益区农户的自筹投入（包括投工投劳）；从资金构成上，不同类别、不同地区的建设项目，在投资结构构成上差异性也较大，主要表现在建设项目投资安排中，中央投资的比例、地方配套的比例以及有关的投资政策要求各不相同等。

第二节　农业水利工程的分类与组成

一、农业水利工程的分类

1. 按工程目的任务或服务对象划分

（1）防止洪水灾害的防洪工程。

（2）防止旱、涝、渍灾为农业生产服务的灌溉和排水工程。

（3）将水能转化为电能的水力发电工程。

（4）改善和创建航运条件的航道和港口工程。

（5）为工业和生活用水服务，并处理和排除污水和雨水的城镇供水和排水工程。

（6）防止水土流失和水质污染，维护生态平衡的水土保持工程和环境水利工程。

（7）保护和增进渔业生产的渔业水利工程。

（8）围海造田，满足工农业生产或交通运输需要的海涂围垦工程等。

（9）一项水利工程同时为防洪、灌溉、发电、航运等多种目标服务的，称为综合利用水利工程。

2. 按其对水的作用划分

可分为蓄水工程、排水工程、取水工程、输水工程、提水工程、水质净化和污水处理工程等。

（1）蓄水工程。指水库和塘坝（不包括专为引水、提水工程修建的调节水库），按大、中、小型水库和塘坝分别统计。

（2）引水工程。指从河道、湖泊等地表水体自流引水的工程（不包括从蓄水、提水工程中引水的工程），按大、中、小型规模分别统计。

（3）提水工程。指利用扬水泵站从河道、湖泊等地表水体提水的工程（不包括从蓄水、引水工程中提水的工程），按大、中、小型规模分别统计。

（4）调水工程。指水资源一级区或独立流域之间的跨流域调水工程，蓄、引、提工程中均不包括调水工程的配套工程。

（5）地下水源工程。指利用地下水的水井工程，按浅层地下水和深层承压水分别统计。

二、农业水利工程的组成

无论是治理水害或开发水利，都需要通过一定数量的水工建筑物来实现。按照功用，水工建筑物的组成大体分为三类。

1. 挡水建筑物

阻挡或束窄水流、壅高或调节上游水位的建筑物，一般横跨河道者称为坝，沿水流方向在河道两侧修筑者称为堤。坝是形成水库的关键性工程。近代修建的坝，大多数采用当地土石料填筑的土石坝或用混凝土灌筑的重力坝，它依靠坝体自身的重量维持坝的稳定。当河谷狭窄时，可采用平面上呈弧线的拱坝。在缺乏足够筑坝材料时，可采用钢筋混凝土的轻型坝（俗称支墩坝），但它抵抗地震作用的能力和耐久性都较差。砌石坝是一种古老的坝，不易机械化施工，目前主要用于中小型工程。大坝设计中要解决的主要问题是坝体抵抗滑动或倾覆的稳定性、防止坝体自身的破裂和渗漏。土石坝或砂、土地基，防止渗流引起的土颗粒移动破坏（即所谓"管涌"和"流土"）占有更重要的地位。在地震区建坝时，还要注意坝体或地基中浸水饱和的无黏性砂料，在地震时发生强度突然消失而引起滑动的可能性，即所谓"液化现象"。

2. 泄水建筑物

能从水库安全可靠地放泄多余或需要水量的建筑物。历史上曾有不少土石坝，因洪水超过水库容量而漫顶造成溃坝。为保证土石坝的安全，必须在水利枢纽中设河岸溢洪道，一旦水库水位超过规定水位，多余水量将经由溢洪道泄出。混凝土坝有较强的抗冲刷能力，可利用坝体过水泄洪，称溢流坝。修建泄水建筑物，关键是要解决好消能和防蚀、抗磨问题。泄出的水流一般具有较大的动能和冲刷力，为保证下游安全，常利用水流内部的撞击和摩擦消除能量，如水跃或挑流消能等。当流速大于 $10\sim15\,m/s$ 时，泄水建筑物中行水部分的某些不规则地段可能出现所谓空蚀破坏，即由高速水流在临近边壁处出现的真空穴所造成的破坏。防止空蚀的主要方法是尽量采用流线形体形，提高压力或降低流速，采用高强材料以及向局部地区通气等。多泥沙河流或当水中夹带有石渣时，还必须解决抵抗磨损的问题。

3. 专门水工建筑物

除上述两类常见的一般性建筑物外，为某一专门目的或为完成某一特定任务所设的建筑物。渠道是输水建筑物，多数用于灌溉和引水工程。当遇高山挡路，可盘山绕行或开凿输水隧洞穿过；如与河、沟相交，则需设渡槽或倒虹吸，此外还有同桥梁、涵洞等交叉的建筑物。水力发电站枢纽按其厂房位置和引水方式有河床式、坝后式、引水道式和地下式等。水电站建筑物主要有集中水位落差的引水系统，防止突然关闭闸门时产生过大水击压力的调压系统，水电站厂房以及尾水系统等。通过水电站建筑物的流速一般较小，但这些建筑物往往承受着较大的水压力，因此，许多部位要用钢结构。水库建成后大坝阻挡了船只、木筏、竹筏以及鱼类回游等的原有通路，对航运和养殖的影响较大。为此，应专门修建过船、过筏、过鱼的船闸、筏道和鱼道。

第三节　农业水利的重要意义、现状和发展趋势

一、重要意义

据《农业用水管理综合评估》（2007年），世界上1/5的人口，即超过12亿人，居住在"天然缺水"的地区。同时，16亿人生活在"经济缺水"流域，在这些流域，由于人力和财力的制约，灌溉设施落后、低效，影响着生产用水的水质和水量。

尽管我国耕地面积从20世纪70年代后期持续减少，但灌溉面积总体上稳定增加、灌溉水平不断提高，保证了我国农业的稳定发展。改革开放后，一方面农村体制改革极大地调动了广大农民的生产积极性，另一方面，也使过去在农业基础设施、农业和水利科学研究等方面积累的能量得以集中释放，彻底扭转了中国粮食长期严重短缺的局面。

大陆季风气候造成我国降水时空分布极不均衡，洪涝干旱灾害频繁，农业产量低而不稳；约一半的国土属半干旱或干旱地区，降水和水资源不足成为制约农业发展的主要因素。这与欧美许多国家海洋性气候、农业经常风调雨顺的得天独厚自然条件有根本性区别。我国的另一特点是人口多、耕地资源少，满足众多人口对粮食等农产品的需求，保证社会稳定，对农业始终是一个很大的压力。兴修农田水利，提高农业抗灾能力，改善农业生产条件，在有限的耕地上精耕细作，提高单位面积产量和产值是解决上述问题的根本出路。基本国情决定了农田水利重要地位作用的永久性，在可预见的未来相当长时间内不会有根本改变。

中国是一个传统的农业大国，据《2015年中国国民经济和社会发展统计公报》，2015年末，全国总人口13.7462亿，其中城镇人口7.7116亿，占56.1%；农村人口6.0346亿，占43.9%。同时中国又是一个水旱灾害频繁的国家，农业水利是农业和农村经济发展的基础设施，在改善农业生产条件、保障农业和农村经济持续稳定增长，提高农民生活水平、保护区域生态环境等方面具有不可替代的重要地位和作用。

农业水利工程涉及闸、站、堤、河流、沟渠及水利配套设施，它分为农村蓄水设施、引水设施、输水配水设施，是农民抗御自然灾害，改善农业生产、农民生活、农村生态环境条件的基础设施，是促进农业增产、农民增收的物质保障条件，保障了人民生命财产安全和社会稳定，有效地促进和保障了城乡社会经济的发展和人民生活水平的提高，有效地改善了生产条件和生态环境。

农业水利工程对确保国家食物安全意义重大。我国目前的农产品主要产于灌溉耕地，加快现有灌区的持续配套和更新改造，是稳定粮食生产能力的战略举措。由于农业用水总量不可能大幅度增加，扩大灌溉面积、提高灌溉保证率，均只能依靠提高灌溉水的利用率和水分生产率。此外，高效现代农业对灌溉保证率、灌水方法与技术的要求更高，对灌溉的依赖性更强，农田水利基本建设必须与现代农业发展要求相适应。

农业水利工程对农村经济可持续发展具有重要的促进作用。我国农村经济可持续发展包含农业可持续发展、农民收入稳定增加以及生活质量的提高等具体要求。如果我国农业

不能解决未来 16 亿人口（预测 2050 年中国人口将达到 16 亿）的吃饭问题，不能成为支撑国民经济和社会快速发展的基础产业，那么农业的可持续发展就从根本上失去了意义。从这个意义上说，农田水利基础设施是"基础的基础"。农业能否得到可持续发展，还取决于其自身的综合竞争力，而良好的农业基础设施条件，才能保证大幅度降低农业成本、提高农业生产效益。

在水电建设中，农村水电已经成为一支重要力量。为了帮助中西部地区人民脱贫致富，在水电能资源丰富的地区，大力进行水电开发建设。农村水电的发展，促进了农村经济和精神文明的发展，在农村小康社会建设中，水电担负着重要使命，有着举足轻重的作用。加快水电能资源的开发不仅对保障中国的能源安全十分重要，而且对节能减排意义重大。

总之，农村水利是发展农业生产的基础保障，有效地改善了农业生产条件；农村水利是提高农民生活水平和繁荣农村经济的必要措施；农村水利对保护和改善农村生态环境起着重要作用；农村水利是促进农村社会主义精神文明与民主政治建设的重要载体。加强农田水利基本建设，提高农业综合生产能力，具有特殊重要的意义，是促进人与自然和谐、建设生态文明的重要支撑。农田水利基本建设是灾后重建和民生工程的重要内容；是扩大内需，巩固和发展经济止滑回升、向好发展势头的重要手段；是增强农业抗灾减灾能力、确保粮食安全的有力抓手；是发展现代农业的基础；是解决"三农"问题的基础。

二、农村水利发展现状与存在的问题

1. 发展现状

半个世纪以来，我国农业水利取得了显著成就，为新中国农业和国民经济的快速发展创造了条件。主要体现在以下几个方面：

（1）初步建立了比较完善的农田灌排体系。

（2）修建农村各类饮水工程，改善了群众生产生活条件。

（3）建成了一批牧区水利基础设施，为牧业发展创造了条件。

（4）农村水利技术水平有了明显提高。包括农田水利综合治理技术，机电灌排工程技术，渍害盐碱低产田治理技术和地下水开发利用技术等。

（5）初步建立了农村水利服务体系。

（6）初步形成了多元化的农村水利工程投资、建设与管理格局。

（7）改善了农业生产条件，促进了农村经济发展。大规模的农村水利建设增强了农业抗御水旱灾害的能力，提高了农业单产和复种指数，促进了农业种植结构的调整，繁荣了农村经济。西北、华北许多旱涝碱重灾区，经过多年治理，已变成了米粮仓。全国灌溉面积不到耕地的 40%，而粮食产量却占到 3/4，棉花和蔬菜分别占到 80% 和 90%。农村水利事业为我国农业和农村经济的发展打下了坚实的基础，促进了农业持续稳定增长，解决了全国人民吃饭这一头等大事。此外，农村水利的发展为农业生产结构的调整创造了条件，推动了畜牧业、养殖业发展，对于农民增加收入、脱贫致富和保持社会稳定，起到无可置疑的重要作用。中国粮食综合生产能力达到 5 亿 t，并以占世界 9% 的耕地养活占世界 22% 的人口，农村水利建设作出了不可磨灭的贡献。

截至 2014 年底，相关发展指标及其与上年对比变化情况见表 1-1。

表 1 - 1　　　　　**2014 年全国农村水利发展指标及与 2013 年对比变化情况表**

类目	指标　名　称	单位	2013 年指标数	2014 年指标数	净增（减）数
灌区构成	灌溉面积	万亩	95209	96810	1601
	30 万亩以上灌区数	处	456	456	0
	其中：30 万~50 万亩灌区数	处	280	280	0
	50 万亩以上灌区数	处	176	176	0
	30 万亩以上灌区有效灌溉面积	万亩	16876	16876	0
	2000 亩以上灌区有效灌溉面积	万亩	50892	50962	70
节水灌溉	节水灌溉面积	万亩	40663	43528	2865
	节水灌溉面积占有效灌溉面积比例	%	42.7	45	2.3
	低压管道输水灌溉面积	万亩	11136	12406	1270
	喷微灌面积	万亩	10270	11764	1494
	其他工程节水灌溉面积	万亩	19257	19358	101
农村饮水安全	当年解决农村饮水安全人口数	万人	6343	6710	367
	农村集中式供水受益人口比例	%	73.1	78.1	5
	累计完成投资	亿元	691.2	710.2	9
其他	农村小水电	座	46849	47073	224

注　表中数据来源于《2013 年全国水利发展统计公报》和《2014 年全国水利发展统计公报》。

2. 主要问题

多年来，人们在观念上对农业水利的认识有偏差，主要表现如下：

（1）作为防灾减灾、改造农业自然禀赋条件的基础设施建设，农业水利的服务对象是弱势产业和弱势群体，农田水利建设所需投资数额较大，动辄数万元、数百万元、上千万元、上亿元，而灌溉排水的效果虽然十分显著，却具有很强的外部性，属社会效益、间接效益，在经济发展水平不高的情况下，人们更愿意把资金投放在能够产生直接经济效益的项目上，舍不得向农田水利增加投入。

（2）农田水利设施的使用和效益发挥受气候条件和农作物生长季节影响大，每年真正运行的时间只有几个月，一些地方遇到风调雨顺，可能利用率不太高，这导致人们在大旱大涝之后很容易"好了伤疤忘了痛"，只要眼前没有自然灾害就很容易把农田水利忘在脑后。

（3）农田水利设施的使用者多为农民，直接受益者似乎也是农民（其实是全体社会成员），人们常常误认为农田水利是农民自己的事，在城乡分割二元体制影响远未消除的情况下，调整财政支出结构，向农田水利倾斜会很难。

据《40 年水利建设成就——水利统计资料》（水利部计划司 1990 年）显示：截至"五五"计划结束时的 1979 年，全国拥有有效灌溉面积 7.3 亿亩，占世界灌溉面积的 1/4，居世界首位；灌溉密度（灌溉面积占实际耕作面积的比例）提高到了 46%；人均灌溉面积超过了世界人均水平。新中国成立后前 30 年我国的农村水利设施建设水平有如此的高度，但 30 年后，事实表明，这个比例却还是在原地踏步。据水利部统计，改革开放 30 年来，我国相继建设各类水库 827 座。而数据显示，从 1949 年至 1979 年的 30 年间，我国共建成大、中、小（10 万 m^3 以上）型水库 8.6 万座。截至目前，全国已累计建成大中小型水库 9.8 万座。827 对比 9.8 万，30 年来我国农田水利一直处于"吃老本"的状态。兴水利、除水害历来是治国安邦的大事，近年来特别是 2010 年严重洪涝干旱灾害，充分反映了水利"基础脆弱、欠账太多、全面吃紧"的突出问题，促进了 2011 年中央 1 号文件《中共中央 国务院关于加快水利改革发展决定》，决定计划在 2011—2020 年期间完成 4 万亿的水利投入，极大促进了水利事业的发展。截至 2014 年底，全国的灌溉面积已经发展到 9.68 亿亩，现在灌溉面积占到全国耕地面积的 54%。在这 54% 的有效灌溉面积上生产了占全国总产量 75% 的粮食，90% 的经济作物，同时农业用水量实现了零增长。

新中国成立以来，我国陆续兴建的一大批农村中小型水利工程，在抗御自然灾害，促进农业增效、农民增收等方面取得了显著成效。但由于受国力、地方财力及农民富裕程度等因素所限，目前我国农田水利基础设施仍相当脆弱，还存在着许多亟待解决的问题。当前，农业水利的主要问题如下：

（1）农田水利设施老化毁坏严重。改革开放以来，我国对大江大河的治理力度不断加大，而对农田水利骨干工程的建设却相对重视不够。目前农村所拥有的农田水利骨干工程，大都是 20 世纪 50—70 年代修建的。随着时间的推移，那些曾为亿万农民带来丰收希望的水利工程年久失修，严重老化，其中相当一部分已废弃或瘫痪。笔者在农村调研时，经常看到一些还能发挥作用的小型水库，当年的水利设施已破败不堪，数十年前的石砌水渠被埋没在荒草之中，那些曾经的水浇地又变成了"望天收"。作为农业命脉的农田水利基础设施建设的严重滞后，使数亿农民在增收路上如履薄冰。

（2）水资源污染严重。据有关资料介绍，我国每年约有 1/3 的工业废水和 2/3 的城镇生活污水未经处理直接排入江河湖库水域中，其中相当一部分进入了农村地区，造成地下水和地表水严重污染。一二十年前，许多农村的过境河流或小溪还是清波悠悠，鱼游鸭唱，而现在却是臭气熏天，浊流翻滚，不但天旱时浇不成地，还污染了地下水资源，连人畜饮水也成了严重问题。尤其是我国多年来在干部政绩考核制度缺陷的"诱导"和刚性财政支出膨胀、地方政府财力捉襟见肘的重压下，许多地方竞相引进一些对环境污染严重的"垃圾资本"，谋求经济发展以破坏环境、淘空资源为代价，将发展成本向农村渗透，向子孙后代转移，也使农业可利用的优质水资源陷入日益萎缩的境地。

（3）水资源紧缺与浪费现象并存。我国是一个水资源十分紧缺的国家。虽然水资源总量居世界第 6 位，但人均水资源却排名第 121 位，仅为世界人均水资源占有量的 1/4，被联合国列为世界上 13 个最贫水国家之一。我国农业干旱缺水地区约占国土面积的 72%，亩均耕地水资源占有量仅为世界平均水平的 1/2。尤其是随着全球气候变暖、工业用地下水增加等因素影响，我国不少地方地下水位明显下降，泉水干涸，河水断流，旱情持续加重，年均旱灾造成的损失超过各种自然灾害总损失的 60%。即使在这样的情况下，我国不少地方在水资源的利用上还存在着严重的浪费现象。其表现如，许多本可充分利用的过境河流没有充分利用起来；每年我国不多的降雨量基本上都是以洪水的方式白白流失；一些有水灌溉的地方在灌溉方式上多采用漫灌，浇一亩地需要用水 $60\sim100m^3$，而采用喷灌则需要用水 $12\sim15m^3$，采用滴灌只需要用水 $8\sim9m^3$。这些都使本很严峻的水资源形势更雪上加霜。

（4）农田水利工程"重建轻管"。由于国家投入和农民用水原动力的影响，一些地方组织协调办水的积极性很大，办起来之后却因维修无经费、产权不明晰及缺乏激励机制等方面原因的影响，对办成的水利工程疏于管理，经营粗放，特别是一些小型水利工程长期以来处于无管理机构、无管理人员、无管理经费的"三无"状态，因而使经过千辛万苦建起来的水利工程未能发挥应有的效益。此外，一些地方农水工程管理体制在社会主义市场经济条件下未能得到及时调整，产权不明，机制不活，经费不足，经营入不敷出，农田水利设施长期得不到维修、渠道渗水漏水的现象比较普遍。

（5）办水缺乏"主力军"。近年来，一些地方的农民在农田水利问题长期得不到解决、经营土地难以找到脱贫致富门路的青壮年农民纷纷拥向城市打工"淘金"，这就使许多地方留守乡村的大都是"老弱病残"，农民办水、用水的能力和潜力大为减弱。

（6）农业水利整合效能难。目前农田水利建设参与的部门很多，包括发改、财政、水利、国土、农业、扶贫、林业、烟草等部门，所涉及的项目更是五花八门，如农业综合开发、农资综合补贴、新增粮食产能、优质粮食工程、一事一议奖补、土地平整、烟水配套、扶贫开发、中低产田改造等。但由于资金渠道不同、管理部门不同，各部门的项目审批标准、建设标准、投入标准、验收标准都不一样，导致工程建设条块分割、投入分散，资金使用效率较低，资源浪费和重复建设较为严重。

2011年中央一号文件指出，水利是农业的命脉，水利是现代农业建设不可或缺的首要条件，是经济社会发展不可替代的基础支撑，是生态环境改善不可分割的保障系统，具有很强的公益性、基础性、战略性。加快水利改革发展，不仅事关农业农村发展，而且事关经济社会发展全局；不仅关系到防洪安全、供水安全、粮食安全，而且关系到经济安全、生态安全、国家安全。要把水利工作摆上党和国家事业发展更加突出的位置，着力加快农田水利建设，推动水利实现跨越式发展。

三、农业水利的发展趋势

依照"创新、协调、绿色、开放、共享"五大发展理念，全面贯彻"节水优先、空间均衡、系统治理、两手发力"的新时期水利工作方针，大力推进水生态文明建设，节约利用水资源，改善城乡水环境，维护健康水生态，保障国家水安全，加快推动形成节约资源和保护环境的空间格局、经济结构、生产方式、生活模式，以水资源可持续利用保障经济社会可持续发展。因此，农业水利必须要从以下几方面入手。

1. 积极推广节水灌溉技术

实施节水灌溉是促进农业结构调整的必要保障。加大农业节水力度、减少灌溉用水损失，有利于解决农业面源污染，有利于转变农业生产方式，有利于提高农业生产力，是一项革命性措施，必须摆在农村水利建设的突出位置。要加大节水设施与节水技术的推广力度，扶持节水灌溉典型，完善防渗渠系配套，合理发展喷、滴灌工程，重点发展浅湿灌溉技术，有条件的地方对主干渠道逐步实现衬砌化。

2. 努力提高农田灌排标准

随着农业结构调整的不断深入，对农田灌溉、排涝、降渍水平提出了越来越高的要求，要加强对灌、排、降技术标准的研究。今后农田水利基本建设要适应农业结构调整的需要，切实提高供水保证率和农田排涝能力的标准，更好地为农业生产提供高标准的灌排服务。同时，要加强农业产业结构的规划研究，以利于农田水利配套设施发挥更好的作用。

3. 加大农村水环境治理力度

近年来，水污染带来的水环境恶化、水质破坏问题日益严重，给水产养殖带来了负面影响，死鱼、死虾、死蟹等现象时有发生；同时，水土流失影响了农村的生态环境。加强农村水环境治理，保护农村水资源，改善农村居民生活条件，创造良好的水生态环境，显得越来越重要。

4. 加快小城镇防洪排涝工程建设

随着农村城镇化、集镇城市化进程的推进，迫切需要解决农村小城镇防洪排涝问题，特别是从抗御突发性台风暴雨受到的灾害影响来看，农村城镇的水利设施难以适应短历时暴雨的排涝要求，甚至有的小城镇还没有形成完整的防洪除涝工程体系，一旦发生较大的洪涝灾害，必将给广大人民群众的生命财产造成损失。

5. 提高农村供水能力

目前，农村居民饮用水和农村工业用水主要是利用地下水，出现了农村发生地质灾害的隐患，故必须提高农村特别是小城镇的自来水供水能力，加快管网敷设，解决农村居民生活用水和工业生产用水，顺利推进地下水深井的封填工作。同时，在生产力布局上应综合考虑，加强村镇科学规划工作，修建集镇截污处理厂，解决污染源，提高污水处理能力，形成良好的环境风貌。

6. 加快圩区治理步伐

圩区和半高田面积比较多的地区，受灾程度较大，受灾频率较高。坚持不懈地大搞圩区治理和半高田地区的防洪排涝配套工程建设，继续加高加固圩堤土方，土方已经完成的要抓紧配套，对老化失修的泵闸要进行更新改造，半高田地区要消灭"活络坝"，切实提高防洪除涝能力。

7. 强化防洪除涝工程的管理

防洪除涝工程是以社会效益为主的公益性水利工程，直接关系到人民群众的生命财产安全，关系到工农业生产的发展，因此加强管理工作非常重要。第一，要解决工程维护运行管理经费来源。一是要积极争取财政支持；二是用足用好已出台的有关规费征收政策；三是对通过确权划界取得的水土资源或经营性资产，再通过出租、承包等形式获取收益。第二，要界定工程管理性质，对公益性工程的管理单位做到精简高效，其编制内人员经费要纳入公共财政预算；要做好管养分开工作，养护工作通过企业化、市场化机制操作，减轻管理单位的财政负担。第三，要研究制定排涝费收取使用办法，要根据当地工情、水情和种植养殖业及工业经济特点，研究制定排涝标准，提供优质服务；按照能源费、工资、维修费、管理费、折旧费等核定排涝费，细化受益面积、保护人口、企业产值、种植养殖业等负担比例，由管理单位向受益个人、受益单位收取排涝费，由县及县以上政府出台政策，建立财政、集体（或企业）和个人共同负担机制，解决排涝费用问题。

8. 进一步完善农村小型水利工程经营管理改革

农村水利是农业现代化不可缺少的基础设施，不具有完全市场化的竞争能力。目前，农村水利工程建设和管理中，一家一户办不好的农村水利工程的建设和管理工作，应该通过建立农民用水户协会来进行解决。要按照"谁受益、谁负担、谁投资、谁所有"的原则，明晰工程所有权，放开建设权，搞活经营权，规范管理权。小型农村水利工程具体的经营管理方式，可以根据工程类型、特点和当地经济社会环境灵活掌握，还可以由水利站直接管理，也可以通过产权转让私人经营，还可以采用经营管理权承包、租赁或聘用"能人"等方式加强经营管理。在目前情况下，政府既不能把农村水利当做"包袱"甩掉，也不能继续沿用计划经济体制下政府包揽的做法。在租赁、承包甚至产权转让的工程管理中，要切实防止掠夺性经营。同时，要加强行业管理，制订考核办法，建立奖惩制度。要加强对经营者的业务培训和技术指导，协调解决经营过程中遇到的矛盾和问题，对因农业产业结构调整及其他建设而减少灌区面积的，村镇应该进行相应调节，以确保经营者的利益。在保护经营者合法收益的同时，应严格要求经营者按照规定缴纳会费。

课外知识

新 时 期 治 水 思 路

第一，全面建设节水型社会，着力提高水资源利用效率和效益。牢固树立节水和洁水观念，切实把节水贯穿于经济社会发展和群众生产生活全过程。在农业节水方面，要积极推广低压管道输水、喷灌、滴灌、微灌等高效节水灌溉技术，大力发展旱作节水农业，抓好输水、灌水、用水全过程节水。在工业节水方面，要加强工业节水技术改造和循环用水，逐步淘汰高耗水的落后产能，新建、改建、扩建的建设项目必须落实节水"三同时"制度。在城市节水方面，要加快城市供水管网技术改造，减少"跑、冒、滴、漏"，全面推广使用节水型器具，严格规范高耗水服务行业用水管理，加大雨洪资源利用力度，加快海水、中水、微咸水等非常规水源开发利用。

第二，强化"三条红线"管理，着力落实最严格水资源管理制度。坚持以水定需、量水而行、因水制宜，全面落实最严格水资源管理制度。加强源头控制，加快建立覆盖流域和省市县三级的水资源开发利用控制、用水效率控制、水功能区限制纳污"三条红线"，进一步落实水资源论证、取水许可、水功能区管理等制度。强化需求管理，把水资源条件作为区域发展、城市建设、产业布局等相关规划审批的重要前提，以水定城，以水定地，以水定人，以水定产，严格限制一些地方无序调水与取用水，从严控制高耗水项目。严格监督问责，建立水资源水环境承载能力监测预警机制，推动建立国家水资源督察制度，把水资源消耗和水环境占用纳入经济社会发展评价体系，作为地方领导干部综合考核评价的重要依据。

第三，加强水源涵养和生态修复，着力推进水生态文明建设。牢固树立尊重自然、顺应自然、保护自然的生态文明理念，着力打造山清水秀、河畅湖美的美好家园。强化地下水保护，实行开采量与地下水水位双控制，划定地下水禁采区与限采区，加强华北等地下水严重超采区综合治理，逐步实现地下水采补平衡。加强水土保持生态建设，推进重点区域水土流失治理，加快坡耕地综合整治和生态清洁小流域建设，加强重要生态保护区、水源涵养区、江河源头区生态保护。推进城乡水环境治理，大力开展水生态文明城市创建，加强农村河道综合整治，打造自然积存、自然渗透、自然净化的"海绵家园""海绵城市"，促进新型城镇化和美丽乡村建设。强化河湖水域保护，落实河湖生态空间用途管制，实行河湖分级管理，建立建设项目占用水利设施和水域岸线补偿制度，有序推动河湖休养生息。

第四，实施江河湖库水系连通，着力增强水资源水环境承载能力。坚持人工连通与恢复自然连通相结合，积极构建布局合理、生态良好，引排得当、循环通畅、蓄泄兼筹、丰枯调剂，多源互补、调控自如的江河湖库水系连通体系。在东部地区，加快骨干工程建设，维系河网水系畅通，率先构建现代化水网体系。在中部地区，积极实施清淤疏浚，新建必要的人工通道，增强河湖连通性，恢复河湖生态系统及其功能。在西部地区，科学论证，充分比选，合理兴建必要的水源工程和水系连通工程。在东北地区，开源节流并举，恢复扩大湖泊湿地水源涵养空间。

第五，抓好重大水利工程建设，着力完善水利基础设施体系。按照确有需要、生态安全、可以持续的原则，集中力量有序推进一批全局性、战略性节水供水重大水利工程，为经济社会持续健康发展提供坚实后盾。推进重大农业节水工程，突出抓好重点灌区节水改造，大力实施东北节水增粮、华北节水压采、西北节水增效、南方节水减排等规模化高效节水灌溉工程。加快实施重大引调水工程，强化节水优先、环保治污、提效控需，统筹做好调出调入区域、重要经济区和城市群用水保障。建设重点水源工程，强化水源战略储备，加快农村饮水安全工程建设，推进海水淡化与综合利用，着力构建布局合理、水源可靠、水质优良的供水安全保障体系。实施江河湖泊治理骨干工程，综合考虑防洪、供水、航运、生态保护等要求，在继续抓好防洪薄弱环节建设的同时，加强大江大河大湖治理、控制性枢纽工程和重要蓄滞洪区建设，提高抵御洪涝灾害能力。开展大型灌区建设工程，在东北平原、长江上中游等水土资源条件较好地区，新建一批节水型、生态型灌区，把中国人的饭碗牢牢端在自己手上。

第六，进一步深化改革创新，着力健全水利科学发展体制机制。加大水利重点领域改革攻坚力度，着力构建系统完备、科学规范、运行有效的水治理制度体系。在转变水行政职能方面，要理顺政府与市场、中央与地方的关系，强化水资源节约、保护和管理等工作，创新水利公共服务方式。在水利投融资体制改革方面，要稳定并增加公共财政投入，落实金融支持相关政策，鼓励和吸引社会资本投入水利建设和管理，改进水利投资监督管理。在创新水利工程建设管理体制方面，要深化国有水利工程管理体制改革，加快农村小型水利工程产权制度改革，健全水利建设市场主体信用体系，强化工程质量监督与市场监管。在水价改革方面，要加快推行城镇居民用水阶梯水价制度，非居民用水超计划、超定额累进加价制度，推进农业水价综合改革，提高水资源利用效率与效益。在水权制度建设方面，要开展水资源使用权确权登记，构建全国和区域性水权交易平台，探索水权流转实现形式。

（节选自中华人民共和国水利部陈雷部长发表在《求是》2014 年第 15 期署名文章：《新时期治水兴水的科学指南》）

思 考 题

1. 什么是农业水利工程？结合家乡实际，谈谈你对农业水利工程专业的了解。

2. 农业水利工程分为哪些类别？

3. 农业水利工程有何重要意义？

4. 试简述农业水利的发展趋势。

参 考 文 献

［1］ 田士豪，陈新元．水利水电工程概论［M］．北京：中国电力出版社，2006.

［2］ 水利部国际合作与科技司．当代水利科技前沿［M］．北京：中国水利水电出版社，2006.

［3］ 俞衍升，岳元璋．水利管理分册［M］．北京：中国水利水电出版社，2004.

［4］ 中国水利百科全书编辑委员会．中国水利百科全书［M］．北京：水利电力出版社，1991.

［5］ 吴国盛．科学的历程［M］．北京：北京大学出版社，2002.

［6］ 中国水利学会，水利部科技教育司，水利部外事司．国外水利水电考察报告选编［R］，1983—1990.

［7］ 顾圣平，贺军．学会知河爱河：关于《100 条河流湖泊》［C］．//第五届中国水论坛论文集．2007年，南京．

［8］ 冯广志．回顾总结 60 年历程，认识农田水利发展规律［EB/OL］．http：//www. hwcc. com. cn/pub/hwcc/wwgj/bgqy/200912/t20091201 _ 311076. html，2009，12，29.

［9］ 许兰武，文非，翟新颖．农田水利为何一直在"吃老本"［J/OL］．记者观察，2009，（7）．ht-tp：//www. qikan. com. cn/Article/jzgc/jzgc200907/jzgc20090703. html.

［10］ 许建中，李英能，李远华．农田水利科技新进展及其展望［EB/OL］．http：//water. shqp. go-v. cn/gb/content/2008－06/30/content _ 198851. htm，2008，6，30.

［11］ 彭斌，迟道才．水法规与水政管理教程［M］．郑州：黄河水利出版社，2008.

［12］ 中华人民共和国水利部．2013 年水利发展统计公报［M］．北京：中国水利水电出版社，2014.

［13］ 中华人民共和国水利部．2014 年水利发展统计公报［M］．北京：中国水利水电出版社，2015.

［14］ 白昕，刘洋．简述水利工程对生态环境的影响［J］．环境科学导刊，2013，（S1）：85－87.

［15］ 韩沙桐，靳可欣，徐丽．水利工程对生态环境的影响及其发展趋势［J］．水利水电工程设计，2015，（1）：55－57.

［16］ 陈雷．新时期治水兴水的科学指南——深入学习贯彻习近平总书记关于治水的重要论述［J］．中国水利，2014，（15）：1－3.

第二章 农业水利工程基本知识

农业水利工程通过工程措施达到合理使用和调配水资源，以达到兴利除害的目的。主要措施有兴建水库，加固堤防，整治河道，增设防洪道，利用洼地、湖泊蓄洪，修建提水泵站及配套的输水渠道和隧洞等，这就涉及多个学科的基础知识和专业基础知识，包括水文学、水力学、工程地质学、工程材料和土力学等。

第一节 水文学及水力学

水文学是研究各种水体的存在、循环和分布，物理与化学特性，以及水体对环境的影响和作用，包括对生物特别是对人类的影响的一门学科。从其研究对象来看，水文学是地球物理科学的一部分。进入 20 世纪特别是第一次世界大战以后，大量兴起的防洪、灌溉、水电、航运工程和农业、林业及城市建设等都向水文科学提出了许多新课题。解决这些新课题的方法也由经验的、零碎的知识逐渐理论化和系统化，水文科学的应用特色也逐渐显现出来，并率先形成最重要的分支学科——工程水文学。

水力学是研究水在静止或流动时的力学规律的学科，如挡水建筑物承受的水荷载、输水和泄水建筑物的过流能力、水流通过河渠和建筑物时的流动形态和受力特征等。

一、水文学的发展

（一）萌芽时期（1400 年以前）

在一些古文明国家和地区，从历代古籍、文献、碑刻古籍和发掘的文物中，可以发现水文科学萌发的一系列史实：古埃及在公元前 3500—前 300 年因灌溉引水开始观测尼罗河水位，至今还保存有公元前 2200 年所刻水尺的崖壁。中国的测雨可追溯到公元前 11 世纪以前的商代，甲骨文中有细雨、大雨和骤雨的分类。宋代秦九韶在《数书九章》中记载当时全国都有天池盆测雨量及测雪量的计算方法。《吕氏春秋》完整地提出了水循环概念"云气西行云云然，冬夏不辍；水泉东流，日夜不休；上不竭，下不满，小为大，重为轻，寰道也"，这是世界上最早提出的水循环概念。

（二）奠基时期（1400—1900 年）

14—16 世纪，欧洲文艺复兴和 18—19 世纪工业革命给自然科学的发展以很大影响。此时期水文方面雨量器、蒸发器和流速仪等一系列观测仪器的发明，为水文现象的实地观测、定量研究和科学实验提供了必要的条件。水文循环在观测和实验基础上得到验证，水文现象由概念描述深入到定量表达，为水文科学的建立奠定基础。

1610 年，意大利 B. 卡斯泰利提出流量测量方法。1663 年，英国雷恩发明自记雨量计。1790 年，法国 R. 霍尔特曼发明了转子式流速仪。1885 年，美国 W.G. 普赖斯发明了旋杯式流速仪，为水文定量观测和水文科学提供了有力的工具。18—19世纪，西欧产业革命促进城市、交通和工业发展，大量的水利建设要求解决各种设计中的水力计算问题，使水力学理论得到较大进步，由此也为一些水文规律的研究提供了有力的工具。水文计算和水文预报水平得到提高，在工程建设中和防洪中的效果日益显著。

（三）水文学的兴起（1900—1950年）

进入20世纪，特别是经过两次世界大战后，各国都致力于经济恢复和发展，迫切需要解决城市建设、动力开发、交通运输、工农业用水和防洪等水利工程中的一系列水文问题，促进了水文科学的迅速发展。此时水文站网扩大，实测资料丰富，为水文分析研究提供了前所未有的条件，水文学取得了很多新进展。1900年，美国J. A. 塞登提出了著名的塞登定律，为天然河道洪水演进提供了理论。为了适应工程设计和防洪要求，水文计算和水文预报方面得出了许多新的概念和方法：1914年，黑曾首先用正态概率格纸选配流量频率曲线；1939年，W. 韦伯尔提出了经验频率计算公式，学者们开始把概率论和数理统计引进水文学。1932年，美国L. R. K. 谢尔曼提出的单位过程线被誉为水文学进展的里程碑。此外，许多水文学著作的出版，标志着水文学进入了成熟阶段。

（四）水文学的现代特色与发展（1950年以后）

20世纪后期水文科学的发展，出现了新的形势：首先，由于计算机的应用，使水文信息的获取、传递和处理大为方便迅速。其次，由于工农业用水的增长环境污染的日益严重，水资源短缺的问题越来越突出，迫使水文学的研究侧重于水资源研究。研究跨流域、跨地区的水资源联合调度问题，不仅要研究短期、近期的水文预报，还要研究长期的水文趋势预估。为此水文学进入了一个现代化的新时代。这一时期，我国水文站网发展迅速，全国基本站达21600处，可以掌握全国各主要河流的水文情势；在长江、黄河等流域开始应用卫星图片和遥感技术研究水文和水资源问题。

二、水文学任务

工程水文学包括水文计算、水利计算和水文预报等内容。由于天然来水过程与国民经济的需要不相适应，修建水利工程就是解决这一矛盾的技术措施。

每一水利工程在其实施过程中，都可划分为规划设计、施工及管理运营三个阶段。

（一）规划设计阶段

水文计算的主要任务是确定工程的规模。规模过大，造成工程投资上的浪费；规模过小，又不能充分利用水资源。如果防洪措施标准过低，还可能导致工程失事，造成工程本身和下游人民生命财产的巨大损失。在多泥沙河流修建水库时还需估算蓄水引水工程的泥沙淤积量，以便考虑延长工程寿命的措施。

（二）施工阶段

其任务即将规划设计的工程付诸实施，因此必须在施工期间必须对水文情势有所了解。水利工程工期一般都比较长，一些比较大的工程往往需要几年或者十几年的时间才能修建完成。对水文情势的了解应包括两个方面：一方面，为了修建临时性建筑物如围堰、引水隧洞或渠道等，需预报整个施工期的天然来水情势，而通常的水文和气象预报，不能提供如此长期的预报，这就需要水文计算来解决这个问题；另一方面，为了安排日常工作也必须了解近期更为确切的水情，这就需要提供短期的水文预报，水文预报就是为了解决这一类问题服务的。

（三）管理运营阶段

其主要任务在于使建成的工程充分发挥作用。为此需要确定未来一定时期的水文情况，以便确定最经济合理的调度方案。此时需要由水文分析得到长期平均情势结合水文预报的短期水情，从而提出最佳的调度运用方案。

三、自然界中的水循环及水量平衡

自然界的水主要存在于三个方面：

（1）地球表面，即地表水。如海洋、湖泊、河流、冰川和冰山，其中海洋中的水约占全球水量的97％。

（2）地表以下，即地下水。如暗河、暗湖、土壤中。在湖北鄂西山区，清江干流有近30km河段落于地下，成为暗河。

（3）大气中。大气中的水多数以水蒸气的形态存在。

地球上不同空间位置的水并不是静止不变的，而是在不断地转化、循环、交换和更新。海洋、湖泊、湿地、植被、冰川、大气中水的形态和储量在不断地变化和交换。

在强大的太阳能作用下，海洋水和陆面水受热蒸发，转化为水蒸气，上升到大气中。水蒸气在大气环流的作用下顺风飘移。在这个飘移过程中，水蒸气在一定的条件下，重新凝聚成水、雪，并且再次降落到陆面或海面上。降落在陆地上的水，绝大多数通过江、河重新流回到海洋。自然界的水处在如此不停地循环中。通过形态变化，水在地球上起到输送热量和调节气候的作用。通常把自然界中水的这种运动称为自然界的水文循环，或水循环。水文循环对地球环境的形成和演化起着重要作用，是地球上最重要和最基本的物质循环之一，为人类生存提供了源源不断的水资源和水能资源。

根据水在自然界的循环路径，水循环可分为大循环和小循环，如图2-1所示。

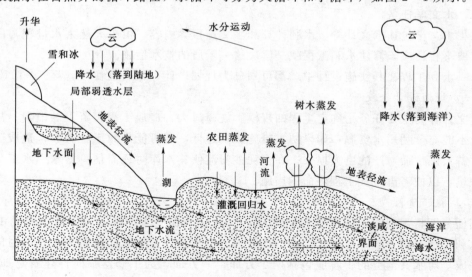

图2-1　自然界水循环图

水在大气圈、水圈和岩石圈之间的循环过程称为大循环。大循环的路径是：海洋水通过蒸发上升到大气中；水蒸气随大气环流飘流到陆面上空，然后通过降水落于地面上；降水的一部分形成地表径流而汇流到江河，另一部分下渗到土壤形成地下径流也渗入到江河；江河最终流入海洋，完成整个循环过程。

陆地、湖泊或海洋本身的水，在其自身所在的小区域内单独进行循环的过程称为小循环。其循环路径有：①海洋—蒸发—降水—海洋；②湖泊—蒸发—降水—汇流—江河—湖泊；③土壤—蒸发（更多是通过植被蒸发）—降水—下渗—土壤等。尽管水循环在地球上是不间断地进行着，使得存储于不同水域和空间的水量在不断地变化中。但是，地球作为一个封闭系统，自然界中的水体总量是一定的。这些水在循环过程中导致不同区域中的水量发生变化，并没有改变地球上的水体总量。地球上的水体总量在循环过程中则应该是保持不变的。因此，在水文循环过程中，地球上的水体总量永远保持在一种动态平衡中，这种水量平衡是通过多年平均值体现出来。其中，海洋与陆地之间的水循环量是地球上最大的水量交换。水量平衡表现为，海洋与陆地的多年平均降水量之和等于多年平均蒸发量之和。用下式表示：

$$Z_{os} + Z_{oc} = X_{os} + X_{oc}$$

其中

$$Z_{os} = X_{os} + Y_o$$
$$Z_{oc} = X_{oc} - Y_o$$

式中　Z_{os}、Z_{oc}——海洋、陆地的多年平均蒸发量；

　　　X_{os}、X_{oc}——海洋、陆地的多年平均降水量；

　　　　　Y_o——河川汇入海洋的多年平均径流量，也就是水文大循环中，海洋与陆地之间的水交换量。

四、河流和流域

地表上较大的天然水流称为河流。河流是陆地上最重要的水资源和水能资源，是自然界中水文循环的主要通道。我国的主要河流一般发源于山地，最终流入海洋、湖泊或洼地。沿着水流的方向，一条河流可以分为河源、上游、中游、下游和河口几段。我国最长的河流是长江，其河源发源于青海的唐古拉山。湖北宜昌以上河段为上游，长江的上游主要在深山狭谷中，水流湍急，水面坡降大。自宜昌至安徽安庆的河段为中游，河道蜿蜒弯曲，水面坡降小，水面明显宽敞。安庆以下河段为下游，长江下游段河流受海潮顶托作用。河口位于上海市。

在水利水电枢纽工程中，为了便于工作，习惯上以面向河流下游为准，左手侧河岸称为左岸，右手侧称为右岸。

我国的主要河流中，长江、黄河、珠江均流入太平洋。沙漠中的少数河流只有在雨季存在，成为季节河。

直接流入海洋或内陆湖的河流称为干流，流入干流的河流为一级支流，流入一级支流的河流为二级支流，余下类推。河流的干流、支流、溪涧和流域内的湖泊彼此连接，所形成的庞大脉络系统称为河系，或水系。如长江水系、黄河水系、太湖水系。流域或水系形状示意图见图 2-2。

一个水系的干流及其支流的全部集水区域称为流域。在同一个流域内的降水，最终通过同一个河口注入海洋，如长江流域、珠江流域。较大的支流或湖泊也能称为流域，如汉

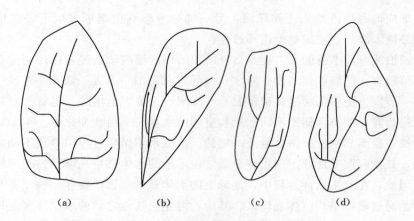

图 2-2　流域或水系形状示意图

（a）扇形河系；（b）羽形河系；（c）平行河系；（d）混合河系

水流域、洞庭湖流域、太湖流域。两个流域之间的分界线称为分水线，是分隔两个流域的界限。在山区，分水线通常为山岭或山脊，所以又称分水岭，如秦岭为长江和黄河的分水岭；在平原地区，流域的分界线则不甚明显，特殊的情况如黄河下游，其北岸为海河流域，南岸为淮河流域，黄河两岸大堤成为黄河流域与其他流域的分水线。流域的地表分水线与地下分水线有时并不完全重合，一般以地表分水线作为流域分水线。在平原地区，要划分明确的分水线往往是较为困难的。

描述流域形状特征的主要几何形态指标如下：

（1）流域面积 F，流域的封闭分水线内，区域在平面上的投影面积。

（2）流域长度 L，流域的轴线长度。以流域出口为中心画许多同心圆，由每个同心圆与分水线相交作割线，各割线中点顺序连线的长度即为流域长度。流域长度通常可用干流长度代替。

（3）流域平均宽度 B，流域面积与流域长度的比值，$B=F/L$。

（4）流域形状系数 K_F，流域宽度与流域长度的比值，$K_F=B/L$。

影响河流水文特性的主要因素有：流域内的气象条件（降水、蒸发等），地形和地质条件（山地、丘陵、平原、岩石、湖泊、湿地等），流域的形状特征（形状、面积、坡度、长度、宽度等），地理位置（纬度、海拔、临海等），植被条件和湖泊分布，以及人类活动等。

五、河（渠）道的水文学和水力学指标

（1）河（渠）道横断面，垂直于河流方向的河道断面地形。天然河道的横断面形状多种多样，常见的有 V 形、U 形、复式等，如图 2-3 所示。人工渠道的横断面形状则比较规则，一般为矩形、梯形。河道水面以下部分的横断面为过水断面。过水断面的面积 A 随河水水面涨落变化，与河道流量相关。

（2）河道纵断面，沿河道纵向最大水深线切取的断面，如图 2-4 所示。

（3）水位 Z，河道水面在某一时刻的高程，即相对于海平面的高度差。我国目前采用黄海海平面作为基准海平面。

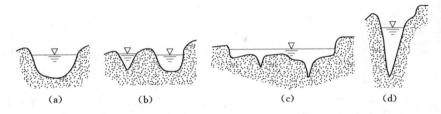

图 2-3 河道横断面图

(a) 普通长直河道；(b) 有河滩地的河道；(c) 中下游宽阔河道；(d) 弯曲段河道

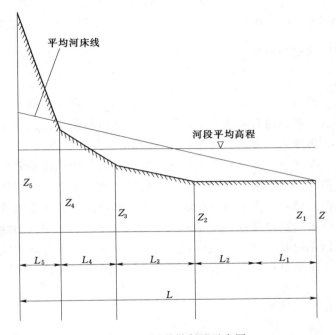

图 2-4 河道纵断面示意图

（4）河流长度 L，河流自河源至河口的距离。

（5）落差 ΔZ，河流两个过水断面之间的水位差。

（6）纵比降 i，水面落差与此段河流长度之比，$i = \Delta Z / \Delta L$。河道水面纵比降与河道纵断面基本上是一致的，但是在某些河段并不完全一致，与河道断面面积变化、洪水流量有关。河水在涨落过程中，水面纵比降随洪水过程的时间变化而变化。在涨水过程中，水面纵比降较大，落水过程中则相对较小。

（7）水深 h，河道横断面上水位 Z 与最深点的高差。

（8）流速 v，单位 m/s。河道过水断面上各点流速不一致，一般情况下，水面流速大于河底流速。常用断面平均流速作为其特征指标。

（9）流量 Q，单位时间内通过某一河道（渠道、管道）的水体体积，单位 m^3/s。

（10）水头，某一点相对于另一水平参照面所具有的水能。在图 2-5 中，A 点相对于参照面 0—0 的总水头为 E_a。总水头 E_a 由三部分组成：①位置水头 $Z = Z_{a1}$，是 A 点与参照平面（0—0 面）之间的高程差；②压强水头（亦称压力水头）$\dfrac{P_1}{\rho g} = h\cos\theta$，在平直河

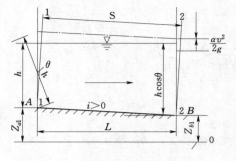

图 2-5　水头计算示意图

（渠）道中等于此点水下深度；③流速水头 $\frac{\alpha v_1^2}{2g}$，表示该处水流具有的动能。位置水头与压强水头的和表示该处水流具有的势能。因此，1-1 过水断面的总水头 $E_a = Z_{a1} + \frac{P_1}{\rho g} + \frac{\alpha v_1^2}{2g}$。在平直河道上，某一过水断面上各点的总水头 E 为一常数，如图 2-5 中的 A、B 两点间 $E_a = E_b$。

在河道上下游两个断面之间的水头有差值 h_w。

差值是河道水流流动的能量损失，即 $Z_1 + \frac{P_1}{\rho g} + \frac{\alpha v_1^2}{2g} = Z_2 + \frac{P_2}{\rho g} + \frac{\alpha v_2^2}{2g} + h_w$，称为伯努利方程。

六、河川径流

径流是指河川中流动的水流量。在我国，河川径流多由降雨所形成。

河川径流形成的过程是指自降水开始，到河水从河口断面流出的整个过程。这个过程非常复杂，一般要经历降水、蓄渗（入渗）、产流和汇流几个阶段。

降雨初期，雨水降落到地面后，除了一部分被植被的枝叶或洼地截留外，大部分渗入土壤中。如果降雨强度小于土壤入渗率，雨水不断渗入到土壤中，不会产生地表径流；在土壤中的水分达到饱和以后，多余部分在地面形成坡面漫流；当降水强度大于土壤的入渗率时，土壤中的水分来不及被降水完全饱和，一部分雨水在继续不断地渗入土壤的同时，另一部分雨水即开始在坡面形成流动。初始流动沿坡面最大坡降方向漫流。坡面水流顺坡面逐渐汇集到沟槽、溪涧中，形成溪流。从涓涓细流汇流形成小溪、小河，最后归于大江

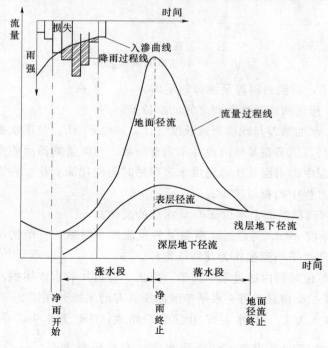

图 2-6　降雨形成径流过程示意图

大河。渗入土壤的水分中，一部分将通过土壤和植物蒸发到空中，另一部分通过渗流缓慢地从地下渗出，形成地下径流。相当一部分地下径流将补充注入高程较低的河道内，成为河川径流的一部分。如图 2-6 所示为某场降雨形成（地表和地下）径流，以及流量变化的过程。如图 2-7 所示为地下水径流的形成。

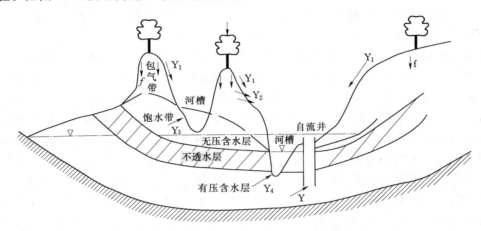

图 2-7　地下径流形成示意图

f—入渗；Y_1—地面径流；Y_2—表层径流；Y_3—地下径流（浅层地下水补给）；

Y_4—地下径流（深层地下水补给）

降雨形成的河川径流与流域的地形、地质、土壤、植被、降雨强度、时间、季节以及降雨区域在流域中的位置等因素有关。因此，河川径流具有循环性、不重复性和地区性。

表示径流的特征值主要如下：

（1）径流量 Q，单位时间内通过河流某一过水断面的水体体积。

（2）径流总量 W，一定的时段 T 内通过河流某过水断面的总水量，$W=QT$。

（3）径流模数 M，平均径流量在流域面积上的平均值，$M=Q/F$。

（4）径流深度 R，流域单位面积上的径流总量，$R=W/F$。

（5）径流系数 α，某时段内的径流深度与降水量之比 $\alpha=R/P$。

七、水文学的研究方法

降水、径流等水文现象具有循环性、确定性、随机性和地区性。这些水文现象既有规律性，也有其偶然性。从短期看，降雨和洪水等水文过程是随机性的；但从长期来看，这些过程又是非常有规律性的。在工程上主要应用概率和数理统计学来研究其变化规律。

采用数理统计法分析需要收集实测水文资料作为样本。通过对实测样本的分析，了解各种水文现象的出现频率和抽样误差。以此作为推求总体的规律性，预报未来水文情势。这种预报的可靠程度依赖于水文观测资料数据的可靠性、长期性和连续性。由于历史原因，实测样本的长度总是有限的，且连续性也时有破坏。而且在中国许许多多水文站点的设立历史都不是很长，最长的不过 100 多年，大多数都是新中国成立后设立的，这对于水利水电建设对水文资料的要求来说是远远不够的。在实际工程中，多采用调查历史时间的方法延长实测水文样本序列，如查询历史记载、民间访问调查和寻找洪水遗迹等。长江三峡工程下游右岸处有一个黄牛庙，庙中的木柱上留下早期特大洪水淹没的痕迹。根据这个痕迹可以推算出当年的最高洪水位以及洪水流量，为葛洲坝和三峡工程的水文分析提供了数据。长江三峡另一处古迹——白鹤梁，有"水下碑林""水下石铭"之称，记载了从唐朝到 21 世纪初共 1200 余年间 72 年枯水年份的枯水位，是一处不可多得的历史水文资料。2002 年，中国工程院院士葛修润先生提出的"无压容器"水下原址保护方案获通过，2003 年，白鹤梁题刻水下博物馆开工，2009 年 5 月 18 日正式对外开放。三峡工程蓄水后，白鹤梁永远淹没在水下，成为"水下博物馆"。

水文分析的另一个常用分析方法是相关分析。在水文现象中，许多随机变量之间存在一定的联系。将两组相互独立的水文资料进行共同分析，找出其中的内在关联规律的分析方法，称为相关分析法。采用相关分析可以弥补某些资料的不足。例如，我国大部分的河川径流和洪水主要是因为降水发生的。当某地有较长的降水资料和较短的河道实测流量资料时，可以将降水资料与洪水流量资料对应分析，采用相关分析延续洪水流量资料。又如，当某地降水资料短缺时，可以借用相邻地区的降水资料，经过相关分析推求短缺资料。相关分析的重要指标是相关系数 R，反映了两组资料的相关程度。当相关系数 $R=1$ 时，这两组资料称为全相关，表示两者之间完全相关，可以确定完全的一一对应关系；当 $R=0$ 时称为零相关，表示两者之间互不相关；一般当相关系数 $R>0.8$ 即认为两组资料的相关性好。相关分析是水文分析中的重要方法之一。

第二节　工　程　地　质

工程地质学是研究人类工程建设活动与自然地质环境相互作用和相互影响的一门地质科学。

一、工程地质学的任务

水利水电工程坝址、坝型及其他水工建筑物类型的选择无不与工程建设地区的地质环境有着密切的关系。地质条件的优劣，直接影响建筑物的地基与基础设计方案的类型、施工工期的长短和工程投资的大小。世界上大坝破坏和失事的事例中，至少有一半是由地质条件不良而引起的。据国际工程地质协会 1979 年 9 月在苏联第比利斯举行的水工建设工程地质国际讨论会发表的论文，在世界上所有大坝的破坏事例中，30% 起因于地基岩石，28% 归结于内部侵蚀和管涌，34% 是洪水漫坝造成的，其余 8% 破坏原因未确定。在美国收集的大坝破坏和事故的资料表明，约 60% 的事故在某些方面都与地质条件有关。

综上所述，工程地质学的基本任务如下：

（1）评价工程建设地区的工程地质条件。

（2）预测和分析工程建设过程中及完成后工程地质条件可能发生的变化，以及可能出现的工程地质问题。

（3）选择最佳工程场地和克服不良地质现象应采取的工程措施，包括环境的保护与利用和地基处理等问题。

（4）提供工程规划、设计和施工所需的工程地质资料。

二、地质作用

建筑物场地的地形、地貌和组成物质的成分、分布、厚度与工程特性，取决于地质作用。地质作用包括下列两种类型：

（1）内力地质作用：这类地质作用由地球自转产生的旋转能等引起，表现为岩浆活动、地壳运动和变质作用。

（2）外力地质作用：这类地质作用由太阳辐射能和地球重力位能引起，如昼夜和季节气温变化、雨雪、山洪、河流、冰川、风及生物等对母岩产生的风化、剥蚀、搬运与沉积作用。

上述两种地质作用互相联系，例如：地壳上升与剥蚀作用相联系；地壳下降则与沉积作用相联系。错综复杂的地质作用，形成了各种成因的地形，称为地貌。并把地表形态按其不同的成因，划分为相应的地貌单元。

三、造岩矿物

矿物是组成岩石的细胞，它是地壳中具有一定化学成分和物理性质的自然元素或化合物。目前已发现的矿物有 3000 多种。

岩石的特性很大程度上取决于它的矿物成分。组成岩石的矿物称为造岩矿物，常见的主要造岩矿物仅 30 多种。

（一）矿物的种类

（1）原生矿物：由岩浆冷凝而成，如石英、长石、角闪石、辉石和云母等。

（2）次生矿物：通常由原生矿物风化产生，如长石风化产生高岭石、辉石或角闪石风化生成绿泥石。次生矿物也有从水溶液中析出生成的，如方解石与石膏等。

（二）矿物的主要物理性质

（1）形态：结晶体常呈规则的几何形状，如石英、方解石、正长石、斜长石、辉石和角闪石等。

（2）颜色：指矿物新鲜表面的颜色，取决于矿物的化学成分与所含杂质，如纯石英无色透明，称水晶；石英中含锰变为紫色，含碳呈黑色。

（3）光泽：指矿物表面反射光线的强弱程度，可分为：金属光泽如黄铁矿；非金属光泽包括玻璃光泽、油脂光泽、蜡状光泽、珍珠光泽、丝绢光泽、金刚光泽和土状光泽。

（4）硬度：指矿物抵抗外力刻划的能力。矿物的硬度由软至硬，分为 10 个等级：①滑石（软铅笔）；②石膏（指甲，略大于石膏）；③方解石（铜钥匙）；④萤石（铁钉，略小于萤石）；⑤磷灰石（玻璃）；⑥正长石（钢刀刃）；⑦石英；⑧黄玉；⑨刚玉；⑩金刚石。

（5）解理：指矿物受外力作用时，能沿着一定方向裂开成光滑平面的性能。所裂开的光滑平面称解理面。

（6）断口：指矿物受外力打击后断裂成不规则的形态。常见的断口有平坦状、参差状、贝壳状和锯齿状。

四、岩石的分类和性质

（一）按成因分类

1. 岩浆岩（火成岩）

由地球内部的岩浆浸入地壳或喷出地面冷凝而成。

主要的岩浆岩有花岗岩、花岗斑岩、流纹岩、正长石岩、闪长岩、安山岩、辉长岩、辉绿岩、玄武岩和火山灰岩等。

2. 沉积岩（水成岩）

岩石经风化、剥蚀成碎屑，经流水、风或冰川搬运至低洼处沉积，再经压密或化学作用胶结成沉积岩。沉积层分布很广，约占地球陆地面积的 75％。

主要的沉积岩有砾岩、角砾岩、砂岩、泥岩、页岩、石灰岩、白云岩和泥灰岩等。

3. 变质岩

顾名思义，它是原岩变了性质的一类岩石。变质的原因为：由于地壳运动和岩浆活动，在高温、高压和化学性活泼的物质作用下，改变了原岩的结构、构造和成分，形成一种新的岩石。

主要的变质岩有片麻岩、片岩、板岩、千枚岩、石英岩和大理岩等。

（二）按坚固性分类

1. 硬质岩石

指饱和单轴极限抗压强度值 $f_r \geqslant 30MPa$ 的岩石。常见的硬质岩石有花岗岩、石灰岩、石英岩、闪长岩、玄武岩、石英砂岩、硅质砾岩和花岗片麻岩等。

2. 软质岩石

指饱和单轴极限抗压强度值 $f_r \leqslant 30MPa$ 的岩石。常见的软质岩石有页岩、泥岩、绿泥石片岩和云母片岩等。

（三）按岩石风化程度分类

长期暴露地表的岩石在日晒、风吹、雨淋及生物等作用下，岩石结构逐渐崩解、破碎、疏松或矿物成分发生变化，这种现象称为风化。岩石风化分为物理风化、化学风化和生物风化三种类型。

（1）未风化：岩质新鲜，偶见风化痕迹。

（2）微风化：结构基本未变，仅节理面有渲染或略有变色，有少量风化裂隙。

（3）中等风化：结构部分破坏，沿节理面有次生矿物，风化裂隙发育，岩体被切割成岩块。

（4）强风化：结构大部分破坏，矿物成分显著变化，风化裂隙很发育，岩体破碎。

五、不良地质条件

（一）断层

岩层在地应力作用下发生破裂，断裂面两侧的岩体发生显著相对位移，称为断层。断层显示地壳大范围错断，如图 2-8 所示。

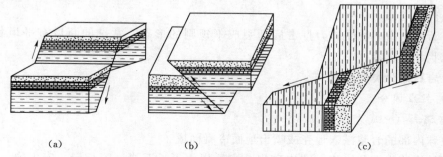

| (a) | (b) | (c) |

图 2-8　不同类型断层示意图

（a）正断层；（b）逆断层；（c）平移断层

（二）岩层节理发育的场地

岩层在地应力作用下形成断裂构造，但未发生相对位移时称为节理。通常节理的长度仅数米。相互平行的节理，称为一组节理。岩层节理的密度较大，称为节理发育，此时，岩体被节理切割成碎块，破坏了岩层的整体性。

（三）滑坡

滑坡是指在重力作用下边坡岩土体沿某一剪切破坏面发生剪切滑动破坏的现象。滑坡在我国山区发育广泛，规模较大，尤其是西南、西北山地和黄土高原，其次是华南、长江中下游等地区发生频率高。滑坡有较大的水平位移，在滑动中虽然滑坡体也发生变形和解体，但一般仍能保持相对的完整性，如图2-9所示。

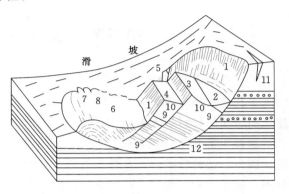

图2-9　滑坡结构示意图

1—滑坡壁；2—滑坡圈谷、滑坡湖；3、4—滑坡台阶；
5—醉汉林（近期形成的滑坡）、马刀林（早期形成的滑坡）；6—滑坡舌、鼓坡；7—鼓张裂隙；
8—剪切裂隙；9—滑动面；10—滑坡体；
11—后壁裂隙；12—滑坡床

（四）河床冲淤

河道往往有弯曲，凹岸受水流的冲刷产生坍岸，凸岸水流的流速慢，产生淤积。

（五）崩塌

在陡坡地段，岩土体被陡倾的拉裂面破坏分割，在重力作用下岩块突然脱离母体翻滚、坠落于坡下称为崩塌，包括小规模块石的坠落、倾倒块体的翻倒和大规模的山（岩）崩。崩塌体通常破裂成碎块堆积于坡脚，形成具有一定天然休止角的岩堆。在一定条件下，可在继续运动过程中发展成碎屑流。长江新滩两岸的岩崩，历史上曾四次造成堵江断航，如图2-10所示。

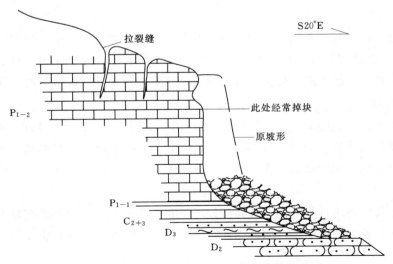

图2-10　长江三峡月亮地厚层灰岩陡坡的崩塌

（六）岩溶

在可溶性岩石地区，地下水和地表水对可溶岩进行化学溶蚀、机械溶蚀、迁移、堆积作用，形成各种独特形态的地质现象，称为岩溶。它可能发生于地表或者地下，岩溶现象对水利水电工程的危害是非常严重的，它可能导致库区渗漏，降低岩体强度和稳定性。因此，在岩溶地区修建水电站时，要选择合适的坝址。特别是对岩溶造成的库区渗漏，在建造以前要有充分的了解和相应的预防措施。

第三节 水利工程中的材料

一、水利工程材料的一般性质

水利工程设施都是由多种工程材料（Construction Material）有序构筑起来的。$1m^2$ 建筑物所用的材料量大约为 $1\sim2t$，一幢 $5000m^2$ 房屋的材料量就是 $5000\sim10000t$，铺设 $1km$ 铁路上部建筑（仅钢轨、轨枕、道床等）的材料量也和这个量相近。这些材料的采集、制作、运输、贮存、保管都需要大量的人力、资金和设备。更为重要的是材料的开发利用促进了水利工程的不断发展。远古时代，人类的住、行采用的是石块和树木。公元前 12—14 世纪先后创制了瓦和砖，人类才有用人造材料做成的住房。17 世纪有了生铁和熟铁以后，直到 18 世纪才有了第一条铸铁铁路；后来发展了钢材，才在 19 世纪后期诞生了第一幢 11 层高的高层建筑。1824 年有了波特兰水泥，才使后来的钢筋混凝土工程得到蓬勃发展。如今各种高强度结构材料、新型装饰材料和防水材料的开发，则和 20 世纪中期以来高分子有机材料在水利工程中的广泛应用密切相关。

各类水利工程设施都会对它所采用的材料提出种种要求，譬如"坚固、耐久"是对所有材料的共同要求；不同水利工程设施还会对材料提出"耐火、防水、耐磨、隔热、绝缘、抗冲击"等多种不同的要求，甚至像具有"抗辐射"这样的特殊需要。因而，水利工程所用材料的下列性质是重要的。

1. 物理性质

容积密度（材料在自然状态下单位体积的质量）、密度（材料在绝对密实状态下单位体积的质量），以及材料与水有关的性质如含水率、吸水性、抗渗性和材料的热工性质如导热性、耐火性、收缩膨胀（因温、湿度变化或材料本身化学反应引起的）等。

2. 力学性质

强度（抵抗破坏的能力）、变形（承受形状改变的能力）、弹性（材料在外力除去后其变形能完全恢复的性质）、塑性（外力除去后不能恢复其原有形状的性质）、韧性（材料受冲击断裂时吸收机械能的能力）等。

3. 耐久性质

指材料在长期使用过程中经受各种所处环境和条件的作用（如日光曝晒，大气、水和化学介质侵蚀，温、湿度变化，冻融循环，机械摩擦，虫菌寄生等）仍能保持其使用性能的能力。

水利工程所用的材料按其自身组织的不同可分为金属材料和非金属材料两大类，金属材料又可分黑色金属和有色金属，非金属材料又可分无机材料和有机材料，见表 2-1。

表 2 - 1   水利工程材料分类表

		天然石材（砂、石）
非金属材料	无机材料	陶质材料（砖、瓦、陶瓷）
		胶凝材料（石膏、石灰、水泥、水玻璃等）
		混凝土、砂浆
		未焙烧人造石材（硅酸盐和水泥制品）
		隔热材料（无机纤维）
		玻璃及其制品
	有机材料	木材、竹材
		胶凝材料（沥青等）
		隔热材料（有机纤维）
		油漆
		塑料
金属材料	黑色金属	生铁、铸铁、碳钢、合金钢
	有色金属	铝、铜、铅、锌、锡等及其合金

按材料在水利工程设施中所起的作用和功能又可分为以下类别：

（1）承重材料。起承受大自然和人为的各种作用力的作用，典型的如各种钢材、混凝土、木材和由多种砌块、砂浆组成的砌体。

（2）围护材料。起保持空间和通道使用功能的作用，典型的如黏土砖、加气混凝土、无机和有机纤维制品。

（3）装饰材料。起创造优美和舒适环境的作用，典型的如玻璃、油漆、墙地面饰面材料。

（4）胶凝材料。典型的如水泥、石灰、石膏、沥青。

二、四种主要工程材料的简介

在所有材料中，最为主要和最为大宗的是钢材、混凝土、木材和砌块。下面就这 4 种材料作简要介绍。

1. 钢材

主要包括：①各种型钢和钢筋；②钢筋混凝土梁、压型钢板和混凝土组合板、型钢和混凝土组合柱；③组合砖柱、砖砌体和混凝土组合墙梁；④钢木组合屋架。

水利工程所用钢材的主要成分是铁（Fe，约占 99%）和少量的碳（C，通常不超过 0.22%），称低碳钢；若还含少量锰（Mn）、硅（Si）、钒（V）等元素，称低合金钢。最常用的类型有型材（如角钢、槽钢、工字钢、H 型钢）、板材（如薄板、厚板、压型钢板）、管材（如无缝钢管、有缝钢管）和线材（如钢筋、钢丝、钢绞线）。型材、板材、管材可通过焊接、铆接、螺栓连接的方式，组合成各种形状的截面，做成所需要的各种钢结构。线材可浇筑在混凝土内做成所需要的各种钢筋混凝土结构。

低碳钢在结构设计中抗拉和抗压设计强度约为 $215N/mm^2$。低合金钢的抗拉和抗压设计强度可达 $310\sim380N/mm^2$。

钢材的优点是材质均匀、强度高（因而做成的结构相对重量较轻）、塑性好，便于加工安装；但耐火性差、易于锈蚀、维护费用较高。

2. 混凝土

水利工程所用的混凝土，是由水泥做胶凝材料，以砂、石子做骨料与水（经常还有各种外加剂和掺合料）按一定比例配合，经搅拌、成型、养护而成的水泥混凝土。此外还有保温用的由轻质骨料做成的轻混凝土，铺路面地面用的由沥青和骨料做成的沥青混凝土等。

结构用水泥混凝土的强度等级一般为 C20～C40，甚至可达 C60～C80（指将混凝土做成 150mm 标准立方体试块的极限压应力分别为 20MPa、40MPa、60MPa、80MPa）。C20～C40 混凝土在实际受压构件中的抗压设计强度约为 10～20MPa，抗拉设计强度约为 1.1～1.7MPa。由于混凝土的抗拉强度很低，混凝土结构多是由混凝土和钢筋粘结组成的钢筋混凝土结构。

混凝土的优点是可模性、耐久性、耐火性、整体性都较好，易于就地取材，价格较低，强度比砖、木材高，能和钢筋黏结做成各种强度高的钢筋混凝土结构；但其自重较大，施工比较复杂，工序多，工期长，易产生裂缝。

3. 木材

水利工程用的木材主要取自树木的树干。常用的树种是针叶树如松木、杉木等；常用的木材有圆木（直径 120mm 以上）、方木（截面方形，边长 100～250mm）、条木（宽度不大于厚度的 2 倍）、板材（宽度大于厚度的 2 倍；厚 35mm 以下为薄板）等。还可以木材、木质碎料、木质纤维为原料，加胶黏剂制成木质人造板和胶合木。

由于木材在生长过程中形成纹理，是各向异性的材料，其顺纹与横纹方向的性能不一。松木顺纹抗拉设计强度为 8～10MPa，顺纹抗压设计强度为 10～16MPa（在承重结构中不允许木材横纹受拉）。

木材有结构自重轻，制作容易，架设简便，工期快，造价便宜等优点；但也有易燃、易腐朽和结构变形大等缺点。

4. 砌体

水利工程用的砌体，是由石材、黏土、混凝土、工业废料等材料做成的块材，和水泥、石灰膏等胶凝材料与砂、水混合做成的砂浆叠合黏结而成的复合材料。它的品种很多，有各种石砌体、实（空）心砖砌体、中小混凝土块砌体、硅酸盐砌体等。它们的强度都很低。以常用砖砌体为例，抗压强度只有 1.5～3.5MPa，抗拉强度仅有 0.1～0.2MPa。

砌体的优点是易于就地取材，价格低廉，施工简便，隔热保温性以及耐火耐久性好。但因其强度很低导致结构笨重，而且普通黏土砖与农田争地，应限制使用。此外，砌体结构当前主要是用手工在现场砌筑而成，施工时劳动量大，工程中质量问题偏多。

这 4 种主要材料在我国水利工程中应用得最为广泛的是钢筋混凝土。钢筋混凝土（Reinforced Concrete）是广义的材料，它的混凝土可以就地取材（主要是砂石骨料和水），它的钢筋可以因受力需要按需布置，可谓集混凝土和钢材两种材料的优点于一身，所以能适应各种水利工程设施的多种功能需要。钢材的优越性高，但我国以往产量不高、品种较少且较昂贵，故多用于高层、大跨、重型建筑物，大跨度桥梁，铁路工程和大直径管道工程中，当前钢产量已有很大增长，今后肯定是水利工程用材的发展方向。木材在古建筑中广泛应用于寺庙、宫殿和民居中，但由于资源匮乏，目前在我国应用范围不广（林区除外），主要用于木屋盖、木模板、枕木、门窗、家具和建筑装修。砌体虽强度低，但可用地方材料（砖、石、砂、混凝土等），且品种众多、价格低廉、施工简便，可普遍用于中小型房屋和桥梁，以及涵洞、挡土墙等构筑物中。

近年来，采用两种材料的优点，将它们组合在一起做成的组合结构得到很大发展。例如，混凝土和型钢组合做成的压型钢板混凝土楼板、混凝土和各种型钢做成的组合柱或组合大梁、砖砌体和钢筋混凝土组合做成的组合砖柱和墙梁、钢材和木材组合做成的钢木组合屋架等。

第四节 土 力 学

土是什么？我们日常的生产、生活基本上都是在它上面进行的。对于不同的人来说它的含义也不尽相同，对于一个土壤学家来说，土是一种覆盖于地球表面可以种植植物的介质；对于工程师来说，土是由矿物材料、有机物颗粒或碎片组成的离散的、非胶结的沉淀物，其覆盖了地壳大部分区域。

土力学和工程的其它分支学科相同，是一门人类在长期学习、经验积累和实践的基础上建立起的由数学和自然科学知识构成的专业学科。它的应用需要人们结合经验判断以达到经济合理、造福人类的目的。

土力学是农业水利工程专业一门专业基础课。土力学研究的对象可概括为：研究土的本构关系以及土与结构物相互作用的规律。土的本构关系，及土的应力、应变、强度和时间这四个变量之间的内在关系。在实际应用中必须同时满足下边两个技术条件：

（1）地基的强度条件。要求建筑物地基保持稳定性，不发生滑动破坏，必须有一定的地基强度安全系数。

（2）地基的变形条件。要求建筑物地基的变形不能大于地基变形允许值。

一、土力学的发展史

早在新石器时代，人类已建造原始的地基基础，西安市半坡村遗址的土台和石础即为一例。公元前2世纪修建的万里长城，后来修建的黄河大堤以及寺庙等建筑都有坚固的地基基础，经历地震强风考验，留存至今。

18世纪产业革命后，城市建设、水利工程和道路桥梁的兴建，推动了土力学的发展。1773年法国库仑根据试验，创立了著名的土的抗剪强度的库仑定律和土压力理论。1857年英国郎肯提出又一种土压力理论。1885年法国布辛尼斯克求得半无限空间弹性体，在竖向集中力作用下，全部6个应力分量和3个变形的理论解。1925年美国土力学家太沙基发表第一部土力学专著，使土力学成为一门独立的学科。为了总结和交流世界各国的理论和经验，自1936年起，每隔4年召开一次国际土力学和基础工程会议。各地区也召开类似的专业会，提出大量论文与研究报告。

近年来，世界各国超高土石坝、超高层建筑与核电站等巨型工程的兴建，各国多次强烈地震的发生，促进了土力学的进一步发展。有关单位积极研究土的本构关系、土的弹塑性与黏弹性理论和土的动力特性。同时，各国研制成功多种多样的工程勘察、试验与地基处理的新设备，如自动记录静力触探仪、现场孔隙水压力仪、径向膨胀仪、测斜仪、自进式旁压仪、应用放射性同位素测土的物理性指标仪、薄壁原状取土器、高压固结仪、自动固结仪、大型三轴仪、振动三轴仪、真三轴仪、大型离心机、流变仪、振冲器、三重管旋喷器、深层搅拌器、粉喷机和塑料排水板插板机等为土力学理论研究发展提供了良好的条件。

二、土的分类

在工程领域，土是指位于地壳表层的足够松散的介质材料，一般由固、液、气三相构成。颗粒大小是土力学中的基本概念，决定了土的类型。按照粒径的大小可以分为漂石（块石）$d>200mm$；卵石（碎石）$60mm<d<200mm$；圆砾（角砾）$2mm<d<60mm$；砂粒 $0.075mm<d<2mm$；粉粒 $0.005mm<d<0.075mm$；黏粒 $d<0.005mm$；胶粒 $d<0.002mm$。其中以漂石、卵石、圆砾或砂粒中的一种或几种为主要组成的土称为粗粒土，也称为无黏性土。无黏性土的土颗粒之间没有黏性，透水性比较强，毛细管作用不是很明显。以粉粒、黏粒或胶粒为主的土，称为细粒土，也称为黏性土。黏性土的有黏性，透水性比较小，毛细管上升高度较大。土的分类标准在不同的机构并不尽相同，上边的划分只是选取了国内常用的粒组划分。表 2-2 为国外一些机构给出的分类标准。

表 2-2　　　　　　　　　　国 外 土 的 分 类 标 准

研究机构或部门	类型	粒径界限值 /mm	研究机构或部门	类型	粒径界限值 /mm
美国农业部	砾石 极粗砂 粗砂 中砂 细砂 极细砂 粉土 黏土	>2 2~1 1~0.5 0.5~0.25 0.25~0.1 0.1~0.05 0.05~0.002 <0.002	麻省理工学院	砾石 粗砂 中砂 细砂 粉土 黏土	>2 2~0.6 0.6~0.2 0.2~0.06 0.06~0.002 <0.002
国际土力学协会	砾石 粗砂 细砂 粉土 黏土	>2 2~0.2 0.2~0.02 0.02~0.002 <0.002	美国州公路及运输协会	砾石 粗砂 细砂 粉土 黏土	76.2~2 2~0.425 0.425~0.075 0.075~0.002 <0.002
美国联邦航空局	砾石 砂 粉土 黏土	>2 2~0.075 0.075~0.005 <0.005	美国陆军工程师兵团 美国资源再利用局 美国材料试验协会	砾石 粗砂 中砂 细砂 粉土和黏土	76.2~4.75 4.75~2 2~0.425 0.425~0.075 <0.075

三、土的结构

土的结构是指土颗粒之间的相互作用及它们在空间上的分布状况。同一种土，原状土样和重塑土样的力学性质有很大的区别。甚至用不同方法制备的重塑土样，尽管组成一样，密度也控制一样，性质还是有所差别的。这就说明，土的结构对土的性质有很大的影响。

无黏性土为单一颗粒结构。在粒间作用力中，重力起决定性的作用。在地下水位以上一定范围内的土以及饱和度不高、颗粒间的缝隙处存在着毛细角边水的土，颗粒除受重力作用外，还受毛细压力的作用。所以散粒状的砂土，当含有少量水分时具有假黏聚力，但是当土饱和时，这种联结作用即告消失。由于这种毛细力是暂时的，因此在工程问题中，其有利的作用一般不予考虑。

黏性土为在以下两种情况下都可能形成并保持整体的结构：①所形成的整体体积不随着含水量的变化而变化；②除了饱和沉淀土体的持续固结，整体结构的稳定也使得它们的体积未发生变化。因为黏土颗粒比表面积很大，颗粒很薄，重量很轻，重力不起重要作用。在结构形成中，其他的粒间力起主导作用，这些粒间力包括范德华力（即分子间的引力）、库仑力（即静电作用力）、胶结作用力和毛细压力等。一般用黏性土的灵敏度和触变性来反映黏性土的结构特性。

无论从微观还是宏观角度讲，土的结构都影响甚至决定着土的很多工程特性，例如渗透性、承载力、压缩性和抗剪强度等。

四、土的工程特性

任何建筑物都必须支撑在地基土之上。从古至今，绝大多数的工程建设的第一步都是选择良好的地基场址，土作为工程地基和建筑材料，在工程建设中起着相当重要的作用。但是不同地域的土，因为其组成颗粒的成分不同，及各成分的比例的千差万别，直接影响了土的许多工程特性。

在土质地基工程建设中的第一环节都是土质勘察，该环节对场地的适用性进行初步的分析和评价。至于土的力学特性，一般土体强度会随着深度的增加而增大，但有时也会有随深度的增加而减小的情况。因此对土的力学及工程特性的了解和研究是至关重要的。对分析可能的基础沉降具有很大的帮助，确定地基土压力不会超过土的抗剪强度，保证结构在整个使用期的安全可靠。

总之，土的工程特性是土的类型、状态以及结构特性的综合反映。

课外知识

水贫困、水利精准扶贫、水安全、"水十条"与水生态文明建设

一、水贫困

随着社会经济的发展及城镇化步伐的加快，人类对水资源的需求日益增多，在水资源的开发利用方面还存在许多有待解决的问题。水能力的主要的问题是：①用水结构尚不完善，基本处于灌溉农业的层次上；②在山区，水源涵养林面积缩减，水源涵养能力降低，径流变化幅度增大，水土流失严重；③水污染严重，水质变坏，使水资源危机成为刻不容缓解决的问题；④缺乏有力的管理措施，对水资源无序开发和透支。用水权利的主要问题是：①水资源供求关系无法平衡，过度地将水资源用于生产使得生态水资源严重短缺，生态环境越来越恶化；②不同的部门和不同区域之间的用水难以协调。这些问题已成为我国

生态安全发展的限制条件。

正是由于水资源短缺对水资源可持续利用造成了较大的挑战，对水资源贫困（简称水贫困）程度的评价就显得尤为重要。国内外学者从理论和实践两个层面对水贫困评价开展了一些研究。水资源问题的传统的解决方案是在水文工程领域进行，现在扩展到了社会和经济领域，考虑水资源开发利用、水资源的管理和对民生的影响等多方面影响因素，形成了关于水资源短缺问题相对独特的研究视角，为水资源短缺问题的研究开辟了新的研究领域。

水贫困的概念定为自然界中缺少可供使用的水，或者人们缺少获得水的能力或权利。

水贫困评价从产生至今，其研究发展较为迅速，对其模型的研究也较多，并逐步形成了其分析框架。水贫困测度也经历了权重由相同到不同、变量由单个到多个、由简单到复杂、分析结果由单一化到多样化的历程。国内通常基于水资源状况（R）、供水设施（A）、利用能力（C）、使用效率（U）、环境（E）等五个指标，通过水贫困指数（water poverty index，WPI）的计算对国空尺度、区域尺度（流域尺度）、社区尺度的水贫困进行表征。

水贫困的研究内容包括水贫困与经济贫困的空间耦合关系、基于不同区域尺度的水贫困评价、水贫困空间驱动因素、水贫困地理分布格局研究等，这些旨在分析出制约水贫困的影响因子，并为水资源可持续发展提供理论依据。根据水贫困状况，结合社会经济、产业结构、城市化、工业化发展情况，调整水资源管理方针政策，优化产业升级、合理配置资源。

研究趋势如下：

（1）目前，干旱和半干旱地区，水资源较为缺乏，水成为协调该地区社会、经济和生态可持续发展的重要因子，国内外学者对干旱和半干旱地区（尤其是西北地区）水贫困的研究较少。因此，为深刻的认识干旱和半干旱地区水资源循环规律，以水贫困理论为切入点，对干旱和半干旱地区水资源管理及水资源的可持续利用具有重大意义。

（2）基于 GIS 的可视化表达和空间分析功能，将为水贫困评价/辅助决策提供一种可能的强力的有效分析表达工具。

（3）水资源的开发、利用、管理等因素影响到产业化、城市化的发展水平和规模，而且产业化和城市化的发展可以提高水资源的利用效率及管理水平。把水贫困指数用于干旱区，并构建产业结构指标体系，研究水贫困与产业结构的影响机理，有利于实现该地区水资源的可持续利用和社会经济的发展，实现区域在水资源约束条件下产业可持续发展的适宜模式，从而提出可靠性改善水贫困、合理布局产业结构、优化产业升级的对策及建议。这对缓解水贫困程度、提高水的利用能力、探求产业最优布局具有极其重大的理论和现实意义。

二、水利精准扶贫

我国贫困地区主要集中在 14 个集中连片特殊困难地区（罗霄山区、武陵山区、乌蒙山区、秦巴山区、吕梁山区、六盘山区、大别山区、燕山-太行山区、滇桂黔石漠化区、滇西边境山区、大兴安岭南麓山区、四省藏区、西藏区、新疆南疆三地州）680 个县级行政区和片区外 152 个国家扶贫开发工作重点县，共涉及 22 个省（自治区、直辖市），832 个县级行政区。

贫困地区普遍存在着生态脆弱、资源环境承载能力低、水土流失严重、抵御水旱灾害能力不足等突出问题。水问题成为贫困地区经济社会发展的主要瓶颈制约性因素之一。以集中连片特殊困难地区为例，乌蒙山区、秦巴山区、大别山区、滇桂黔石漠化区等南方片区降雨多且集中，工程性缺水、石漠化问题突出，塌方、泥石流、洪涝灾害频发；吕梁山区、燕山-太行山区、大兴安岭南麓山区和六盘山区等北方片区降雨时空分布不均，资源性缺水问题突出，供水保障能力明显不足。农村饮水安全、农田水利建设、病险水库（闸）除险加固、中小河流治理、农村水电和水土流失综合治理等都是新阶段扶贫开发目标任务的重要内容。大力推进水利扶贫，加快推进水利基础设施建设，着力解决人民群众最直接、最现实、最迫切的民生水利问题，是支撑贫困地区经济社会加快发展、实现扶贫开发总体目标的客观要求。

精准扶贫是指对贫困户、贫困村进行精准识别、精准帮扶、精准管理和精准考核，引导各类扶贫资源优化配置，实现扶贫到村到户，逐步构建扶贫工作长效机制，为科学扶贫奠定坚实的基础。实现"精准扶贫"，体现党中央扶贫开发方式创新转变的思想和新思路，是我国现阶段扶贫开发的重大创新，对于进一步解放思想、开拓思路、突破体制机制障碍、增强贫困地区的内在动力和发展活力、加快贫困地区群众脱贫致富和全面建成小康社会具有重大意义。

精准扶贫，关键在于靶向瞄准。水利扶贫必须弄清贫困地区贫困村、贫困户的水利需求，因地因人精准施策。结合扶贫部门建档立卡识别成果和全国农村贫困监测调查主要结果，以农村饮水安全、防洪除涝、农田灌溉、水源供给、生态保护、农村水电保障等为重点，认真开展贫困农民水利需求调查，系统收集贫困地区经济社会、资源环境、农业生产、水利基础设施建设和改革管理等现状资料，深入调研、分析、评价水利基础设施、水资源开发利用与保护、农业生产、水利管理等现状水平，找出制约贫困地区经济社会发展的突出水问题，为实现"对症下药，精准滴灌，靶向治疗"奠定基础。

（一）"十三五"区域水利扶贫发展重点

根据全国 832 个贫困县的自然地理、气候背景、资源环境、经济社会发展、生态环境保护等特点和存在的问题以及脱贫致富的总体要求，全国贫困区大致分为 3 类区域：

（1）北方贫困区包括大兴安岭南麓山区、燕山-太行山区、吕梁山区、六盘山区、秦巴山区、新疆南疆三地州、两省（甘肃、青海）藏区和国家扶贫开发工作重点县共 336 个贫困县，涉及黑龙江、吉林、内蒙古、河北、山西、陕西、甘肃、宁夏、青海、新疆 10省（自治区）。针对该区内平原面积大、为国家粮食主要增产区与畜牧业基地、水资源相对短缺、水资源开发利用程度相对较高、耕地灌溉率较低等特点，应以灌区节水改造、发展高效节水灌溉和牧区水利为重点，改善农业生产条件和农村环境。

（2）中部贫困区包括大别山区、秦巴山区、罗霄山区、武陵山区和国家扶贫开发工作重点县共 150 个贫困县，涉及安徽、江西、河南、湖北、湖南 5 省。该区水资源相对丰富，但时空分布不均，是洪涝灾害易发区、多发区，水环境恶化，水土流失严重，水资源调配能力不足。因此，该区未来应以控制性工程建设为重点，提高江河控制程度，加强重要江河支流、中小河流治理和蓄滞洪区建设，解决防洪突出薄弱环节，合理配置水资源，保障乡镇、重点农业区的供水。

（3）西南贫困区包括乌蒙山区、武陵山区、滇桂图黔石漠化区、滇西边境山区、西藏区、两省（四川、云南）藏区和国家扶贫开发工作重点县共 346 个贫困县，涉及重庆、四川、贵州、广西、云南、西藏、海南 7 省（自治区、直辖市）。该区多为江河发源地，水资源丰富，但时空分布不均，土地面积广，贫困人口多，片区内山高水低，地势陡峻，耕作条件差，经济社会发展水平不高，未来应以中小水源、农村"五小水利"工程、中小河流治理、石漠化水土流失治理为重点，加快水利建设。

（二）"十三五"区域水利扶贫主要建设任务及主要发展指标

1. 主要建设任务

（1）农村饮水安全巩固提升工程：进一步提高农村自来水普及率、供水保证率、水质达标率。根据农村水源特点、人口分布特征、地区条件等，提出适合的农村饮水安全问题解决方案。加强农村饮用水水源保护，对供水人口 1000 人以上的集中供水工程，划定水源保护区或保护范围。加强水质检测能力建设，完善农村饮水工程水质检测监测体系，提升农村饮水安全监管水平。

（2）农田水利建设：从推进贫困地区"五小"工程与小型农田水利建设，打通农田水利"最后一公里"，加快实施大中型灌区续建配套与节水改造，加强灌溉排水泵站更新改造、牧区水利工程建设等方面提出建设任务；分析贫困地区水土资源条件，在水土资源具备开发潜力的地区，合理规划新建一批灌区，增加农田有效灌溉面积，提高人均旱涝保收农田面积；在水资源短缺地区、陡坡地区严格控制扩大灌溉面积。

（3）防洪抗旱减灾体系建设：从加强中小河流治理、江河主要支流治理、蓄滞洪区建设与管理、山洪灾害防治、城镇防洪、小型病险水库除险加固、大中型病险水库水闸除险加固、抗旱应急备用水源建设和完善防洪抗旱应急预案等方面提出贫困地区防洪抗旱减灾建设的任务，提高防洪抗旱减灾能力，保障人民群众生命财产安全。

（4）水资源开发利用和保护工程建设：从提升贫困地区的水利保障程度出发，在具备水资源开发利用潜力、工程性缺水地区，在保护生态环境和协调上下游用水需求的基础上，提出大、中、小各类地表水、地下水水源工程及水资源配置工程建设任务，提高区域供水保障能力，特别是提高县城和重要乡镇的供水保障能力。按照"综合治理、注重保护"的原则，提出水源地涵养与保护、生态补（调）水、水生态保护与修复、入河排污口整治、地下水超采治理等水资源保护综合治理工程，保护和改善水生态环境。

（5）水土保持和生态建设：坚持预防与保护相结合、工程与非工程措施相结合，加快贫困地区水土流失综合治理，提出水土保持重点区域的水土流失综合治理措施、工程项目，促进水土资源可持续利用；加强坡耕地综合治理工程，研究提出坡耕地综合治理项目；根据水源建设和配置格局，划定饮用水水源地，提出水源地涵养与保护的安排；按照调整优化产业结构的要求，合理退减过度开发地区水资源，研究提出生态脆弱河流和地区水生态修复、农村河塘清淤整治工程项目。

（6）农村水电工程建设提出贫困地区水电新农村电气化县建设、小水电代燃料生态保护工程建设以及农村水电增效扩容改造工程建设的任务。提出推行农村水电资产让贫困村、贫困户受益机制的任务。

2. 主要发展指标

到 2020 年，力争使贫困县农村集中式供水人口比例提高到 80% 左右，国家重点贫困县的县城和重要乡镇基本达到防洪标准，贫困地区新增供水能力 280 亿 m³，水功能区水质达标率达到 80%，治理贫困地区水土流失面积 8.5 万 km²，贫困地区新增农村水电装机 300 万 kW。

三、水安全

水安全属于非传统安全的范畴，是指在一定流域或区域内，以可预见的技术、经济和社会发展水平为依据，以可持续发展为原则，水资源、洪水和水环境能够持续支撑经济社会发展规模、能够维护生态系统良性发展的状态即为水安全。水资源、洪水和水环境的有机统一构成水安全体系，三者是一个问题的三个方面，相互联系、相互作用，形成了复杂、时变的水安全系统。水安全的对立面是水风险、水破坏、水灾害。

水安全状况与经济社会和人类生态系统的可持续发展紧密相关。随着全球性资源危机的加剧，国家安全观念发生重大变化，水安全已成为国家安全的一个重要内容，与国防安全、经济安全、金融安全有同等重要的战略地位。水安全不仅涉及防洪安全、供水安全、粮食安全，而且关系经济安全、生态安全、国家安全。

水安全的内涵：①水安全是人类和社会经济可持续发展的一种环境和条件；②水安全系统由众多因素构成，经济社会和生态系统满足的程度不同，水安全的满足程度也不同，因此水安全是一个相对概念；③水安全是一个动态的概念，随着技术和社会发展水平不同，水安全程度不同；④水安全具有空间地域性、局部性；⑤水安全可调控性，通过水安全系统中各因素的调控、整治，可以改变水安全程度；⑥维护水安全需要成本。

我国水安全问题新旧交织，仍然面临较为严峻的形势，突出表现在水资源短缺严重、水污染问题突出、水灾害威胁加重、水生态退化严重等方面；同时，超强地震、超标洪水及特大地质灾害等因素，威胁高坝水电站长期安全运行，甚至诱发高坝失事、危害下游人民生命财产安全。从科学与技术层面来看，我们仍存在许多重大瓶颈科技问题需要突破，其核心问题如下：

（1）在水资源安全保障方面：未来气候变化影响下水资源供需预测、水资源的跨流域时空调配以及以节水、治污、开源、调配为核心的最严格水资源管理技术。

（2）在流域水沙-环境生态方面：在工农业发展、城镇化、大规模水利工程建设条件下未来河流水沙与生态环境变化趋势预测、河流水沙与生态环境的物质通量的相互作用以及河流系统水动力、地貌与生物多样性等要素的平衡与调控问题。

（3）在水电能源开发与长效安全运行保障方面：重点研究极端致灾因子如超强地震、超标洪水与复杂地质条件下水电站高坝枢纽群的灾害链风险问题。

（4）在洪旱灾害防御方面：重点研究极端气象条件与人类活动影响下的江河洪水、城市洪涝、山洪泥石流、风暴潮与干旱的灾害机理与风险控制问题。

四、"水十条"

针对中国湖泊水质不容乐观、富营养化问题仍然突出，地下水污染呈恶化态势以及用水总量和废水排放量仍呈现上升的态势，农业源污染物快速增加且污染控制难度加大，水污染从单一污染向复合型污染转变，非常规水污染物产生量持续上升且控制难度增大等水问题，国务院于 2015 年 4 月 16 日印发了《水污染防治行动计划》（又称"水十条"），作为至 2020 年防治水污染的总体计划。

《水污染防治行动计划》提出，到 2020 年，全国水环境质量得到阶段性改善，污染严重水体较大幅度减少，饮用水安全保障水平持续提升，地下水超采得到严格控制，地下水污染加剧趋势得到初步遏制，近岸海域环境质量稳中趋好，京津冀、长三角、珠三角等区域水生态环境状况有所好转。《水污染防治行动计划》从全面控制污染物排放、推动经济结构转型升级、着力节约保护水资源、强化科技支撑、充分发挥市场机制作用、严格环境执法监管、切实加强水环境管理、全力保障水生态环境安全、明确和落实各方责任、强化公众参与和社会监督十个方面开展防治行动。主要措施如下：

（1）关："十小"企业将全部取缔。2016 年年底前，按照水污染防治法律法规要求，全部取缔不符合国家产业政策的小型造纸、制革、印染、染料、炼焦、炼硫、炼砷、炼油、电镀、农药等严重污染水环境的生产项目。

（2）治：整治十大重点行业。制定造纸、焦化、氮肥、有色金属、印染、农副食品加工、原料药制造、制革、农药、电镀等行业专项治理方案，实施清洁化改造。新建、改建、扩建上述行业建设项目实行主要污染物排放等量或减量置换。

（3）除：清除垃圾河、黑臭河。加大城市黑臭水体治理力度，每半年向社会公布治理情况。地级及以上城市建成区应于 2015 年年底前完成水体排查，公布黑臭水体名称、责任人及达标期限；于 2017 年年底前实现河面无大面积漂浮物，河岸无垃圾，无违法排污口；于 2020 年年底前完成黑臭水体治理目标。

（4）禁：禁养区内不能有养殖场。科学划定畜禽养殖禁养区，2017 年年底前，依法关闭或搬迁禁养区内的畜禽养殖场（小区）和养殖专业户，京津冀、长三角、珠三角等区域提前一年完成。控制农业面源污染。推广低毒、低残留农药使用补助试点经验，开展农作物病虫害绿色防控和统防统治。

（5）调：实施"阶梯水价"倒逼节约用水。加快水价改革。县级及以上城市应于 2015 年底前全面实行居民阶梯水价制度。2020 年年底前，全面实行非居民用水超定额、超计划累进加价制度。修订城镇污水处理费、排污费、水资源费征收管理办法，合理提高征收标准，做到应收尽收。

（6）保：从水源到"水龙头"无忧。定期公布饮水安全状况，科学防治地下水污染，确保饮用水安全；深化重点流域水污染防治，对江河源头等水质较好的水体保护；重点整治长江口、珠江口、渤海湾、杭州湾等河口海湾污染。到 2030 年，全国七大重点流域水质优良比例总体达到 75% 以上，城市集中式饮用水水源水质达到或优于 Ⅲ 类比例总体为95% 左右。

（7）责：因水可能被摘"乌纱帽"。国务院与各省区市政府签订水污染防治目标责任书，切实落实"一岗双责"。将考核结果作为水污染防治相关资金分配的参考依据。对未通过年度考核的，要约谈省级人民政府及其相关部门有关负责人，提出整改意见，予以督促；对有关地区和企业实施建设项目环评限批。对因工作不力、履职缺位等导致未能有效应对水环境污染事件的，以及干预、伪造数据和没有完成年度目标任务的，要依法依纪追究有关单位和人员责任。

（8）节：实施最严格水资源管理。着力节约保护水资源，控制用水总量。实施最严格水资源管理。到 2020 年，全国用水总量控制在 6700 亿 m³ 以内。严控地下水超采。开展华北地下水超采区综合治理，超采区内禁止工农业生产及服务业新增取用地下水。提高用水效率，到 2020 年，全国万元国内生产总值用水量、万元工业增加值用水量比 2013 年分别下降 35％、30％以上。

（9）晒：给排污企业和最差城市"亮牌"。加大执法力度，逐一排查工业企业排污情况，对超标和超总量的企业予以"黄牌"警示，一律限制生产或停产整治；对整治仍不能达到要求且情节严重的企业予以"红牌"处罚，一律停业、关闭。自 2016 年起，定期公布环保"黄牌"、"红牌"企业名单。同时，综合考虑水环境质量及达标情况等因素，国家每年公布最差、最好的 10 个城市名单和各省区市水环境状况，强化公众参与和社会监督。

（10）奖："以奖促治"找到"领跑者"。深化"以奖促治"政策，实施农村清洁工程，开展河道清淤疏浚，推进农村环境连片整治。限期办理群众举报投诉的环境问题，一经查实，可给予举报人奖励。健全节水环保"领跑者"制度。鼓励节能减排先进企业、工业集聚区用水效率、排污强度等达到更高标准，支持开展清洁生产、节约用水和污染治理等示范。

五、水生态文明建设

水生态文明建设是以水生态系统为对象，通过工程性措施与非工程性措施建设，使其满足人类社会发展需求，并最终形成一种可自我更替、完善的良性演化过程。水生态文明建设符合未来水资源管理的先进理念，是我国未来水资源管理的重要方向。

1. 产生背景

一方面，随着社会经济的快速发展，特别是改革开放以来，我国的水资源、水环境、水生态形势日益严峻，水问题成为制约社会经济和谐发展的主要瓶颈。尤其近些年，在人类活动与气候变化的叠加影响下，水生态系统退化趋势加剧，水环境问题凸显，严重影响了人类的生存与发展。在这一大背景下，国家及时出台了一系列治水兴水政策。从 2011 年中央 1 号文件到党的十八大将生态文明建设放到突出位置以来，一系列文件明确提出要将水生态保护摆在社会经济发展全局中更加重要的地位。作为生态文明建设的重要一环，加快、加强水生态文明建设的重要性不言而喻。另一方面，通过几十年的发展，我国水利建设已经迈入新的阶段，规划、设计、施工、运行与管理的理论与技术水平已经有了显著提高，部分领域已达到世界领先水平。目前，我国已经开始从传统水利向现代水利转变，其中资源水利、环境水利与生态水利成为民生水利的主线，水利科技也随之得到迅猛发展。水生态文明建设具有明显的交叉学科特点，主要包含四方面内容：①水资源。水资源评价、"自然-人工"二元水循环理论、水资源配置、水量—水质联合调度、水沙过程等研究内容的发展，为开展水生态文明中涉水的科研提供了重要支撑；②水生态。生态学、水文生态学、生态水文学、生态经济学等学科的研究内容都为开展水生态文明研究与建设提供了重要参考；③水利工程。水生态文明建设需要通过一系列工程性措施得以实施，涉及内容包括坝、闸、堤、渠道等水工建筑物，同时在建筑与运行过程中需要充分考虑生态环境需求，通过水利工程的修建提高当地的生态环境质量；④法律学、管理学与美学。在水利工程配套建设的基础上，需要开展法规、政策、立法、管理与美学等人文学科研究，为水生态文明建设提供有效的政策法律保障与人文观点，从而使这一项工作发挥最大效益。此外，随着"3S"技术、物联网与"云"技术等现代前沿技术的发展，将为水生态文明建设提供更为有效的解决方法。

2. 主要任务

建设以国土生态空间规划为指导框架体系；构建重大水生态修复工程体系；增强生态产品的生产能力保障体系；提出支持生态建设的水资源政策体系；加强水生态文化建设体系；健全面向生态安全的水资源管理制度体系。

3. 关键技术

（1）水循环及其伴生过程的模拟技术。包括流域"自然-社会"水循环整体模拟、流域分布式产沙模拟、水文-生态耦合模拟、多源复合水污染模拟以及水循环及伴生过程多源数据同化技术。

（2）水的生态服务功能评价、生态评估与补偿技术。水的生态服务功能评价技术、区域/流域生态目标的科学确定、水生态系统生态需水核算、流域/区域生态需水整合、基于生态服务功能的生态需水核算技术。

（3）面向生态的水资源合理配置与调度技术。基于低碳模式的水资源配置技术、生态用水与生态用地的联合配置、多目标水沙资源化配置、复杂水利工程群联合生态调度。

（4）水生态修复技术。水污染防治技术、水污染处理技术、人工湿地、环境生态数值模拟技术、除藻技术、富营养化处理技术。

（5）"智能水网"技术。二元水循环理论为核心的水生态系统监测系统、云计算、无线移动传输技术、物联网技术与智能水网调度技术等。

思 考 题

1. 什么是水循环？
2. 简述描述流域形状特征的主要几何形态指标。
3. 简述河川径流的形成过程。
4. 试分别列举三种以上典型的岩浆岩、沉积岩、变质岩。
5. 试简述岩石的分类。
6. 水利工程要求所采用的材料有哪些主要性质？为什么材料必须具有这些性质，才能成为水利工程材料？
7. 在你生活的圈子中经常接触到的有哪些与水利工程有关的材料？
8. 试简述土的分类、结构及其工程特性。

参 考 文 献

［1］ 田士豪，陈新元．水利水电工程概论［M］．北京：中国电力出版社，2006.
［2］ 罗福午．土木工程（专业）概论［M］．武汉：武汉理工大学出版社，2005.
［3］ 陈仲颐．土力学［M］．北京：清华大学出版社，1994.
［4］ 陈希哲．土力学与地基基础［M］．北京：清华大学出版社，2004.
［5］ 沈祖炎．土木工程概论［M］．北京：中国水利水电出版社，2009.
［6］ 詹道江．叶守泽．工程水文学［M］．北京：中国水利水电出版社，2000.

［7］ 陈南祥. 工程地质及水文地质［M］. 北京：中国水利水电出版社，2007.

［8］ 陈绍金. 中国水利史［M］. 北京：中国水利水电出版社，2007.

［9］ 黄廷林，马学尼. 水文学［M］. 北京：中国建筑工业出版社，2006.

［10］ 吴持恭. 水力学［M］. 北京：高等教育出版社，2008.

［11］ 尹小玲，于布. 水力学［M］. 3 版. 广州：华南理工大学出版社，2014.

［12］ 赵振兴，何建京. 水力学［M］. 2 版. 北京：清华大学出版社，2010.

［13］ 王文川. 工程水文学［M］. 北京：中国水利水电出版社，2013.

［14］ 沈冰，黄红虎［M］. 水文学原理. 北京：中国水利水电出版社，2008.

［15］ 周建波. 工程地质［M］. 北京：北京大学出版社，2013.

［16］ 王桂林. 工程地质［M］. 北京：中国建筑工业出版社，2012.

［17］ 吴科如，张雄. 土木工程材料［M］. 3 版. 上海：同济大学出版社，2013.

［18］ 张诚，严登华，秦天玲. 试论水生态文明建设的理论内涵与支撑技术［J］. 中国水利，2014，
（12）：17－18，24.

第三章 水 资 源

水是人类赖以生存和发展的珍贵资源。地球上虽然"三分陆地七分水",水资源总量达 14 亿 km^3,但大部分分布在海洋中,陆地表面可获得的淡水资源量只占地球水量的很少一部分。千百年来,人类一直在寻求各种方法,以充分利用各种可能获得的淡水资源。然而随着人口增长、工业发展和农业灌溉面积的扩大,水资源危机已日益成为全球关注的焦点。我国水资源总量十分丰富,但人均占有量少,水资源时空分布与人口、耕地的分布不相适应,且农业用水占全部用水总量的比重过大。同时,由于管理不当,造成了诸如河道断流、土壤盐碱化、地面沉降和海水入侵等危及工农业生产安全与可持续发展的重大问题。因此,水资源的合理开发与利用对解决水资源供需矛盾和保证农业的可持续发展具有十分重要的意义。

第一节 水资源及其特性

一、水资源的基本含义

近年来,"水资源"一词广泛流行,但对其正确涵义却存在着不同的见解。1977 年联合国召开水会议后,联合国教科文组织和世界气象组织共同提出了水资源的涵义:"水资源是指可资利用或可能被利用的水源,这种水源应当有足够的数量和可用的质量,并在某一地点为满足某种用途而得以利用。"

水资源是"可资利用或可能被利用的",是指:①水质符合人类利用的要求;②在现代技术经济条件下,通过工程措施或净化处理可能利用的水。南极的冰山、深层地下水、净化代价过高的海水,一般均不作为水资源(待用水资源),但当技术经济发展到一定阶段可以开发利用时,它就成为水资源。因此,水资源量含有一定的技术经济水量,具有相对的动态性。

从总体上讲,全球可以利用的淡水足以为人类所使用。但由于历史、文化、政治、经济等各方面因素制约,人口密度的分布与可利用水资源的分布不甚协调。水资源的开发利用就是要规划者想方设法找到最合理的方案与措施来满足需水,同时防止或减少洪涝灾害。因此,要根据"自然水"与"社会水"两方面的情况,以及工程措施与非工程措施的可能性,才可能对水资源作出正确的估计与评价。水文学或物理学意义上的"水",并不能完全等同于水资源学中的"水资源"。所谓"社会水"是指实际存在的或人们预估要发生的社会对水的要求,这种要求可能比自然来水大,也可能比自然来水小,它不以自然水客体为转移的,是人类主观意识上反映出来,属于精神意义上的客观需要。然而,地球上水的数量基本上是恒定的,水资源更是有限的。因此,要改变对水资源"取之不尽、用之不竭"的观念，要从传统的"以需定供"转为"以供定需"，从根本上解决水资源的供需矛盾。

二、水资源的特性

水资源是在水循环背景上、随时空变化的、逐年可恢复和更新的动态自然资源，它有与其他自然资源不同的特性。

1. 循环性

地球上存在着复杂的、大体以年为周期的水循环。水循环的内因，是固态水、液态水和气态水随温度不同而转移交换。水循环的外因，是太阳的辐射和地球的引力作用。水资源当年的耗用或流逝，又可为来年的大气降水所补给，形成了资源消耗和补给间的循环性。

2. 再生性

从宏观上看，所有物质资源在自然界中都是循环地运动着，只是转化再生的快慢不同而已。非再生资源指要经过漫长的地质年代才形成的资源，如煤、石油等。再生资源指在比较短的周期内可以形成的资源，如水。从水资源的再生性看，利用它具有时间价值，利用得越早，其价值越大。

3. 有限性

就特定区域一定时段（年）而言，年降水量有或大或小的变化，但总是个有限值。因而就决定了区域年水资源量的有限性。水资源的超量开发消耗，或动用区域地表、地下水的静态储量，必然造成超量部分难于恢复，甚至不可恢复，从而破坏自然生态环境的平衡。就多年均衡意义来讲，水资源的平均年耗用量不得超过区域的多年平均资源量。无限的水循环和有限的大气降水补给，规定了区域水资源量的可再生性和有限性。

4. 利与害的两重性

水的两重性是指水利与水害。水利是指可利用水来发电、灌溉、航运、供水、养殖以及改良环境和旅游等，为人类造福；水害是指洪灾、涝灾、水污染等，给人类带来损失和灾害。因此，我们应将兴水利和除水害结合起来，合理、有效地利用水资源。

5. 开发利用的多用性

水资源是具有多种用途的自然资源，水量、水能、水体均各有用途。主要的用水部门有水力发电、防洪与排涝、农田灌溉、工业与民用给水、航运、水产、竹木浮运、环境改良与旅游等。

三、保护水资源的重要性

1. 水是万物之母

水是生态环境四大要素（水、空气、土壤、阳光）之一，是自然界万物赖以生存的基本物质。在组成人体的成分中，水就占有 2/3。据医学研究，当一个人失水 20% 时，将导致死亡。在整个人类历史上水是最宝贵的资源之一，没有水，地球上就没有生命。世界上几乎所有古代文明都是在沿河及其冲积平原上建立和发展起来的，人类对水的需求与人类本身的存在一样历史悠久。总之，从生命的起源上讲，水是生命的缔造者，具有维持人类生命的作用，是生命之源。

2. 水是生产之要，生态之基

水资源具有维持工农业生产的作用，是农业的命脉、工业的血液；维持良好生态环境的作用，是构成优美环境的基本要素。

3. 水资源是不可替代的资源

水资源的不可替代性，是由水的物质特性所决定的。水的汽化热和热容量是所有物质中最高的，水的热传导能力在所有液体（除水银外）中是最高的，水的表面张力在所有液体中是最大的，水在 4℃ 时密度最大，水的汽化膨胀系数大，水具有不可压缩性，水是最好的溶剂，水本身是植物光合作用的基本材料，水有特强渗透性等。人类及一切生物所需的养分，全靠水溶输移。

水资源具有普遍的社会性，世界各国国民经济的各部门和人民生活都离不开水。科学技术发展到今天，虽然人类已能人工合成胰岛素，制造出化学纤维、人造血管、人造心脏、人工智能、克隆技术等已相继出现，但从实用意义上说，却还不能人工造水，因此水资源是没有其他任何物质可以替代的资源。

如上所述，水资源是人类及一切生物赖以生存和社会经济发展的物质基础，是一种具有多种用途、不可替代的可再生和有限的自然资源。传统的水资源开发利用模式造成了水资源日益贫乏和水环境污染日益严重等重要问题。这种严峻的现实正在制约着社会经济的发展、影响着社会安定和威胁着人类的生存，因此必须有效地保护水资源。

第二节 中国水资源概况

一、中国水资源量

我国江河众多，水资源丰富。流域面积在 $100km^2$ 以上的河流有 5 万多条，流域面积在 $1000km^2$ 以上的有 1500 多条，还有星罗棋布的天然湖泊，其中面积在 $100km^2$ 以上的有 130 多个。我国还有丰富的冰川资源，共有冰川 43000 余条，总面积 $58700km^2$，占亚洲冰川总量的一半以上，总贮量约 52000 亿 m^3。同时，由于我国位于欧亚大陆东南部，大部分处于北温带季风区，地域辽阔，平均年降水量为 61889 亿 m^3，平均降水深 648.4mm。

根据分析计算，全国水资源总量 $2.8×10^4$ 亿 m^3，其中河川径流量 $2.7×10^4$ 亿 m^3，与河川径流不重复的地下水资源量约为 $0.1×10^4$ 亿 m^3，仅次于巴西、苏联、加拿大、美国和印度尼西亚，居世界第六位。

我国的水能资源极其丰富，居世界首位。按多年平均流量估算的河川水能资源理论蕴藏量约 6.94 亿 kW，年电量 60829 亿 kW·h。由于技术、经济及环境等因素的制约，可能开发利用的水能资源仅是其总蕴藏量中的一部分。根据普查资料，我国可能开发的装机容量 0.5MW 以上的水电站近 11700 座，总装机容量可达 4.02 亿 kW，年发电量 17534 亿 kW·h。此外，我国的海洋水能资源也很丰富，仅潮汐资源一项，初步估计有 1.1 亿 kW。我国分省水能蕴藏量见表 3-1。

表 3 - 1   中国分省（区）水能蕴藏量统计

地区、省区	水能蕴藏量			地区、省区	水能蕴藏量		
	万 kW	亿 kW·h/a	占全国比重/%		万 kW 计	亿 kW·h/a	占全国比重/%
全国	67604.71	59221.8	100	河南	477.36	418.2	0.7
华北地区	1229.93	1077.4	1.8	湖北	1823.13	1587.1	2.7
北京、天津、河北	220.84	193.5	0.3	湖南	1532.45	1342.4	2.3
山西	511.45	448.0	0.8	广东	823.60	721.5	1.2
内蒙古	497.64	435.9	0.7	广西	1751.83	1534.6	2.6
东北地区	1212.66	10623	1.8	西南地区	47331.18	41462.1	70.0
辽宁	175.19	153.5	0.3	四川	15036.78	13172.2	22.2
吉林	297.98	261.0	0.4	贵州	1874.47	1642.0	2.8
黑龙江	739.49	647.8	1.1	云南	10364.00	9078.9	15.3
华东地区	3004.8g	26323	4.4	西藏	20055.93	17569.0	29.7
上海、江苏	199.10	174.4	0.3	西北地区	8417.69	7373.9	12.5
浙江	606.00	530.9	0.9	陕西	1274.88	1116.8	1.9
安徽	398.08	348.7	0.6	甘肃	1426.40	1249.5	2.1
福建	1045.91	916.2	1.5	青海	2153.66	1886.6	3.2
江西	682.03	597.5	1.0	宁夏	207.30	181.6	0.3
山东	73.76	64.6	0.1	新疆	3355.45	2939.4	5.0
中南地区	6408.37	5613.8	9.5				

注 数据来自人地系统主题数据库。我国台湾省资料暂缺；海南省及重庆市数据未单独列出。

二、中国水资源的特点

1. 人均、亩均水资源占有量少

我国是一个水资源贫乏的国家。据 2015 年《中国统计年鉴》资料，2014 年末全国水资源总量为 27266.9 亿 m^3，虽然水资源的总量丰富，居世界第六，但人均占有水资源量仅为 1998.6m^3 左右量，约为世界平均值的 1/4，约为日本的 1/2，美国的 1/5。按每亩耕地平均占有年径流量计，只有 1750m^3/亩，仅为世界亩均占有量的 3/4。并且水资源地区分布不均衡，如海滦河流域人均占有水量仅有 430m^3，为全国人均水量的 16%，亩均水量仅为 251m^3，为全国亩均水量的 14%。

2. 水资源地区分布不均衡

水资源的分布与人口、耕地分布以及经济发展不相适应。从表 3－2 可见，南方四片面积占全国面积的 36.5%，耕地占全国的 36%，人口占全国的 54.4%，但水资源总量却占全国的 81%。辽河、海滦河、黄河、淮河 4 个流域片的总面积占全国的 18.7%，相当于南方四片总面积的一半，耕地占全国的 45.2%，人口占全国的 38.4%，但其水资源总量却只相当于南方四片的12%。

表3-2　　　　　　　　　　中国各流域片人均、亩均水资源比较

流域片名称		流域片面积占全国百分数/%	水　资　源		流域片人口占全国人口百分数/%	流域片耕地占全国耕地百分数/%	人均水量/(m³/人)	亩均水量/(m³/亩)
			总量/亿 m³	占全国百分比/%				
内陆河片		35.3	1303.9	4.6	2.1	5.8	6290	1470
北方五片	黑龙江流域	9.5	1351.8	4.8	5.1	13.0	2630	679
	辽河流域	3.6	576.7	2.1	4.7	6.7	1230	558
	海滦河流域	3.3	421.1	1.5	9.8	10.9	430	251
	黄河流域	8.3	743.6	2.6	8.2	12.7	912	382
	淮河流域	3.5	961.0	3.4	15.7	14.9	623	421
	合计	28.2	4054.2	14.4	43.5	58.2	938	454
南方四片	长江流域	19.0	9613.4	34.2	34.8	24.0	2760	2620
	珠江流域	6.1	4708.1	16.8	10.9	6.8	4300	4530
	浙闽台河片	2.5	2591.7	9.2	7.2	3.4	3590	8920
	西南诸河片	8.9	5853.1	20.8	1.5	1.8	3840	2180
	合计	36.5	22766.3	81.0	54.4	36.0	4180	4130

海滦河、辽河、淮河流域和黄河中下游拥有丰富的土地和矿产资源，经济较发达，具有进一步发展经济的巨大潜力。从长远看，这些流域水资源供不应求的矛盾今后将会更加严重。广大内陆河地区水资源贫乏，在经济有较大发展后，水资源不足的问题也将成为突出的矛盾。

3. 年内、年际降水不均匀

年内、年际降水不均匀的不利影响使水旱灾害频繁，年内分布集中，年际变化大，枯水年和枯水季节的缺水矛盾更加突出。例如华北、东北、西北和西南地区，汛期6—9月的雨量占全年降水总量的70%～80%，春季往往发生春旱。南方各省汛期（一般4—7月）雨水过分集中，不但总水量不能充分利用，而且往往造成洪水灾害。

三、中国水资源质量状况

1. 地表水资源质量状况

多年来，我国水资源质量不断下降，水环境持续恶化，由于污染所导致的缺水事故不断发生，不仅使工厂停产、农业减产甚至绝收，而且造成了不良的社会影响和较大的经济损失，严重威胁了社会的可持续发展和人类的生存。为了加强水资源管理，提高人们的环境意识，引起政府和更多民众关注环境，我国在每年6月5日"世界环境日"前夕均发表《中国环境公报》，其中水环境作为重要的组成部分予以公布，表3-3是我国2014年《中国环境公报》水环境部分中主要水系水质状况。

从表中可以看出，全国地表水污染依然较重。7大水系总体为轻度污染，西南诸河区、西北诸河区水质为优，珠江区、长江区、东南诸河区水质为良，松花江区、黄河区、辽河区、淮河区水质为中，海河区水质为劣。在7大水系423条主要河流国控监测断面中，Ⅰ～Ⅲ类，Ⅳ～Ⅴ类和劣Ⅴ类水质的断面比例分别为71.2%、19.8%和9.0%，主要污染指标为化学需氧量、五日生化需氧量和总磷。但从2001—2014年统计数据来看，长

表 3-3 中国主要水系水环境质量现状

水系	符合Ⅰ~Ⅲ类标准占监测河段长比例/%	符合Ⅳ类标准占监测河段长比例/%	符合Ⅴ类标准占监测河段长比例/%	符合劣Ⅴ类标准占监测河段长比例/%	主要污染参数
长江	88.1	6.9	1.9	3.1	石油类、氨氮、五日生化需氧量
黄河	59.7	19.3	8.1	12.9	石油类、氨氮、五日生化需氧量
珠江	94.5	1.8	—	3.7	石油类、氨氮
松花江	62.1	28.7	4.6	4.6	氨氮、五日生化需氧量和高锰酸盐指数
淮河	56.4	21.3	7.4	14.9	氨氮、五日生化需氧量和高锰酸盐指数
海河	39.1	14.1	9.1	37.5	氨氮、五日生化需氧量和总磷
辽河	41.8	40.0	10.9	7.3	氨氮、五日生化需氧量和石油类
浙闽	84.5	11.1	4.4	—	石油类、五日生化需氧量、氨氮
西北诸河	98	—	—	2	石油类、氨氮、五日生化需氧量
西南诸河	93.6	—	3.2	3.2	铅

江、黄河、珠江、松花江、淮河、海河、辽河等七大流域和浙闽片河流、西北诸河、西南诸河总体水质明显好转，Ⅰ~Ⅲ类水质断面比例上升32.7个百分点，劣Ⅴ类水质断面比例下降21.2个百分点。

2. 地下水资源质量

经对全国8个省641眼井的水质监测，水质适用于各种使用用途的Ⅰ~Ⅱ类监测井占评价监测井总数的2.3%，适合集中式生活饮用水水源及工农业用水的Ⅲ类监测井占23.9%，适用除饮用外其他用途的Ⅳ~Ⅴ类监测井占73.8%。主要污染指标是总硬度、氨氮、亚硝酸盐氮、硝酸盐氮、铁和锰等。

总之，我国水环境总的态势是局部有所好转，整体持续恶化，形势十分严峻，前景令人担忧。

四、中国水资源开发利用情况

（一）水资源开发利用现状

兴水利、除水害，历来是治国安邦的大事，贯穿于中国的发展历史。尤其是新中国成立50多年以来，党中央、国务院领导全国人民坚持不懈地治理江河、兴修水利，已初步形成了较为完善的水利减灾和保障体系。根据全国第一次水利普查显示，全国共建成水库9.8万座，总库容9323.12亿 m³；水电站4.7万座，装机容量3.33亿 kW；过闸流量1m³/s 及以上水闸26.8万座；泵站42.4万座；发展灌溉面积10.02亿亩；修建堤防41.4万 km，基本控制了大江大河常遇洪水；全国水土保持措施面积达到99.16万 km²；全国年均用水总量6213.2亿 m³，其中农业4168.2亿 m³，占67.1%；工业1203亿 m³，占19.4%；生活用水473.6亿 m³，占7.6%；建筑业用水19.9亿 m³，第三产业用水242.1亿 m³，生态环境用水106.4亿 m³，共占5.9%，比重还较小。从开发利用程度分析，全国水资源开发利用率达到 24.5%。从用水指标分析，全国万元 GDP 用水量 96m³，万元工业增加值用水量 59.5m³，农田灌溉亩均用水量 402m³，城镇生活人均用水量 213L/d，农村生活人均用水量 81L/d。水利在保障饮用水安全、防洪减灾、粮食生产、经济发展、生态建设和环境保护等方面发挥了巨大作用，我国以占全球 6% 的可更新水资源、10% 的耕地，支持了占全球 22% 人口的温饱和经济发展，水利功不可没。

（二）水资源开发利用中存在的主要问题

1. 管理体制不顺，发展机制不活

长期以来，我国水资源管理比较混乱，水权分散，形成"多龙治水"的局面。例如，气象部门监测大气降水，水利部门负责地表水，地矿部门负责评价和开采地下水，城建部门的自来水公司负责城市用水，环保部门负责污水排放和处理，再加上众多厂矿企业的自备水源，致使水资源开发利用各行其是。实际上，大气降水、地表水、地下水、土壤水及废水、污水都不是孤立存在的，而是有机联系的，统一而相互转化的整体。简单地以水体存在方式或利用途径人为地分权管理，必然使水资源的评价计算难以准确，开发利用难以合理。

2. 水资源供需矛盾突出

随着人口增长、经济发展和生活水平的提高，对水的需求量大大增加。目前，如果按照正常情况和不超采地下水来评价，我国年缺水量约 300 亿～400 亿 m³。全国 668 座城市中有 400 多座缺水，日缺水量 1600 万 m³，每年影响工业产值 2300 亿元。全国一般年份农田受旱面积约为 1 亿～3 亿亩，年均减产粮食 280 多亿 kg，若遇干旱年则损失更大。全国约有 3 亿农村人口喝不上符合标准的饮用水。据预测，我国用水高峰将在 2030 年前后出现。届时，全国用水总量为 7000 亿～8000 亿 m³/a，人均综合用水量为 400～500m³。经分析，全国实际可能利用的水资源约为 8000 亿～9500 亿 m³，需水量已接近可能利用水量的极限。

3. 水资源浪费加剧了供需矛盾

在水资源紧缺的同时，用水浪费严重，水资源利用效率较低。全国工业万元产值用水量 91m³，是发达国家的 10 倍以上，水的重复利用率仅为 40%，而发达国家已达 75%～85%；农业灌溉用水有效利用系数只有 0.4 左右，而发达国家为 0.7～0.8；我国城市生活用水浪费也很严重，仅供水管网跑、冒、滴、漏损失就达 20% 以上，家庭用水浪费现象也十分普遍。

4. 水环境污染严重，有效利用量减少

在水资源供需矛盾日益尖锐的情况下，江河湖泊水环境又遭污染，犹如雪上加霜，供水形势更加严峻。仅在 1984—2014 年 30 年中，污染河长增加了 3 倍以上。可以说，改革开放以来取得的经济发展，资源环境都付出了巨大的代价。2014 年，全国废水排放总量 716.2 亿 t。其中，工业废水排放量 205.3 亿 t，比上年减少了 2.1%；城镇生活污水排放量 510.3 亿 t，比上年增加 5.2%。2015 年 2 月，中央政治局常务委员会审议通过了《水污染防治行动计划》，4 月 2 日正式出台，标志着我国将实施最严格的源头保护和生态修复制度，缓解水污染。表 3-4 为 2010—2014 年废水及主要污染物排放统计比较。

表 3－4　　　　　　　　　　废水及主要污染物排放统计

年份	废水排放量/亿 t			COD 排放量/万 t				
	合计	工业	生活	合计	工业	生活	农业	集中
2000	617.3	237.5	379.8	1238.1	434.8	803.3		
2011	659.2	230.9	427.9	2499.9	355.5	938.2	1186.1	20.1
2012	684.8	221.6	462.7	2423.7	338.7	912.7	1153.8	18.7
2013	695.4	209.8	485.1	2352.7	319.5	889.8	1125.7	17.7
2014	716.2	205.3	510.3	2294.6	311.3	864.4	1102.4	16.5
平均增减率/%	3.8	−3.6	7.7	−2.8	−4.3	−1.8	−2.4	−6.4

注　废水主要污染物为 COD 和氨氮，后者所占比重较小；2000 未统计农业污水、集中污水排放中的主要污染物排放量，故 COD 排放量与 2011—2014 年排放量数据背离，进行平均增减率统计时不计该年数据。

5. 洪涝灾害频繁，防洪安全仍缺乏保障

20 世纪 90 年代的 10 年中有 6 年发生大水，而局部地区的洪水每年都会发生，洪涝灾害每年都造成至少上千亿元的经济损失。1998 年大水以后，中央和地方加大了防洪投入，重点堤防的工程状况有了较大改善，长江、黄河等大江大河的防洪形势有了明显的改观，21 世纪以来，流域性大洪水鲜有发生。但从总体上看，目前我国江河的防洪工程系统还没有达到已经审批的规划标准。同时，堤线越来越长、堤防越来越高，洪水蓄泄空间越来越小，致使许多江河在同样流量情况下，洪水位不断抬高，造成加高加修堤防与抬高洪水位的恶性循环，防洪负担和防洪风险也不断加重。洪水灾害仍然是中华民族的心腹之患。

6. 水资源开发过度，环境问题严重

当有限的地表水源不能满足人类迅速增长的需水要求时，地下水便自然成为有效的补充水源。在地表水源严重不中的干旱、半干旱地区，地下水是供水主要的，甚至是唯一的水源。我国有不少于 2 亿亩农田缺乏地表水源，需要用地下水灌溉；有约 7 亿亩农田，地表水源保证率不高，需要地下水补充；约有 10 亿亩以上的缺水草场，需要用地下水灌溉和供给畜牧饮用水。但在上述一些缺水地区，对地下水长期地过量开采，导致地下水位区域性下降和降落漏斗的持续发展，不断产生一些新的水文地质、工程地质及环境地质问题。

同时，由于自然条件的限制和长期人类活动的结果，我国森林覆盖率低，水土流失严重。据统计，全国水土流失面积 356 万 m²，占国土面积 37%，每年流失的土壤总量达 50 亿 t。严重的水土流失，导致土地退化、草场沙化、生态恶化，造成河道、湖泊泥沙淤积，形成"悬河"和"悬湖"，加剧了江河下游地区的洪涝灾害。

第三节　农业水资源规划

一、水资源规划

1. 基本含义

通过制定水资源综合规划，查清水资源的现状，在分析水资源承载能力的基础上，提出水资源合理开发、高效利用、优化配置、全面节约、有效保护、综合治理、科学管理的布局和方案，作为今后一定时期内水资源开发利用与管理活动的重要依据和准则，促进和保障人口、资源、环境和经济的协调发展，以水资源的可持续利用支撑经济社会的可持续发展。

2. 水资源规划总原则

（1）遵守有关国家法律、规范的原则。水资源规划是对未来水利开发利用的一个指导性文件，应该贯彻执行《中华人民共和国水法》《中华人民共和国水污染防治法》《中华人民共和国水土保持法》《中华人民共和国环境保护法》以及《江河流域规划编制规范》等有关法律、规范。

（2）从全局出发，统筹兼顾局部要求的原则。水资源规划实际上是对水资源本身的一次人为再分配，需要把流域或区域水资源看成一个整体，全局分析水资源系统存在问题与发展需求，使全局与局部辩证统一，才能保证规划达到总体最优目标。

（3）系统分析与综合开发利用的原则。水资源规划涉及多方面、多部门、多行业之间的供需关系，要求水资源规划时，既要对问题进行系统分析，又要采取综合措施，尽可能做到一水多用、一库多用、一物多能，最大可能满足各方面的需求，让水资源创造更多效益。

（4）因时因地制定规划方案的原则。受气候变化与社会经济发展影响，水资源系统是不断变化的。水资源规划时，既要因时因地合理选择开发方案，又要适当留有余地，使规划方案具有一定的适应能力。同时，要有科学发展观，随时吸收新的资料和科学技术，分析新出现的问题。及时调整水资源规划方案，以满足不同时间、不同地点对水资源规划的需要。

（5）方案实施的可行性原则。选择水资源规划方案时，既要考虑所选方案经济、社会、生态环境综合效益，又要考虑方案实施的可能性，做到技术可行、经济合理。

（6）坚持水资源可持续利用的原则。要充分体现人与自然和谐理念，重视水资源开发利用同时，强化水资源的节约与保护，以提高用水效率为核心，把节约用水放在首位，采取多种手段发展节水工业、节水农业，建立节水型社会，重视污水处理回用和水环境的保护，进行水资源优化配置，实现水资源可持续利用。

3. 水资源综合规划基本任务

通常，水资源综合规划的基本内容与任务包括以下几个方面：

（1）水资源及开发利用现状评价。

（2）制定节水、水资源保护和污水处理再利用规划。

（3）水资源开发利用潜力和水资源承载能力分析。

（4）制定水资源合理配置方案。

（5）提出水资源开发、利用、治理、配置、节约和保护的布局与措施的实施方案。

（6）制定水资源可持续管理的对策和措施，建立适应社会主义市场经济体制的水资源产权管理制度。

二、农业水资源的内涵

农业水资源泛指自然水资源中可用于农业生产的部分，一般包括降水、地表水、地下水和土壤水。随着国民经济的发展和科学技术水平的提高，污水、微咸水、农田排水乃至咸水与海水等劣质水经适当处理后亦可用于农业生产，此时也可作为农业水资源的组成部分。在我国现行水资源评价中不包括对土壤水资源的评价，但对农作物而言，直接利用的是土壤水资源，其他水资源只有转化为土壤水时才能被作物吸收利用。因此，土壤水资源是农业水资源的重要组成部分。

1. 农业水资源开发利用特点

（1）规划涉及范围广，分散性强。大型灌区通常都在 30 万亩以上，涉及多个不同县市或乡镇，地域面积大，分布范围广，需要优化水资源配置与灌溉排水线路，以实现水资源高效利用与洪、涝、渍、碱、旱、污综合治理。

（2）包含的工程种类多。有蓄水设施（大、中、小型水库及塘堰，河网、洼淀和地下含水层等），引水设施（有坝引水和无坝引水），提水设施，各级渠道及平交、立交和配水等建筑物，以及把各种水源转化为土壤水的多种田间工程和灌水设施。

（3）系统内水源类型多，河流水、水库水、当地径流、地下水、灌溉回归水、跨流域引水、城市污水、微咸水等。不同水源的供水可靠性也不同，具有随机性和开发利用的不确定性。

（4）供水对象多，供水过程复杂，与降雨有关。不仅年内有变化，而且年际之间也不同。

（5）蓄水设施多，调节性能和连接方式比较复杂。连接方式上有串联、并联、混联，从渠库连接关系上，又有相互独立、渠上库、渠下库以及可以反调节或补偿调节等多种类型。

（6）规划内容多。既涉及农业、交通、国土开发等多学科内容，又包含灌区水资源利用总体规划、土地规划、作物种植计划、灌水技术规划、工程布局、规模、实施顺序等。

（7）涉及部门和行政单位多。如何协调水利、农业、国土、环保、发展改革委员会等多个部门之间的关系，成为农业水资源规划中最为复杂的问题之一。

2. 农业水资源面临的问题

（1）灌溉工程老化，灌排系统不配套，已严重威胁 21 世纪粮食安全。据统计，全国约 400 个大型灌区中有 220 个大型灌区老化失修，效益不能充分发挥；111 座大型水库不同程度地存在险情；在调查的 373 座渠首建筑物中，严重老化损坏的占 70%，失效的占 16%，报废的占 10%，完好的仅占 4%。

（2）水资源短缺与水资源浪费共存，水资源利用的效率低下，农业供水安全保障面临新的挑战。据调查，农业灌溉用水约占全国总用水量的 73%，全国每年农业缺水 300 亿 m³，每年约 670 万 hm² 灌溉面积得不到灌溉，但同时存在实际灌溉用水量超过作物合理灌溉用水量 0.5～1.5 倍，灌溉水利用系数 0.45 左右，农作物水分利用率低下（平均 0.87kg/m³）等问题。

（3）水肥流失严重，农业面源污染治理迫在眉睫。我国耕地不到世界的 1/10，但氮肥使用量却占世界的近 30%。而流域内农田氮肥利用率平均只有 35% 左右，每年超过 1500 万 t 的废氮流失到农田之外。太湖农业面源污染排放的总磷和总氮分别占太湖地区排放总量的 84% 和 83%。

（4）现行体制和政策难以形成有效的节水机制，农业节水面临制度创新。现行灌区"等""靠""要"思想根深蒂固，传统工程水利成分很重，技术含量低，缺少水权划分与水权交易制度，只管水利而缺少农业生产等其他部门的参与，导致灌区人满为患，素质低下，经营艰难，财政收入低下，极不利于节水增收，严重影响了灌区可持续发展。

（5）地下水过度超采导致生态环境恶化。目前，全国井灌区已出现 56 个漏斗区，总面积达 8.2 万 km^2。由此导致地面沉降或裂缝，甚至导致海水入侵。

三、山丘区农业水资源规划

我国山区、丘陵地区（统称山丘区）分布很广，面积约占全国总土地面积的 80% 左右，耕地占全国总耕地面积近 50%。因此，发展山丘区的农业生产，对国民经济有着十分重要的意义。

山丘区地势起伏剧烈，地面高差大，坡度陡；一遇暴雨，汇流迅速，往往山洪成灾，并造成严重的土壤流失；无雨期间沟溪常常干涸，因水源不足而出现旱象。但是，山、丘区的自然条件，也存在有利的方面：地形起伏，峡谷众多，有利于筑坝建库，以蓄水抗旱、滞洪；河流坡度大，宜于发展水力发电和水力加工；地形坡度大，宜于自流引水灌溉；宜林宜草面积大，有利于发展多种经营。针对山丘区特点，制定正确的开发治理方针，便可有效地利用有利的自然条件，克服不利的自然条件，使农业得到全面的发展。在发展农业生产的过程中，我国山丘区兴建了许多引、蓄结合或蓄、引、提相结合的灌溉系统。它是这类地区比较合理的形式，包括三个组成部分：一是渠首引水、蓄水或提水工程；二是输配水渠道系统；三是灌区内部小型水库和塘堰以及小型提水工程。由于渠道系统似藤，灌区内部蓄水设施似瓜，故名为长藤结瓜式系统。这类系统具有下述特点：

（1）比较充分地利用了山、丘陵区可能利用的水源。在非灌溉季节，利用渠道引取河水灌塘，以便用水紧张季节河水、塘水同时灌田；另外，傍山渠道还可以承接一部分坡面径流，引入渠道或塘堰，进行灌溉或存储。

（2）引水上山，盘山开渠，扩大了山丘区的灌溉面积，而且也为旱地改水田提供了有利条件。

（3）充分发挥了灌区内部塘堰的调蓄作用。由于塘堰有河流径流的补给，从而提高了塘堰的复蓄次数及抗旱能力。

（4）提高了渠道单位引水流量的灌溉能力。由于在渠系内部连接了许多山塘、平塘及小型水库等蓄水设施，能把非灌溉季节的渠道引水量（即河流径流）、存蓄起来，以供灌溉季节使用。这就是所谓"闲时灌塘，忙时灌田"，从而提高了渠道单位引水流量的灌溉能力；单纯引水系统为 1 万亩左右，引蓄结合的系统可以提高到 1.5 万～2 万亩，从而可以缩小渠道断面，或扩大灌溉面积。

（5）由于充分利用了灌区内部的塘堰（特别是小型水库）调蓄河流径流，因此，在河流上兴建大、中型水库时，可以在相当程度上减少河流水库的季调节容积。

山、丘区灌溉系统的形式很多，主要有以下两种：

（1）一种是一河取水，单一渠首的灌溉系统。这是山、丘区灌溉系统的基本形式，当利用灌区内小型塘库调蓄当地径流不能满足灌溉用水的要求，或者河流水源需要进行年调节或多年调节以满足灌溉、发电、防洪等综合利用要求时，则必须在河流上修建较大的水库，形成大、中、小蓄水工程联合运用的形式。

（2）另一种是多河取水、多渠首的灌溉系统。这种水利系统不仅由小网发展成大网，而且也逐渐自一条河系发展到与几条河系相连，以解决山丘区流域之间水土资源不平衡的问题,成为地区水利规划的重要组成部分。横贯安徽省中部丘陵地区的淠史杭灌区,即是这类灌溉系统的例子。淠史杭灌区位于安徽省中西部和河南省东南部,横跨江淮两大流域,是淠河、史河、杭埠河三个毗邻灌区的总称,是以防洪、灌溉为主,兼有水力发电、城市供水、航运和水产养殖等综合功能的特大型水利工程,受益范围涉及安徽、河南 2 省 4 市 17 个县区,设计灌溉面积 1198 万亩,实灌面积 1000 万亩,区域人口 1330 万人,是新中国成立后兴建的全国最大灌区,是全国三个特大型灌区之一(另外两个分别为四川省都江堰灌区和内蒙古河套平原灌区)。灌区以五大水库、三大渠首、2.5 万 km 七级固定渠首、6 万多座各类渠系建筑物,以及 1200 多座中小型水库、21 多万座塘堰组成的蓄、引、提相结合的"长藤结瓜式"的灌溉系统,纵横交错在岗峦起伏的江淮大地上,沟通淠河、史河、杭埠河三大水系,横跨江淮两大流域,实现了雨洪资源的科学利用和水资源的优化配置,使昔日赤地千里的贫瘠之地变成了今天的鱼米之乡,被誉为新中国治水历史上的一颗璀璨明珠。

山、丘蓄引结合的灌溉系统规划布置的原则如下:

(1)干渠应布置在灌区的较高地带,以便自流控制较大的灌溉面积。其他各级渠道亦应布置在各自控制范围的较高地带。对面积很小的局部高地宜采用提水灌溉的方式,不必据此抬高渠道的高程。

(2)使工程量和工程费用最小。一般来说,渠线应尽可能短直,以减少占地和工程量。但山丘地区,岗、冲、溪、谷等地形障碍较多,地质条件比较复杂,若渠道沿等高线绕岗穿谷,可以减少建筑物的数量或减少建筑物的规模,但渠线较长,土方量大,占地较多;如果渠道直穿岗、谷,则渠线较短直,工程量和占地较少,但建筑物投资较大。究竟采用哪种方案,要通过经济比较才能确定。

(3)灌溉渠道的位置应按行政区划确定,尽可能使各用水单位都有独立的用水渠道,以利管理。

(4)最大限度地综合利用水资源,一水多用,先用后耗。山丘区的渠道布置应集中落差,以便发电和进行农副业加工。

(5)灌溉渠系规划应和排水系统规划结合进行,并做到高水高灌、高水高排、低水低灌、低水低排。在多数地区,必须有灌有排,以便有效地调节农田水分状况。通常先以天然河沟作为骨干排水沟道,布置排水系统,在此基础上,布置灌溉渠系。应避免沟、渠交叉,以减少交叉建筑物。

(6)灌溉渠系布置应和土地利用规划(如耕作区、道路、林带、居民点等规划)相配合,以提高土地利用率,方便生产和生活。

(7)渠道系统要安全可靠。

(8)灌溉渠道要与灌区塘、库采取合理的连接形式。渠道应该根据其所在位置、高程和充分发挥引蓄作用的原则加以连接。高塘只能调节本集水面积上的地面来水,对渠道起补给水量的作用,但是,渠水无法自流流入高塘(库)。当渠首为引水枢纽而且河流径流洪、枯变化较大时,在非灌溉季节,也可利用抽水机自渠道抽水灌塘(库),以备灌溉期灌田。库塘低渠道高时,要考虑库塘的反调节作用,这种情况下,低塘(库)能够承纳并调蓄经由高渠注入的灌溉水或外区地面水,并灌溉塘(库)以下的田亩,但低塘(库)一一般无法再将库水送回高渠灌溉高地。除非在非灌溉期塘（库）已由渠道引水充蓄的情况下，有必要时，也可用抽水机自塘库抽水济渠，借以灌溉高地。库塘与渠道高程差不多时，要尽量避免渠道直接穿过塘、库，以免塘库水位随渠水位变动，破坏塘库的调蓄作用。

（9）要考虑灌区内部中小型水库的反调节作用。引蓄结合的灌溉系统由于内部存在蓄水设施，其流量推算除了像一般渠系一样要考虑一定轮作制度下的最大灌水率及灌溉面积以外，还要考虑蓄水设施的调蓄制度。在蓄水设施中，由于塘堰抗旱能力较低，一般只有10~30天，所有灌溉面积仍需由渠道供水，故在确定渠道设计流量时，不考虑它的调蓄作用。灌区内中小水库的调蓄作用应在确定渠道的设计流量时加以考虑。这种反调节作用可使渠道流量的变幅比一般的引水渠道减小，使设计流量值减小，从而使渠道断面减小。此外，引洪渠道的设计流量按引洪要求确定；可承纳山坡径流的盘山渠道，其设计流量应包括入渠的山坡径流，而且其下游的断面不一定比上游小，这与常规渠道的断面向下游逐渐减小的情况不尽相同。

（10）蓄水设施布局与规模合理，与水资源条件、用水需求、输配水工程相协调。

（11）不同调节性能的蓄水设施调度运行规则科学合理，一般先用塘堰供水、后中小型水库、最后大型水库，先低库，后高库，先当地水后外引水。

（12）分区分片合理。

四、平原区农业水资源规划

平原灌区包括南方平原圩垸灌区、北方平原灌区、地表水地下水联合运用灌溉三类，西北内陆河融雪灌区有些虽然地处高原，气象和作物品种、种植条件等不同，但由于绿洲地势相对平坦，也可归于平原灌区一大类。

通常，北方半干旱平原，自然条件复杂，旱涝碱洪渍等灾害相互影响，在发展灌溉的同时，必须兼顾防洪、除涝、防渍、改碱的要求。在宜井区要合理拟定布井方案，并通过区域性地下水平衡计算，提出适宜的采补方式。在易发生盐碱化的地区，应分析预测灌溉后的区域水盐动态，提出相应的防治措施。南方圩区，应在搞好防洪、除涝、防渍的基础上，合理安排灌溉系统，尽量做到田间渠系灌排分开，建立完整的灌排系统。在多泥沙的河道上引水，应妥善处理好泥沙，防止淤积渠系。引洪淤灌应防止渠道淤塞，达到厚、平、匀的淤地要求。

（一）南方平原圩区农业水资源规划

南方圩区主要是指沿江滨湖的低洼易涝地区以及受潮汐影响的三角洲地区，这些地区均系江湖冲积平原，土壤肥沃，水河密布，湖泊众多，水源充沛，加上一般年份雨量丰富，所以自古以来，劳动人民就在江河两岸和沿湖滩地筑堤围垦，形成了大面积的水网圩区。

这一地区的特点是地形平坦，大部分地面高程均在江、河（湖）洪枯水位之间，每逢汛期，外河（湖）水位常常高于田面，圩区内渍水无法自流外排，往往涝渍成灾；特别大水年份，还常决口泛滥，严重影响农业生产。湖区地下水位较高，有的农田甚至常年冷浸，对旱作物和水稻生长极为不利。另外由于降雨不均，也经常出现干旱。

新中国成立初期大力修堤建闸，联圩并垸，保证了防洪安全；继则在巩固堤防的同时，又广泛修建排灌系统，内排外引，并实行治河撇洪，计划围垦，大大减轻了洪涝威胁和扩大了耕地面积；以后在确保防洪的前提下，又大力发展机电排灌，进一步提高了圩区除涝、抗旱的能力。目前，平原圩区有较大一部分土地能够旱涝保收，已成为我国农业生产的重要基地。

平原圩区的规划主要包括防洪、除涝排渍和灌溉等。

（二）北方平原地区农业水资源规划

北方平原地区，泛指淮河、秦岭以北的广大平原地区和地势比较开阔的山间盆地，这些地区年降雨量较少且年内分配不均，经常发生干旱和洪涝灾害；由于蒸发量大，土壤中又含有一定盐分，不少地区还受到土壤盐碱化的威胁。长期以来，当地人民为了发展农业生产，同自然灾害进行了不断的斗争，特别在新中国成立以后大力整修河道，加固堤防和广泛修建灌溉排水系统，大大提高了防洪、抗旱和除涝的能力，目前许多地区已达到粮食自给有余。为了进一步发展农业生产，必须搞好农田水利建设，提高现有工程的治理标准，加强水利管理工作。

北方平原地区广大群众在与洪、涝、旱、碱等灾害长期斗争实践中加深了对自然规律的认识，创造和积累了丰富的经验，总结本区治水的基本经验，可概括为以下治理原则。

1. 因地制宜，旱、涝、碱综合治理

北方平原地区虽然有许多共同点，但由于所在的自然地理位置和气象条件的差异，各地存在的问题是不相同的。正如前面所述，西北地区的主要问题是干旱和土壤盐碱化，淮北平原的主要威胁是易涝易旱，华北、东北等地则旱、涝、碱问题同时存在。即使在同一地区，不同部位，由于地形地貌条件，水文地质条件和水源分布情况不同，存在的问题也有很大的差异。例如，山前平原和平原河道的上游地区地势较高，排水通畅，涝碱威胁并不严重，干旱问题则比较突出；冲积平原和河流中下游平原坡水区，干旱现象虽有所减轻，但涝碱威胁则较上游严重；沿河湖洼地和滨海地区，地势低洼，排水不畅，涝碱问题则是地区的主要矛盾。因此，必须根据各地区不同部位的具体条件，因地制宜，分区治理。

洪、涝、旱、碱的产生均与地区的水分状况有关，他们之间又存在着紧密联系。例如华北地区，春旱严重，土壤墒情不足，干旱使夏作物播种延迟。由于生长期推后，汛期到来时，作物尚在苗期，容易受涝，因而春季的干旱常使雨季涝灾加重。盐随水来，盐随水去，洪涝补充地下水，盐分随地下水向下游汇集，干旱季节，又随土壤水上升至地表，水分蒸发消失，而盐分则积聚在土壤表层，因此，洪、涝、旱又是发生土壤盐碱化的根源之一。由于旱、涝、碱之间存在着互为因果、互相制约的关系，单一的治理措施，不仅不能全面解决治水与改土问题，在一定条件下，反而会产生不良后果。例如单纯解决干旱问题，片面强调灌溉而忽略防碱，有灌无排，或灌溉不当，将会引起地下水位上升，招致土壤盐碱化；片面强调灌溉蓄水，忽略排水，也容易加重洪涝灾害。又如为了除涝治碱，片面强调排水降低地下水位，而忽视蓄水保水，土壤墒情不足，干旱问题就会突出。因此，平原易涝易碱地区对洪、涝、旱、碱等各种灾害必须综合治理。

2. 全面规划，正确处理排、灌、蓄关系

在进行地区综合治理规划时，必须根据工农业用水需要，对地面水的利用和地下水的开发进行全面规划。总的原则是充分利用地面水和合理开发地下水。在规划中应根据地区地面水和地下水资源的分布情况统筹安排，在水源严重不足的地区，还必须适当引用外区来水。

为了充分利用降雨水、地面水和地下水等各种资源，北方平原地区的治理，必须采用沟渠、水井和塘堰等多种水利设施，取长补短，相互配合。例如沟、渠与河流相通，源远流长，便于引水灌溉和除涝排水，但根据防渍治碱的要求，沟渠水位应控制在地面以下一定深度，利用村边塘堰蓄水，不占耕地，工程量小，与沟渠连通，可以互相补充，充分发挥排、灌、蓄、滞的作用。沟渠、塘堰引水蓄水灌溉，容易抬高地下水位，不利于除涝、防渍和治碱，但沟渠、塘堰却有引渗补给地下水，增加水井出水量的作用。在有浅层地下淡水的地区，利用水井抽水灌田，一方面补充地面水源的不足，另一方面又可以腾空地下库容，起到除涝防碱的作用。所以，机井在易旱易涝易碱地区兼有灌溉、排水、防渍和治碱等多种效益，并对调蓄利用地面水和地下水资源起着重要作用，在各项水利设施中居于重要地位，因而搞好机井建设，做到井渠结合，对北方平原的许多地区具有十分重要的意义。

由于旱、涝、碱综合治理对排水、蓄水和灌溉的要求之间存在一定的矛盾，在实践中必须正确处理三者之间的相互关系。例如，利用泄洪、排涝河道和沟渠建闸蓄水灌溉的地区，在规划设计中，闸门应有足够的尺寸，以保证河道防洪除涝能力；在管理运用中，必须拟定河道沟渠的防洪、除涝、蓄水制度和水量调配方案，并责成有关部门严格执行；在有地下咸水的易碱地区，利用河道和沟渠蓄水时，还要解决灌溉排水与除涝排咸之间的矛盾，雨季沟网应以排涝和蓄涝为主，旱季则应蓄排分开。部分沟道以排成为主，除短期可以容许引蓄外水灌田外，大部分时间应保证用来排除地下咸水。以引水或蓄水灌溉为主的沟道，水位亦应控制在一定的深度以下，以防止土壤产生次生盐碱化。地下水库的规划设计和管理运用，也同样需要正确处理排、蓄、灌的关系。汛前通过井灌发挥井排的作用，降低地下水位，腾空地下库容，蓄存汛期雨水和地表入渗水量，但在水位超过作物防渍允许的最高水位时，多余的地下径流则需通过沟渠和水井排除。

此外，应当指出，为了做到旱、涝、碱兼治，治水改土结合，达到农业增产的目的，水利措施还必须与农业措施、林业措施等密切结合。

（三）地表水地下水联合运用

随着人口的增长及国民经济的发展，水资源的供需矛盾愈来愈尖锐，因此，联合运用地面水和地下水资源的重要性逐渐为更多的人所认识。实践表明，地面水和地下水的联合运用不仅可以增加水资源的利用量，同时还可以使其他农业生产条件得以改善。合理开发利用地下水，可以有效地调节控制地下水位，防止在纯渠灌区地下水位恶性上升，造成涝渍或土壤次生盐碱化，防止在纯井灌区地下水超采，地下水位急剧下降，形成大面积的地下水降落漏斗。

由于上述原因，即使在水资源较为充沛的地区，从经济、环境角度讲，也存在着地面水、地下水的合理开发利用问题。

地表水与地下水联合运用基本原理是根据地下水和地表水的动态特征，利用含水层空间的调蓄能力进行的。河川径流量动态变化大，而地下水径流量则较稳定，而且后者的流量高峰期要比前者滞后一段时间，这些特征就为地表水地下水的联合运用提供了条件。

地表水与地下水联合运用的方式是：在枯水期（或干旱年份）地表水供水不足的情况下，要超量开采地下水来补充供水量，并且腾出地下含水层储水空间。在丰水期（或丰水年份），充分利用地表弃水进行地下水人工补给，以补偿枯水期已超采了的地下水量。这样，地面水和地下水联合运行的结果将产生由地面水和地下水（包括由弃水回灌而产生的地下水人工补给量）组成的有保证的稳定供水量，并形成由弃水补给地下水的可利用的水资源增量。

应该注意的是，地表弃水对地下水的人工补给量取决于弃水量的多少、渗漏补给或人工回灌能力，以及含水层储水空间的大小。因此，如果弃水量大，入渗补给条件好，加上含水层储水空间足够大时，充分开发地下库容可以起到水资源多年调节的作用。

地表水和地下水联合运用系统主要由地表供水系统、地下供水系统和用水系统组成。地表供水系统包括水源工程和输配水系统。水源工程可能是蓄水枢纽（如水库），也可能是无调节引水工程。地表水的存在形式在很大程度上决定于水源工程的类型和联合运用的方式。按照地表水源的存在形式及其复杂程度。可把地表水和地下水联合运用系统分为下述四种类型。

1. 地表水库与地下含水层（或称地下水库）的联合运用

地表水库与地下含水层联合运用形式的主要特点是，地表供水系统是有调蓄能力的水库，许多流域或地区可能包含有几个并联或串联的地表水库，而地下含水层和根据水文地质条件、自然地理条件、经济条件和行政区划，分为若干个特征不同的单元。根据地表供水系统、地下供水系统和用水系统的相对位置情况，可将地表水库与含水层联合运用系统进一步划分为以下几种基本类型：

（1）地表供水系统、地下供水系统和用水系统，三者相互独立。这种联合运用系统的开发和管理，类似于水文上独立的地表水库群。因此，可以单独确定每个子系统的开发费用和管理费用，在经济、水量贮存、水量调配等方面，把地表水子系统与地下水子系统联合起来。

（2）地表供水系统和地下供水系统相互独立，而地下供水系统和用水系统相互作用。例如，农业灌溉用水的深层渗漏，成了地下含水层的补给源。

（3）用水系统与任何供水系统没有物理上的联系（如城市供水），而地表供水系统和地下供水系统是相互联系的。如地表河流横跨地下水流域（地下水库）之上，使两者在水文、水力上是相互作用的。

（4）所有子系统之间都存在物理（包括水文、水力）上的联系。在某一子系统上损失掉的，常常可以在另一子系统上获得。子系统之间相互作用，有自然的和人为的两种形式。

2. 河流引水工程与地下含水层的联合运用

有些河流无蓄水水库，但有引水工程，在这些地区的水资源开发中，若有必要开采地下水，那么就存在河流引水与地下水联合运用的问题，这种联合运用系统的主要特点是，地表供水水源没有调蓄能力，依据天然径流供水，丰枯变化较大。因而发展人工回灌，发挥地下水库的调蓄作用就显得更为重要。

与地表水库和含水层联合运用系统类似，河流引水与含水层联合运用系统也可根据子系统在水文、水力上相互作用的情况，划分为四种基本类型，这里不再赘述。我们所关心的是河流引水量的多少和地下水可开采量的多少，特别是两者的比例。这种联合运用型式通常的运行规则如下：

（1）优先利用河川径流。在丰水季节，尽可能利用河水灌溉，避免河水废弃；在干旱季节开采地下水，以提高供水保证率。

（2）发展人工回灌，把多余的径流引蓄到含水层，发挥地下水库对水资源的调蓄作用，达到充分利用水资源的目的。

（3）保证地下水开采量与补给量的平衡。

3. 多种地表水源与地下水的联合运用

对于一个地区或一个流域来讲，地表供水水源常常是水库和河流兼而有之，有时还可能存在跨流域的调水。这种多种地表水源与地下水的联合运用型式，常常是地区开发或流域开发要研究的问题，往往具有下述特点：

（1）规模庞大。这种联合运用型式常常是地区或流域开发的研究课题，因而地表供水、地下供水和用水的数目均很大。

（2）结构复杂。这种联合运用型式不仅地表供水系统、地下供水系统和用水系统之间的相互关系复杂，而且上下游之间、子区与子区之间的关系也十分复杂。

（3）目标多样。地区或流域水资源的开发目标常常不是单一的，而是多样的。

4. 井渠结合的形式

井渠结合灌区实际上是渠井结合灌区和井渠结合灌区的通称，是采取井灌和渠灌相结合的方式联合运用地表水和地下水，力求在充分利用本地区水资源的条件下解决农业用水问题。严格来说，以地表水渠灌为主，地下水井灌为辅的灌区应称为渠井结合灌区，反之应称为井渠结合灌区。目前我国北方的大、中型灌区，大多数采用的是渠井结合灌溉的形式，只有少数单纯引洪补源的灌区才采取井渠结合形式。不管是渠井结合还是井渠结合，都是通过渠和井在灌区内的布局和调配灌溉用水量来优化灌区可用水资源，使其发挥最大效益。据此，可将这类灌区的灌溉形式分为渠井双灌和渠井分灌两种类型。

渠井双灌又称井渠双配套，是同一灌溉地块，既能用地表水渠灌，又能用地下水井灌。采取这种灌溉形式的灌区，一般在农渠以下采用同一套灌溉系统，即渠水和井水都可以分别或同时进入农渠，再通过毛渠进入田间灌溉农作物。也有少数情况是井水直接进入干、支等骨干渠道甚至渠首水源，将地表水和地下水汇同一起进行灌溉。渠井双灌主要应用于丰产灌溉或高产值的作物灌溉，在这种情况下，需要勤浇浅灌，渠灌由于受水源和管理等限制，很难做到，需要用井灌来补充。另外，在已有输水渠道但渠水保证率很低的地方，也常采取这种形式，如灌区的下游或边缘，需要用井灌来提高其灌溉保证率。由于渠井双灌的同一地块要设置两套供水系统，增加了建设投资，因此需要获得较高的产值来补偿。

渠井分灌是在灌区一部分耕地上单独采用地表水渠灌，另一部分耕地上则单独用井灌，渠灌和井灌都有其独立的灌溉系统。采取这种形式的灌区，目前一般是在地表水渠灌的下游或渠水自流灌溉比较困难的耕地上打井进行井灌，其他地方全部实行地表水渠灌。也有少数灌区，因农业生产的需要，即使在地表水渠灌很方便的地方也单独采用井灌，以提高其用水保证率。

在井渠结合灌区，采用何种灌溉类型，直接关系到水资源的优化配置形式和农业高效用水，必须根据灌区的水源情况、作物种植结构、经济能力、环境保护等综合考虑，进行技术经济分析来确定。

五、劣质水灌溉规划

"劣质水"通常是指水质不能满足农业用水的要求但加以处理可以利用的水，如城镇工业及生活污水、微咸水等。利用污水灌溉农田，能够充分利用污水中的水肥资源，有利于农业生产；能够取得污水中的腐殖质，有利于改良土壤；能够减轻水体的污染负荷，有利于保持良好的生态平衡。但是，如果污水灌溉使用不当，反而会导致作物减产、恶化土壤、传染疾病、破坏生态平衡，危害国家经济发展和人民的身体健康等。因此，必须根据我国国情，努力探索经济有效、技术可行、节省能源的污水处理与利用系统，以防止环境污染、保护人民健康、改善生态系统。

世界各地特别是干旱和季节性干旱地区的城市污水已广泛用于农业灌溉。据估计，目前世界上约有 1/10 的人口食用利用污水灌溉的农产品。事实上，污水灌溉的历史已经长达几个世纪，大规模的污水灌溉始于 19 世纪后期。人们兴建了很多专门的污灌区，用于污水处置，防止河流污染，其中最成功的例子是建于 1897 年用于澳大利亚墨尔本市污水处置的 Werribee 污水灌区，灌溉面积约 1 万 hm²，目前仍在正常运转。目前，美国城市污水再生回用总量约为 94 亿 m³/a，其中 60% 用于灌溉。以色列污水利用率已达 70%，其中约 2/3 用于灌溉，灌溉用污水水量占总灌溉水量的 1/5。突尼斯 2000 年再生水的灌溉用水量达到 1.25 亿 m³。约旦大多数城市处理后的污水灌溉面积近 1.07 万 hm²。印度每年用于农田灌溉的污水占城市污水量的 50% 以上；墨西哥城 90% 的城市污水回用于农田灌溉，灌溉面积达 9 万 hm²。我国自 1957 年开始污水灌溉试验工作以来，北京、天津、西安、抚顺、石家庄等城市先后开辟了大型污水灌区。到 20 世纪 90 年代，我国污水灌溉面积已达到 300 万 hm²。

为了安全利用污水灌溉农田，不同的国家或国际组织制定了一些有关的标准。美国国家环境保护局 1992 年提出了《污水回用建议指导书》，包括了回用处理工艺、水质要求和监测以及适宜灌溉的作物和适宜的灌水技术等污水回用的各个方面。美国很多州也分别制定了污水灌溉水质标准，如亚里桑那州污水回用标准允许用未经消毒的二级出水灌溉纤维作物、畜牧饲料作物和果实不接触灌溉水的果树；犹他州允许二级出水用于饲料作物以及有足够高度的食用作物（谷物、玉米等）的灌溉。以色列对于不同的灌溉项目制定了具体的污水灌溉回用标准，规定除去皮水果外，生食作物不得使用二级出水灌溉。世界卫生组织（WHO）对不同国家和地区污水灌溉回用的经验进行了总结，于 1973 年出版了《污水回用于农田灌溉和水产养殖的健康指南》。但上述标准和指南都是建立在零风险基础上的，指标要求较高。近些年来，人们逐渐认识到零风险的要求难以达到，在实际中也无必要。因此，联合国粮农组织（FAO）在世界各地开展污水灌溉的基础上，先后出版了污水处理与灌溉回用、污水灌溉水质控制两部技术报告，对回用于农业灌溉的水质要求和可以选用的污水处理方法进行了讨论。目前，国际上正在进行有关标准的重新修订。我国于 1979 年、1985 年和 1992 年先后 3 次颁布了《农田灌溉水质标准》。在 1992 年的标准中增补了有关有机物指标。2007 年颁布了《城市污水再生利用　农田灌溉用水水质》（GB 20922—2007），实现了城镇污水资源化；同时减轻了污水对环境的污染。

1. 污水灌溉原理

在我国污水灌溉的农田有旱田和水田之分，其净化过程和作用也各不相同。

（1）污水灌溉旱田。污水灌溉旱田的净化过程是由表层土的过滤截留、土壤团粒结构的吸附贮存、微生物的氧化分解与固化吸收、作物的吸收作用以及土壤胶粒的交换过程组成，并在这一系列过程中不断补充新的腐殖质，从而又促进污水的利用和净化过程。因此，在农业污水灌溉中，污水的灌溉与利用是同时进行的，并且互为因果地结合在一起。

另一方面污水灌溉旱田应受到一定条件的制约。一是对水质的限制，特别是对含有有毒物质的工业废污水，应在出厂前进行无害化处理；二是对灌溉水量的限制，灌溉污水量不能超过作物蓄水量，否则会产生污水的大量深层渗漏，污染地下水，影响环境卫生等；三是在雨季和作物非生长期，勿进行污水灌溉。

（2）污水灌溉水田。污水灌溉水田，其净化作用是由藻菌共生、大气复氧、作物吸收等几部分组成，净化效果较高。当污水在水田中的停留时间为 3～8 天时，水中的 BOD_5 均在 20mg/L 以下，最低可达 1～2mg/L，BOD_5 的去除效果达 90％以上，有的甚至高达 98.9％，细菌总数去除率为 50％～96％。

2. 污水灌溉方法

灌溉制度是设计灌溉系统的基础，也是灌溉系统管理的主要依据。正确的灌溉制度，可以提高作物产量，充分发挥污水的水肥功效，同时还可以防止污染地下水和改变土壤肥效。

污水灌溉水稻，应选用耐肥品种，调配水肥，间歇晒田。应根据水稻的不同生育期，合理调配污水浓度，使田块各部分水肥分布均匀。采用间歇晒田措施，可以提高地温，改善土壤通气条件，提高土壤微生物降解有机物的能力，并可促进作物生长。

污水灌溉小麦、玉米，应以污水作底水基肥，掌握好不同生长期的需肥量，并根据土地肥瘠、作物生长壮弱情况，确定灌水次数和灌水量，每次灌水后注意松土保墒。对呈盐碱性的土壤，以少灌或不灌为宜。

污水灌溉蔬菜，应清水育苗，分散进水，配合基肥，控制灌水。种菜前应平整土地，先用污水作底水基肥，幼苗期不宜灌溉污水，注意避免心叶部分沾染污水，清晨及晚上宜于灌水，切记炎热时浇水。叶菜类需肥量大，宜多灌，果菜类应少灌。蔬菜类收获前 10 天和生食蔬菜，不宜用污水灌溉。

3. 污水灌溉制度

污水灌溉一般有两种灌溉制度，即清污轮灌和清污混灌。

清污轮灌是指在作物的全生育期某些次使用清水，某些次使用污水。其总体原则是不要求每次的灌溉水质符合农田灌溉水质标准，但在全生育期内的平均水质应该满足灌溉水质标准。灌水期内的污水总量与水质有关，清水需要量为使得总体生育期内的平均水质可以满足灌溉水质标准的水量。

有了一定的污水灌溉量以后，需要在全生育期进行合理的分配，使得对作物的有害影响达到最小。根据现有的污灌经验，利用污水灌溉的优先顺序依次为：播前，非苗期，苗期；气温低时优于气温高时。

清污混灌是指每次灌溉水均为清水和污水的混合，混合后的水质符合农田灌溉水质标准。利用该原则首先计算作物生育期内的总污水用量，污水在各次灌溉水中分配均按灌溉制度中各次灌溉定额占总灌溉水量的比例分配，清水的实际需求量由超标倍数最大的污染因子决定。

从环境影响上比较，混灌比轮灌要好。因为混灌保证了每次灌溉水质均符合灌溉水质标准，对作物的危害最小。轮灌虽然在平均水质上满足灌溉水质标准，但是可能会在某生育阶段导致受害减产等不良结果。

从灌水方式的操作上比较，轮灌比混灌好。轮灌的实际操作为污水灌溉期引用河水进行灌溉，清水灌溉时采用井水灌溉，清污轮灌采用一套渠系就可以操作；而清污混灌需要在水进入田间之前将清污水进行混合，具体的混合方式对渠系工程和管理提出了更高的要求。

4. 微咸水利用

国内外利用微咸水灌溉已经积累了很多成功经验。据国外资料，突尼斯利用 1g/L 以下的淡水，对砂壤土采用 5g/L 或矿化度更高的咸水灌溉；对重壤土用 2～5g/L 的微咸水灌溉。意大利利用 2～5g/L 微咸水灌溉已经有 20 余年历史，印度还研究利用稀释的海水进行灌溉。我国西北地区的宁夏、甘肃、陕西等地也都有利用微咸水浇地的历史和经验。近年来，在黄淮海平原综合治理试验区利用微咸水灌溉方面也取得了很多成功经验，如抽咸换淡灌溉、咸淡交替灌溉、咸淡混合灌溉等。各地实践证明，利用微咸水灌溉是可行的。

微咸水灌溉的技术措施：

(1) 在春秋两季控制地下水位。春秋两季土壤水分是以蒸发积盐为主，要把地下水控制在临界深度以下，截断或减少地下水对盐分的补给，控制土壤盐分上行是防治盐害的基本措施。

(2) 咸水浇地要适时。小麦返青期抗盐能力弱，不宜浇咸水，小麦拔节后，抗盐能力增强，可用微咸水灌溉。

(3) 微咸水灌溉适于大定额灌水。灌水定额要大于 $900m^3/hm^2$，使入渗地下水的重力水造成排咸淋咸的条件，可降低土壤的含盐量。

(4) 咸淡（碱性水）混浇水，搭配比例要符合灌水要求。因浅层水的含盐量、pH 值受季节和降雨的影响而升降，故在用水前要进行含盐量和 pH 值的化验，根据化验结果进行比例搭配。

(5) 咸水灌溉后要进行及时中耕，控制土壤反盐。中耕松土切断土壤毛细管，使松土层的水分减少，控制下层水分蒸发，减少盐分向地表聚集。

第四节　水资源的合理利用与开发

一、水资源的可持续利用

1987 年，世界环境与发展委员会在《我们共同的未来》中提出可持续发展的观点，是目前公认的关于可持续发展的第一个国际性宣言。1992 年，里约热内卢"世界环境与发展"大会上，走向可持续发展得到了国际社会和各国政府的高层承诺。随着人们对社会进步、经济发展和环境改善问题认识的提高，走可持续发展之路已经得到了各行业和各部门的广泛认同。

可持续发展是建立在自然资源基础上，同环境承载力相协调的发展。公认的衡量国家和地区可持续发展有 3 个方面的指标：社会、经济与环境。水资源作为自然资源的重要组成部分之一，其可持续利用是促进可持续发展的基本资源保证。因此，水资源可持续利用除了要遵循可持续发展的一般性原则外，还应具有符合水资源特点的原则和衡量标准。

（一）水资源可持续利用的内涵

水是一种可再生资源，水的更新再生可持续性能力是靠水循环过程实现的，但水资源可持续利用是有条件的。

1. 水资源利用要遵循自然资源可持续性法则

自然资源可持续性法则指出：对生物和非生物资源的使用只要在数量上和速度上不超过它们的恢复再生能力，则再生资源可持续地永存，但其永续供给的最大可利用程度应以最大持续产量为最大限度。人们必须遵循上述自然资源可持续性法则开发利用水资源，才能使水资源可持续利用，否则水资源的可持续性就要受到破坏。

2. 水资源开发利用不能超过"水资源可利用量"

水资源可利用量等于地表水可利用量和地下水可开采量之和。地表水可利用量是指，在可预见的时期内，能基本满足遏制生态环境恶化并使其有所改善的需水量、河道内必要用水量的前提下，通过经济合理、技术可行的措施，可供河道外一次性利用的最大水量。地下水可开采量是指，在可预见的时期内，能基本满足遏制生态环境恶化并使其有所改善需水量的前提下，通过经济合理、技术可行的措施，可开发利用的浅层地下水的最大水量。

流域（或地区）水资源评价计算出的多年平均水资源量，不等同于该流域（或地区）的水资源的可利用数量。这是因为，一方面，自然条件在多因素相互影响、相互制约的复合作用下，具有多变性的特点；另一方面，人类对水资源开发利用能力也受经济和技术水平的限制，所以实际可利用的水资源数量应小于水资源量。正确确定水资源可利用量，对宏观研究评价流域（或地区）水资源承载能力、合理开发利用水资源、实现水资源可持续利用目标均具有重要的现实意义和实用价值。

3. 经济社会发展必须与水资源承载能力相协调

水资源承载能力是指流域（或地区）的水资源可利用量对某一特定的经济和社会发展水平的支撑能力。对某一流域（或地区）而言，在特定的经济和社会发展水平下，水资源承载能力是相对有限的。但水资源承载能力由于受多种因素影响，也是可变的，是个多变量的函数。实践证明，人口增长、城市化水平的提高、产业结构调整，都会引起用水结构和用水方式的改变，从而导致用水总量的变化。因此，对流域（或地区）而言，在一定水资源可利用量条件下，可以通过调整产业结构、改变用水方式、节约用水、降低用水定额、提高用水效率等多种有效措施，提高水资源的承载能力，实现从水资源超载状态向不超载状态的转变。这说明通过努力，谋求经济和社会与水资源承载能力协调发展是可能实现的目标。

从上述水资源可持续利用的三个基本条件可看出，水资源可持续利用必须建立在使水资源环境条件得以持续和发展的基础上，既满足当代人的需要，又不对后代人满足其需要的能力构成危害，人与自然和谐相处。

能否实现水资源可持续利用目标，主要取决于人类生产、生活行为和用水方式的选择。因此，强化水资源管理是关键环节。积极调整产业结构，改变用水结构和用水方式，优化配置，合理用水，全面节约，节水防污，有效保护，统一管理，提高水的利用效率和效益，走可持续发展的道路，这就是水资源可持续利用的内涵。

（二）水资源可持续利用的原则

1. 区域公平原则

水资源开发利用涉及上下游、左右岸不同的利益群体，各利益群体间应公平合理地共享水资源。这些利益群体既可能包括国与国的关系，也可能包括省与省、市与市之间的关系。区域公平性原则在联合国环境与发展大会《关于环境与发展的里约热内卢宣言》中被上升为国家间的主权原则，即"各国拥有按其本国的环境与发展政策开发本国自然资源的主权，并负有确保在其管辖范围内或在其控制下的活动不致损害其他国或在各国管辖范围以外地区的环境的责任"。显然，国际河流和国际水体的开发应在此原则的基础上进行。而一个主权国家范围之内的流域水资源开发，则应在考虑流域整体利益的基础上，充分考虑沿河各利益群体的发展需求。

2. 代际公平原则

水资源可持续利用的代际公平是从时间尺度衡量资源共享的"公平"性。可持续发展常常定义为"不以破坏后代的生存环境为代价的发展"。虽然水资源是可更新的，但水资源遭到污染和破坏后其可持续利用就不可能维系。特别是地下水资源的过度开采，可能导致地面沉降、海水入侵和地理环境破坏，其后果往往是不可逆的。因此，不仅要为当代人追求美好生活提供必要的水资源保证，从伦理上讲，未来各代人也应与当代人有同样的权利提出对水资源与水环境的正当要求。可持续发展要求当代人在考虑自己的需求与消费时，也要为未来各代人的要求与消费负起历史的与道义的责任。

维持或改善水文循环的每个环节的正常运行，这样才能满足世代对水质和水量的要求，保持人类社会的永久生存和持续发展。

3. 需求管理原则

传统的水资源开发利用是从供给发展角度考虑的，认为需水的增长是合理的且是不可改变的。传统的水利发展和所有的管理工作是努力寻找和开发新的水源、储水、输水和水处理工程，扩大供水能力一直是追求的目标，直到需水得到满足，或由于资金不足，或由于技术上不可行才停止。

需求管理原则并不排斥人们为了追求高标准生活质量对水的需求，更重要的是这种需求应在环境与发展的总框架下进行。供水量越大，废污水就越多，为了保证环境质量，则水处理的要求就越来越高。因此，在水资源可持续利用中应摒弃传统水利的工程导向，而应从水资源合理利用的角度，通过各种有效的手段提出更合乎需要的用水水平和方式。

需求管理从某种意义上意味着限制，因为没有限制就不可能持续。

4. 可持续利用原则

水资源可持续利用的出发点和根本目的就是要保证水资源的永续、合理和健康的使用。一切与水有关的开发、利用、治理、配置、节约、保护都是为了使水资源在促进社会、经济和环境发展中发挥应有的作用。水资源和水生态环境是资源和环境系统中最活跃和最关键的因素，是人类生存和持续发展的首要条件。可持续发展要求人们根据可持续性的条件调整自己的生活方式，在不破坏生态环境的范围内确定自己的消耗标准。

可持续性原则还包括了另外两方面的内容：①合理配置有限的资源；②使用替代或可更新的资源。水资源的优化配置是协调社会、经济、环境目标的有效手段，而污水资源化、海水淡化等则是在必要条件下对水资源可持续利用的重要补充。

二、水资源的综合利用

（一）水资源综合利用的概念

水资源是国家宝贵的自然资源，它有许多利用价值。同水资源关系密切的主要国民经济部门有：水力发电、防洪与排涝、农田灌溉、工业与民用给水、航运、水产、竹木浮运、环境改良与旅游等。不同的部门对水资源的利用方式各不相同。例如，灌溉、给水要消耗水量，水力发电只利用水能，航运则依靠水的浮载能力，水产却要利用水面面积和水的体积等。这就有可能也有必要使同一河流或同一地区的水资源，同时满足几个不同的水利部门的需要，并且将除水害与兴水利结合起来统筹解决。这种开发利用水资源的方式，就称为水资源的综合利用。

由于综合利用各有关部门自身的特点，对水资源各有其不同的要求，这些要求既有一致的方面，也有矛盾的方面。例如，在河流上筑坝，为发电集中了水头，同时形成水库用以拦蓄汛期的洪水，而后提高枯水期的兴利用水量，这些都是相互结合的；各个兴利部门之间的用水，如发电用水同时能供下游灌溉用，也是相互结合的。但是，防洪和兴利，以及各兴利部门之间，也有相互矛盾的一面。例如，从防洪安全出发，水库在汛期内应尽可能地腾空库容，以备随时抗御洪水，而从发电、灌溉等兴利部门看，则希望水库早蓄水、多蓄水，以便在枯水期更多地提高河流流量；在各兴利部门之间，如发电和灌溉，虽然都要提高河流的枯水流量，但是对水量的分配、用水的时间和取水的地点等，也存在一定的矛盾。此外，在实现水资源的综合利用中，还存在着河流上、下游之间，左、右岸之间，干、支流之间等地域上的矛盾。例如，提高下游的防洪标准，往往会增加上游的淹没损失；左岸引水多了，右岸就得减少；上游耗水量多了，下游用水就得减少，等等。

由此可见，为了实现河流水资源的综合利用，必须在集中统一的领导下做好河流的流域规划工作。从全局出发，正确处理除害与兴利、工业与农业、需要与可能、近期与远景、干流与支流、上游与下游各方面的关系。按照国民经济各有关部门的要求，并考虑到由于河流特性的改变对环境保护及生态平衡的影响，作出河流综合治理与开发利用的全面规划。分清综合利用的主次任务和轻重缓急，妥善处理相互之间的矛盾，力求做到以最少的投入，最有效地开发水资源，综合地满足各有关部门和地区的要求，取得整个流域国民经济的最大效益，这就是水资源综合利用的原则。

（二）各用水部门的用水特点

1. 水力发电

水资源的开发利用，水力发电是一个重要的用水部门。一方面，水力发电可提供大量廉价的电力，有力地促进该地区工农业的发展；另一方面，从需水的特点看，水力发电只利用水能，它本身不会消耗水量，发电后的尾水仍可供下游其他部门使用，使之发挥综合利用的效益。为了发电的需要，通常要修筑挡水坝或引水渠道等水工建筑物，用以集中水头并形成调节径流的水库。发电用水取决于用电要求，一年内变化较均匀。

2. 灌溉

农田灌溉是个耗水部门，其耗水定额与灌溉制度、作物种类、土壤性质、气候因素等有关。灌溉后的水量大部分因蒸发、渗漏而消耗掉，只有一小部分的水经渗透回归河中。灌溉属季节用水户，年内用水变化较大。灌溉有自流灌溉和提水灌溉两种，自流灌溉对引水高程有一定的要求，提水灌溉则有较大的灵活性。

灌溉用水耗水量大，它与其他需水部门的矛盾最突出。利用水库调节可以提高枯水期的灌溉用水量，如在水电站上游取水灌溉，将减少发电用水，从而降低水电站的出力和发电量。如在水电站下游取水灌溉，可先发电后灌溉，但在引水高程、灌溉时间及需水量方面常常与发电存在着一定的矛盾，需要合理地设计和安排。

3. 防洪

我国的河流多数属于雨源型河流，由于雨量在时间上分布不均匀，往往发生暴雨洪水，容易造成灾害，因此在开发利用河流水资源时，大都要解决防洪问题。防洪部门既不是水的消耗者，也不是水的利用者，它只是在洪水季节里限制下泄流量，以防止或减轻下游的洪水灾害。

4. 航运

航运用水特点是：不消耗水量，但要求保持河流有一定的航深，以利通航。

修建水利枢纽的任务之一，是要求扩大河流的通航能力，提高通航船只吨位，以适应航运发展的要求。在这种情况下，修建水库调节径流，应保证泄放维持规定航深的最小流量。同时必须考虑船只过坝设施，如建造船闸或升船机等通航建筑物，应保证枢纽上下游之间的通航。

船闸用水不能用来发电，但它的需水量不大。航运与发电的矛盾主要表现在用水方式上，航运有固定放流要求，对水电站的运行方式和效益有一定的影响。

5. 工业与民用给水

工业与民用给水是耗水用户，在开发利用水资源时，应优先给予满足。工业与民用给水一般为常年性的用水户，用水量比较均匀。同灌溉一样，当它自上游取水时，要减少发电用水，但与发电用水相比，一般用水量不大。

以上 5 个综合利用部门，是水资源综合利用的主要项目。一个水利工程应开发哪几个项目，它们之间的主次关系如何，应根据当地的可能和需要，通过不同方案的分析才能确定。至于水库养鱼、木材放流、改善环境等综合利用开发项目，也应尽量满足要求，以充分发挥工程的综合利用效益。

三、河流的梯级开发

1. 梯级开发的概念

对于较大的河流，分期建成一连串的水电站系列，称为梯级水电站，也称为对河流进行梯级开发。对较大河流进行梯级开发的原因：一是避免过大的淹没损失；二是自然条件和技术上的原因，也往往要求河流分段开发。因为无论采用坝式或引水式开发，或者采用混合式开发，一个水电站所能开发利用的河段必然受到许多因素的限制（如坝高和引水道的长度等），而不得不分段地利用河流的水能资源。例如，以礼河梯级的自然落差约

1400m，分为四级开发；长白十三道沟梯级的自然落差 250m，分四级开发。

2. 梯级开发的一般性原则

河流梯级开发方案和近期工程的选择，是河流流域规划的重要内容。在规划中，通过对不同梯级方案进行技术经济比较和全面分析，以保证选出的梯级电站组合布置恰当，水资源综合利用效益最大。在拟订不同的梯级方案时，应尽量使相邻梯级的水位相互衔接，以充分利用河流的落差。但有时为了避免过多的淹没，不得不造成相邻梯级水位间断，出现未被利用的河段。一般说来，为了充分利用流量多获电能，常以少数的高坝集中水头为宜；但是考虑到大水库的淹没损失也大，则又以多级的引水式开发或多级的低坝开发为宜。

在河流梯级开发中的各级水电站，应有一个先后开发的顺序，不可能也不必要同时兴建。首先开发的叫近期工程。近期工程总是与梯级开发方案一起选定的。选择时应贯彻局部与整体相结合、近期与远景相结合的原则，必须满足当前迫切要解决的综合利用任务，并有优越的技术经济指标和较好的施工条件。一般情况下，在有条件的河段最好能自上而下地进行开发，这样可以简化下游各梯级的施工导流和截流工程，并充分发挥上游水库对径流的调节作用，提高下游各梯级水电站的出力。例如，重庆市长寿县境内的龙溪河梯级，包括狮子滩、上硐、回龙寨和下硐共四个水电站。狮子滩水电站的水库很大，可对径流进行多年调节，其余 3 座水库都很小，只能进行短周期的径流调节。狮子滩水库建成后，不但便于上硐和回龙寨电站的施工，并且提高了枯水期流量，使下硐水电站的装机容量由过去的 3000kW 增加到 30000kW，相当于原来的 10 倍。

课外知识

"世界水日""中国水周"回顾（1988—2016 年）

一、世界水日的来历

1977 年召开的"联合国水事会议"，向全世界发出严正警告：水不久将成为一个深刻的社会危机，继石油危机之后的下一个危机便是水。为了唤起公众的水意识，建立一种更为全面的水资源可持续利用的体制和相应的运行机制，1993 年 1 月 18 日，第 47 届联合国大会根据联合国环境与发展大会制定的《21 世纪行动议程》中提出的建议，通过了第 193 号决议，确定自 1993 年起，将每年的 3 月 22 日定为"世界水日"（World Water Day），以推动对水资源进行综合性统筹规划和管理，加强水资源保护，解决日益严峻的缺水问题，同时，通过开展广泛的宣传教育活动，增强公众对开发和保护水资源的意识。

在 2003 年 12 月 23 日的 58/217 号决议中，联合国大会宣布从 2005 年 3 月 22 日的世界水日开始，2005 年至 2015 年为"生命之水"国际行动十年，旨在到 2015 年前将无法得到清洁水的人数减半。

二、世界水日的宗旨

（1）应对与饮用水供应有关的问题。

（2）增进公众对保护水资源和饮用水供应的重要性的认识。

（3）通过组织世界水日活动加强各国政府、国际组织、非政府机构和私营部门的参与和合作。

三、中国水周的来历

1988 年 1 月 21 日，《中华人民共和国水法》经第六届全国人民代表大会第二十四次会议通过，自 1988 年 7 月 1 日起施行。为大力宣传水法，普及水法律知识，促进水法规的贯彻实施，水利部于 1988 年 6 月确定每年的 7 月 1 日至 7 日为"中国水周"，集中开展水法规宣传活动。考虑到"世界水日"与"中国水周"的主旨和内容基本相同，从 1994 年开始，水利部将"中国水周"的时间调整到每年的 3 月 22 日至 28 日。两项活动时间的重合，加大了水法规宣传活动的力度。

四、历年世界水日和中国水周的主题

1994 年：关心水资源人人有责（Caring for Our Water Resources Is Everyone's Business）。

1995 年：女性和水（Women and Water）。

1996 年：解决城市用水之急（Water for Thirsty Cities），中国水周宣传主题为"依法治水，科学管水，强化节水"。

1997 年：世界上的水够用吗？（The World's Water：Is There Enough?），中国水周宣传主题为"水与发展"。

1998 年：地下水——无形的资源（Groundwater—the Invisible Resource），中国水周宣传主题为"依法治水——促进水资源可持续利用"。

1999 年：人类永远生活在缺水状态之中（Everyone Lives Downstream），中国水周宣传主题为"江河治理是防洪之本"。

2000 年：21 世纪的水（Water for the 21st Century），中国水周宣传主题为"加强节约和保护，实现水资源的可持续利用"。

2001 年：水与健康（Water and Health），中国水周宣传主题为"建设节水型社会，实现可持续发展"。

2002 年：水为发展服务（Water for Development），中国水周宣传主题为"以水资源的可持续利用支持经济社会的可持续发展"。

2003 年：未来之水（Water for the Future），中国水周宣传主题为"依法治水，实现水资源可持续利用"。

2004 年：水与灾难（Water and Disasters），中国水周宣传主题为"人水和谐"。

2005 年：生命之水（water for life），中国水周宣传主题为"保障饮水安全，维护生命健康"。

2006 年：水与文化（water and culture），中国水周宣传主题为"转变用水观念，创新发展模式"。

2007 年：应对水短缺（coping with water scarcity），中国水周宣传主题为"水利发展与和谐社会"。

2008 年：涉水卫生（water sanitation），中国水周宣传主题为"发展水利，改善民生"。

2009 年：跨界水——共享的水、共享的机遇（Transboundary water—the water - sharing，sharing opportunities），中国水周宣传主题为"落实科学发展观，节约保护水资源"。

2010 年：关注水质、抓住机遇、应对挑战（Communicating Water Quality Challenges and Opportunities），中国水周宣传主题为"严格水资源管理，保障可持续发展"。

2011 年：城市水资源管理（water for city），中国水周宣传主题为"严格管理水资源、推进水利新跨越"。

2012 年：水与粮食安全（Water and Food Security），中国水周宣传主题为"大力加强农田水利，保障国家粮食安全"。

2013 年：水合作（Water Cooperation），中国水周宣传主题为"节约保护水资源，大力建设生态文明"。

2014 年：水与能源（Water and Energy），中国水周宣传主题为"加强河湖管理，建设水生态文明"。

2015 年：水与可持续发展（Water and Sustainable Development），中国水周宣传主题为"珍惜水资源，保护水环境"。

2016 年：水与就业（Water and Jobs），中国水周宣传主题为"落实五大发展理念，推进最严格水资源管理"。

思　考　题

1. 什么是水资源？水资源具有哪些特性？
2. 简述我国水资源的现状及其特点。结合身边的实例谈谈对水资源现状的看法。
3. 水资源规划的内涵及总体原则、基本任务？
4. 农业水资源面临的难题？
5. 什么是水资源可持续利用？
6. 水资源可持续利用的原则有哪些？

参　考　文　献

［1］　朱宪生，冀春楼．水利概论［M］．郑州：黄河水利出版社，2004.
［2］　周望军．中国水资源及水价现状调研报告（2009 年）［EB/OL］．http：//www. hwcc. com. cn/pub/hwcc/wwgj/bgqy/juececk/200912/t20091229 _ 312136. htm.［2009－12－29］
［3］　邵东国．水土资源规划与管理［M］．北京：中国水利水电出版社，2009.
［4］　左其亭，窦明，吴泽宁．水资源规划与管理［M］．北京：中国水利水电出版社，2005.
［5］　冯尚友．水资源持续利用与管理导论［M］．北京：科学出版社，2000.
［6］　左其亭，窦明，马军霞．水资源学教程［M］．北京：中国水利水电出版社，2008.
［7］　周之豪，沈曾源，施熙灿，等．水利水能规划［M］．北京：中国水利水电出版社，1996.
［8］　左强，李品芳，曾宪竞，等．农业水资源利用与管理［M］．北京：高等教育出版社，2003.
［9］　迈向 21 世纪——联合国环境与发展大会文献汇编［G］．北京：中国环境科学出版社，1992.
［10］　中国 21 世纪议程——中国 21 世纪人口、环境和发展白皮书［M］．北京：中国环境科学出版社，1994.
［11］　中华人民共和国水利部．第一次全国水利普查成果发布专题报道（2013 年）http：//

www. chinawater. com. cn/ztgz/xwzt/2013slpczt/.

[12]　中华人民共和国环境保护部 . 中国环境状况公报 ［R/OL］http：//jcs. mep. gov. cn/hjzl/zkgb/.

[13]　中华人民共和国水利部 . 中国水资源公报 ［R/OL］http：//www. mwr. gov. cn/zwzc/hygb/szygb/.

第四章 地表水库工程

修建大坝，利用水库调节天然水量，是人类防止水旱灾害和合理开发水资源的需要，对农业灌溉、城市供水、防洪、开发水电以及改善航运等，都起到了十分积极的作用。特别是在中国，由于水资源在时间和空间上的分布十分不均匀，依靠自然来水无法满足缺水地区或缺水季节的需要，而在洪水泛滥季节和地区，洪水又对人民群众的财产造成很大的损害，甚至于威胁到人民群众的生命安全。所以，中国自古就重视对水资源的调节和控制，修建大坝就是调节和控制水资源的有效措施之一。

第一节 水利枢纽

为了综合利用水利资源，达到防洪、蓄水、发电、灌溉、给水和航运等目的，需要建造几种不同类型的水工建筑物（例如挡水、泄水、输水以及电站等其他专门建筑物），它们的综合体称为水利枢纽。

根据河流综合利用原则，水利枢纽一般是多目标的，但有主次之分。如合川双龙湖水利枢纽以灌溉为主，兼发电、养鱼和旅游等作用。三峡水利枢纽以发电、防洪为主，兼改善航运等作用。

一、水利枢纽布置原则

水利枢纽的布置应考虑到建筑物运行的安全、管理方便、枢纽总造价低、工期短和便于施工等原则。这些原则大都与坝型的选择有关，而坝型的选择往往需要考虑水文、地形、地质和筑坝材料等条件。如果河流流量大，导流工程较难或导流风险较大，两岸较高，建造岸边溢洪道较困难，坝址覆盖层较薄，而且岩基较好，那么宜选择混凝土坝型，溢洪道一般布置在大坝的中部，使洪水下泄至下游河床的中间部位，流向与下游主河道方向一致，避免回流和岸边淘刷；但如果上述条件相反，而筑坝所需的当地土石料充足，那么宜选用土石坝，溢洪道则布置在岸边，泄水段较长，使下泄洪水远离下游坝脚，并使其流向与下游主河道的夹角尽量减小，以避免下泄洪水回流对坝体的淘刷。

有些坝址选择在河谷较窄、岩基较好、覆盖层较薄的位置，因为这样选择使建坝工程量较小，一般造价较低、工期较短。但有少数工程，因枢纽布置需要或地质条件限制，故意将大坝选择在河谷最宽之处。如葛洲坝和三峡大坝，尽量选在河谷很宽且地质条件较好的位置，以满足泄洪坝段、电站坝段和船闸的布置，而不是一般人们所想象的选在狭窄的河谷。因为长江水量充沛，通过这两坝址处的年径流量和洪峰流量都是国内最大的，需要足够大的泄洪坝段；如果将大坝选在河谷窄而陡的位置，泄洪坝段较短，可能满足不了泄洪的要求，也难以布置船闸和电站厂房，效益将会很差；如果在峡谷两岸的高山上开凿建造船闸，把每台 70 万 kW 的 26 台机组都布置在地下，这在技术上难度很大，工期也将延长很多，总造价反而贵很多，都不符合枢纽布置的原则。

水利枢纽不同于房屋结构，它受水文、地形和地质等条件的制约，各建筑物的种类、数量、大小以及它们的布置等等，对于各项枢纽工程来说，都是千差万别的，需要大量的研究工作，需将枢纽布置的一般原则与每项枢纽工程的具体条件结合起来，做综合分析和研究，不能做生搬硬套的拷贝。

二、水利枢纽的重要作用和意义

水即是自然界一切生命赖以生存的不可缺少的物质，又是人类社会向前发展的非常重要的资源。但是大自然并非按照人类的愿望降雨，无论时间还是空间降雨量都很不均匀，甚至相差很大。目前人类的科学技术还未完全达到自动控制降雨的水平，大力兴建水利工程是解决这类问题的主要途径之一。人们通过修筑大坝水库，拦蓄洪水，避免或减轻其下游地区的洪水灾害；然后在需要用水的时候，放水发电、灌溉或给城市和工业供水，做到除害兴利、一举多得。

建造水坝蓄水，可以抬高水头多发电，这是水利枢纽工程又一个很重要的效益。虽然建造水电站比建造同样出力的火电站工期长、投资大，且有时发电受水量和灌溉等因素制约，但水力发电与火力发电相比具有两个明显的优点。

（1）水力是可再生的、可重复利用的和持续发展的能源。因为太阳把浩瀚的海洋水蒸发漂流至大陆降落，然后又流入大海，这样不断地反复循环，只要在合适的位置建造一些水电站，甚至有可能将同样的水流经多级电站多次发电。太阳使地球的这种水循环延续漫长的时间。而火力发电所燃烧的煤、石油等燃料的开采速度远远超过其生成速度，总有一天会开采殆尽。

（2）水力是高质量的能源，主要表现在：①它不像火力发电那样有污染问题；②它比火力发电具有更灵活的调峰调频能力，高峰时从打开阀门到并网供电或低峰时关机所用的时间远远短于火力发电；③水力发电损耗少，一般可将 80% 以上的水能转变为电能，效率远高于火力发电，在正常运行发电时，水电站的损耗和维修费用也远远低于火电站。

修建水利枢纽可以使水库上、下游的一段河道保持一定的水位和较小的流速，可以大大地改善这段河道的航运条件。例如，三峡水利枢纽建成后，在正常蓄水位 175m 时，过去川江航道的陡坡急流和 139 处险滩全部被淹没，航道增宽加深，大型客轮可昼夜安全舒适地航行；三峡发电放水通过葛洲坝调节，可控制三峡大坝至葛洲坝河道的水位和流速，还可使宜昌下游的长江航道即使在枯水季节也平均加深 0.5~0.7m，再结合少量的疏浚整治，即可保持 3.5m 以上的水深，供万吨级船队由上海直达重庆，每年长江航运能力将从建坝前的 1000 万 t 增至 5000 万 t，根据长江水利委员会工程设计预测，船舶平均油耗可从目前的 26kg/(kt·km) 降低为 7.66kg/(kt·km)，运输成本可比目前降低 35%~37%。由此可见水利枢纽对改善河道航运、发展交通也起着重要的作用。

利用水库发展养殖业，可以弥补水库占用耕地带来的损失。水库养鱼比平原池塘养鱼有很多优越性：集雨面积大，水量充沛；随径流带入溶氧和外源性营养物质多，不断补充天然饵料，养育成本低；随着水库的调度运用，水体经常做垂直的和水平方向运动，各层水温、溶氧和营养物质分布较为稳定，有利于鱼类增殖、提高鱼货质量。据《第一次全国水利普查公报》资料，10 万 m³ 及 10 万 m³ 以上的我国水库约 98002 座，总库容为 9323.12 亿 m³ 库水面积达 3000 多万亩，水产养殖的潜力很大，如果得到充分利用，也将对我国水产养殖业发挥巨大的作用。

由于库水与空气的热量交换，对周围气温有调节作用，水库周围冬暖夏凉，再加上植树造林，造成优美的环境，可发展旅游业，建疗养院等。

总之，水利枢纽工程有防洪、灌溉、发电、向城市和工业供水、航运、养殖和旅游景点等作用和效益，一般是多种作用综合在一起的，很少单一作用。

三、水利枢纽工程对周围环境的影响

水利枢纽工程建成后，对周围的环境、自然状况以及社会生活都会产生重大的影响，这个影响不只是我们上边所介绍的那些正面影响。我们还必须重视它对周围环境造成的负面影响，研究和设法解决不利影响的一些问题。

（一）对上游的影响

水利枢纽的拦河大坝形成水库后，除了能发挥蓄丰补枯、水力发电、农业灌溉、工业和民用供水、改善通航条件效益外，也可能产生一些其他影响。

水库水位升高后，将淹没库区正常蓄水位以下的民房、厂房和农田等，造成大范围淹没，使库区居民失去生活居所和生产场所。必须将库区居民迁移到新的地方，从而产生大批移民。如三峡工程的总移民人口达 84 万多人。我国的移民方式从简单移民到开发式移民，为解决移民问题开拓新的方式。

水库使入库水流流速减小，泥沙首先在库首门口淤积。库门淤积引起上游河道回水上涨。黄河三门峡水库建成初期，因泥沙淤积造成上游渭河等支流口门堵塞，从而抬升了这些河流的水位，形成新的不利淹没。后来增设冲沙孔，改变水库运行方式，问题才得到改善。

水库蓄水后，引起库区周边地区的地下水位升高，容易导致农田受涝、盐碱化和沼泽化。

较大的库面水域会引起库区局部小气候发生变化，例如全年可能增加雾天出现的天数，增加降水量等。

水库蓄水后，首先改变了库区的地应力，从而可能引起库岸坍塌，诱发地震。其次改善生态环境。水流流速降低后，改变了某些鱼类生存、洄游的天然状况。当然，水库又能为某些非洄游性鱼类提供生存环境。水库蓄水后，使一些山头被水包围而成为孤岛，切断了该地区动、植物与周边地区的陆上联系，使生物链中断。水库深层低温水对灌溉不利。

（二）对下游的影响

水库蓄水后可调节流量，为下游河道提供较为稳定的流量，对航运和灌溉有利；水库调蓄能力可大大提高下游防洪能力；水库拦截泥沙，下泄清水刷深河床，对桥梁和堤岸有不利的影响。

四、水利枢纽与水工建筑物等级划分

水利水电工程的建设对国计民生存在着重要影响，不仅关系到工程自身安全，而且关系到其下游人民生命财产、工矿企业和设施的安全，还直接影响工程效益的正常发挥、工程造价和建设速度，而不同规模的工程影响程度也不同。能否妥善地解决工程的安全可靠性与其造价的经济合理性问题，是工程建设的关键。为此，应对水利工程进行分等，对水工建筑物进行分级。

水利水电工程的等别，应根据其工程规模、效益及在国民经济中的重要性进行划分。按照《水利水电工程等级划分及洪水标准》（SL 252—2000），共分为五等，见表4-1。

表4-1　　　　　　　　　　　　　水利水电工程分等指标

工程等别	工程规模	分等指标					
		水库总库容/亿 m³	防洪		治涝	灌溉	供水	发电
			保护城镇及工矿企业的重要性	保护农田面积/万亩	治涝面积/万亩	灌溉面积/万亩	供水对象的重要性	装机容量/万 kW
Ⅰ	大（1）型	≥10	特别重要	≥500	≥200	≥150	特别重要	≥120
Ⅱ	大（2）型	10～1.0	重要	500～100	200～60	150～50	重要	120～30
Ⅲ	中型	1.0～0.1	中等	100～30	60～15	50～5	中等	30～5
Ⅳ	小（1）型	0.1～0.01	一般	30～5	15～3	5～0.5	一般	5～1
Ⅴ	小（2）型	0.01～0.001		<5	<3	<0.5		<1

注　1. 水库总库容是指水库最高水位以下的静库容。

　　2. 治涝、灌溉面积等均指设计值。

水利水电工程的永久性水工建筑物的级别，应根据其所在的工程等别和建筑物的重要性划分，共分为五级，见表4-2。

表4-2　　　　　　　　　　　　　永久性水工建筑物级别划分

工程等别	建筑物级别	
	主要建筑物	次要建筑物
Ⅰ	1	3
Ⅱ	2	3
Ⅲ	3	4
Ⅳ	4	5
Ⅴ	5	5

对于综合利用的水利水电工程，如按表中指标分属几个不同等别时，整个枢纽的等别应按其中的最高等别确定。

永久性水工建筑物级别确定时，对于下述情况可提高或降低其主要建筑物级别。

（1）对于失事后损失巨大或影响十分严重的水利水电工程的2～5级主要永久性水工建筑物，经过论证，可提高一级；失事后损失不大的水利水电工程的1～4级主要永久性水工建筑物，经论证后可降低一级。

（2）对于水库大坝按表4-2规定为2级、3级的永久性水工建筑物，如坝高超过表4-3中数值者可提高一级，但洪水标准不予提高。

表4-3　　　　　　　　　　　　　水库大坝级别提高的界限

级　别	坝　型	坝　高/m
2	土石坝	90
	混凝土坝、浆砌石坝	130
3	土石坝	70
	混凝土坝、浆砌石坝	100

（3）对于永久性建筑物的工程地质条件特别复杂，或采用缺少实践经验的新坝型、新结构时，对 2～5 级建筑物可提高一级．但洪水标准可不提高。

水利水电工程施工期使用的临时性挡水和泄水建筑物的级别，应根据保护对象的重要性、失事后果、使用年限和临时性建筑物规模，按表 4-4 确定。

表 4-4　　　　　　　　　　　临时性水工建筑物级别划分

级别	保护对象	失事后果	使用年限/年	临时性建筑物规模	
				高度/m	库容/亿 m³
3	有特殊要求的 1 级永久性建筑物	淹没重要城镇、工矿企业、交通干线或推迟总工期及第一台（批）机组发电，造成重大灾害和损失	>3	>50	1.0
4	1、2 级永久性建筑物	淹没一般城镇、工矿企业和影响总工期及第一台（批）机组发电，造成较大经济损失	3～1.5	50～15	1.0～0.1
5	3、4 级永久性建筑物	淹没基坑，但对总工期及第一台（批）机组发电影响不大，经济损失较小	<1.5	<15	<0.1

表中指标分属不同级别时，其级别应按其中最高级别确定，但对 3 级临时性水工建筑物，符合该级别规定的指标不得少于两项。

五、水工建筑物的特点

水工建筑物是具有某些特殊性质的建筑物，与其他建筑物相比有如下显著特点。

（一）受自然条件约束

自然条件包括地形、地质、水文、气象、当地材料和对外交通等。一般来说，同样的坝高情况下，河道越窄，坝体方量越小，投资就越省。但是，在狭窄河道处，枢纽布置和工程施工相对困难。水工建筑物的基础地质情况对大坝安全至关重要。在地质条件好、岩石坚硬的地方，适合建高坝，且投资省，反之，则需要大量的资金用于地基处理。坝址当地的材料情况，往往是决定拦河大坝坝型的重要因素。水文更是决定工程规模和工程效益的重要条件。没有任何两个水利枢纽的自然条件是完全一样的，所以，只能根据具体的自然条件区别对待。

（二）受水的影响大

水工建筑物建成后，上下游产生水位差，使建筑物要承受巨大的水推力。建筑物必须能够抵抗这个推力作用，安全稳定地工作。上下游水位差在建筑物和地基内产生渗流，渗流作用在不同的建筑物中导致扬压力、渗漏和渗透变形等不利情况发生。大坝泄水时，高速水流对建筑物产生动水压力，可能对下游河床产生冲刷，危及建筑物安全；下泄水流还可能使建筑物发生气蚀、振动和雾化等不利影响，在多泥沙河流上，挟沙水流对建筑物的边壁还有磨蚀作用。

（三）施工复杂

修建在江河上的水工建筑物拦断河流，施工期必须采取合适的导流措施，选择适当的时机对大江截流。水工建筑物的施工场面大，对施工场地布置和施工道路都有一定要求。

在有的河流上还要求施工期间不断航，增加了施工难度。水工建筑物的工程量大，工期长，一般工期需要几年甚至十几年，所以需要系统地统筹布置。有的工程为了尽早获得投资效益，不等工程全部建成即将部分机组提前投入发电，使施工组织更加复杂。

（四）失事后果严重

大型蓄水工程失事后可能对下游产生严重影响。特别是挡水建筑物的破坏，可能造成下游毁灭性的损失，因此水工建筑物必须严格遵守建设程序。重要建筑物需要较高的设计安全系数，以确保其安全。

六、水工建筑物的分类

水工建筑物按其用途可分为一般性建筑物和专门性建筑物。

（一）一般性建筑物

不只为某一部门服务的水工建筑物称一般性建筑物。根据建筑物的作用又可分为如下几种：

（1）挡水建筑物。用以拦截水流、抬高水位形成水库，如闸、坝、沿河岸修建用以挡御洪水的堤防等。

（2）泄水建筑物。用以宣泄挡水建筑物上游的多余水量，如水库的溢洪道、泄洪洞，或引水枢纽的泄水闸等。

（3）引水建筑物。用以自水库或河流引出水流供灌溉、发电、给水等需要，如进水闸、抽水站等。

（4）输水建筑物。用以将引水建筑物引出的流量输送到用水处，如隧洞、管道、渠道和渡槽等。

（5）整治建筑物。用以整治河道，稳定河槽，维持航道，保护河岸，如丁坝、顺坝和护岸工程等。

（二）专门性建筑物

凡只为一个部门服务的水工建筑物称专门性建筑物。根据其服务的国民经济事业，可分为如下几种：

（1）水电站建筑物。如水电站的压力管道、压力前池、调压井和电站厂房等。

（2）灌溉、排水建筑物。如灌溉渠道上的节制闸、分水闸和渠道上的建筑物等。

（3）水运建筑物。保证河流通航及浮运木材而修建的建筑物，如船闸、升船机、筏道和码头等。

（4）给水、下水建筑物。如自来水厂的抽水站、滤水池和水塔，以及排除污水的下水道等。

（5）渔业建筑物。为了使河流中的鱼类通过闸坝而修建的鱼道、升鱼机等。

七、水库的特征水位和库容

水库的水面高程称为库水位，库水位以下的蓄水容积称为库容（图 4-1）。一定库水位相应一定的水面面积和库容。库水位越高，水库水面面积越大，库容也越大。库水位与其相应的水面面积的曲线称为库水位与水面面积关系曲线，又称水库面积特征曲线；库水位与其相应库容的曲线称为库水位与库容关系曲线，又称库容特性曲线。二者均根据库区地形图量算绘制。水库的主要特征水位和相应库容分述如下。

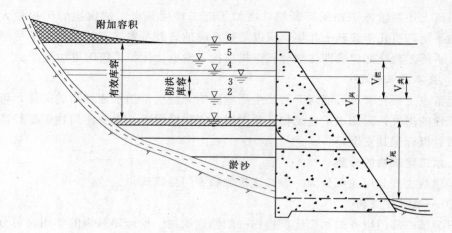

图 4-1　水库特征水位及相应库容示意图
1—死水位；2—防洪限制水位；3—正常蓄水位；4—防洪高水位；
5—设计洪水位；6—校核洪水位

（一）死水位与死库容

死水位是水库在正常运用情况下允许消落的最低水位。死水位以下的库容称为死库容。为设计所不利用。死水位以上的静库容称为有效库容。

在正常蓄水位一定的情况下，死水位不同，水库的效益不同。死水位的选定与各兴利部门利益密切相关。灌溉和给水部门一般要求死水位相对低些，可获得更多的水量。发电部门常常要求有较高的死水位，以获得较多的年发电量。有航运要求的水库，要考虑死水位时库首回水区域能够保持足够的航运水深。在多泥沙河流上，还要考虑泥沙淤积问题。另外，死水位下限还应满足水库鱼类生存所需的水域面积。

（二）正常蓄水位

正常蓄水位是最高的兴利水位。多年调节水库在蓄水若干年后才能达到正常蓄水位，并可持续一段时间。年调节水库应在当年洪水期末达到正常蓄水位，一直持续到枯水期开始为止。日调节水库除在洪水期因防洪、排沙需要或因日调节需要，短时低于正常蓄水位外，要经常保持这一水位。

选择正常蓄水位应考虑以下因素：

1. 水库综合效益

当防洪库容与兴利库容完全或部分结合时，正常蓄水位高，水库容积增加，有利于削减洪峰流量，减少下泄流量，提高下游防洪区的防洪标准或减少堤防和其他防洪措施的防洪任务。正常蓄水位高，兴利库容大，调节径流能力增加，灌溉面积增多，有利于从水库引水自流灌溉。正常蓄水位高，调节能力增加，可加大航运期的下泄流量，增加航深，改善下游航运条件。并且水库水深增加，水库的航运条件得以改善。

正常蓄水位增高，给水的控制高程也增高，给水的范围扩大，使用水也更有保证。正常蓄水位增高，调节库容增大，发电站保证出力增加。但当库容增大到可以进行较好的多年调节时，再增加正常蓄水位，也只能增加水电站的水头，调节水量却增加很少。

2. 枢纽投资

水利枢纽投资中大坝投资占相当大的一部分，与坝高是大于二次方的关系，枢纽投资和建成后的运行费随正常蓄水位的增高而增大。

3. 施工问题

正常蓄水位增高，施工劳动力、建筑材料的需要量增加，施工期也加长。

4. 淹没与浸没损失

正常蓄水位增高，库区房屋、耕地、铁路、工矿企业、名胜古迹等的淹没损失增大。同时地下水位也升高，引起浸没损失。

正常蓄水位关系到综合利用各部门的效益、水利枢纽的投资、水库的淹没损失等重大问题，是很重要的参数，应通过技术经济比较，认真选择。

（三）兴利库容

正常高水位与死水位之间的库容，又称为调节库容。正常高水位与死水位之间的水库水位差称为水库消落深度。

（四）防洪限制水位

汛期限制水位是水库在汛期允许蓄水的上限水位；将汛期水库运行水位限制在正常蓄水位以下，可以预留一部分库容，增大水库的调蓄功能。待汛期结束时，才将库水位升蓄到正常蓄水位。水库可以根据洪水特性和防洪要求，在汛期的不同时期规定出不同的防洪限制水位，更有效地发挥水库效益。防洪限制水位至正常蓄水位之间的库容称为重叠库容。

（五）设计洪水位、校核洪水位和拦洪库容

当水库遭遇到超过防洪标准的洪水时，水库的首要任务是保证大坝安全，避免发生毁灭性的灾害。这时，所有泄水建筑物不加限制地敞开下泄洪水。保证拦河坝安全的设计标准洪水称为设计洪水。设计洪水远大于防洪标准洪水。如长江三峡工程，大坝的设计洪水为1000年一遇，而下游防洪标准在大坝建成以后也只能提高到100年一遇。

从防洪限制水位开始，设计洪水经过水库的拦蓄调节以后，在水库坝前达到的最高水位称为设计洪水位。在设计洪水位下，拦河大坝仍然有足够的安全性。

从防洪限制水位开始，水库拦蓄校核标准的洪水，经过调节下泄流量，水库在坝前达到的最高水位称为校核洪水位。

设计洪水位与防洪限制水位之间的库容称为拦洪库容。

（六）防洪高水位和防洪库容

当水库的下游河道有防洪要求时，对于下游防护对象根据其重要性采用相应的防洪标准，从防洪限制水位开始，经过水库调节防洪标准洪水后，在坝前达到的最高水位，称为防洪高水位。防洪高水位与防洪限制水位之间的库容称为防洪库容。

防洪库容与兴利库容之间的位置有三种结合形式。

1. 不结合

防洪限制水位等于正常蓄水位，重叠库容为零。水库需要在正常蓄水位以上另外增加库容用于防洪，大坝坝体相对较高。不结合方式的水库运行管理简单，但是不够经济，中下型工程的水库常常采用这种结合形式。不结合方式的溢洪道一般不设闸门控制泄流量。

2. 完全结合

防洪高水位等于正常蓄水位，重叠库容等于防洪库容。这种形式的防洪库容完全包容在兴利库容之中，不需要加高大坝用于防洪，最经济。对于汛期洪水变化规律稳定，或具有良好的水情预报系统的水库可以采用这种形式。

3. 部分结合

部分结合是一般水库采用的形式。结合部分越多越经济。

（七）调洪库容和总库容

校核洪水位与防洪限制水位之间的库容称为调洪库容。校核洪水位以下的全部库容为总库容，实际总库容指水库最高水位以下的静库容。

（八）水库的动库容

上述各个库容统属于静库容。静库容假定库内水面为水平。当水库泄洪时，由于洪水流动，水库上游部分水面受到水面坡降的影响向上抬高，直至某一断面与来水水面相切。水库上游因为水流流动导致水面上抬部分的库容称为附加库容。在库前同一水位下，水库的附加库容不是固定值，洪水流量越大，附加库容越大。附加库容与静库容合称动库容。在洪水调节计算时，一般采用静库容即可满足精度要求。在考虑上游淹没和梯级衔接时，则需要按动库容考虑。

第二节　土　石　坝

土石坝是利用当地土料、石料或土石混合料填筑而成的坝，又称当地材料坝。是最古老但也是最重要的坝型。早在公元前 3000 多年就已经兴建许多较低的土石坝，但后来均被洪水冲毁没有保留下来，希腊在公元前 1300 年修建了一座大型防洪土坝工程至今完好。中国在公元前 598—前 591 年，修建了芍陂土坝（今安丰塘水库），经历代整修使用至今。据国际大坝委员会统计，世界上修建的百米以上高坝中，土石坝占到 75% 以上。目前全世界坝高 250m 以上的土石坝有 5 座，世界上最高的大坝——塔吉克斯坦的罗贡坝（坝高335m）就是土石坝。土石坝虽然十分古老，但是因为它的修建材料的特殊性，其理论却很复杂深奥。早年，人们都是依靠有限的经验修建土石坝，结果事故频繁。随着科学技术不断地发展，现在在设计及施工方面取得了很大的成就，但是并不能代表人类已经完全掌握了这种坝的奥秘，例如技术发达的美国在 70 年代修建的提堂（Deton）坝，竟会在顷刻之间溃决，这对原本认为自己已经可以自由建造这种古老大坝的人们敲响了警钟。

一、土石坝的类型及坝型选择

土石坝按其施工方法可分为：碾压式土石坝、冲填式土石坝、水中填土坝和定向爆破堆石坝等。土石坝的建筑实践表明，应用最广泛、质量最好的是碾压式土石坝。

按照土料在坝身内的配置和防渗体所用的材料种类及其所在的位置，碾压式土石坝又归纳分为以下几种主要的类型（图 4-2）：

（1）均质土坝。一般由砂壤土一种土料组成，同时起防渗和支承作用。

（2）土质心墙坝：以防渗性较好的黏性土作为防渗体设在坝的剖面中心位置，用透水性较好的砂或砂砾石做坝壳，对心墙起保护支承作用。

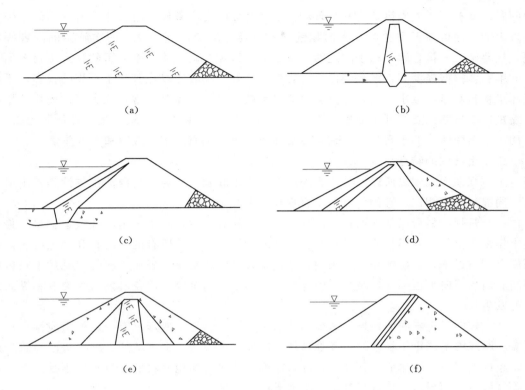

图 4-2 土石坝类型

（a）均质坝；（b）黏土心墙坝；（c）黏土斜墙坝；（d）多种土质坝1；（e）多种土质坝2；（f）土石混合坝

（3）土质斜墙坝：由相对不透水或弱透水土料构成上游防渗体，而以透水砂砾土石料作为下游支撑体。

（4）土质斜心墙坝：由相对不透水或弱透水土料构成防渗体，其下部为斜墙、上部为心墙，在他们的上下游两侧以透水土石料组成坝壳，支撑和保护防渗体。

（5）人工材料心墙坝：中央防渗体由沥青混凝土或混凝土、钢筋混凝土等人工材料构成，坝壳由透水或半透水砂砾土石料或者再加上块石等组成。

（6）人工材料面板坝。上游防渗面板由钢筋混凝土、沥青混凝土、塑料膜或土工膜等材料构成，其支撑体由透水或半透水砂砾土石料或者加上块石等组成。

（7）多种土质坝：坝址附近有多种土料用来填筑的坝。

（8）土石混合坝：如坝址附近砂、砂砾不足，而石料较多，上述的多种土质坝的一些部位可用石料代替砂料。

坝型选择是土石坝设计中需要首先解决的一个重要问题，因为它关系到整个枢纽的工程量、投资和工期。坝高、筑坝材料、地形、气候、施工和运行条件等都是影响坝型选择的主要因素。

均质坝、土质防渗墙的心墙坝和斜墙坝，可以适应任意的地形、地质条件，对筑坝土料的要求逐渐放宽，既可以采用先进的施工机械进行建造，也可以采用比较简单的施工机械修筑，因而是中小型工程优先考虑的坝型。斜心墙避免了坝体沉降过大而引起斜墙开裂的问题，又有利于克服拱效应和改善坝顶附近心墙的受力条件，防渗体下游一侧的坝壳仍有较大的断面可在雨季和冬季大面积铺填和碾压，避免出现空缺、两次施工的削坡等问题，只要施工安排合适，坝顶附近的心墙是可以避免在雨季或冬季施工的。人工材料面板坝的堆石体抗剪强度高，浸润线低，抗震稳定性好，坝坡比以往其他土石坝陡很多，不仅坝体工程量明显地减小，而且导流洞也明显地减短，堆石体可以常年施工，进度快工期明显缩短，对岩基的要求低于混凝土坝，很有竞争力。应用沥青混凝土做防渗体的土石坝，采用土工薄膜防渗的土石坝等，在各种具体条件下，都有一定的应用和发展前景。

二、土石坝的特点

土石坝在实践中之所以能被广泛采用并得到不断发展，与其自身的优越性是密不可分的。同混凝土坝相比，它的优点主要表现在以下几个方面：

（1）筑坝材料可以就地取材，可节省大量钢材和水泥，减少工地的外线运输量；最近几十年来，由于土石坝科研、设计和施工技术的发展，几乎所有的土石料和开挖渣料都可利用上坝；近来，心墙料趋向于采用弹性模量较高的冰碛土和砾质土料等。砾质土料可以提高心墙的竖向承压强度，减少心墙与坝壳间的不均匀沉降，避免心墙水平裂缝和纵向裂缝的发生。

（2）较能适应不同的地形、地质和气候条件，对于地基变形也有一定的适应性；对于覆盖层厚或渗漏严重等坝基的防渗处理技术以及其他一些不良坝基的处理办法已经趋于成熟，经过处理后均可建造土石坝。砂砾石或堆石体等大体积材料的填筑几乎不受雨季、寒冷等气候条件的影响，这是混凝土坝所缺乏的优越性。

（3）结构简单，工作可靠，便于维修、加高和扩建；土石坝适应高烈度地震的能力强，按现代技术精心设计、严格施工的土石坝，安全可靠，经地震后一般不出现大的破坏，虽然个别的砂砾石坝壳有裂缝或滑动，但只要防渗体还能正常工作，就不会影响大坝继续进行运行，震后也易于修复。

（4）施工技术简单，工序少，便于组织机械化快速施工；近年来大功率、多功能、高效率、配套成龙并采用电子计算机控制技术的施工机械，组合成循环流水作业线，提高了土石坝的施工质量，加快了进度，使高土石坝上坝强度达到很高的水平。

三、土石坝设计的基本要求

土石坝不足之处主要是：土石坝坝顶不能过流，必须另开溢洪道；施工导流不如混凝土坝便利；对防渗要求高，因为剖面大，所以填筑量大；特别是黏性土的施工易受气候（降水等）的影响。为使土石坝能安全有效地工作，土石坝在设计方面必须满足下列几项要求：

（1）不允许水流漫顶，要求坝体有一定的超高；土石坝的泄洪建筑物必须有足够的泄洪能力。土石坝因洪水漫顶而垮坝的约占土石坝垮坝总数的 $1/4 \sim 1/3$，在古代这个比例更高，占到大半数。故土石坝的校核洪水标准都高于同一等级的混凝土坝，一级建筑物的土石坝还应对可能发生的特大或最大洪水设置非常溢洪道等应急的保坝设施。

（2）满足渗流要求；应设置良好的防渗和排水设施以控制渗流流量和渗流破坏。土石坝挡水后，在坝体内形成渗流，饱和区内土石料承受上浮力，减轻了抵抗滑动的有效重量；浸水后土石料的抗剪强度指标将明显降低，渗流可能对坝坡形成不利影响。设置防渗和排水设施可以控制渗流范围，改变渗流方向，降低浸润线，减小坝体和坝基的漏水量，减小渗流的逸出坡降，增加坝坡、坝基和河岸的抗滑和抗渗稳定。

（3）坝体和坝基必须稳定；国内外土石坝的失事，约有 1/4 是由滑坡造成的，足见保持坝坡稳定的重要性。特别是应分别进行施工期、稳定渗流期、水库水位降落期以及地震作用时的坝坡和坝基的稳定性。

（4）应避免有害裂缝及其他自然现象的破坏作用；应采取适当的构造措施，使坝运用可靠和耐久。像下游坝坡应能防止雨水的冲刷破坏作用。

（5）安全使用前提下，力求经济美观。

（6）在下游坝面设置竖直观测孔。这是在下游坝面随时量测坝内浸润线、分析渗透是否出现异常、保证大坝安全和正常运行所不可缺少的安全检测设计。

四、土石坝的构造

土石坝的剖面形状一般为梯形或复式梯形，上游坝坡整体要缓于下游坝坡。土石坝的构造包括坝身、防渗体、排水体和护坡四部分。

（一）坝身

坝身是土石坝的主体，坝坡的稳定主要靠坝身来维持，并对防渗体起到保护作用。坝身土料应采用抗剪强度较高的土料，以减少坝体的工程量；当坝身土料为渗透系数较小的土料时，可以不再另设防渗体而成为均质坝。一般土料原则上均可作为碾压式土石坝的筑坝材料，或经处理后用于坝的不同部位。但下列土料不宜采用：沼泽土、斑脱土、地表土及含有未完全分解有机质的土料。

（二）防渗体

防渗体是土石坝的重要组成部分，其作用是防渗，必须满足降低坝体浸润线、降低渗透坡降和控制渗流量的要求，另外还需要满足结构和施工上的要求。常见的防渗体有心墙、斜墙、斜墙＋铺盖、心墙＋截水墙和斜墙＋截水墙等型式。按材料分防渗体可分为土质防渗体和人工材料防渗体（沥青混凝土、钢筋混凝土和复合土工膜）。

心墙一般布置在坝体中部，有时稍微偏向上游，以便同防浪墙相连接，通常采用透水性很小的黏性土筑成。心墙顶部高程应高于正常蓄水位 0.3～0.6m，且不低于非常运用情况下的静水位。顶部厚度按构造和施工要求应不小于 2.0m，底部厚度根据土料的允许渗透坡降来定，应不小于 3m。

斜墙位于坝体上游面，对土料的要求及尺寸确定原则与心墙相同。斜墙顶部高程应高于正常运用情况下的静水位 0.6～0.8m，且不低于非常运用情况下的静水位。斜墙底部的水平厚度应满足抗渗稳定的要求，一般不宜小于水头的 1/5。为了防止斜墙遭受冲刷、冰冻和干裂影响，上游面应设置保护层，保护层可采用砂砾、卵石或块石，其厚度应不小于冰冻深度且不小于 1.0m，一般取 1.5～2.5m。

用混凝土做防渗体，其抗渗性能较好，但由于其刚度较大，常常因与坝体及坝基间变形不协调而发生裂缝。为了降低混凝土的弹性模量，可在集料中加入沥青，成为沥青混凝土，这样可有效地改善混凝土的性能，使之具有较好的柔性和塑性，又可降低防渗体造价，且施工简单，因而在工程中得到了广泛的应用。

土工膜是土工合成材料的一种，包括聚乙烯、聚氯乙烯和氯化聚乙烯等，其具有良好的物理、力学和水力学特性，具有良好的防渗性。对 2 级及其以下的低坝，经论证可采用土工膜代替黏土、混凝土或沥青等，作为防渗体材料。在土工膜的单侧或两侧热合织物的复合材料称为复合土工膜，其适应坝体变形的能力较强，作为坝体的防渗材料，它可设于坝体上游面，也可设在坝体中央充当坝的防渗体。利用土工膜做坝体防渗材料，可以降低工程造价，而且施工方便快速，不受气候影响。

（三）排水体

土石坝设置坝身排水的目的主要有以下作用：降低坝体浸润线及孔隙压力，改变渗流方向，增加坝体稳定；有利于下游坝坡稳定并防止土坝可能出现的渗透破坏；防止下游波浪对坝坡的冲刷及冻胀破坏，起到保护下游坝坡的作用。

坝体排水有以下几种常用型式：贴坡排水、棱体排水、褥垫排水和混合排水。

1. 贴坡排水

贴坡排水又称表面排水，它是用一层或两层堆石或砌石加反滤层直接铺设在下游坝坡表面，不伸入坝体的排水设施，如图 4-3 所示。这种排水型式构造简单，用料省，施工方便，易于检修。但不能降低浸润线，且易因冰冻而失效。常用于下游无水的中小型均质坝或是浸润线位置较低的中坝。

2. 棱体排水

棱体排水又称滤水坝址，它是在下游坝脚处用块石堆成的棱体，如图 4-4 所示。棱体排水是一种可靠的、被广泛采用的排水设施。它可以降低浸润线，防止坝坡冻胀，保护下游坝脚不受尾水淘刷且有支持坝体增加稳定性的作用。但石料用量大，费用较高，与坝体施工有干扰，检修也较困难。

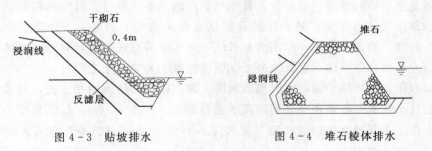

图 4-3　贴坡排水　　　　　　　图 4-4　堆石棱体排水

3. 褥垫排水

将块石平铺在坝体靠下游部分的地基上，周围设反滤层，形成褥垫。这种型式的排水体伸入坝体内部，并能有效地降低坝体浸润线，但对增加下游坝坡的稳定性作用不明显，常用于下游水位较低或无水的情况，如图 4-5 所示。

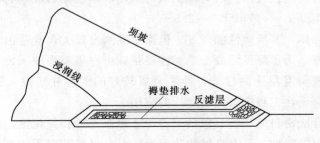

图 4-5　褥垫排水

4．组合式排水

在实际工程中，常根据具体情况将几种不同形式的排水组合在一起成为综合式排水，以兼取各种型式的优点，如图 4-6 所示。

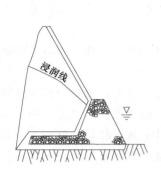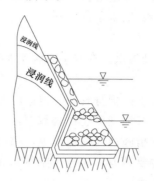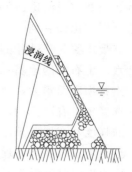

图 4-6　组合式排水

排水设施应具有充分的排水能力，以保证自由地向下游排出全部渗水；同时，能有效地控制渗流，避免坝体和坝基发生渗流破坏。此外，还要便于观测和检修。

（四）护坡

为保护土石坝坝坡免受波浪淘刷、冰层和漂浮物的损害、降雨冲刷，防止坝体土料发生冻结、膨胀和收缩以及人畜破坏等，需设置护坡结构。土石坝护坡要求坚固耐久，能够抵抗各种不利因素对坝坡的破坏作用，还应尽量就地取材，方便施工和维修。

上游护坡常采用堆石、干砌石或浆砌石、混凝土或钢筋混凝土、沥青混凝土等型式。下游护坡要求略低，可采用草皮、干砌石、堆石等型式。

堆石护坡不需人工铺砌，将适当尺寸的石块直接倾倒在坝面垫层上。多用于石料丰富的地区。

砌石护坡要求石料比较坚硬并且耐风化，可采用干砌或浆砌两种方法，由人工铺砌。

其他形式的护坡，当筑坝地区缺乏石料时，可采用混凝土或钢筋混凝土护坡。土石坝的下游的护坡一般用碎石和砾石护坡，当气候条件适宜时，还可采用草皮护坡。

五、土石坝的泄水建筑物

土石坝因为不能坝身泄洪，所以需要在岸边设置岸边溢洪道泄洪，防止洪水漫溢坝顶，保证大坝及其他建筑物的安全。溢洪道除了应具备足够的泄洪能力外，还要保证其在工作期间的自身安全和下泄水流与原河道水流获得妥善的衔接。很多大坝的失事都是因为溢洪道的泄流能力设计不足或运用不当而引起的，因此安全泄洪是水利枢纽设计中的重要问题，应充分掌握和认真分析气象、水文、泥沙、地形、地质、地震、建筑材料、生态与环境、坝址上下游规划要求等基本资料，并认真考虑施工和运行条件。

岸边溢洪道的形式有正槽式溢洪道、侧槽式溢洪道、井式溢洪道和虹吸式溢洪道等。在实际工程中，一般依据两岸地形和地质条件选用。其中，正槽式溢洪道较多，也较典型。

正槽式溢洪道的过堰水流与泄槽轴线方向一致。它结构简单、施工方便、工作可靠、泄流能力大，故在工程中应用广泛。

侧槽式溢洪道的泄槽轴线与溢流堰轴线接近平行，即水流过堰后，在很短距离内约转弯90°，再经泄槽泄入下游。一般多建在较陡的岸坡上。

井式溢洪道在平面上进水口为一环形的溢流堰，水流过堰后，经竖井和出水隧洞流入下游。竖井式溢洪道适用于岸坡陡、地质条件良好的情况，如能利用一段导流隧洞，则采用这种形式比较有利。

虹吸式溢洪道利用虹吸作用，使溢洪道在较小的堰顶水头下可以得到较大的单宽流量。

六、土石坝的地基

土石坝底面积大，坝基应力较小，坝身具有一定适应变形的能力，坝身断面分区和材料的选择也具有灵活性，所以，土石坝既可建在岩基上，也可建在土基上。土石坝对天然地基的强度和变形要求，以及处理措施达到的标准等，都可以略低于混凝土坝。

土石坝进行坝基处理的目的主要是为了满足渗流控制（包括渗透稳定和控制渗流量）、坝坡稳定以及容许沉降量等方面的要求，比保证坝的安全运行。

第三节 重 力 坝

重力坝是由混凝土或浆砌石修筑的靠自重维持稳定的大体积挡水建筑物，其基本剖面是三角形。根据历史记载，最早的重力坝是公元前2900年古埃及在尼罗河上修建的一座高15m、顶长240m的挡水坝。19世纪以前，重力坝基本上都采用浆砌毛石修建；19世纪后期，逐渐采用混凝土筑坝；进入20世纪，逐渐形成了现代的混凝土重力坝。1962年瑞士建成了世界上第一座重力坝——大狄克桑斯坝，坝高285m。1949年我国水利水电事业蓬勃发展，从1949年到1985年，在已建成的坝高30m以上的113座混凝土坝中，重力坝达58座，占总数的51%。20世纪50年代首先建成了高105m的新安江和高71m的古田一级两座宽缝重力坝。20世纪60年代建成了高97m的丹江口宽缝重力坝和高147m的刘家峡、高106m的三门峡两座实体重力坝。70年代建成了黄龙滩、龚嘴重力坝。80年代建成了高165m的乌江渡拱型重力坝和高107.5m的潘家口低宽缝重力坝等。其中长江三峡水利枢纽重力坝，坝高185m。由于重力坝的结构简单，施工方便，抗御洪水能力强，抵抗战争破坏等意外事故的能力也较强，工作安全可靠至今仍被广泛采用。

一、重力坝的工作原理

重力坝在水压力及其他荷载作用下，主要依靠坝体自身重量在滑动面上产生的抗滑力来抵消坝前水压力，以满足稳定的要求；同时，也依靠坝体自重在水平截面上产生的压应力来抵消由于库水压力所引起的上游坝面拉应力，以满足强度要求。

其基本剖面为上游面近于垂直的三角形剖面，且沿垂直轴线方向常设有永久伸缩缝，将坝体分成若干独立工作的坝段，坝体剖面较大（图4-7）。

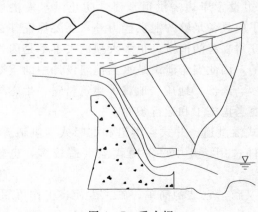

图4-7 重力坝

二、重力坝的特点

（1）对地形、地质条件适应性强。由于重力坝的拉压应力一般低于相同坝高的拱坝，所以重力坝对地形和地质条件的要求也较拱坝低，一般可修建在弱风化岩基上。

（2）枢纽泄洪问题容易解决。重力坝可以做成溢流的，也可以在坝内不同高程设置泄水孔，一般不需另设溢洪道或泄水隧洞，枢纽布置紧凑。

（3）便于施工导流。坝体材料抗冲性能好，泄洪和施工导流问题容易解决。

（4）结构作用明确。重力坝设有垂直坝轴线方向的横缝，将坝体分为若干个独立的坝段，各坝段独立工作，受力明确。稳定和应力计算都比其他坝型简单。

（5）可利用块石筑坝。若块石来源丰富，可做中小型的浆砌石重力坝，也可在混凝土坝里埋置适量的块石，以减少水泥用量和水化热温升、降低造价。

（6）安全可靠。重力坝剖面尺寸大，因而抵抗洪水漫顶、渗漏、地震和战争破坏的能力都比土石坝强。据统计，在各种坝型中，重力坝的失事概率是较低的。

（7）施工方便。大体积混凝土，可以采用机械化施工，在放样、立模和混凝土浇筑方面都比较简单，并且修复、维护和扩建也比较方便。尤其是采用碾压混凝土筑坝，大大减少水泥用量，可取消纵缝、取消或减少横缝数量、取消或减少冷却水管，明显地加快施工进度和降低投资造价。

但重力坝也存在以下缺点：

（1）剖面尺寸大，水泥用量多，要有较严格的温度控制措施。由于混凝土重力坝体积大，水泥用量多，施工期混凝土的水化热和硬化收缩将会产生不利的温度应力和收缩应力，一般均需采取温控散热措施。许多工程因温度控制不当而出现裂缝，有的甚至形成危害性裂缝，从而削弱坝体的整体性能。

（2）坝底扬压力大，对稳定不利。扬压力的作用方向与坝体自重的方向相反，会抵消部分坝体的有效重量，对坝体的稳定和应力情况不利，应采取有效的防渗排水措施，减小扬压力的作用，以节省坝体工程量。

（3）坝体传给地基的压应力较大，一般要修建在岩基上，地基要求比土石坝高。

三、重力坝的设计内容

（1）选定坝轴线，需要考虑地形、地质、枢纽布置、工程量、工期、投资和施工等条件，经综合分析，从多个方案中对比挑选而定。

（2）剖面设计可用粗略的优化设计方法或参照已建类似工程，初步拟定剖面尺寸。

（3）稳定分析，验算坝体沿建基面或地基中软弱结构面的稳定安全度。

（4）应力分析，使应力条件满足设计规范要求，保证大坝和坝基有足够的强度。

（5）构造设计，根据施工和运行要求，确定坝体的细部构造，如分缝、廊道系统、排水系统、止水系统等。

（6）地基处理，根据地质条件，进行地基的防渗、排水设计；进行断层等地质结构面的处理。

（7）溢流重力坝和泄水孔的设计以及他们的消能设计和防冲设计，包括泄水建筑物体型、溢流堰顶高程、溢流重力坝前沿的宽度和泄水孔进口的高程、泄水孔口的尺寸。

（8）监测设计，包括坝体内部和外部的观测设计，制定大坝的运行、维护和监测条例。

四、重力坝的荷载

作用于重力坝上的荷载主要如下：

（1）坝体及其上固定设备（如永久机械设备、闸门、启闭机等）的自重。

（2）正常工作时上、下游坝面的静水压力，坝基和坝体的扬压力。

（3）大坝上游淤沙压力。

（4）作用于上、下游坝面的土压力。

（5）以防洪为主、正常蓄水位很低者，按 50～100 年一遇洪水位时的水荷载计算。

（6）浪压力：①按 50 年一遇风速计算；②按多年平均最大风速计算。

（7）冰压力。

（8）其他出现概率较多的荷载（如温度荷载等）。

（9）建筑物泄放校核洪水时的水荷载，防渗和排水设施正常工作。

（10）地震荷载。

（11）其他出现机会很少的荷载。

其中前 8 种属于基本荷载，后 3 种属于特殊荷载。

作用于重力坝的荷载，除自重外，都有一定的范围。如当水位发生变化时，相应的水压力、扬压力亦随之变化。因此，在进行坝的设计时，应该把各种荷载根据它们同时出现的概率，合理地组合成不同的设计情况，然后用不同的安全系数进行核算，以妥善解决安全和经济的矛盾。

荷载的组合分为基本组合与偶然组合两类。基本组合属设计情况或正常情况，由同时出现的基本荷载组成。偶然组合属校核情况或非常情况，由同时出现的基本荷载和一种或几种特殊荷载组成。设计时，应从这两类组合中选择几种最不利的，起控制作用的组合情况进行计算，使之满足规范要求。表 4-5 是《混凝土重力坝设计规范》GB/T 35026—2014 中所规定的几种组合情况。

表 4-5　　　　　　　　　　　　　　重力坝的荷载组合

设计状况	荷载组合	主要考虑情况	荷载										附注
			自重	静水压力	扬压力	淤沙压力	浪压力	冰压力	动水压力	土压力	地震荷载	其他荷载	
持久状况	基本组合	（1）正常蓄水位情况	1	2	2	3	6（1）	—	—	4	—	8	土压力根据坝外是否填土而定（下同）以发电为主的水库
		（2）防洪高水位情况	1	5	5	3	6（1）	—	5	4	—	8	以防洪为主的水库，正常蓄水位较低
		（3）冰冻情况	1	2	2	3	—	7	—	4	—	8	静水压力及扬压力按相应冬季库水位计算

续表

设计状况	荷载组合	主要考虑情况	荷 载										附注
			自重	静水压力	扬压力	淤沙压力	浪压力	冰压力	动水压力	土压力	地震荷载	其他荷载	
短暂状况	基本组合	施工期临时挡水情况	1	2	2	—				4	—	8	
偶然状况	偶然组合	1. 校核洪水情况	1	9	9	3	6（2）		9	4	—	11	静水压力、扬压力和浪压力按正常蓄水位计算，有论证时可另作规定
		2. 地震情况	1	2	2	3	6（2）	—	—	4	10	11	

注 1. 应根据各种作用发生时的概率，选择计算中的最不利组合。

2. 根据地质和其他条件，如考虑应用时排水设备易于堵塞，须经常维修时，应考虑排水失效的情况，作为偶然组合。

五、重力坝的材料

现代重力坝的建筑材料主要是混凝土。重力坝除要求材料有足够的强度外，还要有一定的抗渗性、抗冻性、抗侵蚀性、抗冲磨性以及低热性等。

重力坝坝体不同部位的工作条件不同，对混凝土的要求也不尽相同。通常将坝体按不同工作要求和不同工作条件分成不同的区，各区采用不同的等级，可以节省和合理地利用水泥。如坝体内部混凝土应力较小，施工期散热较困难，要采用低热性混凝土。

六、重力坝的构造

重力坝的包括坝顶结构、坝体分缝、防渗、排水和廊道系统等内容。这些构造的科学合理选型和布置，可以改善重力坝的工作状态，提高坝体的稳定性，减小坝体应力，满足运用和施工要求。

（一）分缝

重力坝的缝有横缝和纵缝。

横缝垂直于坝轴线布置，将重力坝分隔成一个个独立的坝段。各个坝段独立工作，自由变形。在大坝重力和水的推力等荷载作用下，各坝段的地基发生不均匀沉降时，各坝段不传力，避免了在坝体产生裂缝。有了横缝后，坝体在温度作用下可以自由地热胀冷缩，减少大坝产生的温度应力。横缝一般做成永久性的。

纵缝平行于坝轴线布置，垂直于横缝。纵缝是施工临时缝。设置纵缝的目的是为了做到分仓浇筑，以适应混凝土浇筑能力、减少大坝在施工期的温度应力。纵缝是临时缝。碾压混凝土重力坝一般不需要设置纵缝。

（二）止水

止水设置在横峰靠近上游面附近的地方，可以阻止水库的水渗入横缝。止水片的两端分别埋入横缝两侧的混凝土内，常用的材料有金属片、橡胶、沥青等柔性材料，能够随坝体变形自由伸缩。

（三）坝体排水

在坝体内，沿着坝轴线方向每隔 2～3m 设一根排水管。排水管在坝体内垂直或接近于垂直放置，下部与坝体排水廊道相连通。排水管收集渗入坝体的渗水，将其排入廊道。坝体排水管常用无砂混凝土预制成管状，大坝浇筑时埋置在相应位置，也可采用钻孔、拔管等方法在重力坝浇筑时直接形成。

（四）廊道系统

为了满足施工和运用要求，需要在大坝坝体内设置各种用途的廊道。廊道按其作用可分为灌浆廊道、排水廊道、观测廊道、检查廊道和交通廊道等。这些廊道之间相互连通，形成一个廊道系统。廊道系统内设有良好的照明设施和通风系统。

七、重力坝的泄水建筑物

重力坝用混凝土浇筑而成，抗冲刷能力较强，一般采用坝身泄水。泄水重力坝属于河床式泄水建筑物。

重力坝的坝身泄水方式有两种，一种是从坝顶溢流，称为溢流重力坝；另一种是在水面以下的坝身某个位置开孔泄水，称为深式泄水孔。

溢流重力坝除了用于宣泄水库无法容纳的多余洪水外，还能用于排除冰凌和木材等漂浮物。溢流坝结构简单、闸门受力小，超泄能力大。

深式泄水孔的进口全部淹没在水下。深式泄水孔除了用于泄洪外，还可用于以下用途：

（1）预泄：在洪水到来之前预先下泄，腾空部分库容，增大水库的调蓄能力。

（2）放空：在水库库区渗漏增大，挡水建筑物出现故障，战争即将到来时等情况下，需要将水库放空。

（3）排沙：在多泥沙河流上，用设置于较低位置的泄水孔向下游排放泥沙，以延长水库使用年限。

（4）导流：永久性泄水建筑由于进口位置低，往往可以作为后期施工导流通道。

深式泄水孔按照其进口相对于大坝的位置分为中孔和底孔。

八、重力坝的地基要求

重力坝需要建造在坚硬的岩石基础上。自然界的岩基或多或少存在某些缺陷，工程中需要针对其缺陷进行适当处理。地基处理的目的是改变地基的性能，满足重力坝对地基的要求，即：必须有足够的强度；整体性和均一性好；防渗性强；耐久性好。

常用的地基处理主要包含两个方面的工作：一是防渗；二是提高基岩强度。一般情况下，地基处理包括开挖清理，对基岩进行固结灌浆和防渗帷幕灌浆，设置基础排水系统，对特殊地质构造如断层、破碎带和溶洞等进行专门的处理等。

九、其他类型的重力坝

1. 浆砌石重力坝

因为现在机械化程度较高，人工工资也很高的情况下，浆砌石重力坝已经很少采用，尤其是在 150m 以上的高坝比较方案中，不可能有浆砌石坝型。

2. 宽缝重力坝

将重力坝横缝的中下部扩宽成为具有空腔的重力坝，称为宽缝重力坝。宽缝重力坝的排水条件较好，可显著地减小扬压力和坝体混凝土量。

3. 空腹重力坝

有的重力坝为了将电站厂房布置在坝内而沿坝轴线方向开设较大的空腔，这种重力坝称为空腹重力坝。

4. 碾压混凝土重力坝

碾压混凝土重力坝采用坍落度为零的干硬性混凝土修建，采用与碾压式土坝相同的施工方法。碾压式混凝土重力坝完全不设纵缝。

第四节 拱 坝

人类修建拱坝有着悠久的历史。古罗马时期（公元前 3—公元 3 世纪）修建了大量拱形建筑和桥梁，现在发现的最古老的拱坝遗址也是罗马时期建于法国圣—里米省南部的鲍姆（Vallon de Baume）拱坝，坝高 12m，坝顶弧长 18m，其半径约 14m，坝顶中心角 73°。坝体由两道圬工墙加一道心墙构成，上游圬工墙厚 1.3m，下游圬工墙厚 1.0m，心墙为 1.6m 厚的黏土心墙。随着拱坝设计理论和施工技术的不断发展，拱坝建设在水电行业占据日益重要的地位。目前，世界上最高的十座大坝中，有五座为拱坝。我国拱坝建设在世界上处于领先水平，在拱坝设计理论、结构型式、防渗措施、筑坝材料、温度应力、温控措施、施工机具和施工工艺等方面，取得了重大的科技成果。我国已成为世界上建成和在建拱坝数目最多的国家，其中，锦屏一级水电站大坝坝高 305m，为同类坝型的世界之最。

一、拱坝的特点

拱坝是在平面上呈凸向上游的拱形挡水建筑物，借助拱的作用将水压力的全部或部分传给河谷两岸的基岩。与重力坝相比，在水压力作用下坝体的稳定不需要依靠本身的重量来维持，主要是利用拱端基岩的反作用来支承。拱圈截面上主要承受轴向反力，可充分利用筑坝材料的强度。因此，拱坝是一种经济性和安全性都很好的坝型。

拱坝需要水平拱圈起整体作用，故坝身不设永久伸缩缝，拱坝属于高次超静定整体结构。当外荷载增大或坝的某一部分发生局部开裂时，变形量较大的拱或梁将把荷载部分转移至变形量较小的拱或梁，拱和梁作用将会自行调整。国内外结构模型试验成果表明：只要坝基牢固，拱坝的超载能力可以达到设计荷载的 5～11 倍，远高于重力坝。拱坝坝体轻韧，地震惯性力比重力坝小，工程实践表明，其抗震能力也是很强的。迄今为止，拱坝失事比例远小于其他坝型，而且几乎没有因坝身问题而失事的，拱坝的失事基本上是由于坝肩抗滑失稳所致的。所以，应十分重视坝肩岩体的抗滑稳定分析。

因为拱坝是高次超静定整体结构，所以温度变化和基岩变形对坝体应力的影响比较显著，在设计计算时，必须考虑基岩变形，并将温度作用列为主要荷载。

拱坝可以安全溢流，也可在坝身设置单层或多层大孔口泄水。

由于拱坝剖面较薄（世界上最薄的拱坝是法国的托拉拱坝，高 88m，坝底厚 2m，厚高比为 0.0227），坝体几何形状复杂，因此对于筑坝材料强度、抗渗性和施工质量等要求都比重力坝严格。

二、拱坝对地基地形的要求

1. 地形条件

由于拱坝的结构特点，拱坝的地形条件往往是决定坝体结构型式、工程布置和经济性的主要因素。所谓地形条件是针对开挖后的基岩面而言的，常用坝顶高程处的河谷宽度和坝高之比及河谷断面形状两个指标表示。

河谷的宽高比值愈小，说明河谷愈窄深，拱坝水平拱圈跨度相对较短，悬臂梁高度相对较大，及拱的刚度大，拱作用容易发挥，可将荷载大部分通过拱的作用传给两岸，坝体可设计的薄些。

河谷的断面形状是影响拱坝体形及其经济性更为重要的因素。不同河谷即使具有同一宽高比，断面形状也可能相差很大（图4-8）。对左右岸对称的 V 形河谷，拱圈跨度自上而下逐渐减小，刚度逐渐增强，尽管水压强度自上而下逐渐加大，因拱作用得以充分发挥，拱厚仍可做的薄些；对 U 形河谷，由于拱圈跨度自上而下几乎不变，拱刚度不增加，为抵挡随深度而增加的水压力，需增加梁的刚度，故坝体需做得厚些。梯形河谷介于 V 形和 U 形之间。

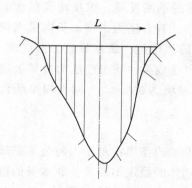 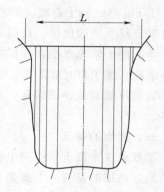

图4-8 河谷形状

2. 地质条件

较理想的拱坝地基是基岩均匀，坚固完整，有足够的强度、透水性小而能抗风化；两岸拱座基岩坚固完整，边坡稳定，无大的断裂构造和软弱夹层，能承受由拱端传来的巨大推力而不致产生过大的变形，尤其是避免两岸边坡存在向河床倾斜的节理裂隙或构造。

上述条件不能满足时，需进行固结灌浆以增加地基的整体性和牢固程度。

三、拱坝的类型

拱坝的分类不同于其他坝型，按其固有特征来分，可分为薄拱坝、一般拱坝和厚拱坝，按照拱坝的拱弧半径和拱中心角，可将拱坝分为：单曲拱坝和双曲拱坝。

单曲拱坝只在水平截面上呈拱形，而竖向悬臂梁断面的上游面是铅直的。

双曲拱坝在水平和铅直方向上均呈拱形，这样可避免 V 形河谷或上宽下窄河谷采用定半径式拱坝因底部中心角小而产生的拉应力。

四、拱坝的泄水建筑物

拱坝与重力坝相同，能够通过坝体泄洪。拱坝坝体泄水方式有坝顶溢流和孔口泄流。

当河谷狭窄，枢纽布置有困难时，也可以采用河岸式泄水建筑物，或采用组合泄水型式。

课外知识

三 峡 工 程 简 介

三峡大坝位于湖北省宜昌市的三斗坪镇，在葛洲坝水利枢纽上游约 40km 处，是目前世界上规模最大的混凝土重力坝。当初选择在三斗坪修建三峡大坝，是因为那里河谷开阔，基岩为坚硬完整的花岗岩，具有修建混凝土高坝的优越地形、地质和施工条件。同时，三斗坪两岸岸坡较平缓，江中有一小岛（中堡岛），具备良好的分期施工导流条件。三峡大坝是三峡水利枢纽工程的核心，全长 2309m，分为左、右两个坝段，混凝土浇筑总量 1610 万 m^3，最后海拔高程为 185m，总浇筑时间为 3080 天。左岸大坝全长 1600 多米，于 1998 年底开始浇筑，2002 年 10 月建成。右岸大坝全长 660 多米，于 2003 年 7 月开始浇筑，2006 年 5 月 20 日完工，相对于原计划 2007 年 3 月底大坝达到 185m 高程的目标，提前了 10 个月。三峡坝区总面积约 $15km^2$，在坝区制高点——坛子岭，可清楚地鸟瞰大坝全貌。三峡大坝底部宽度一般为 126m，坝顶宽 15m，坝顶面积相当于 80 多个篮球场。走完整个大坝，需要半小时以上。三峡大坝坝顶于 2005 年 7 月 1 日正式开放。

三峡大坝各坝段布置从右至左依次为右岸非溢流坝段、右厂房坝段、泄洪坝段、左厂房坝段、左岸非溢流坝段等。三峡大坝共有 77 个孔，位于河床中央的泄洪坝上还设置了 67 个孔，从上往下分为三层，依次叫溢流表孔、泄洪深孔和导流底孔，其中，最下层的 22 个导流底孔，在 2003 年蓄水至 135m 时，已经全部关闭，今后也将不再打开。另外，左右电厂厂房坝段设置了 7 个排沙孔、3 个排漂孔。

三峡工程分三期进行，总工期为 17 年。一期工程为五年（1993—1997 年），除准备工程外，主要进行一期围堰填筑，导流明渠开挖等。三峡二期工程为六年（1997—2003 年），主要任务是修筑二期围堰，左岸大坝的电站设施建设及机组安装等。1997 年 11 月 8 日下午 3 时 30 分，三峡工程实现了大江截流，这是二期工程转向三期工程建设的重要标志。在二期工程中很重要的事件就是，三峡左岸电站于 2003 年 7 月 10 日开始并网发电。

由于在三峡大坝正常蓄水至 175m 后，会形成一个全球最大的水库淹没区。在大坝左岸修建的同时，中国开始实施世界最大的水库移民建设工程。2003 年 6 月 1 日，长江三峡大坝以西 400km 以内、海拔 135m 以下的众多城镇消失在水面以下，数百万人口迁移。

被三峡水库淹没陆地面积达 $632km^2$，其中城市两座、县城 11 座、集镇 116 个，涉及湖北省夷陵区、秭归县、兴山县、巴东县和重庆市主城区及所辖的巫山县、巫溪县、奉节县、云阳县、万州区、石柱县、忠县、开县、丰都县、涪陵区、武隆县、长寿区、渝北区、巴南区、江津区等。其中秭归、兴山、巴东、巫山、奉节等 9 座县城和 55 个集镇全部淹没或基本淹没。

三期工程为六年（2003—2009 年），主要任务是修建右岸大坝，与左岸大坝合龙，并继续电站施工，完成全部机组安装。同时建设升船机，缩短船只过闸速度。2006 年 5 月 20 日，三峡大坝全线建成，达到海拔 185m 设计高程。

1992 年预计的三峡工程总投资概算为 2039 亿元。

三峡工程主要有三大效益，即防洪、发电和航运，其中防洪被认为是三峡工程最核心的效益。三峡工程水库正常蓄水位高程为 175m，总库容为 393 亿 m^3，其中防洪库容为 221.5 亿 m^3，可削减的洪峰流量达 $27000\sim33000m^3/s$，为目前世界水利工程之最。从 2006 年 6 月 6 日，围堰爆破后，三峡大坝正式开始挡水。

三峡工程最初计划安装 26 台 70 万 kW 水轮发电机组，设计总装机容量 1820 万 kW，年发电量 847 亿 kW·h。这相当于 10 个大亚湾核电站，每年能为中国人均提供 70kW·h 的电力。大坝左右岸的 26 台机组已在 2003—2008 年间全部投产。但自 2003 年起，中国出现了严重的电力供应紧张局面，中国三峡总公司（后改为中国长江三峡集团公司）又启动了地下电站建设，计划安装 6 台机组。2012 年，三峡工程地下厂房最后一台机组交付使用。至此，三峡工程全部 32 台机组建设全面完工，总装机容量达 2240 万 kW，每年可发电 1000 亿 kW·h。2014 年，三峡电站全年发电量达 988 亿 kW·h，创单座水电站年发电量新的世界最高纪录，并首度成为世界上年度发电量最高的水电站。2015 年全年发电量也达 870 亿 kW·h。截至 2015 年年底，三峡工程累计发电量已达 8900 亿 kW·h。

中国工程院院士徐乾清曾说，"三峡工程可照亮半个中国"，不过这不是指发电量，而是它的输电半径所能覆盖的范围。如果将三峡水电站替代燃煤电厂，相当于 7 座 260 万 kW 的火电站，每年可减少燃煤 5000 万 t，少排放二氧化碳约 1 亿 t，二氧化硫 200 万 t，一氧化碳约 1 万 t，氮氧化合物约 37 万 t 以及大量的工业废物。

左岸通航建筑物为双线五级梯级船闸，所谓"双线"，即一条为上行航道，一条为下行航道，可通过万吨级船队，所谓"五级"，即永久船闸分为五个层次。为了使普通客货轮快速过坝，在 185 平台旁设计了垂直升船机。垂直升船机的机械原理与升降电梯类似。当船到来时，垂直升船机的巨大承船厢闸门打开，让船和水进入承船厢内部，然后关闭闸门，将船一起提升或下降 113m，前后 $30\sim40$min 便可过坝。单线一级垂直升船机可快速通过千吨级的客轮，年单向通过能力 5000 万 t。

三峡大坝安全问题是各方关注的焦点。三峡工程总共设计埋设监测仪器近 10 万支，其中三峡大坝占 1 万多支。这些仪器汇集了世界各国最先进的设备，种类达 60 多种，监测系统的规模居世界第一。三峡大坝监测项目按性质分有变形、渗流、应力应变、裂缝、水力学、动力学监测 6 种。安全监测工程作为三峡主体工程的一部分，在三峡工程建设过程中，对工程建筑物进行了全面的监测和评估，为大坝安全鉴定和工程建设各阶段验收提供了科学、准确的数据资料。

思 考 题

1. 水利枢纽的分类及其作用是什么？
2. 什么是死水位及死库容？
3. 什么是库容特性面积曲线和库容特性曲线？
4. 什么是设计洪水位和校核洪水位？
5. 水工建筑物的分类有哪些？
6. 重力坝有何特点？作用于重力坝上的荷载有哪些？
7. 拱坝有何特点？选择拱坝坝址应考虑哪些因素？

参 考 文 献

[1] 田士豪，陈新元．水利水电工程概论［M］．北京：中国电力出版社，2006．

[2] 朱宪生，冀春楼．水利概论［M］．郑州：黄河水利出版社，2004．

[3] 李宗坤，孙明权，郝红科，吴泽宁．水利水电工程概论［M］．郑州：黄河水利出版社，2005．

[4] 麦家煊编著．水工建筑物［M］．北京：清华大学出版社，2005．

[5] 林继镛主编．水工建筑物［M］．4版．北京：中国水利水电出版社，2006．

[6] GB/T 35026—2014，混凝土重力坝设计规范［S］．北京，中国电力出版社，2015．

[7] 李春敏．我国碾压混凝土拱坝发展概述［A］．见：中国水力发电工程学会碾压混凝土专业委员会．2004 全国 RCCD 筑坝技术交流会议论文集［C］．贵阳：中国水利发电工程学会，2004：1 - 10．

第五章 地下水源工程

根据地下水集水建筑物的延伸方向与地面的关系，地下集水建筑物一般可分为垂直系统、水平系统、联合系统和引泉工程等类型。

第一节 垂直系统工程

垂直系统是指集取地下水的主要建筑物的延伸方向与地表面基本垂直的一种集取地下水的方式。这种形式的集水建筑物适应于多种地质地形条件，因此应用最广泛、最普及。筒井、管井、大口井、轻型井等各种类型的水井都属于垂直系统。常见的井型介绍如下。

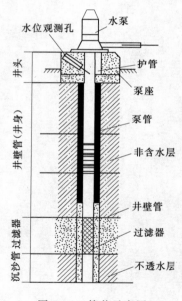

图 5-1 管井示意图

一、管井

管井是一种直径较小、深度较大，由钢管、铸铁管、混凝土管或塑料管等管材加固而成的集水建筑物。随着凿井机具和提水工具的改进，通常采用水井钻机施工，水泵抽水，群众习惯称之为机井、深井，其结构见图5-1。

井管直径与水文地质条件、单井出水量等因素有关，一般多为200～450mm。管井深度可根据取水要求和当地的水文地质条件确定，一般农用管井的深度多为50～100m，也有达200～300m，高温地热井可达3000m以上。随着用水需要和钻井机具性能的提高，管井的深度也在不断增加。管井结构设计与施工包括管井结构、井管类型与连接、过滤器设计、井孔钻进、成井工艺等。成井工艺又包括电法测井、井管安装、填砾止水、洗井、抽水试验和成井验收等。

二、筒井和大口井

筒井是较古老的一种水井形式。习惯上，将人工开挖或半机械化施工、直径较大、形状似一圆筒的各种浅井统称为筒井，其结构见图5-2。筒井与管井在结构方面没有本质的区别，仅是深度和直径有所差异而已，故有些文献中已不再加以区分，统称为管井。

大口井因其井径大而得名，多为人工开挖或半机械化施工，是广泛应用于开采浅层地下水的集水建筑物。大口井因口径较大而得名；又因其深度不大，多集取浅层地下水，故又称浅井。大口井的直径按设计出水量、施工条件、施工方法和造价等因素确定，一般直径多在3～8m；井深主要根据含水层岩性、厚度、地下水埋深、水位变幅和施工条件等因

素确定，深度一般不超过 20m。大口井具有出水量
大，施工简单，就地取材，检修简易，使用年限较
长等优点；但由于浅水水位变化幅度较大，对一些
井深较浅的大口井来说常会因此而影响其单井出水
量，另外由于大口井的井径较大，因而造井所用的
材料和劳力也较多。大口井适用于地下水埋藏浅、
含水层渗透性强、有丰富补给水源的山前洪积扇、
河漫滩及一级阶地、干枯河床和古河道地段，以及
浅层地下水铁、锰和侵蚀性二氧化碳含量较高对井
管腐蚀大的地区。大口井可根据水文地质条件、施
工方法和当地建材等因素选定圆筒形、阶梯形和缩
径形，其由三部分组成：①井台。井的地上部分，
主要保护井，防止洪水、污水以及杂物进入井内，
同时还要考虑安装提水机具等。井台高度一般高出

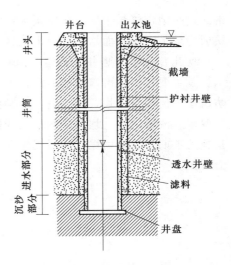

图 5-2　筒井示意图

地面 0.5m 以上；②井筒。进水部分以上的一段，又称旱筒；③进水部分。相应含水层的
部分，常因造井材料不同，其结构也不一样。

　　除上述三部分以外，当大口井为完整井时，进水部分以下还应设沉沙部分，沉沙部分
高度一般依地层颗粒大小级配情况而定，一般为 1～3m。

　　根据成井材料不同，大口井可分为石井、砖井、混凝土井、钢筋混凝土井等多种类
型，目前农田灌溉中最常用的是砖石或加筋砖石以及混凝土或钢筋混凝土大口井。

　　筒井直径一般为 1～1.5m，而大口井的直径一般超过 1.5m，多为 3～8m，也有达十
余米以上的。筒井一般适用于含水层厚度不大（多在 5m 左右），水位埋藏深度较小（一
般不超过 10m）的地区。水井深度也较小，最浅者仅几米，通常 20～30m，黄土区也有超
过 100m 的筒井。

　　三、轻型井

　　轻型井是指直径小，深度不大，用塑料管等轻质材料加固井壁，用人力将带尖的铁管
冲砸进地下或采用轻型小口径钻机施工的一种井型。直径一般为 75～150mm，深度多为
10～30m，最深不超过 50m，适合在地下水埋深小（最好不大于 5m）的平原或黄土地区，
既可用于小面积灌溉，又可用于人畜供水和乡镇企业生产。

第二节　水 平 系 统 工 程

　　集取地下水的主要建筑物的延伸方向，基本与地面平行，因此称为水平系统。水平系
统集水建筑物只有在特定的水文地质条件下适用，其应用较垂直系统范围要小。常见的有
截潜流工程、坎儿井等。

　　一、坎儿井

　　坎儿井是干旱地区开发利用山前洪积扇地下潜水，用于农田灌溉和人畜饮用的一种古
老的水平集水工程。这种工程在我国主要分布于新疆天山南麓的哈密、吐鲁番和鄯善一

带。这一地带气候干旱，蒸发量大，高山融雪地表水流入洪积扇后，几乎全部渗入砂砾石层成为地下潜流，而坎儿井是汇集这一地下水源进行开发利用的理想途径。

坎儿井一般由竖井、廊道、涝坝（地面蓄水池）、明渠四大部分组成，如图5-3所示。其主要特点是可以自流灌溉，不用动力提水，水量稳定、水质优良，输水损失小，能防风沙，使用寿命长，施工设备和操作技术简单，操作技术易为群众掌握。为了能达到自流取水、流量稳定，坎儿井的坑道开挖得很长，可达数十公里，工程艰巨。因此它的缺点是施工工期长、易坍塌、渗漏损失大、维修管理困难。目前新开挖的坎儿井不多，发展潜力不大。

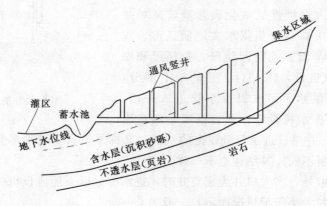

图5-3 坎儿井示意图

二、截潜流工程

截潜流工程是指在河底的砂卵石层内，垂直河道主流方向修建一道截水墙，截住地下水（图5-4）。同时在截水墙上游修筑集水廊道，将地下水汇集并引入集水井后输送给用户。截潜流工程主要适用于含大量卵石、砾石和砂的山区间歇性河流，或经常性断流、却有较为丰富潜流的河流中上游，以及山前洪积扇溢出带或平原古河床、地下水位较高、潜流多集中的地方。这些地区往往水井施工难度大或出水量较小，这时可采用截潜流工程取水。

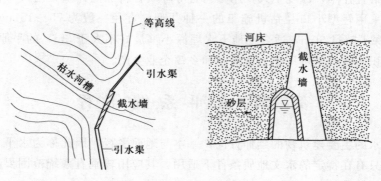

图5-4 截潜流工程示意图

（一）截潜流工程的类型

按截潜流的完整程度，截潜流工程可分为完整式和非完整式两种。

（1）完整式。截水墙穿透含水层，与不透水层相连，将河床中的地下径流完全拦截。这种形式适用于砾卵石含水层厚度不大的河床中。

（2）非完整式。截水墙没有穿透含水层，只拦截了部分地下水径流，适用于河床中含水层厚度较大或水量较充足的情况。非完整式截潜流工程按集水方式分为明沟式、暗管式和盲沟式三种类型。明沟式适用于流量较大的地区。暗管式适用流量较小的地区。盲沟式指用卵、碎石回填的集水沟，适用于流量较小的地区。

（二）截潜流工程规划

截潜流工程地点的选择，关键是确定截水墙的位置。它关系到工程造价和取水工程的正常运行。工程地点的选择应考虑以下几方面。

（1）水量、水质要求。截潜流河段应有满足需要的地下径流量，且水质符合要求。

（2）地形要求。为节约成本，最好是选择在相对狭窄的河段，同时也要考虑输水和用水的方便。

（3）含水层条件为控制土方量、降低造价，含水层厚度不宜过大，以 3～5m 为宜。

（4）建筑材料。应有就地取材的条件，如石料、黏性土等。出于节约建筑材料和降低造价的目的，截水墙一般与河道的主流线方向垂直。为便于管理和检修，多将集水井、泵站和输水管线设置在河道的一侧，而另一侧一般不设任何工程建筑。

（三）截潜流工程施工

1．进（输）水管道施工

进（输）水管道施工应注意以下几点：①管沟的开挖断面要考虑截渗墙和管道的尺寸，并要便于施工安装；②管沟开挖要注意河床堆积物的稳定性，必要时应进行支护加固，以防坑壁坍塌；③防洪。如工程量大，短期内难以完成，则要考虑防洪措施，确保安全施工；④施工排水。开挖前要进行排水量校核计算，排水设备的能力必须满足排水要求，且要有备用排水设备。

2．进（输）水廊道施工

廊道式截潜工程的施工方法大致可分两种：如潜水位较高时，多采用开挖明沟法；如潜水位埋深较大，开挖深度较深时，宜采用开挖地道法。施工中应特别注意开挖地层的稳定性，除特殊情况外，一般应护衬加固，防止坍塌，同时也要考虑施工排水问题。

第三节　联 合 系 统 工 程

联合系统是指把垂直和水平集水系统联合起来，或将同一系统中的几种形式联合，共同完成集水目标的工程。联合系统主要有辐射井、卧管井、筒管井、水柜、联井、虹吸井等。

一、辐射井

辐射井是由大口径的集水竖井和若干水平集水管联合构成的一种井型。其水平集水管在大口竖井的下部穿过井壁深入含水层中，由于水平集水管成辐射状分布，故称为辐射井。集水管平行于含水层，不受含水层厚度的限制，采集地下水的范围广，单井出水量大，调控能力强。辐射井是开采水位埋深浅、含水层薄而透水性差的黄土类地区地下水的理想井型。此类井型可以明显增大井的出水量,在砾卵石含水层中应用较多,因此辐射井的应用较广。

辐射井主要适用于以下条件:

(1) 地下水埋藏浅、含水层透水性强,有丰富补给水源的粗砂、砾石和卵石地区。

(2) 地下水埋藏浅、含水层透水性良好,有补给水源,含水层埋深在 30m 以内的粉、细、中砂地区。

(3) 裂隙发育,厚度大于 20m 的黄土裂隙含水层。

(4) 透水较弱,厚度小于 10m 的黏土裂隙含水层。

辐射井包括集水井和辐射管(孔)两部分。

集水井(竖井)外形相似于大口井,但它一般不直接从含水层进水。因此,除少数井底进水外,绝大多数集水井的井底、井壁是封死的,以利于施工和管理。集水井的用途是汇集由辐射管进来的地下水,便于安装提水机具,创造方便的提水条件,同时还可以作为辐射孔(管)施工的场所。集水井井径应根据水平钻机尺寸、施工与安装等因素确定,一般要求不小于 2.5m,但工程上多采用 3m,也有直径高达 6m。集水井井深应根据水文地质条件和设计出水量等因素确定。井底应比最低一层辐射管位置低 1~2m。根据黄土区辐射井的经验,黄土塬下的河谷阶地应保持水下深度 10~15m,黄土塬区应保持水下深度 15~20m。集水井多数深度在 10~20m 之间,也有深达 30m。集水井壁厚可参照大口井设计。集水井多采用混凝土和钢筋混凝土井管。

辐射管均匀分布在井筒周围,适用于地下水埋深较浅的非承压水或埋深不大、水头不高的浅层承压水。松散含水层中的辐射孔中一般均穿入滤水管,而对坚固的裂隙岩层,可只打辐射孔而不加设辐射管。

辐射孔材质根据含水层地质条件确定,粗砂、卵砾石含水层辐射管为预打孔眼的滤水钢管,粉、细、中砂含水层,辐射管为双螺纹无毒塑料滤水管。

管材直径大小与施工方法有密切关系。采用顶进法施工,滤水钢管外径一般为无缝管滤水孔,外径一般为 85~190mm,滤水孔直径一般为 6~8mm,开孔率一般为 3%~8%。采用套管法施工,滤水管外径一般为 60~70mm,开孔率一般为 1.4%~3.0%。

辐射管的长度,视含水层的富水性和施工条件而定。当含水层富水性差、施工容易时,辐射管宜长一些;反之,则短一些。目前生产中,在粗砾、卵砾石层中的辐射管长一般为 10~15m;粉、细、中砂含水层中的辐射管长一般为 15~30m;黄土裂隙含水层中辐射管长一般为 80~120m。

辐射管布置的形式和数量多少,直接关系到辐射井出水量的多少与工程造价的高低,应密切结合当地水文地质条件与地面水体的分布以及它们之间的联系,因地制宜地加以确定。

在平面布置上,如在地形平坦的平原区和黄土塬区,常均匀对称布设 6~8 根;如地下水力坡度较陡、流速较大时,辐射管较多布置在上游半圆周范围内,下游半圆周范围内布设较少;在汇水洼地、河流变道和河湖库塘岸边,辐射管应布设在靠近地表水体一边,以充分集取地下水。

在垂直方向上,在砂、砾类等富水性好的含水层中,含水层厚度小于 10m,辐射滤水管布设一层；含水层厚度大于 10m，布设 2～3 层。黄土裂隙含水层中的辐射管一般布设一层；含水层厚度大的可布设 2～3 层。浅层黏土裂隙含水层辐射管，一般布设一层。辐射管位置应上下错开，最底层辐射管的水平位置应高出含水层底板 0.5m，最顶层辐射管应淹没在动水位以下，至少应保持在 3m 以上水头。

辐射管应有一定的上倾角度（顺坡），以增加管内流速，减少淤积堵塞。在黄土类含水层中，坡度一般为 1/200～1/100。

二、卧管井

卧管井是指由水平的卧管和垂直的集水井组成的集水形式。卧管井只适用于特定的水文地质条件，如含水层薄而浅的平原地区，或有渠水或其他人工补给地下水源的地区。卧管井多用于沼泽地和盐碱地排水，灌溉上使用较少。水平卧管为直径 25～50mm 的穿孔管，周围回填滤料，长度可达 100～200m。

三、筒管井

筒管井是指由上部直径较大的筒井和下部直径较小的管井联合而成的井称为筒管井。在筒井的井底加凿管井，不仅可以增加出水量，相比同样深度的筒井和管井，施工容易且经济。如果当地的含水层埋深较大致使开采井的深度很大时，为降低造价节约管材可采取上面是筒井下面是管井的联合工程。

四、引泉工程

引泉工程是指主要利用各种泉水的建筑物系统。泉水是地下水天然露头的一种特殊形式。要收集利用泉水，只能根据其自身的出露特点，而不能壅回或堵塞。这种工程的结构类型有引泉坑道和引泉蓄水建筑物等。

课外知识

地下万里长城——新疆坎儿井

坎儿井是新疆吐鲁番的生命之泉，在生态价值和人文价值方面具有不可替代的地位，其最长曾达到五千多公里，素有"地下万里长城"之称，与万里长城、京杭大运河并列中国古代三项杰出工程。坎儿井的结构，大体上是由竖井、地下渠道、地面渠道和"涝坝"（小型蓄水池）四部分组成，吐鲁番盆地北部的博格达山和西部的喀拉乌成山，春夏时节有大量积雪和雨水流下山谷，潜入戈壁滩下。人们利用山的坡度，巧妙地创造了坎儿井，引地下潜流灌溉农田。坎儿井不因炎热、狂风而使水分大量蒸发，因而流量稳定，保证了自流灌溉。

近代文献中明确提到新疆坎儿井的存在见于和瑛《三州辑略》卷三，记载了清嘉庆十二年（1807 年）吐鲁番地方有人"情愿认垦雅尔湖潮地一千三百四十亩，请垦卡尔地二百五十一亩。潮地每亩缴纳租银四钱，卡尔地每亩缴纳租银六钱"。所谓"卡尔地"即指坎儿井所浇灌之地，因其灌溉可靠，收益大，故租银高于潮地 50%。

另据清雍正十二年（1734 年）傅鼎及阿克敦使准噶尔时随行人员记载："自哈密起身，住苏门哈尔灰城，此站约七十里，路平易走，路傍俱依田亩、放水池子，苏门哈尔灰城，住喀托博克地方，此站约百里，路平，亦有田亩、放水池子。"上文两次提到的"放水池子"，当即"涝坝"别称，是坎儿井出口的蓄水塘。以此推断，坎儿井出现时间应更早。

新疆坎儿井的发展一直比较缓慢。在清道光十九年（1839 年），乌鲁木齐都统廉敬建议："在牙木什（即雅木什）迤南地方，勘有垦地八百余亩，因附近无水，必须挖卡引水，以资浇溉。"但无进一步实施记载。

在近代提倡和推广坎儿井最有力和影响最大的人物则首推林则徐。清道光二十五年（1845 年）林则徐遣戍伊犁途中，在距吐鲁番约 40km 处看到坎儿井，当时十分惊讶，询问后知其利益便极为主张推广。这在他的日记中记录十分明确："道光二十五年（1845 年）正月十九日，……二十里许，见沿途多土坑，询其名曰卡井，能引水横流者，由南而北，渐引渐高，水从土中穿穴而行，诚不可思议之事。此处田土膏腴，岁产才棉无算，皆卡井之利为之也。"

当时的喀喇沙尔办事大臣全庆在筹划伊拉里克开垦事宜的《经久章程》中写道："查吐鲁番境内地亩多系掘井取泉以资浇灌，名曰'卡井'，……其利甚至，其法颇奇，询为关内外所仅见。此次垦地不无高卓之田，难令渠水逆流而上，应听该户于盐卤空间之处自行出入挖井。"这段文字一是说明坎儿井的利益很大值得推广，另外也说明坎儿井可以浇灌"高卓之田"的重要作用。在林则徐到新疆办水利之前，坎儿井限于吐鲁番，为数 30 余处，推广到伊拉里克等地又增开 60 余处，共达百余处。这些成就的取得与林则徐的努力是分不开的。

另一次新疆兴建坎儿井的高潮便是清光绪六年（1883 年）左宗棠进兵新疆以后了。清光绪九年（1886 年）建新疆行省，号召军民大兴水利。在吐鲁番修建坎儿井近 200 处，在鄯善、库车、哈密等处都新建不少坎儿井，并进一步扩展到天山北的奇台、阜康、巴里坤和昆仑山北麓皮山等地。

民国初年，新疆水利会勘查全疆水利，重点对吐鲁番、鄯善等地坎儿井工程进行了规划提出开凿新井和改造旧井的计划，以吐鲁番县、鄯善县、库车和阜康县为重点。以吐鲁番为例，当时调查结果："河水居其三，坎水居其七。"查吐鲁番旧有坎儿井 800 余道，实有水 600 余道，鄯善约 360 道，库车 100 余道。这与 1944 年调查数字有较大差距了。

根据 1962 年统计资料中国新疆共有坎儿井约 1700 多条，总流量约为 26m³/s，灌溉面积约 50 多万亩。其中大多数坎儿井分布在吐鲁番和哈密盆地，共有约 1100 多条，总流量达 18m³/s，灌溉面积 47 万亩，占该盆地总耕地面积 70 万亩的 67%，对发展当地农业生产和满足居民生活需要等都具有很重要的意义。当时各公社（乡）均有挖坎专业队并制定了"定领导、定人员、定时间、定任务、定质量"的"五定"制度。常年对坎儿井进行捞泥、维修、延伸，保证坎儿井出水量逐年增加。

由于冰雪融化成的地下水源难以满足现代化工农业用水需求；同时，长期以来坎儿井的修护完全靠人力，挖坎儿井后继乏人；此外，缺乏规划，机井布局不合理，过度的地下水开采，水位迅速下降等原因，导致坎儿井从最多时的 1780 多条减少到现在的 600 多条，加强对坎儿井的保护工作已是刻不容缓。

迫于坎儿井的重要文化、生态价值及其对新疆工农业生产的重要性，新疆已通过《新疆坎儿井保护利用规划报告》，计划从 2006 年开始的九年内投资 2.5 亿元加强对坎儿井的保护和修复，但这种保护并非不顾实际情况一味进行，而是根据调查资料，科学地进行修护，有的坎儿井将得到人为的恢复，有的则将强行废弃。

据 2008—2009 年新疆文物局"新疆坎儿井保护实施计划"调查统计，现存坎儿井 1473 条，主要分布在吐鲁番、哈密地区，吐鲁番共有坎儿井 1091 条，暗渠总长度 3724km，竖井 150153 眼。其中，有水坎儿井 404 条，总灌溉面积 13.23 万亩，干涸坎儿井 687 条，其中通过维修保护可以恢复 185 条，灌溉面积 2.83 万亩。截至 2009 年底，新疆吐鲁番地区坎儿井保护与利用工程启动，随着一期、二期工程陆续实施，吐鲁番地区累计维修加固坎儿井 50 多条，加固后的坎儿井出水量较往年增加 20%。

思 考 题

1. 地下水源工程有哪几种类型？各适合什么样的条件？
2. 地下水垂直系统工程主要有哪几种型式？各有什么特点？
3. 什么是截潜流工程？其施工注意事项是什么？
4. 地下水联合系统工程主要有哪几种类型？

参 考 文 献

［1］ 朱宪生，冀春楼. 水利概论 ［M］. 郑州：黄河水利出版社，2004.
［2］ 虎胆·吐马尔白. 地下水利用 ［M］. 4 版. 北京：中国水利水电出版社，2008.
［3］ 韩会玲. 城镇给排水 ［M］. 北京：中国水利水电出版社，2010.
［4］ 刘玲花，周怀东，金旸. 农村安全供水技术手册 ［M］. 北京：中国水利水电出版社，2005.
［5］ 汪志农. 灌溉与排水工程学 ［M］. 北京：中国农业出版社，2000.
［6］ 白生贵. 吐鲁番地区坎儿井保护加固工程方案 ［J］. 水利规划与设计，2011，3：53-54.

第六章 引 水 工 程

第一节 引水枢纽的分类

在农田水利、水力发电、城市给水等水利事业中常需兴建从河道或水库引水的建筑物，然后通过渠道或其他建筑物输水，这种修建于渠首用以保证引水的建筑物群，称为引水枢纽。

常用的引水方式有自流和机械抽水两类。自流式引水又可分为无坝引水和有坝引水。当河道水位和流量能满足取水的要求，无须建坝抬高水位的枢纽称为无坝引水枢纽；需建坝（闸）抬高水位的枢纽称为有坝引水枢纽。

引水枢纽应满足的要求是：保证按用水部门的要求及时供水；防止有害的泥沙及漂浮物等进入输水建筑物和当输水建筑物需要检修或发生事故时能截断水流。总之，引水枢纽应及时满足用水部门对水量和水质的要求。

一、无坝引水枢纽

修建在比降较大，有冲刷泥沙条件河段的无坝引水枢纽，一般由进水闸、冲沙闸和导流堤3部分组成。进水闸用以控制入渠的流量，并防止底沙进入渠道；冲沙闸用以冲走淤积在进水闸前的泥沙；导流堤用以引导水流平顺地进入进水闸和宣泄洪水期的洪水。其布置方式如下。

（1）正面排沙、侧面引水（图6-1）。当河道流量大，含沙量多，除保证本灌区的用水外，还有足够的冲沙流量时，常采用这种布置。冲沙闸的泄水方向和河道的主流方向一致，进水闸处渠道轴线和主流成一锐角，一般以30°～40°为宜，以减轻洪水对进水闸的冲击力。

（2）正面引水、侧面排沙（图6-2）。当河道流量小、灌溉面积大时，采用这种布置

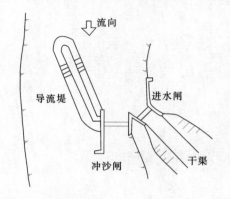

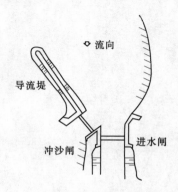

图6-1 正面排沙、侧面引水的无坝引水枢纽　　图6-2 正面引水、侧面排沙的无坝引水枢纽

可以增大引水流量。进水闸闸门的轴线与主流方向垂直，冲沙闸段冲沙水流方向与主流成较大夹角。进水闸的底坎高出河床 0.5～1.0m，以拦阻泥沙进入渠道。冲沙闸的底坎应与河床相平或略低于河道主槽，以保证泄水排沙通畅。导流堤与主流的夹角一般以 10°～30° 为宜，过大将导致洪水冲刷，过小将增加导流堤的长度。

二、有坝引水枢纽

有坝引水枢纽包括抬高水位和宣泄洪水的溢流坝或泄洪闸，引进水流的进水闸和向下游排沙的冲沙设备以及沉积泥沙的沉沙池等。枢纽应修建在河床狭窄、地质条件良好的河段，以保证枢纽的安全和建筑物的稳定，且减少工程量。

有坝引水枢纽有以下几种布置型式：

（1）设冲沙闸的有坝引水（图 6-3）。进水闸和冲沙闸的轴线相互平行，进水闸底坎高于冲沙闸底坎。进水时底沙被拦阻于进水闸坎前，淤积到一定程度后，关闭进水闸，开启冲沙闸，以较高流速的水流将淤沙冲往下游。

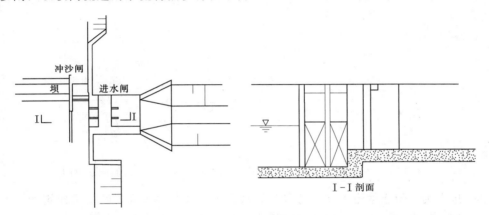

图 6-3 设冲沙闸的有坝引水

（2）设冲沙底孔的有坝引水。进水闸坎较高，在闸坎内布置设有闸门的底孔（图 6-4），则底孔内流速较高，可以冲走淤沙。这种布置改善了进流条件，而且冲沙时不致中断供水。

（3）设沉沙池的有坝引水。如果悬沙的含量较多，可能淤积渠道，则可设沉沙池。图 6-5 所示为有单室沉沙池的引水枢纽，在进水闸与干渠之间设沉沙池。

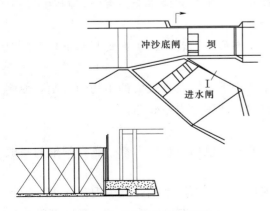

图 6-4 设冲沙底孔的有坝引水

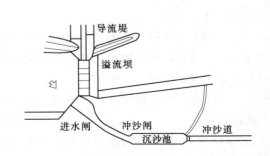

图 6-5 设沉沙池的有坝引水

由于沉沙池的宽度和深度均较大，过水断面增加，流速降低而使悬沙下沉，沉积至一定厚度后再由池尾部的底孔冲沙道排入河道中。

第二节　水闸的类型、工作条件和闸址选择

一、水闸的类型

水闸是设有可活动的闸门，关闭闸门挡水，开启闸门泄（引）水的低水头挡水、泄水建筑物。水闸是引水枢纽的重要组成建筑物。按照水闸的作用可分为以下几种：

（1）进水闸。为了满足用水部门的需要，修建在引水渠道，用以控制引水流量的水闸称为进水闸（图6-6）。设在低一级渠首的进水闸称为分水闸。

（2）节制闸。为了抬高水位，以利引水、改善航运条件，常需跨河修建节制闸（拦河闸）。运用时，关闭闸门挡水；洪水时期，为避免上游水位过分壅高，开启闸门泄水（图6-7）。

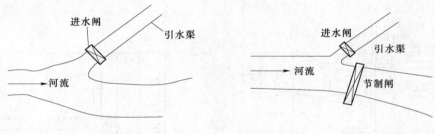

图6-6　进水闸示意图　　　　　　　图6-7　节制闸示意图

（3）排水闸。位于渠道末端，将多余的水泄至排水渠，在重要的渠系建筑物（如渡槽等）上游侧也需设排水闸，以保证建筑物的安全。排水闸也可用于冲沙。

此外，按照水闸的结构可分为开敞式水闸和封闭式水闸。

二、水闸的工作条件

当关闸挡水时，上游水深增加形成较大的水压力，可能使闸室向下游一侧滑动。通过闸基的渗流，将对闸室底部施加向上的渗流压力，对闸室的稳定不利。通过闸基和水闸与两岸连接处的渗流，将使土壤发生渗流变形，严重时，闸基和两岸会被淘空，闸室沉陷甚至倒塌。渗流水量过大，将影响水闸的挡水效用。

当开闸泄水时，出闸水流流速较大，将冲刷下游河道。若冲刷扩大到闸基下匀沉陷时将引起闸室倒塌。

当闸基土壤的承载能力较低时，在闸室重量作用下可能发生较大的不均匀沉陷，使闸室下陷、倾斜，甚至断裂；还可能将闸基土壤挤出，使闸室失稳破坏。

三、闸址选择

闸址是影响工程量、施工进度、安全运用以及水闸效用的重要因素。选择闸址的一般原则如下：

（1）位置。闸址应选择在河床基本稳定的河段。为使水流平顺并减少泥沙入渠，进水闸应选在弯段凹岸，并有适宜的引水角以保证可靠的引水。节制闸应选择河面宽度较小且

顺直的河段，使水流平顺并减小工程量。排水闸应在弯段凹岸或直段，以免出口淤塞，轴线向下游，与河流轴线交角一般以 40°～60°为宜。各种水闸均应位于建成后便于管理维修的地点。

（2）地质条件。地质条件包括土壤、岩石的物理力学指标、许可承载能力、抵抗水流的冲刷能力和地下水位等。应尽可能选择土（岩）质均匀、结构紧密、不透水性较好和承载能力较强的地基。

（3）施工条件。尽可能选择在靠近砂、石料的产区，交通运输方便，距电源近，附近有足够的施工场地，施工导流布置方便的地点。

（4）通航条件。尽可能与河道交通协调，不致因建闸影响通航。

第三节　水闸的轮廓尺寸

一、水闸的基本型式和尺寸

水闸的基本型式和尺寸是指闸孔型式和闸底高程、闸孔宽度和孔数、闸门高度和闸室高度等，这些决定于水闸的规模（挡水高程和过流能力）和当地条件。

（1）闸孔型式和闸底高程。当水闸挡水高度不大时（6～8m 以下），可采用水平底板，闸底板高程与河床一致（图 6-8）；当挡水高度较大，而过闸单宽流量又有一定限制时，可将闸底坎高程适当提高，采用低实用堰式或胸墙孔口。

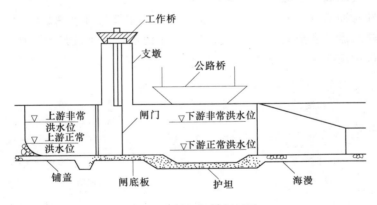

图 6-8　拦河闸纵剖面图

（2）闸孔宽度和孔数。当过闸流量和上下游水位已定时，可根据选定的闸孔型式，计算所需的闸孔尺寸及闸孔数

（3）闸门高度。不设胸墙的水闸，闸门顶较正常挡水位高 0.1～0.3m，则闸门高度为门顶高程与闸底板高程之差。当设置胸墙时，闸门高度稍高于闸孔高度即可。

（4）闸顶高程。为避免河水漫过闸墩顶部，闸（墩）顶高程应在静水位（设计和校核洪水位）有一定的超高。

二、消能防冲设备的型式和尺寸

水闸泄水时，上下游有一定的水位差，使过闸水流具有较大的流速，冲刷下游河床，甚至淘刷闸基，影响闸室安全。为防止冲刷下游河床，保证水闸的安全运用，一是对下泄水流进行消能，二是保护河床及河岸，提高抗冲能力并以前者为主。

（1）消力池（图6-9）和护坦。水闸工程中应用最多的是底流消能。当下游水深较浅，不足以形成淹没水跃时，可开挖闸下游河床形成消力池，使出闸水流在池内形成淹没水跃。

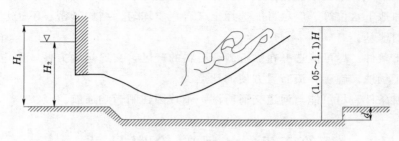

图6-9　消力池

护坦是消力池底的保护设施，受水跃旋滚急流的冲刷、水流脉动压力和护坦扬压力的作用，故应有一定的重量、强度和抗冲耐磨的能力，以保证不致浮起、移动和冲毁。护坦厚度一般为0.5～0.6m，小型水闸也不宜薄于0.3m。护坦常用C10～C15混凝土或M5～M10水泥砂浆砌筑块石，混凝土中布置有0.1%～0.2%的温度钢筋。

为了防止折冲水流，护坦两侧的翼墙在平面上适当地扩散，扩散角以8°～10°为宜。扩散角太大，水流将脱离两侧翼墙，造成回流和折冲水流；扩散角太小，会增加扩散段长度，造成浪费。翼墙高度不低于下游最高水位。

（2）海漫和防冲槽（图6-10）。经过消力池后的水流仍具有剩余动能，还会冲刷河床及河岸。为消除水流的剩余动能，应紧接护坦设置海漫，使水流扩散，调整流速分布以减小底部流速，保护河床免受水流冲刷。

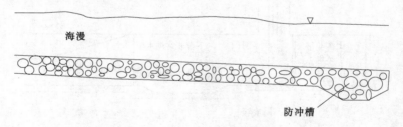

图6-10　海漫和防冲槽

（3）上、下游连接段的防冲措施。水闸宽度常小于上游河床的宽度，上游过水断面逐渐减小，行近流速逐渐加大，将冲刷河底及河岸。因此，在水闸上游的一定长度内，要用块石护砌河底及河岸。在临近闸室处，常结合防渗措施作浆砌块石或混凝土铺盖，保护河底；两侧做翼墙以保护河岸。由于上游连接段逐渐缩窄，河底受到底部旋滚的淘刷，因此在上游铺盖的前端作浅齿墙，以防淘刷向下发展，必要时也可设上游防冲槽。为避免水流在海漫尾端反淘基础，导致海漫尾部悬空，应在海漫尾部挖槽堆石，设置防冲槽。

下游岸坡主要受护坦后水流波动的影响而发生冲刷，故应做护坡。护坡较海漫稍长，但强度要求比海漫低，一般采用厚0.3～0.5m的干砌块石即可，其下做垫层。

第四节　闸　室

一、组成部分

闸室是水闸挡水和控制泄流的主体，由以下几部分组成。

1. 底板

底板按照与闸墩的连接方式可分为整体式和分离式两种（图 6-11）。

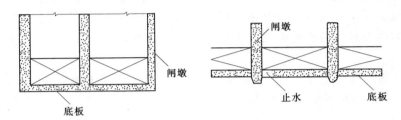

图 6-11　底板

　　整体式底板是闸墩与底板连接在一起，它是闸室的基础，并支承上部结构。上部结构的重量通过它较均匀地传给地基，并利用底板与地基的摩擦力来维持闸室在上游水压力作用下的稳定。此外，底板还有防渗和防冲的作用。

　　底板应有一定的长度和面积，使闸室有足够的重量维持抗滑稳定，又能减小基底压力，以满足地基承载力的要求。底板厚度应根据底板上的荷载、闸孔宽度和地基情况等因素由计算决定。一般不小于 1～2m，小型水闸可以薄些，但不宜小于 0.7m。底板的混凝土等级应满足强度、抗渗和抗冲的要求，一般用 C15 或 C20。混凝土的含筋率不应超过0.3％。为了适应地基的不均匀沉陷和温度变化，闸孔数目较多的水闸需设置沉陷缝，将闸室分成若干段，各段独立工作，互不影响。底板顺水流方向的长度主要决定于闸室上部结构的布置和闸室稳定的要求。

2. 闸墩

　　闸墩的作用是分隔闸孔和支承闸门、工作桥、公路桥及胸墙等。闸墩用混凝土或钢筋混凝土修建，小型水闸也可用浆砌块石。闸墩的外形应使过闸水流平顺，以增大闸孔的过流能力，所以闸墩头部多采用半圆型或流线型。闸墩的长度应满足闸门、工作桥和公路桥等布置的需要，一般与闸底板的长度相同或稍短。闸墩的厚度应满足稳定和强度要求，一般浆砌块石墩厚 0.8～1.5m，混凝土墩厚 1.0～1.6m，少筋混凝土墩厚 0.9～1.4m，钢筋混凝土墩厚 0.7～1.2m。门槽处的闸墩厚为 0.4～0.8m。平面闸门门槽深度应根据闸门支承构造确定，一般约为 0.3m，门槽宽度为 0.5～1.0m，检修门槽深0.15～0.2m，宽 0.15～0.30m。检修门槽与工作门间应留 1.5～2.0m 净距，以便于工作人员检修。闸墩上游部分应高出上游最高水位，并有一定的超高，应使支承于闸墩上的桥梁，既不妨碍泄水，也不受波浪的影响，超高值可按规范规定取值。下游部分的高程可适当降低。

3. 胸墙

当闸前挡水高度较大时，为了减小闸门高度，可在闸门顶部设胸墙挡水。胸墙底部距离闸室底板净高应保证有足够的过水能力，可通过闸孔水力计算确定。胸墙顶部高程与闸墩顶部高程相同。为了使水流顺畅，胸墙迎流面的下角应做成弧形或圆角。

对于平面闸门，胸墙可设在闸门下游，也可设在闸门上游。如胸墙设在闸门上游，则止水放在闸门前面，这种布置方式止水结构复杂，但启门的钢绳可不受水的浸泡锈蚀，对闸门运行有利。若胸墙设置在闸门下游，则相应止水设置在闸门后侧，在蓄水期间闸门受水压作用，止水效果更好，但钢绳长时间浸泡、侵蚀，缩短了钢绳的使用寿命。当靠近闸室下游一侧时，可利用闸门前水重增大闸室抗滑能力，但难于满足基底压力分布较均匀的要求。通常可假设几个位置，经计算方案必选后确定。一般闸门多位于中间偏上游。

胸墙用钢筋混凝土做成。小跨度胸墙（1～5m以内）采用上薄下厚的平板式；跨度和高度较大的胸墙多采用梁板式的肋形结构。

4. 闸门和启闭设备

闸门根据工作性质可以分为：主闸门（工作闸门），用以调节流量及水位；检修闸门，用以临时挡水，以便修理主闸门、门槽或门槛。

闸门根据结构型式可分为以下几种：

（1）叠梁闸板。叠梁闸板是用木、钢或钢筋混凝土制成的梁，逐块地叠放在门槽内，封闭孔口。叠梁构造简单，但启闭不便，止水不易，因此通常做检修闸门。渠道的小型水闸中，可用做主闸门。

（2）平面闸门。平面闸门是用平面板挡水，门支承在两侧闸墩的门槽内，启闭时门垂直方向升降。平面闸门构造比较简单，便于制造、安装和运输，并且可以移小孔口，便于检修和养护，可以在孔口间互换，故在中小型水闸下程中广泛采用。平面闸门的缺点是：由于必须设置门槽，故闸墩较厚，水流条件较差；要求较大的启闭力，需配备功率较大的启闭机械。

平面闸门可用木、钢、钢筋混凝土和钢丝网混凝土等制造。

木闸门的构造比较简单，但木料耐久性差，目前已较少采用。

钢闸门的活动部分由承重结构（包括面板、梁格、横向隔板、纵向联结系和支承边梁等）以及行走支承、封水装置、吊耳等组成。闸门的埋固部分是预埋在闸墩内的固定构件，包括支承闸门移动的轨道、止水的锚固构件和导向轨道等。钢闸门可承受较大的水压力，工作性能可靠，但门重较大，需用钢材较多。

（3）弧形闸门在中小型水利工程中使用较少，在此不作介绍。

5. 工作桥

工作桥是为安置闸门启闭机和供工作人员操作设置的。为了保证闸门的启闭机正常工作，工作桥应有较大的强度和刚度。工作桥多采用梁式桥，由纵梁、横梁、桥面板和栏杆等组成。

二、闸室的稳定

闸室在上游水压力的作用下，当基底接触面的摩擦系数较小时，可能沿地基面滑动。

当地基中有软弱夹层时，也可能沿该层滑动。闸室在水平和垂直荷载作用下，可能绕下游端转动，发生倾覆，但当基底压力分布较均匀时，不致出现倾覆。

（一）平面滑动核算

1．荷载计算

（1）自重。闸室自重包括闸墩、底板、闸门、工作桥、公路桥、启闭机及其他固定设备等的重量。各部分的重量等于其体积与容重的乘积。

（2）水重。水重为底板上水的体积与容重的乘积。

（3）水压力。作用于闸室上的水压力。

（4）扬压力。扬压力包括浮托力和渗流压力。

2．抗滑稳定安全系数

将上述各种荷载按水平向和垂直向分别计算其代数和，则抗滑稳定安全系数 K 的计算式为

$$K = \frac{f\sum W}{\sum P} \qquad (6-1)$$

式中　$\sum W$——垂直向作用力的代数和；

　　　$\sum P$——水平向作用力的代数和；

　　　f——摩擦系数，由试验确定或参照有关资料确定。

（二）基底压力核算

假定闸室底板为刚体，按材料力学，用偏心受压公式计算闸室底板上下游边缘处的基底压力（略）。

三、地基处理

某些天然地基如淤泥层、黏土夹层、细砂和黄土地基等，当不能满足稳定和承载能力的要求时，应加以处理。常用处理方法如下：

（1）人工垫层。将软土层挖去，换之以砂土，称为人工垫层。由于砂土的摩擦系数大，承载能力高，因此可以改善地基条件。为减少施工困难，垫层厚度不宜超过 4～5m。

（2）预压加固。对疏松的砂土和软弱的黏土地基，预先在其上堆放砂土或块石压密地基，并在地基内做砂井排水，加快地基的固结过程。待压密后，移去砂土或块石，再进行施工。这种方法费时费工，因此目前较少采用。

（3）震动加密。在松散的砂土地基内钻孔，孔内装炸药，爆炸震动，使砂层密实。震动加密便于施工，但砂土若夹有黏土或壤土时，效果不好。

（4）灌注桩基。灌注桩是先在地基上钻孔，然后在孔内灌注混凝土，成为灌注桩。在一排或几排灌注桩上修建桩台，用做闸墩的基础。桩基利用桩的表面与土的摩擦力来承受荷载，并可承受一定的水平推力。

（5）振冲加固。在软弱地基上使用振冲器加固。振冲器在高速旋转产生的振动力和高压水流的联合作用下逐渐下沉至需要加固的深度，然后每次填入孔内约 1m 厚的散粒体材料（砾石、卵石、碎石、矿渣等），再用振冲器将填料振捣密实并使填料挤入孔壁的

软土中，形成一根密实的桩体。基础则成为由这些桩体与原来的软土层组成的加固复合地基。

第五节 两岸连接建筑物

水闸两端与河岸连接处，需设置连接建筑物。它的作用是挡住填土，保护堤岸的稳定；平顺地引进和导出通过闸室的水流和防止因绕渗引起的有害作用。连接建筑物为上、下游的翼墙和闸室的边墩。

一、布置型式

1. 闸室与河岸的连接

当闸基较好，闸高不大，孔数很少时，可用边墩直接与河岸相连。此时，边墩的迎水面承受水压力，背水面承受土压力。如闸室较高，地基软弱，采用边墩直接与河岸连接时，由于边墩与闸室地基的荷载相差悬殊，可能产生不均匀沉陷影响闸门启闭以及在底板中引起较大的应力，甚至产生裂缝。在这种情况下，可在边墩后另设岸墩。

2. 上、下游翼墙

翼墙是边墩向上、下游的延长部分，翼墙和边墩间设缝分开。翼墙向上游延伸的距离，一般为坎上水深的 3～5 倍，或与上游铺盖的长度相同；向下游延伸到护坦末端。

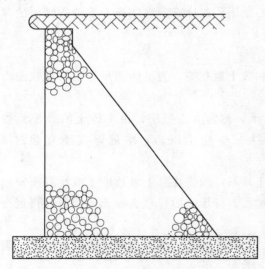

图 6-12 重力式挡土墙

二、连接建筑物的结构型式

连接建筑物的结构是挡土墙，采用较多的挡土墙有以下几种。

1. 重力式挡土墙

重力式挡土墙依靠自身重量维持稳定，用混凝土或浆砌块石修建。如图 6-12 所示，墙的临水面是垂直的，背水面有 1：0.4～1：0.6 的坡度。为了改善基底压力状态，常将基础底部面积扩大，浆砌块石墙的基础采用混凝土浇筑；如用混凝土修建，可将其前趾外伸，使合力的作用线尽可能接近底部中心，这样，基底压力分布值可较均匀，当前趾较长时可布置一定数量的钢筋。

为了防止挡土墙因温度变化引起的裂缝，并适应地基的不均匀沉陷，应设置伸缩沉陷缝。为了减小墙后水压力，提高挡土墙的稳定性，可在墙身设排水孔。

2. 悬臂式挡土墙

悬臂式挡土墙是用钢筋混凝土修建的，是由直墙和底板组成的轻型挡土结构，由底板上的填土维持稳定。挡土高度一般为 6～8m。

3. 扶壁式挡土墙

扶壁式挡土墙多用钢筋混凝土修建，由直墙、底板和扶壁组成（图 6-13）。

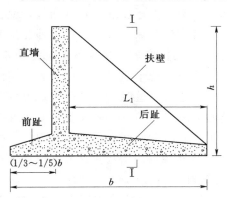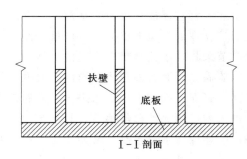

图 6-13　悬臂式挡土墙

课外知识

都江堰水利工程简介

都江堰水利工程位于四川成都平原西部都江堰市西侧的岷江上，距离成都 56km。建于公元前 256 年，是战国时期秦国蜀郡太守李冰率众修建的一座大型水利工程，是现存的最古老，而且依旧在灌溉田畴，造福人民的伟大水利工程。

都江堰是一个集灌溉、防洪、提供生活和工业用水多方面功能于一体的大型水利枢纽工程，它由鱼嘴、飞沙堰、宝瓶口三大主体工程和百丈堤、人字堤以及遍布于成都平原上的自动引流灌溉渠共同构成，而三大主体工程可以说是整个工程的灵魂，也最能够体现都江堰治水的思想和理念。都江堰之所以伟大，就在于它凝聚了我国古代人民的智慧，设计科学、布局合理，成功地解决了鱼嘴分水，飞沙堰泄洪排沙、宝瓶口引水等许多复杂的水利工程问题，使岷江的水利资源充分的得到利用，再加上维修简便、费用低廉而效果明显，所以都江堰能在 2260 多年以后还能继续发挥作用。

李冰最早修建鱼嘴是在枯水季节时先把杩槎固定在江心，然后用竹笼和卵石填充其间，最后在江中形成一条绿色的大鱼，终于把岷江一分为二。因为前端部分扁平椭圆，像鱼头，所以得名为鱼嘴。鱼嘴工程的建设非常科学，它建立在岷江出山口一段呈弯道环形的江面上，岷江被它分为内外二江，在修建时，故意使外江的河床稍微高于内江。这一点看起来不起眼的设计却是自动引流的关键所在。外江是排洪的河道，内江则是负责成都平原灌溉任务的干渠。每当春耕季节的时候，正好是岷江的枯水季节，水流量不大，水流在经过鱼嘴前面的弯道后，顺应水往低处流的自然规律，主流 60% 的水直接进入内江，这时进入外江的水流量只有 40%。这样保证了平原上灌溉用水的需要。到了夏天洪水季节来临时，岷江的水位明显升高，洪水来到鱼嘴前的弯道形成巨大旋涡，在离心力的作用下，主流约 60% 的水被甩进外江，此时内外江的进水的比例自动颠倒过来，内江只进入 40% 的水量。成都平原则不至于受到洪水的威胁。因此，不管是洪水还是枯水季节，都江堰鱼嘴都能像现代化的节制阀一样，起自动调剂水流量的作用，使成都平原能够"水旱从人，不知饥馑"。这就是都江堰治水三字经所说的"分四六，平潦旱"。

鱼嘴的另一个重要的作用是排沙。都江堰之所以能够到今天还能继续发挥功能，就在于他有先进的排沙系统。所谓"四六分水，二八排沙"就是鱼嘴除了自动调节内外江的水流量之外，它还能把上游带来泥沙的 80％ 给排走，使进入内江和成都平原的水都是清水。鱼嘴建立在大弯道的下面，外江处于凸岸进水的位置，而内江处于凹岸进水的位置。当洪水季节来临，水流挟带着大量的泥沙，气势汹汹而来，到达大弯道时，不可避免地形成巨大的旋涡。此时含沙量大，重而沉底的底层水，被离心力甩出，与 60％ 的主流一起直冲入外江，轻而浮面的表层清水进入旋涡后被离心力甩到了下层，冲向凹岸，也就是内江。这样进入内江的泥沙已经很少，只有 20％ 左右。一个简单的鱼嘴同时解决了调水和调沙的难题，既能保证水量控制，又使整个工程不受泥沙淤积问题的困扰。

虽然鱼嘴排走了 80％ 的泥沙，但是仍然有 20％ 进入内江，如果淤积过多，肯定会毁掉都江堰。而且洪水季节进入内江的水有可能会大于成都平原的需要，形成涝灾。鱼嘴的下面修建的飞沙堰和宝瓶口建筑物很好地解决了这一问题。鱼嘴、飞沙堰、宝瓶口这三大主体工程，相辅相成共同完成了分水、泄洪、排沙等等一系列水利工程问题。

飞沙堰其实是内江的泄洪道。它上距鱼嘴 700m，下离宝瓶口 200m。高度与宝瓶口进水刻度 13 划齐平。它的主要作用是为内江泄洪排沙。宝瓶口是当年李冰率众人从玉垒山的末端活生生凿出来的一个梯形引水口，边坡很陡，坡上有进水刻划。宝瓶口长 40m，底部宽 17m，水面宽度枯水季节时是 19m，洪水季节时是 23m，由于它巧妙地控制着成都平原的进水量，所以又叫金灌口。

经过鱼嘴分流后进入内江的岷江水，流到飞沙堰这个位置时，在飞沙堰的对面遇到了第二个弯道，形成又一个弯道环流。加上宝瓶口凿出的离堆阻住水流，一部分水流回涌，夹带大量泥沙的底层重水再度被翻到表层，翻越飞沙堰，泄入外江，内江多余的水和泥沙就在这里被排走。剩下的清水则直接冲向离堆，经宝瓶口流向成都平原。经过第二次排沙，能在飞沙堰下面淤积下来的泥沙已经很少，每一年岁修时遵循"深淘滩，低作堰"的原则把这些泥沙淘出来，这样宝瓶口的进水量就始终都可以得到保证。

在都江堰渠首工程中，宝瓶口、飞沙堰和鱼嘴的位置、高度以及长宽尺寸可以说是珠联璧合，配合巧妙。当内江洪水的高度与飞沙堰齐平时，宝瓶口的进水量就刚好够成都平原上的工农业用水，而当宝瓶口的水位高于 13 划的水位刻度时，飞沙堰就开始翻水溢流。近十年来，平原上的用水量不断增大，飞沙堰的高度略有增高，但调节宝瓶口进水的作用依然没变。此外，由于离堆迎面顶住内江的洪水，使飞沙堰以下的底部的水流速度明显下降，大量泥沙不能继续前进，部分沉积在飞沙堰对面的一带河段，受弯道环流的影响，大部分经飞沙堰排出。还剩极少的部分泥沙，每一年进行岁修时人工淘出用来加固堤坝。根据测量，经鱼嘴、飞沙堰、宝瓶口相互配合，进入内江的泥沙被排除的达到了 90％ 以上。

都江堰位于成都平原西北边缘，进入内江的水从这里流经成都平原的东南西北，是完全利用了从西到东的这 200m 的海拔高差，形成一个完善的自动引流灌溉系统。从上空俯瞰下来，这些一分二、二分四、四分八的密密麻麻的水网就像是穿行于人体皮肤下的血管，2000 多年来为成都平原上的土地和人民源源不断地提供着甘甜的乳汁。

整个都江堰设计科学、布局合理，充分地利用自然地理条件，采用多层次的弯道环流，达到无坝分水、自动控制水流量、自动排沙、自流灌溉的目的。这种种神奇的功能保证了成都平原既受灌溉之益，又无水旱之患，不能不说是一个奇迹。大家想象一下，都江堰建立于2260多年前，那时候，世界上很多地方都还处在蒙昧的状态，而我们的祖先却已经创建了到今天仍然是世界一流的水利工程，这是整个中华民族的骄傲。

思 考 题

1. 引水枢纽应满足哪些要求？
2. 引水工程分为哪几种类型？
3. 水闸有哪些类型？
4. 闸室地基处理有哪几种方法？
5. 两岸连接建筑物的作用是什么？有哪几种结构型式？

参 考 文 献

[1] 田士豪，陈新元. 水利水电工程概论 [M]. 北京：中国电力出版社，2006.

[2] 朱宪生，冀春楼. 水利概论 [M]. 郑州：黄河水利出版社，2004.

[3] 李宗坤，孙明权，郝红科，等. 水利水电工程概论 [M]. 郑州：黄河水利出版社，2005.

[4] 麦家煊. 水工建筑物 [M]. 北京：清华大学出版社，2005.

[5] 林继镛. 水工建筑物 [M]. 4 版. 北京：中国水利水电出版社，2006.

第七章 渠系建筑物

为了安全合理地输配水量以满足农田灌溉、水力发电、工业及生活用水的需要，在渠道（渠系）上修建的水工建筑物，统称渠系建筑物。

渠系建筑物按其作用可划分如下：

（1）渠道。是指为农田灌溉、水力发电、工业及生活输水用的、具有自由水面的人工水道。灌溉渠道一般可分为干、支、斗、农四级固定渠道。干、支渠主要起输水作用，称为输水渠道；斗农渠主要起配水作用，称为配水渠道。各级渠道构成渠道系统，简称渠系。

（2）调节及配水建筑物。用以调节水位和分配流量，如节制闸、分水闸等。

（3）交叉建筑物。渠道与山谷、河流、道路、山岭等相交时所修建的建筑物，如渡槽、倒虹吸管、涵洞等。

（4）落差建筑物。在渠道落差集中处修建的建筑物，如跌水、陡坡等。

（5）泄水建筑物。为保护渠道及建筑物安全或进行维修，用以放空渠水的建筑物，如泄水闸、虹吸泄洪道等。

（6）冲沙和沉沙建筑物。为防止和减少渠道淤积，在渠首或渠系中设置的冲沙和沉沙设施，如冲沙闸、沉沙池等。

（7）量水建筑物。用以计量输配水量的设施，如量水堰等。

渠系中的建筑物，一般规模不大，但数量多，总的工程量和造价在整个工程中所占比重较大。为此，应尽量简化结构。改进设计和施工，以节约原材料和劳力、降低工程造价。

以下仅就灌溉渠道、渡槽、隧洞、倒虹吸管、跌水与陡坡、农桥等作简要介绍。

第一节 灌 溉 渠 道

一、灌溉渠道系统及分类

从水源取水、通过渠道及其附属建筑物向农田供水、经由田间工程进行农田灌水的工程系统称为灌溉渠道系统。在现代灌区建设中，灌溉渠道系统和排水沟道系统是并存的，两者互相配合，协调运行，共同构成完整的灌区灌溉排水系统。

（1）灌溉渠道按其使用寿命分为固定渠道和临时渠道两种：固定渠道：多年使用的永久性渠道；临时渠道：使用寿命小于 1 年的季节性渠道。

（2）按控制面积大小和水量分配层次又可把灌溉渠道分为若干等级：大、中型灌区的固定渠道一般分为干渠、支渠、斗渠、农渠四级；农渠以下的小渠道一般为季节性的临时渠道。

（3）按渠道横断面结构划分：由于渠道过水断面和渠道沿线地面的相对位置不同，渠道断面有挖方断面、填方断面和半挖半填断面 3 种形式，其结构各不相同。

1）挖方渠道断面结构。对挖方渠道，为了防止坡面径流的侵蚀、渠坡坍塌以及便于施工和管理，除正确选择边坡系数外，当渠道挖深大于 5m 时，应每隔 3～5m 高度设置一道平台。第一级平台的高程和渠岸高程相同，平台宽度约 1～2m。如平台兼做道路，则按道路标准确定平台宽度。在平台内侧应设置集水沟，汇集坡面径流，并使之经过沉沙井和陡槽集中进入渠道，如图 7-1 所示。挖深大于 10m 时，不仅施工困难，边坡也不稳定，应改用隧洞等。

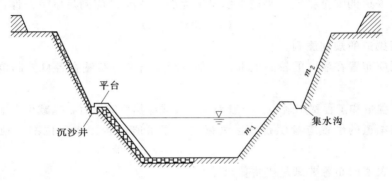

图 7-1 挖方渠道横断面

第一级平台以上的渠坡根据干土的抗剪强度而定，可尽量陡一些。

2）填方渠道断面结构。填方渠道易于溃决和滑坡，要认真选择内、外边坡系数。填方高度大于 3m 时，应通过稳定分析确定边坡系数，有时需在外坡脚处设置排水滤体。填方高度很大时，需在外坡设置平台。位于不透水层上的填方渠道，当填方渠道高度大于 5m 或高于两倍设计水深时，一般应在渠堤内加设纵横排水槽。填方渠道会发生沉陷，施工时应预留沉陷高度，一般增加设计填高的 10%。在渠底高程处，堤宽应等于 5～

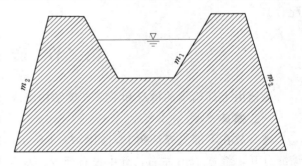

图 7-2 填方渠道横断面

10h，根据土壤的透水性能而定，h 为渠道水深。填方渠道断面结构如图 7-2 所示。

3）半挖半填渠道。半挖半填渠道的挖方部分为筑堤提供土料，填部分为挖方弃土提供场所，渠道工程费用少，当挖方量等于填方量（考虑沉陷影响，外加 10%～30% 的土方量）时，工程费用最少。挖填土方相等时的挖方深度 x 可按下式计算：

$$(b+m_1x)x=(1.1\sim1.3)2a\left(d+\frac{m_1+m_2}{2}a\right) \tag{7-1}$$

式中符号的含义如图 7-3 所示。系数 1.1～1.3 是考虑土体沉陷而增加的填方量，砂质土取 1.1；壤土取 1.15；黏土取 1.2；黄土取 1.3。

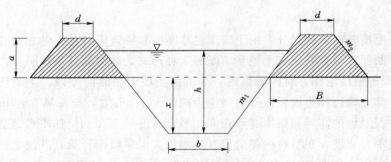

图 7-3　半挖半填方断面

为了保证渠道的安全稳定，半挖半填渠道堤底的宽度 B 应满足以下条件：

$$B \geqslant (5 \sim 10)(h - x) \qquad\qquad (7-2)$$

二、灌溉渠道的规划原则

（1）干渠应布置在灌区的较高地带，其他各级渠道亦应布置在各自控制范围内的较高地带。

（2）使工程量和工程费用最小。一般来说，渠线应尽可能短直，以减少占地和工程量。

（3）灌溉渠道的位置应参照行政区划确定，尽可能使各用水单位都有独立的用水渠道，以利管理。

（4）斗、农渠的布置要满足机耕要求。

（5）灌溉渠系规划应和排水系统规划结合进行。应避免沟、渠交叉，以减少交叉建筑物。

（6）灌溉渠系布置应和土地利用规划（如耕作区、道路、林带、居民点等规划）相配合。

第二节　渡　　槽

渡槽由上部输水的槽身和下部支撑结构组成。

一、槽身

槽身放在下部支撑结构上，如图 7-4 所示，每节槽身长度一般为 8～15m，用温度伸缩缝分开，缝宽 1cm 左右，缝中设有沥青止水。

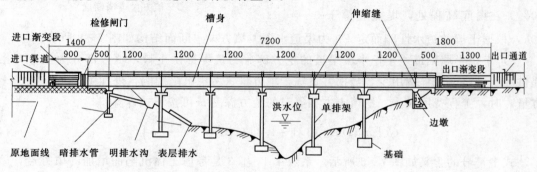

图 7-4　梁式渡槽纵坡面图（单位：m）

118

槽身横断面常采用矩形和 U 形。矩形槽用浆砌石或钢筋混凝土建筑，如图 7－5 所示。侧墙一般是变厚度的，顶薄底厚。为了减轻应力集中，在侧面墙与底板转角处可加设补角。侧墙顶可外伸悬臂板作为人行道，宽 70～100cm。矩形槽施工方便，但断面较大。

U 形槽如图 7－6 所示，它的横断面是半圆加直段，一般用钢筋混凝土建造。U 形槽顶部一般设置拉杆，故不能通航，在拉杆上可铺板作为人行道。U 形槽的水力条件好，吊装方便，造价较低。

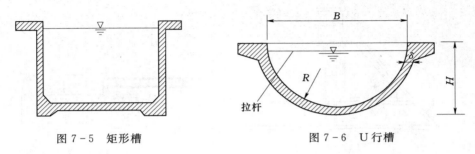

图 7－5　矩形槽　　　　　　图 7－6　U 行槽

二、下部支撑结构

渡槽的下部支撑结构常用梁式（图 7－4）和拱式（图 7－7）。梁式渡槽的槽身放在桥墩或排架上，槽身受力与梁相同，因此需配置较多的钢筋。重力式桥墩有实体式和空心式两种，可用砖石或素混凝土砌筑。排架为钢筋混凝土框架结构，重量轻，吊装方便，在工程中被广泛采用。

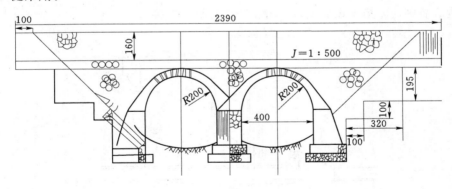

图 7－7　拱式渡槽

当槽身支撑于拱圈上时，称为拱式渡槽。如图 7－5 所示，拱圈内的应力主要是压应力，拉应力很小，因此可以用石料、砖或混凝土砌筑。拱轴线可采用圆弧线、抛物线或悬链线。拱式渡槽具有就地取材、节省钢筋、坚固耐久等优点；缺点是体积较大，工期较长。

第三节　隧　　洞

水工隧洞一般由进口段、洞身、出口段等 3 部分组成。

一、进口段

1. 进口建筑物的型式

隧洞进口建筑物常用的型式有竖井式、塔式和岸塔式等3种：

（1）竖井式进口建筑物是在岩石中开挖一个直井，如图7-8所示，井壁用钢筋混凝土衬砌，井内设置闸门，井上设启闭机。当隧洞进口段岩石坚硬，开挖竖井无坍塌危险时，多采用这种型式。它的优点是竖井不受水库风浪影响，不需要工作桥等；缺点是施工开挖较困难，闸门前段洞只能在低水位时检修。

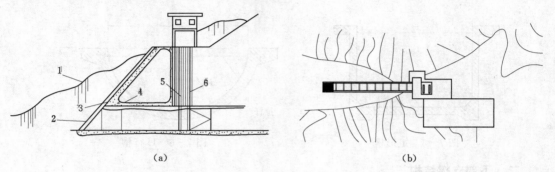

（a）　　　　　　　　　　　　　　　　（b）

图7-8　竖井式进水口

（a）纵剖面图；（b）平面图

1—原地面线；2—拦污栅；3—拦污栅轨道；4—进口渐变段；5—检修门槽；6—工作闸门槽

（2）塔式进口建筑物是在隧洞进口前的水库中修建一座钢筋混凝土塔，如图7-9所示，塔内设置闸门，塔上设启闭机，塔用工作桥与岸连接。

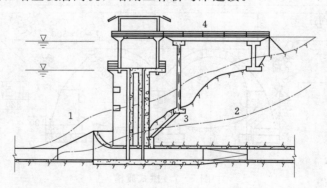

图7-9　塔式进水口

1—原地面线；2—弱风化岩石线；3—通气孔；4—工作桥

当作用水头较低或只需设一道闸门时，可将进水塔改为框架式。它的缺点是只能在低水位时检修，工作不便。

塔式进水口可以设置几个不同高程的进水口，分层取水，这对灌溉是很有利的，因为水库的水温是随深度而降低的。塔式进口建筑物一般造价较高。

（3）岸塔式进口建筑物介于竖井式与塔式之间，它斜靠在山坡上。它的闸门是斜放的，因此闸门面积和启闭力要大。这种型式施工方便，适用于岸坡岩石坚硬的地方。

2. 进口建筑物的构造

隧洞进口建筑物一般由喇叭口、渐变段、拦污栅、闸门和通气孔等构成。

(1) 喇叭口。隧洞进水口的形状对水流影响很大,流速越高影响越大,因此进水口一般做成断面逐渐缩小的喇叭形。喇叭口两边侧墙可以是曲面,也可以是平面,曲面水流条件好,平面施工简便。

(2) 闸门。水工隧洞通常设两道闸门,用以调节流量。一道是工作闸门,另一道是检修闸门,检修闸门在工作闸门的上游,在工作闸门或洞身检修时,用检修闸门挡水。

闸门的形式有平面或弧形的,重庆市采用平面钢闸门较多。在闸门孔口尺寸较大和作用水头较小时,可以采用弧形钢闸门。

(3) 渐变段。闸门段的断面一般为矩形,洞身断面如为圆形时,应设渐变段,以保证水流平顺。渐变段是把矩形的四个角逐渐加圆而成。渐变段的长度一般为洞径的 1.5～2 倍。

(4) 通气孔。当闸门部分开启时,闸门后的空气逐渐被水流带走,形成负压区,为了防止发生汽蚀和振动,常在闸门后设置通气孔,以保证输进足够的空气。通气孔用管子相连,直至进水塔顶最高库水位以上。通气孔的面积,一般用经验公式计算或为隧洞面积的 3%～5%。

二、洞身

有压隧洞多采用圆形断面,因为它是水力最佳断面,且上下为拱受力条件较好。无压隧洞可采用圆拱直墙形、马蹄形或蛋形等,这样下部过水断面较大,且施工较方便(图 7 - 10)。

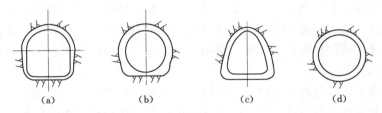

图 7 - 10 隧洞断面型式
(a) 圆拱直墙形;(b) 马蹄形;(c) 蛋形;(d) 圆形

无压隧洞为了保证洞内水流为明流,应保持水面至洞顶有一净空,净空面积应不小于隧洞断面面积的 15%,且净空高度不小于 40cm。按照施工的要求,隧洞的最小尺寸是宽 1.5m,高 1.8m。

有压隧洞的纵坡一般为 0.002～0.005,无压隧洞的纵坡一般为 0.01 左右,短洞也可以做成水平的。

在一般情况下,隧洞要衬砌,衬砌的作用是:承受山岩压力、内水压力和其他荷载,填塞岩层裂隙,保护围岩,防止漏水和减小表面糙率等。

衬砌的主要材料有石料、混凝土、钢筋混凝土等。用钢筋混凝土衬砌,厚度常大于 20cm。根据水压力和山岩压力的大小,环向钢筋可采用单层或双层,并配置纵向的构造钢筋。用石料衬砌,厚度常大于 30cm。

沿隧洞长度，衬砌每隔4～18m应设一条横缝，横缝是温度缝，缝中设止水片。当隧洞穿过地质条件显著变化地段（如通过断层、破碎带等），应加密横缝，加密的横缝作为沉陷缝。有压隧洞对周围的岩石还需要灌浆，使衬砌与围岩紧密结合，并加固围岩。

三、出口段

隧洞出口水流比较集中，流速大，有很大的冲刷力，为了保证隧洞出口下游的安全，必须在隧洞出口处设置消能设备，通常采用的消能方式有消力池、消力坎或挑流渠道鼻坎。

第四节 倒 虹 吸 管

倒虹吸管是在渠道同道路、河渠或谷地相交时，修建的压力输水建筑物。它与渡槽相比，具有造价低且施工方便优点，不过它的水头损失较大，而且运行管理不如渡槽方便。它应用于修建渡槽困难，或需要高填方建渠道的场合；在渠道水位与所跨的河流或路面高程接近时，也常用倒虹吸管。

一、组成

倒虹吸管由进口、管身、出口三部分组成。分为斜管式和竖井式。

（1）进口段。进口段包括：渐变段、闸门、拦污栅，有的工程还设有沉沙池。

进口段要与渠道平顺衔接，以减少水头损失。渐变段可以做成扭曲面或八字墙等形式，长度为3～4倍渠道设计水深。闸门用于管内清淤和检修。不设闸门的小型倒虹吸管，可在进口侧墙上预留检修门槽，需用时临时插板挡水。拦污栅用于拦污和防止人畜落入渠内被吸进倒虹吸管。

在多泥沙河流上，为防止渠道水流携带的粗颗粒泥沙进入倒虹吸管，可在闸门与拦污册前设置沉沙池。对含沙量较小的渠道，可在停水期间进行人工清淤，对含沙量大的渠道，可在沉沙池末端的侧面设冲沙闸，利用水力冲淤。沉沙池底板反侧墙可用浆砌石或混凝土建造。

（2）出口段。出口段的布置形式与进口段基本相同。单管可不设闸门；若为宏管，可在出口段侧墙上顶留检修门槽。出口渐变段比进口渐变段稍长。由于倒虹吸管的作用水头一般都很小，管内流速仅在2.0m/s左右，因而渐变段的主要作用在于调整出口水流的流速分布，使水流均匀平顺地流入下游渠道。

（3）管身。管身断面可为圆形或矩形。圆形管因水力条件和受力条件较好，大、中型工程多采用这种形式。矩形管仅用于水头较低的中、小型工程。根据流量大小和运用要求，倒虹吸管可以设计成单管、双管或多管。管身与地基的连接形式及管身的伸缩缝和止水构造等与土坝坝下埋设的涵管基本相同。在管路变坡或转弯处应设置镇墩。为防止管内淤沙和为放空管内积水，应在管身上或镇墩内设冲沙放水孔（可兼作进入孔），其底部高程一船与河道枯水位齐平。管路常埋入地下或在管身上填土。当管路通过冰冻地区，管顶应在冰冻层以下，穿过河床时，应置于冲刷线以下。管路所用材料可根据水头、管径及材料供应情况选定，常用浆砌石、混凝土、钢筋混凝土及顶应力钢筋混凝土等，其中，后两种应用较广。

二、分类

倒虹吸管有竖井式（图7-11）和斜管式（图7-12）。竖井式多用于穿越道路，构造

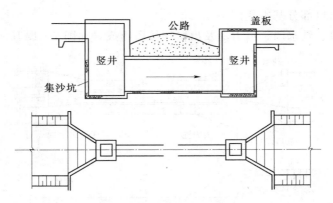

图7-11 竖井式倒虹吸管

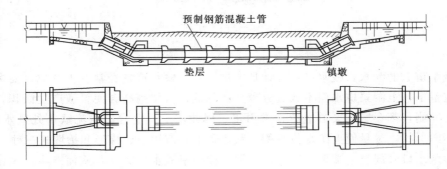

图7-12 斜管式倒虹吸管

简单,管路短。进出口一般用砖石或混凝土砌成矩形断面的竖井。水平管身有网形或矩形,圆形管常用预制或现浇的钢筋混凝土管。

斜管式倒虹管是用多节圆管连接而成,可用钢筋混凝土管或钢管。进出口应做渐变段与渠道相接,然后顺斜坡放置管道。为了管道在斜坡上不至于滑动,一般斜坡为1:1.5~1:2。并在管道转弯处设置镇墩。斜管式倒虹吸水流顺畅,在实际工程中采用较多。

第五节 跌水与陡坡

渠道要保持一定的纵坡,以保证输送需要的流量并防止渠道产生冲刷和淤积。当渠道要通过坡度过陡的地段时,为了保持渠道的设计纵坡,避免大填方和深挖方,可将水流的落差集中,并修建建筑物来连接上下游渠道,这种建筑物称为落差建筑物,主要有跌水和陡坡两类。除此以外跌水和陡坡还可以作为引水和进水、退水与分水及泄洪建筑物。

一、跌水

1. 跌水的型式与组成

当水流自跌水口出流后,呈自由抛射状态,落于下游消力池内的称垂直式跌水流自跌水口出流后,水流受约束,沿槽身下泄的称为陡坡。跌水有单级跌水和多级跌水两种型式,二者构造基本相同。一般单级跌水的跌差小于3~5m,超过此值时宜采用多级跌水。

跌水与陡坡可单独修建,也可结合桥闸修建。它们装上闸门后,可起节制闸作用。跌水和陡坡的进、出口部分基本相同。

跌水由跌水口、跌水墙、消力池及出口连接段组成，如图 7 - 13 所示。

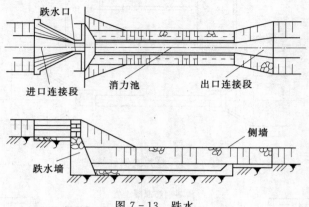

图 7 - 13　跌水

2. 跌水口

灌溉渠道上的跌水，跌水口的设计是关键。由于输水流量经常发生变化，要求跌水口在各级流量下，上游渠道水面不致过分壅高或降低、水位壅高会使渠道产生淤积，水位降低会产生冲刷，都会影响渠道上游正常引水，因此，工程上常把水流跌落处跌水口缩窄，并采用不向形状，尽量使上游水位平衡。跌水口形状有矩形、梯形和抬堰式三种。

矩形跌水口底部与上游渠底齐平，利用侧墙缩窄跌水口宽度，从而产生塞水作用，并使壅高水位与原渠道水位相向。但是，由于跌水口处的宽度是根据渠中正常流量设计的。所以当通过较小流里时，渠中水位会有较大降落。同时由于矩形跌水口断面收缩较大，造成下泄水流集中，迫使跌水口下游水流发生涡流，消能效果降低。

梯形跌水口底部与渠底齐平，过水断面呈梯形。它能适应流量变化过大的情况。抬堰式跌水口，其断面亦为矩形，但其底部建有底槛，比渠底为高。抬堰式跌水口系利用两边侧墙及底槛共同收缩而减小过水断面，抬高槛上水位。抬堰式跌水口的优点是跌口较宽，水流不大集中，下游消能较易。缺点也是仅适用于设计流量，当过其他流量时，渠中水位将会产生木同程度的蛮高或降低。此外，在堰前产生淤积，对多沙河流不很合适。

3. 跌水墙

跌水墙有直墙和倾斜面两种。多采用重力式挡土墙。由于跌水墙插入两岸，其两侧有侧墙支撑，稳定性较好，设计时常按重力式挡土墙设计，但考虑到侧墙的支撑作用，也可按梁板结构计算。为防止上游渠道渗漏而引起跌水下游的地下水位抬高，减小渗流对消力池底板等的渗透压力，应作好防渗排水设施。

4. 消力池

跌水墙下设消力池，使下泄水流形成水跃，以消减水流能量。消力池在平面布置上有扩散和不扩散形式，它的横断面形式一般为矩形、梯形和折线形。折线形布置为渠底高程以下为矩形，渠底高程以上为梯形。

5. 出口连接段

下泄水流经消力池后，在出口处仍有较大的能量，流速在断面上分布不均匀，对下游渠道常引起冲刷破坏。为改善水力条件，防止水流对下游冲刷，在消力池与下游渠道之间设出口连接段。其长度应大于进口连接段。

二、陡坡

当渠道过地形过陡地段时，利用倾斜渠槽连接该段上下游渠道，这种倾斜渠槽的坡度一般比临界坡度大，称为陡坡，如图 7-14 所示。由进口段、陡坡段、消能设施和出口段组成。

陡坡的构造与跌水相似，不同之处是陡坡段代替了跌水墙。由于陡坡段水流速度较高，对进口和陡坡段布置要求较高，以使下泄水流平稳、对称且均匀地扩散，以利下游消能和防止对下游渠道的冲刷。

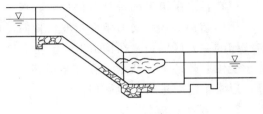

图 7-14 陡坡

陡坡分开敞式（梯形或矩形陡槽）和斜管式两种型式。由于斜管式陡坡具有以下优点，广泛应用于小型工程。其优点如下：

（1）节省工程量和投资，一般比开敞式减少 1/4～1/2。

（2）当管式陡坡与道路交叉，管顶填土成为道路，无需另建桥梁。

（3）便于预制装配施工，缩短工期。

管式陡坡由进口衔接段、管身段和出口消能设施三部分组成。它的进口有扭曲面及八字墙等型式，用混凝土或砌石建造。管身为预制混凝土管或钢筋混凝土管组装。管身坡度大于水流的临界坡度，但不陡于 1：2。管的进出口均应布置在水面之下。管式陡坡出口流速较大，水流集中，需采用有效的消能措施，如"W"槛消能、撞击式消能、压低管段消能。

管式陡坡水力计算包括管身水力计算和消能设施各部尺寸的确定。

第六节 农 桥

农桥是灌排渠系中应用最广的交叉建筑物。随着农业机械化程度的提高和运输事业的发展、农桥配套建设任务面广量大，由于汽车数量和载重吨位增加，在农桥规划设计时，标准应适当提高，留有余地。

农桥向上部桥跨和下部结构两个基本部分组成。上部桥跨为承重结构和桥面系两部分。下部结构为墩、台，用以支承上部结构，并将上部荷载传递给地基。

一、农桥类型

农桥的分类方法较多，常按用途不同、受力特点和结构形式分类。

1. 按荷载等级分类

（1）生产桥：一般用于田间生产机械下地耕作，主要通行人群、手扶拖拉机等，人群荷载可按 $3.5kN/m^2$ 计算。需通行牛马车时，可用 35kN 作验算荷载。

（2）拖拉机桥：用于连接田块间的道路上，一般按旧汽-6级或旧汽-8级汽车荷载验算，与之接近的拖拉机荷载为东方红54型（54kN）和红旗80型（114kN）。

（3）低标准公路桥：用于连接村庄与交通干线的道路上，一般按汽-10级荷载验算。桥净宽4.5m左右，在构造标准与设计要求上常低于正规公路桥。

2. 按结构形式和受力特点分类

包括梁式桥、拱桥和桁架拱桥等。

二、农桥的特点及桥孔布置

1. 特点

设在各级渠道上的桥具有数量大、点，适于采用定型设计和装配结构。

桥的结构形式和受力条件与波槽相似，按结构特点也可分为梁式和拱式两种类型。桥与波槽的主要区别是：在构造上，除桥面结构外，其余部分二者基本类似；在荷载上，桥除承受恒载外还承受活载；在基础处理上，由于人工河渠上的桥墩台基础一般无冲刷问题，通常不需要进行专门处理。

2. 农桥桥孔布置

（1）孔径：平原地区人工开挖的河、沟、渠上的农桥，孔径布置应以不影响原断面过水能力为前提，当修建拱桥时，其孔径应大于原断面水面宽度；当修建梁板桥时，其矩形桥孔宽度，应不小于原有断面通过校核流量时水面宽度与渠底宽度的平均值。

山区河沟或平原地区天然河道上的农桥，常压缩孔径，减少桥长，以节省建桥费用。若孔径减小过多，会造成上游壅水，下游冲刷。因此应按洪水流量、桥址河段特性、墩台基础砌置深度等因素综合考虑确定孔径。

（2）净空：净空是指桥下部结构最下缘到设计水位或通航水位之间的距离。无通航要求河道，桥面梁底至少应高于设计水位0.5m；无铰拱脚允许淹没在加大水位以下，但其淹没深度不应超过净空高的2/3。在通航河道上，桥下净空应满足通航要求。

（3）农桥孔径计算：梯形断面河、沟中采用矩形桥孔，其孔径可按淹没宽顶堰计算。

三、桥面构造

桥面是直接承受各种荷载的部分。它主要包括行车道板、桥面铺装、人行道、栏杆、变形缝、排水设施等。

渠道上桥梁净宽一般根据车辆类型、荷载及运行要求加以确定。此外，还应考虑车辆行驶时，由于摆动而越出正常轨道以及行人或牲畜的避让，每侧还应留出0.5m的安全宽度；桥梁需在行车道板上面铺设桥面铺装，其作用在于防止车辆轮胎或腰带对行车道板的直接磨损，此外对车的集中荷载还有扩散作用。桥面铺装层常用5～8cm的混凝土、沥青混凝土或用15～20cm厚的碎石层做成。桥面铺装层与连接的道路路面应尽量一致，以便为便利桥面排水，桥面需设1.5%～3.0%的横坡，并在行车道两侧适当长度内设置直径为10～15cm的排水管。排水管可用钢筋混凝土管或铸铁管。当桥长小于50m，桥面纵坡较大时，可不设排水管，而在桥头引道两侧设置引水槽。对于小跨径桥，可直接在行车道两侧安全带上留横向孔道，用钢管或铸铁管将水排出。

人行道的设置根据需要而定，人行道宽0.75m或1.0m，为便于排水，人行道也设置向行车道倾斜1%的横坡。人行道外侧设栏杆，栏杆高0.8～1.2m，栏杆柱间距1.6～

2.7m，柱截面常为 0.15m×0.15m，配 4φ10 钢筋。不设人行道时，桥面两侧应设宽 0.25m、高为 0.2～0.25m 的安全带。为减小温度变化、混凝土收缩、地基不均匀沉降等影响，桥面需设置伸缩缝，缝内填塞有弹性、不透水的橡皮或沥青胶泥等，以防雨水和泥土渗入，保证车辆平衡行驶。

四、农桥设计荷载

1. 荷载的分类

(1) 恒载。包括农桥结构各部分自重、填土重、土压力等。

(2) 活载。包括人群荷载、农业机械荷载、汽车荷载、汽车荷载引起的冲击力与制动力、汽车荷载作用在桥台后填土面时附加给桥台的压力。

(3) 其他荷载。包括温度变化、桥台变位等附加力、漂浮物对墩台的冲击力、水流压力、冰压力等。

2. 荷载组合

农桥的荷载组合常有以下两种：

(1) 主要荷载组合：内恒载、车辆荷载、汽车荷载的冲击力、车辆荷载引起的土侧压力教人群荷载组成。

(2) 附加荷载组合：①由恒载和平板挂车或履带车荷载组成（又称验算荷载组合）；②由主要荷载组合中的一种或几种荷载与可能同时作用的一种或几种荷载和外力组成。

五、钢筋混凝土梁式桥

钢筋混凝土梁式桥是农桥中最常用的型式之一，常采用装配式 T 型梁桥和铰接板桥。

（一）构造

1. 板桥

钢筋混凝土板桥一般都是简支的，渠道上的小跨径桥梁常采用。板桥的板厚一般为计算跨度 L 的 1/12～1/18，计算跨度 L 一般采用净跨 L_0 加板厚。它的钢筋、模板及混凝土浇筑工作比 T 形截面梁简单。板桥有现浇整体和装配式两种。现浇整体板桥需在现场搭设脚手架和模板，一次浇筑完成，跨径一般不超过 6m；装配式板桥常先预制成宽 1m 的板（实际宽为 99cm，预留 1cm 作现场安装时的调整裕度）。桥跨小于 6m 的一般用实心板；当桥跨为 6～12m 时，为减轻板的自重和节省混凝土量，常采用空心板。

装配式板桥在板块中间设铰以传递剪力，使整个桥面承受荷载。在预制板的侧面涂以废机油，预制板安装就位后，在接缝中填塞小石子混凝土，作为混凝土铰。

2. T 型梁桥

当跨径大于 8～10m，为了减轻梁的自重，充分发挥混凝土的抗压性能，往往采用 T 型梁桥。装配式 T 型梁桥的上部结构通常由 T 型截面主梁、横隔板（梁）和主梁板（桥面板）组成。T 型梁如无中间隔板，仅由端隔板及翼板连接，则属于铰接型式；当有中横隔板（梁）连接时，则属于刚性连接型式。

（二）冷拔丝预应力混凝土空心桥板

冷拔丝是将光面圆钢筋经硬质合金的拔丝模冷拔而成。在冷拔过程中由于分子结构的变化，可使钢筋强度提高一倍左右。据统计资料表明，采用冷拔丝能节约钢材 30%～50%，减轻自重约 10%～30%。冷拔丝张拉、锚面十分方便，施工机具比较简单，易于推广。

冷拔丝的原材料即普通碳素钢，以采用 1 级钢热轧圆盘条为宜。经几次冷拔，强度能提高 40%～90%。预应力混凝土一般不低于 C30，因为对构件施加预应力，低标号很凝土不能在很凝土中建立起适宜的预压应力。高标号混凝土具有较大的弹性模量，减少因混凝土收缩所引起的应力损失。

（三）农桥墩、台

（1）砌石或现浇混凝土桥墩、台梁式桥墩、桥台一般用浆砌块石或现浇混凝土修建。设计时应满足稳定与强度要求。桥台有重力式及轻型桥台之分。实际工程中，农桥采用轻型桥台较多，它比重力式桥台节省材料。

（2）装配式桥台。装配式平板桥用于灌排系统出间拖拉机道路，桥面结构为 T 型梁。下部结构由桥枕、基座和挡土板组成。挡土板由墩墙和翼墙拼装组合；翼墙与墩墙的夹角为 135。按构造配筋的要求在翼墙内配置 $\phi6@25$ 钢筋，桥枕及基座配置 $\phi10$ 钢筋，墩墙配置 $\phi8$ 钢筋，分布筋均用 $\phi6$ 钢筋。

六、拱式桥

渠道上的拱桥，在石料丰富的山丘地区，跨径小于 15m 时多采用实腹式石拱桥径较大时常采用空腹式石拱桥。

双曲拱桥被广泛应用，此外还常用桁架拱桥、重小、省材料、造价低、可预制装配等特点。

课外知识

南水北调工程简介

自 1952 年 10 月 30 日毛泽东主席提出"南方水多，北方水少，如有可能，借点水来也是可以"的宏伟设想以来，在党中央、国务院的领导和关怀下，广大科技工作者持续进行了 50 年的南水北调工作，做了大量的野外勘查和测量，在分析比较 50 多种方案的基础上，形成了南水北调东线、中线和西线调水的基本方案，并获得了一大批富有价值的成果。

南水北调总体规划推荐东线、中线和西线三条调水线路。通过三条调水线路与长江、黄河、淮河和海河四大江河的联系，构成以"四横三纵"为主体的总体布局，以利于实现我国水资源南北调配、东西互济的合理配置格局。

东线工程：利用江苏省已有的江水北调工程，逐步扩大调水规模并延长输水线路。东线工程从长江下游扬州抽引长江水，利用京杭大运河及与其平行的河道逐级提水北送，并连接起调蓄作用的洪泽湖、骆马湖、南四湖、东平湖。出东平湖后分两路输水：一路向北，在位山附近经隧洞穿过黄河；另一路向东，通过胶东地区输水干线经济南输水到烟台、威海。

中线工程：从加坝扩容后的丹江口水库陶岔渠首闸引水，沿唐白河流域西侧过长江流域与淮河流域的分水岭方城垭口后，经黄淮海平原西部边缘，在郑州以西孤柏嘴处穿过黄河，继续沿京广铁路西侧北上，可基本自流到北京、天津。

西线工程：在长江上游通天河、支流雅砻江和大渡河上游筑坝建库，开凿穿过长江与黄河的分水岭巴颜喀拉山的输水隧洞，调长江水入黄河上游。西线工程的供水目标主要是解决涉及青、甘、宁、内蒙古、陕、晋等6省（自治区）黄河上中游地区和渭河关中平原的缺水问题。结合兴建黄河干流上的骨干水利枢纽工程，还可以向邻近黄河流域的甘肃河西走廊地区供水，必要时也可相机向黄河下游补水。

规划的东线、中线和西线到2050年调水总规模为448亿 m^3，其中东线148亿 m^3，中线130亿 m^3，西线170亿 m^3。整个工程将根据实际情况分期实施。

思 考 题

1. 渠系的布置应满足什么条件？
2. 渠系建筑物可以分为哪几类？
3. 渠道的设计包括哪些内容？
4. 渡槽、隧洞、倒虹吸管各适合在那些情况下修建？
5. 隧洞进口建筑物常用的型式有哪些？
6. 试简述倒虹吸管的工作原理。
7. 农桥按荷载等级分为几种类型？

参 考 文 献

[1] 田士豪，陈新元. 水利水电工程概论 [M]. 北京：中国电力出版社，2006.
[2] 朱宪生，冀春楼. 水利概论 [M]. 郑州：黄河水利出版社，2004.
[3] 李宗坤，孙明权，郝红科，等. 水利水电工程概论 [M]. 郑州：黄河水利出版社，2005.
[4] 麦家煊. 水工建筑物 [M] 北京：清华大学出版社，2005.
[5] 林继镛. 水工建筑物 [M]. 4版. 北京：中国水利水电出版社，2006.
[6] 清华大学水利系毕业班同学. 农田水利学 [M] 北京：清华大学出版社，1958.
[7] 郭元裕. 农田水利学 [M]. 3版. 北京：中国水利水电出版社，1997.

第八章 农业灌溉工程

第一节 灌溉水源、取水方式及其水利计算

一、灌溉工程的水源

1. 灌溉水源

开发灌区，首先必须选择水源。在选择水源时，应对附近地形条件是否便于引水进行充分考虑，并使水源的位置尽可能地靠近灌区。灌溉水源主要有河川径流、当地地面径流、地下水及城市污水等。随着现代工业的发展和城镇的扩大，可用于灌溉的城市污水和灌溉回归水也逐步成为灌溉水源的一个重要组成部分。

（1）河川径流。它是指河流、湖泊的来水，为我国最主要的灌溉水源。这种水源的集水区域均在灌区以外；引河流水源灌溉，应从国民经济发展的要求出发，综合考虑水电、航运与给水等多方面的要求，使河流水资源得到合理的综合利用。

（2）当地地面径流。它是指由当地降雨产生的径流。我国南方地区降雨量大，当地地面径流的利用十分普遍，不仅小型灌溉工程（如塘坝、小水库）利用它，而且在大、中型灌区，也必须充分利用它来扩大灌溉面积和提高灌区的灌溉保证率。

（3）地下水一般是指潜水。潜水又称浅层地下水，其补给来源主要为大气降雨（包括融雪水）。在靠近河流、湖泊、洼地和人工渠道的地区，潜水也可从附近的地表水得到补给，由于潜水补给容易，在平原地区埋藏又较浅，是地下水的主要开采水源。利用地下水进行灌溉，在我国已有悠久的历史，特别是我国西北、华北平原等比较干旱和缺乏河湖水源的地区，地下水的开发利用，对发展农业生产尤为重要。

（4）城市污水。包括工业废水和生活污水，经过净化处理以后，可以作为灌溉水源。随着社会主义建设事业的发展，污水数量将日益增多。利用污水灌溉，不仅是解决灌溉水源的重要途径，而且也是防止水质污染的有效措施。

（5）海水。因含盐量较高，一般不能直接用于灌溉农田。

2. 灌溉水源的水质、水位和水量

（1）灌溉对水质的要求。所谓水质，主要指水流所含泥沙、盐类及其他有害物质的特性与数量以及水源的温度等。水源的水质应能满足作物生长的要求。

所含泥沙的数量和组成是灌溉对于水源水质要求的一个方面。河水中粒径小于0.005mm 的泥沙，常具有一定的肥分，应适量输入田间；粒径 0.005～0.1mm 的泥沙，因其粒径较大，可以减少土壤的黏结性和改良土壤的结构，但肥力价值不大，可少量输入田间；至于河水中粒径大于 0.1～0.15mm 的泥沙，由于其容易淤积在渠道中，而且对农田有害，一般不允许引入渠道和送入田间。

灌溉对水源水质的另一方面要求，主要是指其应不含有对作物有害的盐类，同时无害

盐类亦不应超过容许浓度。因为水中含有过多的盐类，就会提高土壤溶液的浓度和渗透压力，增加作物根系吸收水分的阻力，使作物吸收水分困难，轻则影响作物正常生长，重则造成作物死亡，甚至引起土壤次生盐碱化。

总之，对水源的水质，必须进行化验分析，要求符合我国的《农田灌溉水质标准》（GB 5084—2005）（表 8 - 1）。不符合上述标准时，应设立沉淀池或生化池等，经过沉淀、氧化、消毒等处理，符合农田灌溉水质标准要求时，才能用于灌溉。

表 8 - 1　　　　　　　　　农田灌溉水质标准（GB 5084—2005）　　　　　　　单位：mg/L

序号	项　　目	水　作	旱　作	蔬　菜
1	生化需氧量（BOD$_5$）	≤60	≤100	≤40，15
2	化学需氧量（COD$_{Cr}$）	≤150	≤200	≤100，60
3	悬浮物	≤150	≤200	≤100
4	阴离子表面活性剂（LAS）	≤5.0	≤8.0	≤5.0
5	水温/℃	≤35		
6	pH 值	≤5.5～8.5		
7	全盐量	≤1000（非盐碱土地区），≤2000（盐碱土地区），有条件的地区可以适当放宽		
8	氯化物	≤350		
9	硫化物	≤1.0		
10	总汞	≤0.001		
11	总镉	≤0.01		
12	总砷	≤0.05	≤0.1	≤0.05
13	铬（六价）	≤0.1		
14	总铅	≤0.2		
15	总铜	≤0.5		≤1
16	总锌	≤2.0		
17	总硒	≤0.02		
18	氟化物	≤2.0（高氟区），≤3.0（一般地区）		
19	氰化物	≤0.5		
20	石油灰	≤5.0	≤10	≤1.0
21	挥发酚	≤1.0		
22	苯	≤2.5		
23	三氯乙醛	≤1.0	≤0.5	≤0.5
24	丙烯醛	≤0.5		
25	硼	≤1.0（对硼敏感作物，如马铃薯、笋瓜、韭菜、洋葱、柑橘等） ≤2.0（对硼耐受性较强的作物，如小麦、玉米、青椒、小白菜、葱等） ≤3.0（对硼耐受性强的作物，如水稻、萝卜、油菜、甘蓝等）		
26	粪大肠菌群数/（个/L）	≤4000	≤4000	≤2000，1000
27	蛔虫卵数/（个/L）	≤2		≤2，1

（2）灌溉对水源在水位与水量方面的要求。其水位应该保证灌溉所需要的控制高程；在水量方面，应满足灌区不同时期的用水需要。如修建必要的壅水坝、水库等，以抬高水源的水位和调蓄水源的水量；或修建抽水站，将所需的灌溉水量，提高到灌溉要求的控制高程。有时也可以调整灌溉用水制度（如改变作物的种植面积比例，更换作物品种，适当调整作物的灌溉制度等），以变动灌溉对水源水量提出的要求，使之与水源状况相适应。

二、灌溉取水方式

不同的灌溉水源，其相应的取水方式也不同，如丘陵山区利用地面径流灌溉，可以修建塘坝与水库；华北平原地区地下水较丰富，可以打井取水。至于从河流取水的方式，则依河流来水与灌溉用水的平衡关系及灌区的具体情况有以下几种。

1. 无坝引水

当灌区附近河流水源丰富，河流水位、流量均能满足灌溉要求时，即可选择适宜的位置作为取水口，修建进水闸引水自流灌溉。

（1）无坝引水渠首的位置（见图8-1的A点）。一般应选在河流的凹岸，这是因为河槽的主流总是靠近凹岸，同时还可利用弯道横向环流的作用，以防止泥沙淤积渠口和防止底沙进入渠道。一般将渠首位置放在凹岸中点的偏下游处，这里横向环流作用发挥得最为充分，同时避开了凹岸水流顶冲的部位。当因受位置及地形条件限制，无法把渠首布置在凹岸而必须放在凸岸时，可以把渠首放在凸岸中点的偏上游处，这里泥沙淤积较少。在大的河流上，为了保证主流稳定，引水流量一般认为不应超过河流枯水流量的30%。

（2）无坝引水渠首一般由进水闸、冲沙闸和导流堤三部分组成。进水闸控制入渠流量，冲沙闸冲走淤积在进水闸前的泥沙，而导流堤一般修建在中小河流中，平时发挥导流引水和防沙作用，枯水期可以截断河流，保证引水。总之，渠首工程各部分的位置应统一考虑，以有利于防沙取水为原则。

2. 有坝（低坝）引水

当河流水源虽较丰富，但水位不能满足灌溉要求时，则须在河道上修建壅水建筑物（坝或闸），抬高水位，以便引水自流灌溉。有坝引水渠首如图8-1的B处所示。

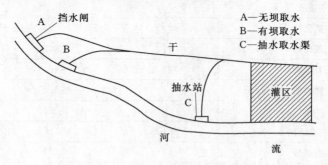

图8-1　灌溉取水方式示意图

有坝引水枢纽主要由拦河坝、闸、进水闸及防洪堤等建筑物组成。

（1）拦河坝。拦河坝横拦河道，抬高水位，以满足灌溉引水的要求，汛期则在溢流坝顶溢洪，宣泄河道洪水。因此，坝顶应有足够的溢洪宽度，在宽度增长受到限制或上游不允许壅水过高时，可降低坝顶高程，改为带闸门的溢流坝或拦河闸，以增加泄洪能力。

（2）进水闸。进水闸用以引水灌溉。进水闸的平面布置主要有两种型式（图8-2）：

1）侧面引水，正面排沙。进水闸沿引水渠水流方向的轴线与河流水流方向正交，由于其防止泥沙进入渠道的效果较差，一般只用于清水河道中，如图8-2（a）所示。

2）正面引水，侧面排沙。这是一种较好的取水方式。进水闸沿引水渠水流方向的轴线与河流方向一致或斜交。这种取水方式能在引水口前激起横向环流，促使水流分层，表层清水

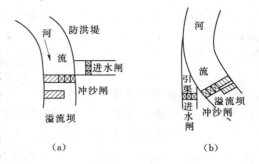

图8-2　进水闸的平面布置型式
(a) 侧面引水示意图；(b) 正面引水示意图

进入进水闸，而底层含沙水流则涌向冲沙河排出，如图8-2（b）所示。

（3）冲沙闸。冲沙闸是多沙河流低坝引水枢纽中不可缺少的组成部分，它的过水能力一般应大于进水闸的过水能力，冲沙闸底板高程应低于进水闸底板高程，以保证较好的冲沙效果。

（4）防洪堤。为减少拦河坝上游的淹没损失，在洪水期保护上游城镇、交通的安全，可以在拦河坝上游沿河修筑防洪堤。

（5）其他。若有通航、过鱼、过木和发电等综合利用要求时，尚需设置船闸、鱼道、筏道及电站等建筑物。

3. 抽水取水

河流水量比较丰富，但灌区位置较高，修建其他自流引水工程困难或不经济时，可就近采取抽水取水方式。这样，虽干渠工程量小，但增加了机电设备及年管理费用。

4. 水库取水

当河流来水与灌溉用水不相适应，即河流的流量、水位均不能满足灌溉要求时，必须在河流的适当地点修建水库进行径流调节，以解决来水和用水之间的矛盾，并综合利用河流水源。这是河流水源取水方式中较常见的一种取水方式。采用水库取水，必须修建大坝、溢洪道、进水闸等建筑物，工程较大，且有较大的库区淹没损失，因此必须认真选择好建坝地址。

三、引水灌溉工程的水利计算

（一）灌溉设计标准

灌溉工程的水利计算是灌区规划设计工作的主要组成部分。通过水利计算可以了解灌溉水源天然来水情况和灌溉需水要求之间的矛盾，并确定协调这些矛盾的工程措施及规模，如灌溉面积、坝的高度、进水闸的尺寸、抽水站的装机容量等。但在进行灌溉工程的水利计算之前，首先要研究确定灌溉工程的设计标准。根据实践经验，目前大多数采用"灌溉设计保证率"表示灌溉工程的设计标准；而有些地区亦有用"抗旱天数"的。

1. 灌溉设计保证率

灌溉设计保证率是指灌区用水量在多年期间能够得到充分满足的概率。一般以正常供水的年数或供水不被破坏的年数占总年数的百分数表示，例如，频率$P=80\%$表示灌溉设施在长期运用过程中，平均每100年可保证80年正常供水。

为了修正以样本资料推测总体规律的某些不合理的地方，灌溉设计保证率常用下式进行计算：

$$P=\frac{m}{1+n}\times100\%$$

式中　　P——灌溉设计保证率，%；

　　　　m——灌溉设施能保证正常供水的年数；

　　　　n——灌溉设施供水的总年数。

灌溉设计保证率综合反映了灌区用水和水源供水两方面的情况，较好地表达了灌溉工程的设计标准。灌溉设计保证率因各地自然条件、经济条件的不同而有所不同。具体可根据灌区水文气象、水土资源、作物组成、灌区规模、灌水方法、生态经济效益等因素，参考表 8-2 数值确定。

表 8-2　　　　　　　　　　　　　　　　灌溉设计保证率

灌溉方式	地　　区	作物种类	灌溉设计保证率/%
地面灌溉	干旱地区或水资源紧缺地区	以旱作物为主 以水稻为主	50～75 70～80
	半干旱地区、半湿润地区或水资源不稳定地区	以旱作物为主 以水稻为主	70～80 75～85
	湿润地区或水资源丰富地区	以旱作物为主 以水稻为主	75～85 80～95
喷灌、微灌	各类地区	各类作物	85～95

2. 抗旱天数

所谓抗旱天数是指灌溉设施在无降水的情况下能满足作物需水要求的天数。它反映了灌溉设施的抗旱能力，也是灌溉设计标准的指标之一。如"70 天无雨保丰收"，就是抗旱天数的概念。

关于"抗旱天数"的标准，SD 288—99 中已规定"采用抗旱天数作为灌溉设计标准的地区，旱作物和单季稻灌区抗旱天数可为 30～50 天，双季稻灌区抗旱天数可为 50～70 天，有水源条件和经济条件的地区应予提高"。

抗旱天数的概念比较清楚，容易被人们所理解接受。因此，在我国小型灌区和农田基本建设规划设计中，多以抗旱天数作为设计标准。但由于无雨日的确定有一些实际困难，加之不便于与其他用水部门的保证率对照比较，故在大中型灌溉工程及综合利用工程的设计中还较少采用。某些地区的水利部门正在研究灌溉设计保证率与抗旱天数之间的关系，以便使抗旱天数应用于更广泛的范围。

灌溉工程的水利计算，一般有蓄水工程（水库、塘堰）的水利计算、引水工程的水利计算以及抽水工程的水利计算等。关于水库和抽水工程的水利计算已分别在"工程水文和水利计算"以及"抽水站"课程中讲述。本节主要介绍有坝引水灌溉工程的水利计算。

（二）有坝引水枢纽水文水利计算

有坝引水枢纽水文水利计算内容，主要是在已给灌区面积情况下，确定设计引水流量、拦河坝高度、拦河坝上游防护设施及进水闸尺寸等。若需对灌区范围进行选定，则由于设计引水流量和灌区面积、作物组成以及灌溉设计标准是相互联系的，在具体计算中，常先假定灌溉面积和作物组成以及灌溉设计保证率，然后计算灌溉设计引水流量；如果河道的流量不能满足灌溉引水的要求，则应适当调整灌溉面积或降低设计标准等，并重新进行计算，最后通过方案比较，合理确定设计引水流量和灌区的范围。

1. 设计引水流量的确定

（1）长系列法。所谓长系列法，就是首先计算历年（或历年灌溉临界期）的渠首河流来水过程线和已定灌区的灌溉用水过程线，再逐年比较这两个过程，统计出河流来水满足灌溉用水的保证年数。

长系列法考虑了历年的引水流量与灌溉用水流量的实际变化及配合，只要所选取的系列年组有足够的代表性，其成果一般比较可靠，但工作量比较大。

（2）设计代表年法。设计代表年法是选择某几个代表年份，进行引水量平衡计算，其计算方法与长系列法相同，但该法系仅就选定的代表年份进行计算，故计算工作量较小，在选取的设计代表年具有一定代表性时，成果还是可靠的。具体计算步骤如下：

1）选择设计代表年，由于仅选择一个年份作为代表，具有很大的偶然性，故可按下述方式选择一个代表年组：

a. 以渠首河流历年（或历年灌溉临界期）的来水量，进行频率分析，按灌区所要求的灌溉设计保证率，选出 2～3 年，作为设计代表年，并求出相应年份的灌溉用水过程。

b. 以灌区历年作物生长期降雨量或灌溉定额进行频率分析，选择保证率接近于灌区所要求的灌溉设计保证率的年份 2～3 年，作为设计代表年，并根据水文资料，查得相应年份渠首河流的来水过程。

c. 由上述一种或两种方法所选得的设计代表年中，选出 2～6 年组成一个设计代表年组。

2）对设计代表年组中的每一年，进行引水量平衡计算与分析（具体计算方法同长系列法）。如在引水量平衡计算中，发生破坏情况，则应采取缩小灌溉面积，改变作物组成或降低设计标准等措施，并重新计算。

3）选择设计代表年组中实际引水流量最大的年份，作为设计代表年，并以该最大引水流量作为设计流量。

2. 拦河坝高度的确定

根据一般规划设计经验，拦河坝的高度应满足下述三方面的要求：

（1）应满足灌溉所要求的引水高程。

（2）在满足灌溉引水要求的前提下，使筑坝后上游淹没损失尽可能小，亦即在宣泄一定设计频率洪水的条件下，使溢流坝（或闸）的壅水高度最小。

（3）适当考虑综合利用的要求，如发电、通航、过鱼等。

这些要求事实上是既统一又矛盾的。如对灌溉和发电效益而言，拦河坝高些为好；但拦河坝愈高，上游淹没损失愈大，防洪工程造价也高。因此，必须通过多方面的调查研究，反复比较才行。

一般地说，坝顶高程常先根据灌溉引水高程初步拟定，然后结合河床地形地质条件、坝型和建材以及溢流坝段工程量和坝上游防洪工程的大小等进行综合比较确定。

3. 拦河坝的防洪校核及上游防护设施的确定

进行防洪校核，首先要确定设计标准。中小型引水工程的防洪设计标准，一般采用10～20年一遇洪水设计，100～200年一遇洪水校核。根据一定标准的设计洪水和初步拟定的坝高，便可根据河床情况，选取一个溢流宽度，计算坝上的壅水高度。此项计算往往与溢流段坝高的计算交叉进行。

坝上壅水高度求出后，可按稳定非均匀流推求出上游回水曲线，计算方法详见水力学教材。根据回水范围，可调查统计筑坝后的淹没情况（淹没面积及搬迁等）。对于一些重要的城镇和交通要道则应增设防洪堤和抽水排涝工程等进行防护。防洪堤的长度依防护范围而定，堤顶高程则根据设计洪水回水水位加超高（一般为0.5m）来决定。若坝上游的淹没情况严重，且所需防护工程的工程量过大，则必须考虑改变拦河坝的结构型式，如增长溢流坝段的宽度，降低固定坝高，加设泄洪闸或活动坝等，以降低回水高度，减少上游回水淹没。如某灌溉引水工程，将3m高固定坝改为2m高，上设1m高的活动坝，设计洪水期的回水长度由2560m减小到1160m，大大减少了上游的淹没损失。

可见，拦河坝的尺寸、型式及上游防护工程受多方面的影响。在规划设计时，应根据具体情况，对各种可能采取的坝高和坝型及其造成的淹没损失和所需要的防护工程做多方案比较，从中选取最优方案。

第二节　灌溉渠系系统的规划布置

灌溉排水系统是农田水利工程的主要组成部分。完整的灌排系统主要包括取水枢纽，各级输、配水渠道，各级排水、泄水沟道，灌区或圩区内部的蓄水工程（库塘或湖泊），各种田间工程（包括地面、地下灌排网）以及灌排渠系上的建筑物等，如图8-3所示。

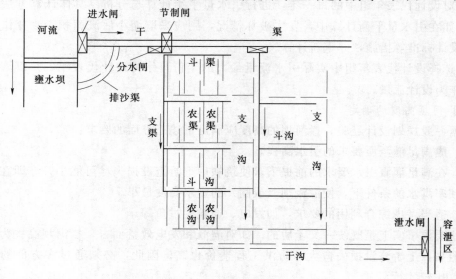

图8-3　灌溉排水系统

一、灌溉类型及灌排系统的典型布置形式

由于地形、水文、土壤和地质等自然条件不同，国民经济发展对灌区所提出的要求不同，各灌溉区灌排系统的布置形式也是不同的。按地形条件，灌区大致可以分为三种基本类型：①山区、丘陵区型灌区；②平原型灌区；③圩垸型（滩地、三角洲型）灌区。下面以地形分类为主，适当结合其他条件，讨论山区、丘陵灌区的特征及其灌排系统的布置形式。

山区、丘陵灌区的特征及其灌排系统的布置形式如图 8-4 所示。

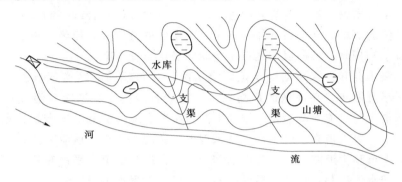

图 8-4　山区、丘陵区灌排系统的布置形式

这类灌区的地形一般比较复杂，岗冲（冲击沟谷）交错，起伏剧烈，坡度较陡。耕地大多为坡地与梯田，位于分水岭、沟谷、河流之间，分布比较分散，很少有大片集中的平坦土地，而且山区、丘陵区的耕地高程较高，往往需从河流上游远处引水灌溉。所以，山丘区灌溉渠道的特点，一般是位置较高，渠道弯曲，渠线较长，渠道深挖和高填方多，渠道石方工程和建筑物亦多，而且地形条件是确定渠线布置的主要因素。另外，由于渠道较多地行经高填方、山坡风化土质和风化岩层地带，渗漏比较严重；且在暴雨季节，山洪可能入侵渠道，使之坍塌决口，影响附近农田村庄的安全。同时山丘区多塘堰和小型水库，可以拦蓄当地地面径流与引蓄河流径流，故山丘区的渠道，还往往与塘库相连接，形成长藤结瓜式的水利系统。在山区、丘陵地区，干、支渠的布置主要有下列两种型式。

1. 干渠沿等高线布置

干渠沿灌区上部的边缘布置，以求控制全部灌溉面积，此时支渠则从干渠的一侧引出。这种布置形式的地形条件，一般是位于分水岭和山溪或河流之间，呈狭长形，地面等高线大致与河流方向平行，灌区内的山溪、河流常用做排水干、支沟道。在这种布置情况下，干渠渠线较长，渠底比降宜缓，以便控制较大面积或集中落差进行发电。但干渠位置在山坡上不能布置得过高，以免建筑物和石方工程量陡增。

2. 干渠沿主要分水岭布置

干渠沿灌区内的主要地面岗脊线布置，走向大致与等高线垂直，干渠比降视地面坡度而定。此时，支渠由干渠两侧分出，控制大片灌溉面积。这种布置常见于在浅丘岗地的灌区左右两边干渠上段盘山开渠，下段都是沿地面脊线布置。此种布置，干渠与天然河沟交叉极少，因而建筑物也较少，工程量较省，但有时因岗脊线比降较大，在干渠上仍需修建较多的衔接建筑物。在山区、丘陵地区，一般均利用灌区内原有的天然溪沟和河流或者经改造整治后作为主要排水沟道。此外，为防止山洪对渠道的威胁渠道上常设有泄洪建筑物或沿渠道一侧修建山坡截流沟等。

二、灌排系统布置的原则与选线步骤

1. 骨干渠系规划布置的原则

对于一个灌溉区范围来说，一般骨干渠系是指干、支级灌排渠沟而言。它承担着全灌区的灌溉和排水任务，是影响整个灌排系统工程经济效益的主要因素。这些骨干渠道的规划，往往带有全局性的意义，它是整个灌排系统规划的骨架，又是下一级工程规划布置的前提。因此，干、支渠（沟）的规划布置，在总的方面应达到合理控制，便于管理，保证安全，力求经济的要求。在进行具体规划时，要做好调查研究，摸清地形、地质、水源等条件以及原有水利现状，遵循以下几点主要原则确定布置方案：

（1）在灌溉水源和排水承泄区水位既定情况下尽可能使灌区实现自流灌溉和自流排水。灌溉干渠尽可能布置在灌区的最高地带，其他各级主要渠道亦应沿地形较高地带布置，以便控制最大的自流灌溉面积。排水干沟应布置在地形最低的地带，或利用天然的沟道，以便承泄上一级沟道来水时不发生壅水现象，并能自流泄入承泄区。

为了保证渠道和沟道能逐级自流供水和排水，在进行渠道的平面布置时，必须同时考虑渠道和沟道的水位控制，合理选择渠沟的比降以及沿程水头损失等。

（2）干、支渠道必须与排水沟统一规划布置。绝大多数灌区都有不同程度的排水任务和要求，如排除由降雨形成的地面径流；排泄地下水、降低地下水位；排除多余的灌溉水量等。因此，在规划布置主要灌溉渠道时，必须同时考虑主要排水沟的布置。在大多数情况下，灌区内灌、排渠道应分开布置，各成系统，以免灌、排相互干扰，并便于管理和控制地下水位等。只有在地下水埋藏较深、水质良好、无盐碱化威胁的地区，或者排水沟挖得很深并采用提灌方式时，排水沟才可同时兼作灌溉渠道。在平原圩区，灌溉渠道的布置往往要服从于排水沟的布置，例如不要把天然河沟的排水出路切断，打乱自然排水流势；尽量减少与排水沟交叉，如果交叉，则必须修建交叉建筑物等。

（3）渠系布置要求总的工程量和工程费用最小，并且工程安全可靠。在山区、丘陵地区布置渠道时，会遇到各种地形障碍，如岗、冲、溪、谷以及地质条件复杂的地段。当渠线遇到沟谷时，可采用绕行与直穿两种方式。绕行即渠道沿等高线随弯就弯；直穿就是做填方渠道或虹吸管、渡槽等建筑物横过沟谷。究竟采用何种措施，要从各方案的工程量、水头和水量损失等方面进行比较确定。如采用直穿方式，最好选择河槽较窄、洪水位较低、河床稳定、地质条件较好的河段与渠道相交，并注意使渠道具有足够的水头差，为选用立交建筑物创造条件，以减少建筑物的工程量和有利于基础处理。

此外，渠沟选线还应尽量少占耕地。韶山灌区本着"占山不占地、占地不占町"的原则，使渠道尽可能沿荒山荒岭而行，并把施工中渠道开挖的弃土废石做成梯田梯地 6800 亩，比渠道占用的耕地还多 1500 亩。当渠道通过村庄附近或交通道时，还应适当多建桥梁、码头，尽量方便群众；一般每隔 500～1000m 建一座人行便桥，人口稠密地区应多建，人口稀疏地区可少建。

（4）灌排渠系布置应在灌区农田水利区划的基础上进行，与土地利用规划相结合并宜照顾行政区划以便管理。

（5）干、支级渠（沟）道的布置应考虑发挥灌溉区内原有小型水利工程的作用，并应为上、下级渠（沟）的布置创造良好条件。

（6）考虑综合利用以适当地满足其他国民经济部门的要求。

尽可能获得集中的水位落差，以利发电；当以渠道或排水沟兼作航道时，应以最短距离与物资产地或商业中心连接，以利运输等。

2. 支以下各级渠（沟）规划布置的特点

上述干、支渠和干、支沟选线的主要原则，对于斗、农渠来说，基本上也是适用的。但是，斗、农渠（沟）深入田间，负担着直接向用水单位配水的任务，所以在规划布置时，更要密切地与灌区土地利用规划和行政区划结合起来，要创造有利于农业机械化耕作的条件，沟渠布置应力求整齐，沟渠分割的地块要比较方正，沟渠的间距和长度要便于机械化耕作等。

3. 渠线选定的步骤

灌溉渠道的选线与排水沟的选线基本相同，大致分四步进行，即初步查勘、复勘、初测和纸上定线、定线测量和技术设计。

（1）初步查勘。先在地形图（一般采用比例尺 1∶10000～1∶100000）上，按照渠道布置的原则作出渠线的大体布置，并邀请熟悉地形的当地干部群众共同研究，定出几条渠道比较线，然后对所经地带作初步查勘。

初步查勘要求用简单仪器测出干渠线上若干控制点（渠首控制山垭、跨河点等）的相对位置和高程；大致确定支渠分水口位置和支渠渠线方向；调查各支渠的控制范围，受益田亩和种植比例；记录沿线土壤地质特征；估计渠线和大型建筑物的类型、尺寸，同时调查灌区的社会经济状况，如人口分布、交通条件、当地建筑材料等。

通过初步查勘，以选择 1～2 条线路作为复勘的依据。

（2）复勘。复勘包括干渠线路的复勘和主要支渠的初勘，在比降很小的渠道上要用视距测量和水准测量把各控制点的相对位置和高程测出来。如比较线路之间的效益和工程大小、难易程度有显著差别，一般经过复勘就能决定取舍，否则还需经再一次深入比较才能决定。各支渠的初勘，可以只查勘与干渠较难相接的一段，其他可留待测量支渠时再查勘。通过干渠线路复勘，渠系布置方案大致可以定下来，接着就可进行初测。对于工程较难的支渠也要经过复勘才能测量。

（3）初测和纸上定线。对复勘所确定的渠线，在其两侧宽一般为 100～200m 的狭窄地带，要进行初测。初测时应尽可能地使导线接近将来准备采用的渠道中线，同时还必须把沿线的土壤、地质及下一级渠道的分水口和渠系建筑物位置、当地建筑材料开采地点和对外交通情况等设计资料大体收集起来，并提出渠系建筑物类型和主要尺寸的意见，以上资料均编写在初测报告中。

纸上定线就是要根据初测所提供的资料结合地形图定出渠道中心线的平面位置和纵断面，在确定渠道中心线平面位置之前，要先做好以下的准备工作：①计算渠首到灌区的干渠平均纵坡，以便确定各渠段的比降及灌区控制范围；②根据流量大小和渠床土质条件，大致确定各渠段的纵坡；③设计各渠道标准横断面；④确定各渠段弯道的最小曲率半径；⑤预计渠系建筑物的水头损失，初定干渠纵断面。

（4）定线测量和技术设计。定线测量不仅要在实地上测设渠道中心线，还要按中心线各桩号测绘纵横断面图。在定线测量的过程中，还必须对沿渠地质情况进行勘探和对沟做必要的洪水调查。在地质勘察时，要查明沿渠土壤及地质条件、土石分界线、塌方及漏水可能产生的地段，为渠道开挖及渠系建筑物的设计提供地质资料。洪水调查主要为溪沟的洪水计算提供资料，以确定泄洪建筑物的类型及尺寸。

按定线测量所提供的资料，进行渠道和渠系建筑物的技术设计。

第三节　田间工程规划

一、灌区田间规划的要求与原则

灌区田间规划是以彻底改变农业生产条件，建设旱涝保收、高产稳产农田，适应农业现代化为目标，以健全和改建田间灌排渠系，实现治水改土为主要内容，对山、水、田、林、路等进行全面规划、综合治理的一项农田基本建设工程。

制定田间规划时，一般应遵循以下原则：

（1）田间工程规划是农田基本建设规划的重要组成部分。因此，田间工程规划必须与农田基本建设规划相适应，要在地区农田基本建设规划和水利规划的基础上进行。

（2）田间工程规划必须着眼长远，立足当前。既要充分考虑适应农业现代化的需要，又要不脱离农业生产发展的现实状况，从当前实际情况出发，逐步达到长远目标，做到全面规划，分期实施，当年能增产，长远起作用。

（3）田间工程规划必须因地制宜，讲究实效。要有严格科学态度，注意调查研究，总结经验教训。要贯彻群众路线，发动群众讨论，力求规划合理，布局恰当。

（4）田间工程规划必须以治水、改土为中心，实现山、水、田、林、路综合治理，促进农、林、牧、副、渔全面发展。

二、田间排灌渠系（斗、农级渠系）布置

1. 斗、农渠的规划要求

在规划布置时除遵循前面讲过的灌溉渠道规划原则外，还应满足以下要求：

（1）适应农业生产管理和机械耕作要求。

（2）便于配水和灌水，有利于提高灌水工作效率。

（3）有利灌水和耕作的密切配合。

（4）土地平整工程量较少。

2. 斗渠的规划布置

斗渠的长度和控制面积随地形变化很大。山区、丘陵地区的斗渠长度较短，控制面积较小。平原地区的斗渠较长，控制面积较大。我国北方平原地区的一些大型自流灌区的斗渠长度一般为 1000～3000m，控制面积为 600～4000 亩。斗渠的间距主要根据机耕要求确定，与农渠的长度相适应。

3. 农渠的规划布置

农渠是末级固定渠道，控制范围是一个耕作单元。在平原地区通常长为 500～1000m，间距 200～400m，控制面积为 200～600 亩。丘陵地区农渠的长度和控制面积较小。在有

控制地下水位要求的地区，农渠间距根据农沟间距确定。

第四节　灌溉渠系设计

一、灌溉渠系设计流量的计算

灌溉渠道的设计流量是指灌水时期渠道需要通过的最大流量。它是设计渠道断面和渠系建筑物尺寸的主要依据。渠道设计流量与渠道所控制的灌溉面积大小、作物组成和作物的灌溉制度以及渠道的工作制度等有关。其净流量（未计入渠道输水损失）一般可用下式表示：

$$Q_净 = q_净 \, w \tag{8-1}$$

式中　　$q_净$——设计灌水率，$m^3/(s \cdot 万亩)$；

w——渠道控制的灌溉面积，万亩。

灌溉渠道在输水过程中，有部分流量由于渠道渗漏、水面蒸发等原因沿途损失掉，不能进入田间为农作物所利用。这部分损失的流量称为输水损失，在确定渠道设计流量时必须加以考虑。因此，在渠道设计时，就必须以包括输水损失的毛流量为依据，即

$$Q_设 = Q_毛 = Q_净 + Q_损 \tag{8-2}$$

二、灌溉渠道纵横断面的设计

灌溉渠道的设计流量、最小流量和加大流量确定以后，就可据此设计渠道的纵横断面。设计流量是进行水力计算、确定渠道过水断面尺寸的主要依据。最小流量主要用来校核对下级渠道的水位控制条件，判断当上级渠道输送最小流量时，下级渠道能否引足相应的最小流量。如果不能满足某条件下级渠道的进水要求、就要在该分水口下游设置节制闸，雍高水位，满足其取水要求。加大流量是确定渠道断面深度和堤顶高程的依据。

渠道纵横断面的设计是互相联系、互为条件的。在设计实践中，不能把他们截然分开考虑，而要通盘考虑、交替进行、反复调整、最后确定合理的设计方案。

（一）渠道纵断面设计

渠道的纵坡 i 应根据地形、土质和渠道的重要性而定。一般干渠纵坡为 1/10000～1/5000，支渠为 1/3000～1/1000，农渠和毛渠可陡于 1/1000。

纵断面设计，首先根据所测得的沿渠道中心线的地面高程点，用折线连接成地面线。然后考虑与地面线大致平行、挖方和填方大致相等的原则，绘出渠道底线和渠顶线。渠线与地形上的障碍相交处，即为建筑物的位置。

1. 灌溉渠道的水位 $H_进$ 推算

为了满足自流灌溉的要求，各级渠道入口处都应具有足够的水位。这个水位是根据灌溉面积上控制点的高程加上各种水头损失，自下而上逐级推算出来的。

2. 渠道纵断面图的绘制

渠道纵断面图包括沿渠地面高程线、渠道设计水位线、渠道最低水位线、渠底高程线、堤顶高程线、分水口位置、渠道建筑物位置及其水头损失等，如图 8-5 所示。

渠道断面图按以下步骤绘制：

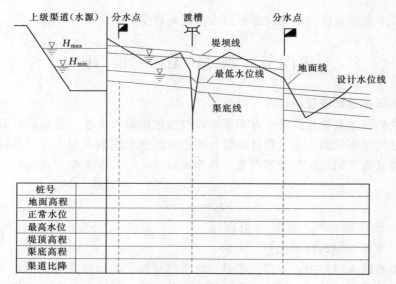

图 8-5 渠道纵断面图

（1）绘地面高程线。在方格纸上建立直角坐标系，横坐标表示桩号，纵坐标表示高程。根据渠道中心线的水准测量成果按一定的比例点绘出地面高程线。

（2）标绘分水口和建筑物的位置。在地面高程线的上方，用不同符号标出各分水口和建筑物的位置。

（3）绘渠道设计水位线。参照水源或上一级渠道的设计水位、沿渠地面坡度、各分水点的水位要求和渠道建筑物的水头损失，确定渠道的设计比降，绘出渠道的设计水位线。该设计比降作为横断面水力计算的依据。如果横断面设计在先，绘制纵断面图时所确定的渠道设计比降应和横断面水力计算时所用的渠道比降一致，如二者相差较大，难以采用横断面水力计算所用比降时，应以纵断面图上的设计比降为准，重新设计横断面尺寸。所以，渠道的纵断面设计和横断面设计要交替进行，互为依据。

（4）绘渠底高程线。在渠道设计水位线以下，以渠道设计水深 h 为间距，画设计水位线的平行线，该线就是渠底高程线。

（5）绘制渠道最小水位线。从渠底线向上，以渠道最小水深（渠道设计断面通过最小流量时的水深）为间距，画渠底线的平行线，此即渠道最小水位线。

（6）绘堤顶高程线。从渠底线向上，以加大水深与安全超高之和为间距，作渠底线的平行线，此即渠道的堤顶线。

（7）标注桩号和高程。在渠道纵断面的下方画一表格（图 8-5），把分水口和建筑物所在位置的桩号、地面高程线突变处的桩号和高程、设计水位线和渠底高程线突变处的桩号和高程以及相应的最低水位和堤顶高程，标注在表格内相应的位置上。桩号和高程必须写在表示该点位置的竖线的左侧，并应侧向写出。在高程突变处，要在竖线左、右两侧分别写出高、低两个高程。

（8）标注渠道比降。在标注桩号和高程的表格底部，标出各渠段的比降。

3. 渠道纵断面设计中的水位衔接

（1）不同渠段间的水位衔接。由于渠段沿途分水，渠道流量逐渐减小，渠道过水断面亦随之减小，为了使水位衔接，可以改变水深或底宽。衔接位置一般结合配水枢纽或交叉建筑物布置，并修建足够的渐变段，保证水流平顺过渡。当水位较低时，应该抬高下游渠底高程，一般不大于 15～20m。

（2）建筑物前后的水位衔接。渠道上的交叉建筑物一般都有阻水作用，会产生水头损失，在渠道纵断面设计时，必须予以充分考虑。如建筑物较短，可将进、出水口的局部水头损失和沿程水头损失累加起来，在建筑物的中心位置集中扣除。如建筑物较长，则应按建筑物位置和长度分别扣除其进、出口的局部水头损失和沿程水头损失。

（3）上、下级渠道的水位衔接。在渠道分水口处，上、下级渠道的水位应有一定的落差，以满足分水闸的局部水头损失。在渠道设计实践中通常采用的做法是：以设计水位为标准，上级渠道的设计水位高于下级渠道的设计水位，以此确定下级渠道的渠底高程。在这种设计条件下，当上级渠道输送最小流量时，相应的水位可能不满足下级渠道引取最小流量的要求。出现这种情况时，就要在上级渠道该分水口的下游修建节制闸，把上级渠道的最小水位升高，使上、下级渠道的水位差等于分水闸的水头损失，以满足下级渠道引取最小流量的要求。如果水源水位较高或者上级渠道比降较大，也可以最小水位为配合标准，抬高上级渠道的最小水位，使上、下级渠道的最小水位差等于分水闸的水头损失，以此确定上级渠道的渠底高程和设计水位。分水闸上游水位的升高可用两种方式来实现：①抬高渠首水位，不变渠道比降；②不变渠首水位，减缓上级渠道比降。

（二）渠道横断面设计

渠道横断面应有足够的输水能力，边坡能维持稳定，并且工程量小。渠道横断面尺寸要根据渠道设计流量通过水力计算加以确定。

1. 渠道横断面的形状

横断面的形状有矩形、梯形和复式等几种。砌石渠道，为了施工方便，常采用矩形断面［图 8-6（a）］。土渠多采用梯形断面［图 8-6（b）］。深挖方或高填方常采用复式断面（图 8-7）。

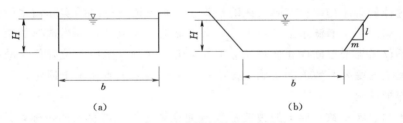

（a）   （b）

图 8-6　渠道横断面的基本形状

(a) 矩形断面；(b) 梯形断面

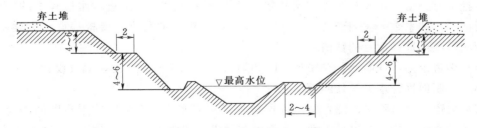

图 8-7　深挖方中渠道的复式断面（单位：m）

2. 渠道的水力计算

按明渠均匀流公式计算:

$$Q = wC\sqrt{Ri} \tag{8-3}$$

式中　Q——渠道流量,m^3/s;

　　　w——渠道过水断面面积,m^2;

　　　i——渠道纵坡;

　　　R——水力半径,m;

　　　C——谢才流速系数,可用下式计算:

$$C = \frac{1}{n}R^{\frac{1}{6}} \tag{8-4}$$

式中　n——渠道的糙率,土渠为 $0.02\sim0.03$,石渠为 $0.0255\sim0.045$,混凝土渠为 $0.014\sim0.017$。

梯形渠道,渠道的边坡是 $1:m$,过水断面 $\omega=(b+mh)h$,湿周 $\chi=b+2h\sqrt{1+m^2}$,水力半径尺 $R=\omega/\chi$。

正确选择渠道设计参数对于渠道纵横断面设计尤为重要。渠道设计参数除流量外,还有渠底比降、渠床糙率、渠道边坡系数、稳定渠床的宽深比以及渠道的不冲、不淤流速等。

(1) 渠底比降:两端渠底高差和渠段间距离的比值称为渠底比降。应根据渠道沿线的地面坡度、下级渠道进水口的水位要求、渠床土质、水源含沙情况、渠道设计流量大小等因素,选择适宜的渠底比降。

在设计过程中,可参考地面坡度和下级渠道的水位要求先初选一个比降,计算渠道的过水断面尺寸,再按不冲流速、不淤流速进行校核,如不满足要求,再修改比降,重新计算。

(2) 渠床糙率系数:渠床糙率系数 n 是反映渠床粗糙程度的技术参数。确定糙率 n 值要慎重。若选择的渠床糙率较实际渠床的糙率小,则渠道运行时的实际输水能力就会达不到设计流量,满足不了灌溉水量的要求,还有可能造成渠道淤积;当选择的渠床糙率大于实际值时,不仅增加渠道断面,而且还会引起渠道的冲刷,渠中水位降低,减少渠道自流控制面积。渠道的糙率系数值的正确选择不仅要考虑渠床土质和施工质量,还要估计到建成后的管理养护情况。

(3) 渠道的边坡系数:渠道的边坡系数 m 是渠道边坡倾斜程度的指标,其值等于边坡在水平方向的投影长度和在垂直方向投影长度的比值。一般渠道的最小边坡系数 m 应根据土质、挖填方深度、水深大小等因素选定,应力求保证边坡在渠道输水过程中的稳定性。矩形断面的边坡系数 m 等于零。m 值的大小关系到渠坡的稳定,要根据渠床土壤质地和渠道深度等条件选择适宜的数值。

(4) 渠道水力最佳断面:在渠道比降和渠床糙率一定的条件下,通过设计流量所需要的最小过水断面称为水力最佳断面。

(5) 渠道不冲、不淤流速:渠道断面过于窄深或宽浅,都会影响渠道断面的稳定性。稳定断面的宽深比应满足渠道不冲、不淤流速要求,即要求渠道中的实际流速大小有一个允许范围（$v_{不冲}>v_{允许}>v_{不淤}$），在此范围内的流速值，称为渠道的允许流速。不冲、不淤流速的确定应在总结当地已成渠道运行经验的基础上研究确定。①渠道不冲流速：与渠床土质、渠道流量、断面水力要素、水流含沙情况等因素有关，具体数值要通过试验研究或总结已成渠道的运用经验而定；②渠道的不淤流速：渠道水流的挟沙能力随流速的减小而减小，当流速小到一定程度时，部分泥沙就开始在渠道内淤积。泥沙将要沉积时的流速就是临界不淤流速。

【例8-1】 梯形土渠道，流量 $Q=6\text{m}^3/\text{s}$，渠道纵坡 $i=1/1000$，渠道边坡 $m=2$，糙率 $n=0.025$，底宽 $b=3\text{m}$，求渠道水深 h。

解： 用试算法，先假定 $h=0.8\text{m}$，则

$$w=(3+2\times0.8)\times0.8=3.68(\text{m}^2)$$

$$x=3+2\times0.8\sqrt{1+2^2}=6.58(\text{m})$$

$$R=3.68/6.58=0.56(\text{m})$$

$$C=\frac{1}{0.025}0.56^{\frac{1}{6}}=36.31$$

$$Q=3.68\times36.31\sqrt{0.56\times0.001}=3.16<6(\text{m}^3/\text{s})$$

再假设 $h=1\text{m}$，如上法可算出 $Q=4.83\text{m}^3/\text{s}$；又假设 $h=1.2\text{m}$，如上法可算出 $Q=6.9\text{m}^3/\text{s}$。最后用插入法可以计算得，当 $Q=6\text{m}^3/\text{s}$ 时，$h=1.12\text{m}$。

3. 渠道的构造

渠道的边坡 m 取决于土壤的条件，填方的边坡要比挖方的平缓，深水的边坡要比浅水的平缓，土渠一般采用 $m=1\sim2$。

渠道衬砌可以防止渗漏、保护边坡不受冲刷、减小糙率和增加稳定性。衬砌的型式很多，常用的有砌石护面、沥青护面、混凝土护面和防渗塑料薄膜护面等。

课外知识

小麦文明、小米文明、玉米文明的农业水土环境

世界四大文明源流包括尼罗河、两河流域、印度河、黄河，三小流包括墨西哥、印加、玛雅。其中，尼罗河、两河流域和印度河的文明又被称为小麦文明；黄河文明又被称为小米文明；墨西哥、印加、玛雅等文明又被称为玉米文明。农业水土环境对文明的发展起到了十分重要的作用。

一、埃及、巴比伦和印度的小麦文明

小麦是二年生的作物，秋天播种，第二年春末夏初收获。野生的小麦出现在地中海东岸的土耳其高原。地中海地区，夏季干旱少雨，秋、冬、春则多雨。在这种环境中，小麦的生长期恰好避开缺雨的夏季。另外，冬季的低温则成为小麦完成其发育的必要条件。

在埃及，气候条件炎热而干旱，降雨远远低于小麦原产地的土耳其高原，成为小麦生长的限制因素。可以说，作为原始的自然环境来说并不利于农业的发展。但是，埃及尼罗河的特点使其条件发生变化，不仅克服了气候的干旱产生的水分的不足，还带来了植物的营养，保证了农业的丰收。

埃及的尼罗河起源于非洲中部的热带雨林地区。那里气候炎热、雨量充沛、季节分布比较均匀。因此，它提供给尼罗河下游的一年四季的水量，水位相对平稳。由于河流经过苏丹南部的平原沼泽地区，水流中的沉积物经沉淀含量比较少，河水清澈，称之为白尼罗河。在支流中，影响大的是来自其东面埃塞俄比亚高原的阿巴伊河。埃塞俄比亚地处副热带，那里的气候有干湿季之分。干季雨水稀缺，河流水位下降，流量小。湿季时，降雨激增，河流水位上升，流量大，流速快。由于埃塞俄比亚高原属稀树干草原植被，覆盖率不高。在雨季时的大雨冲击下，水土流失比较严重，河水含有大量泥沙与有机物，使河水变色。因此，阿巴伊河又称青尼罗河。它与白尼罗河在苏丹喀土穆汇合时是泾渭分明。

青尼罗河水受 6—11 月雨季影响，大量河水进入白尼罗河以后，使其下游河水暴涨，河水溢出河道，淹没了埃及尼罗河两岸狭窄的河谷中的农田。尼罗河在埃及的这种涨落对埃及的农业生产带来极大好处。

首先，6—11 月的涨水期恰好是错开了小麦的生长期。小麦是 8 月开始播种，在 6 月前收割，正是河流的平水期，完全不受涨水期的影响。在涨水期，河水由阿巴伊河带来的泥沙沉淀淹没在农田上，实际上给农田施了肥，为小麦的生产提供了必要的养分，保证小麦的高产。在小麦的生长时期，尽管埃及干旱缺雨，但尼罗河仍由上游供水，保证了一定的水量与水位，利用河床的向下游倾斜度可以引水灌溉，解决了小麦所需水量。可以说尼罗河的河水涨落，河水中的有机物，河谷地貌等特点的组合与小麦的需求形成良好配合，使小麦获得持续高产，为文明的出现提供了坚实的物质基础。

其实，这种良好配合是经过当地居民在长期实践中，不断经验积累而形成的。正如上面所说，在起始时，其原始条件并不有利于小麦农业的发展。首先，天然的降雨少，不能满足小麦在生长季节的水分需求。其次，洪水发生时，汹涌澎湃，淹没了整个河谷，冲毁村落，破坏农田。在落水时，留下淤泥与充满水分的农田，使及时播种遇到了困难。为了解决其自然条件方面的不足，埃及人采用修堤筑坝，开沟建渠的办法保护村庄和农田，在快速洪水冲击下，使其不受破坏。同时，缓慢流动的洪水进入农田，可以保证农田获得沉积物带来的营养物质，在播种前则设法排水，疏干农田，有利播种。在小麦生长时，尽管缺乏降水，人为的沟渠由排水变为输水。另外，还利用洪水时高水位于高处蓄水池的储水与河边的提水工具桔槔灌溉农田。由于这些水利工程所需劳力多，涉及农田面积大，只有小河谷的全体居民参加，在统一指挥下，协力合作，才能完成这种既能防护，又能排、灌的工程。洪水年年有，工程也就要年年维修、保护与管理。

上述水利工程保证了每年的丰收，维护这类工程，则促使全体居民的组织化。正是这种经济利益、物质基础、共同命运、协力合作等所提供的经济与社会条件促使该地文明出现早于其他地区。

巴比伦和印度的文明也出现在与埃及的十分类似的环境中。这两处气候也是比较干旱，天然降雨虽比埃及多，但仍不能满足于小麦生长的需要，同样是利用河流进行灌溉。由于同样的地理环境，带来与埃及相类似的经济和社会条件，导致其文明大体于相同时间出现。

二、中国的小米文明

在四大文明古国中，中国与其他三个相比，则明显地表现出时、空上的不同。中国约起源于公元前 2000—前 1500 年，较晚于前三个。关于中国文明起源于黄河支流，适宜于农业之发展。另外，在我国，最早农业除北方的旱作物粟、黍以外，尚有南方水田的稻作物，其起源亦较早，因而有中国文明起源"多源说"。此也涉及旱田粟、黍与水田作物在中国文明起源中的作用。

黍与粟是华北地区的旱地作物。一年生，耐旱。春季播种，夏季生长旺盛，秋季收获。在一般情况下，只要种下以后，春季能出苗，然后得到雨水滋润，秋季就会有一定收获。这两种作物在耐旱性上，黍比粟强；在产量上，粟的产量高，在分布面积上粟大于黍。

在粟和黍与气候条件的关系上，春季雨水少，不能满足作物的需要。这时的降水与土壤中的水分含量，即墒情，是种子播种、萌发、出苗、生长的关键。所以，在中国谚语称"春雨贵如油""瑞雪兆丰年"。夏季是中国季风气候降雨较集中的季节。一般情况下，雨水满足作物需要是富足有余。如果雨水过多或较集中，其所产生的洪水与内涝会给作物带来损害。由于夏季雨水充足，热量与阳光条件好，是作物生长的旺季。秋季，在华北雨季过后，降水迅速下降，是秋高气爽有利作物结实的好季节。如果这时雨水多，气温低，会影响作物的产量与收获。

从我国文明起源占重要地位的夏、商、周三朝的都城核心区所在地来看，恰好在从安阳到郑州，再经洛阳到西安，成为一个马蹄形。这个马蹄形恰好又与气候及土壤、地貌有一种巧合。在气候上，它与 600~650mm 的等雨线一致；在地貌上，它又是黄土高原的边缘。因小米是旱作，属耐旱作物，低于 600mm，仍可以生长、发育，但因供水少于需要，产量就会下降。如果多于 650mm，则易引起洪、涝不利夏季小米生长。降雨多，雨季长，不易于小米秋季的结实与收获。总之，降雨过多或过少都会使产量下降，只有在 600~650mm 才获得最佳结合。在土壤上，黄土母质本身不仅矿物质含量相对丰富，有利作物生长；而且黄土质地疏松，有利于耕作。在农业发展早期，人们既未掌握洪、涝灾害规律，又无技术与能力克服灾害，农田多位于山麓与河谷高地。所以，马蹄形反映了气候、土壤，以及耕作技术之间的最佳结合。与埃及一样，由于最佳结合取得了高产提供的物质基础，才使文明在该地首先出现。它与埃及不同的是，它不是靠灌溉技术迅速获得高产。也许由于这个原因，这需要一个缓慢发展过程，使其与其他三个小麦文明起源时间上出现差异。

这种环境条件带来的小米文明，是否只是个别的偶然现象，而不能在其他相似环境中得以证实呢？在东非的埃塞俄比亚高原和西非的尼日尔河中游的文明发展中，小米是发挥了作用的。至今，小米仍然是当地人民的食物，甚至有些地方仍是重要食物。至于多瑙河，不仅环境条件与我国黄河有差异，而且又远离小米的野生种分布区。

在我国的南方，虽然水稻栽种历史比较早，而且成为当地居民的重要食物来源，但是，水稻的栽种技术要求比较复杂，只有育秧、移植技术和排灌水利技术的发明和应用以后，从中唐开始到宋时，南方水稻产量才逐步提高并超过北方旱作，使南方成为重要的经济区。这种经济基础不仅说明尽管南方水稻出现早，南方也是中国文明来源之一，但正是由于早先水稻产量有限而不能影响中原在中国文明起源上的主体地位；而且也说明其后经济发展超过北方，使中国的经济、文化中心的南移。

三、美洲的玉米文明

美洲的墨西哥、玛雅和印加文明发展所依赖的农业作物是玉米。在现有的作物中，玉米的特点是植株高、穗长、颗粒大、产量高。正是其产量高，所以在作为粮食和饲料上都占重要的地位。玉米生长所需的条件是较多的光、热、水，这点超过了所有的旱作，另一条件是通气。在玉米的基部有通气根，如果被水淹没，在稍长时间内，玉米就会因根部窒息缺氧而死亡。较多的光、热使玉米分布趋向低纬度；较多的水分，需要多雨地区；通气条件是要有良好的地形条件，便于排水。光、热条件使玉米文明出现于南、北美洲中的回归线以内。较多水分与良好通气往往是相互排斥的条件，它影响美洲文明的具体区位。墨西哥、玛雅、印加三处文明起源地可以说是上述条件的最佳组合。

墨西哥高原南部，阳光充足、温度合适（年最低温为1月，月平均是12℃；年最高温为5月，月平均是18℃）。降雨集中于6—9月，年降雨量为600mm，其他各月较干燥。对玉米来说，雨量在数量上与季节分配上都稍有不足，需靠灌溉。由于地势条件，通气不成问题。

玛雅文明原出现于危地马拉西部高原的山麓地区，环境条件与墨西哥高原条件相近。后来，玛雅文明转向东部平原。这里属季风雨林，雨季降雨多，旱季缺雨。照理，平原多雨则易于积水不利于通气；缺雨又不利于玉米生长。但是，该地平原为石灰岩地区，漏水严重，尽管雨季多雨，却不大出现积水，加上旱季缺水，优良的排灌系统仍是其文明发展关键。这点在危地马拉中部平原上的玛雅文明遗址蒂卡的水利系统情况中得到证明。蒂卡是玛雅文明中期的中心区。

印加帝国主要位于秘鲁的安第斯山地的河谷地区。那里山脉海拔在4000m以上，由于山高、气温低，不适于农业。但是其河流深切的河谷盆地，由于接近赤道地区，温度高，但降雨不多，当地居民则利用山地上部的水流灌溉谷地边缘开辟的梯田种植玉米。谷地上部，地势高温度不足以种玉米的地方，则栽种马铃薯。这两种作物搭配成为印加文明出现的农业基础。

可见，玉米作为作物的特性并没有变，可是在满足其环境条件的需求上，则在墨西哥高原上、中美洲的山麓地区、石灰岩平原和安第斯高山谷地的不同地理环境中，通过人类的作用及对自然条件的协调，形成对玉米生产的最优组合，从而导致玉米文明的出现。

玉米出现在美洲，只在新大陆发现后，玉米才传到非洲。非洲东部高原虽然未出现玉米文明，但玉米传到该地后，却变成了该地人民的主食。

思 考 题

1. 灌溉的水源主要有哪些？
2. 灌溉的取水方式有哪些？
3. 什么是灌溉设计保证率？
4. 什么是抗旱天数？
5. 骨干渠系规划布置的原则是什么？
6. 渠系选择的步骤包括哪些？
7. 灌区田间规划的原则有哪些？

8. 常用的灌溉方式有哪些？

参 考 文 献

[1] 田士豪，陈新元. 水利水电工程概论 [M]. 北京：中国电力出版社，2006.

[2] 朱宪生，冀春楼. 水利概论 [M]. 郑州：黄河水利出版社，2004.

[3] 高安泽，刘俊辉. 著名水利工程分册 [M]. 北京：中国水利水电出版社，2007.

[4] 李宗坤，孙明权，郝红科，等. 水利水电工程概论 [M]. 郑州：黄河水利出版社，2005.

[5] 麦家煊. 水工建筑物 [M] 北京：清华大学出版社，2005.

[6] 林继镛. 水工建筑物 [M]. 4 版. 北京：中国水利水电出版社，2006.

[7] 汪志农. 灌溉排水工程学 [M]. 北京：中国农业出版社，2006.

第九章 节 水 灌 溉

  随着人类对淡水需求的日益增长，水资源紧缺已经成为全球性问题。目前灌溉农业成为全球粮食增长的主要动力，全球农业是水的最大消费行业。我国农业用水浪费极为严重，传统的大水漫灌方式使农业成了用水大户，其用水量占全国总用水量的70%以上，而水的有效利用率只有30%～40%，仅为发达国家的一半左右，每立方米水的粮食生产能力只有0.85kg，远远低于发达国家每立方米水的粮食生产能2kg以上的水平。改变人们千百年来传统的灌溉习惯，用较少的水获得较高的产出效益，推广高效节水灌溉技术是一项重任，也是缓解我国水资源紧缺的途径之一，更是现代农业发展的必然选择。

  节水灌溉是根据作物需水规律及当地供水条件，为了有效地利用降水和灌溉水，获取农业最佳经济效益、社会效益、生态环境效益而采取的多种措施的总称。根据灌溉技术发展的进程，输水方式在土渠的基础上大致经过防渗渠和管道输水两个阶段，输水过程的水利用系数从0.3逐步提高到0.95，灌水方式则在地表漫灌的基础上发展为喷灌、微灌、直至地下滴灌，从水的利用系数0.3逐步提高到0.98。我国节水灌溉的发展与国家经济社会发展水平及宏观经济发展战略密切相关。

  节水灌溉以工程措施为主，包括农业措施和管理措施等构成的综合技术体系。工程节水措施通常指能提高灌溉水利用率的工程性措施，如进行渠道防渗、采用管道输水、平整土地、合理确定沟畦规格等，也可将传统地面灌溉改为喷灌、微灌。农业节水措施是指与节水灌溉工程技术配套应用的、使农作物节水高效优质的农业技术措施，如种植结构优化技术、抗旱节水品种筛选应用技术、耕作保墒技术、覆盖保墒技术、蒸腾蒸发抑制技术、化学制剂保水技术和水肥耦合技术等。管理节水措施通常仅指灌溉管理范畴内的节水措施，如节水高效灌溉制度制定、土壤墒情监测与灌溉预报技术、灌区配水技术、灌区量水技术、灌溉自动控制技术等。

  中国政府高度重视节水灌溉，先后出台了《全国节水灌溉发展"十二五"规划》《大型灌区续建配套和节水改造"十二五"规划》《国家农业节水纲要（2012—2020年）》《全国水资源综合规划》《全国新增1000亿斤粮食生产能力规划（2009—2020年）》《全国抗旱规划》《国民经济和社会发展"十二五"规划纲要》《水利发展规划（2011—2015年）》《全国农业和农村经济发展"十二五"规划》《全国节水灌溉规划》《全国农业可持续发展"十三五"规划》《全国现代灌溉发展规划》等。2015年底国内节水灌溉总面积已达4.6亿亩以上。2011年中央1号文件：把农田水利作为农业基础设施建设的重点，到2020年农田有效灌溉面积达到10亿亩以上，农田灌溉水有效利用系数提高到0.55以上。加快重大水利工程建设。完善小型农田水利设施，加强农村河塘清淤整治、山丘区"五小水利"、田间渠系配套、雨水集蓄利用、牧区节水灌溉饲草料地建设。稳步推进农业水价综合改革，实行农业用水总量控制和定额管理，合理确定农业水价，建立节水奖励和精准补贴机制，提高农业用水效率。"十三五"高效节水灌溉工作的总体发展思路是：一要因地制宜地建设高效节水灌溉工程体系。"十三五"期间新增建设高效节水灌溉工程面积 8000 万亩以上，高效节水新增年节水能力 160 亿 m^3；二要建立"总量控制"的农业用水配置体系，为 2020 年全国农业灌溉用水总量计划提供有效支撑；三要健全高效节水灌溉管理体系。主要发展趋势如下：

（1）以水资源合理配置为前提，以水资源高效利用、促进现代农业发展、保护生态环境为目标，坚持创新、健康、绿色发展的原则，实行重点示范和普及推广相结合，大力推广喷灌、微灌和高标准管道灌溉技术，综合运用工程、技术、经济和管理等措施，提升灌溉用水管理装备水平，推进高效节水灌溉规模化、集约化发展，完善工程良性运行管理机制，促进农业增产增效、农民增收，推进现代农业快速、健康发展。

（2）根据七部委印发《全国农业可持续发展规划（2015—2030 年）》，到 2020 年全国农业灌溉用水量保持在 3720 亿 m^3，农田灌溉水有效利用系数达到 0.55 以上。分区域规模化推进高效节水灌溉，加快农业高效节水体系建设，到 2020 年，农田有效灌溉率达到 55％，节水灌溉率达到 64％，完善灌溉用水计量设施，发展高效节水灌溉面积 2.88 亿亩，全国高效节水灌溉将以 1000 万～2000 万亩的速度发展。

（3）北方地区仍是发展重点，南方地区发展速度会适度加快，局部地区会形成规模化发展格局。如广西、云南以特色经济作物为对象，大力推广微灌技术。东北地区发展规模和速度会有所下降，特别是微灌面积下降幅度较大。西北、华北地区发展面积与"十二五"基本相当，微灌仍是西北发展的主旋律；南方地区发展面积会适度增加。华北地区仍以管道输水灌溉为主，但喷微灌发展比例会大幅度上升，特别是河北省上升幅度较大。

（4）在西北地区改造升级现有滴灌设施，新建一批玉米、林果等喷灌、滴灌设施。在东北地区西部推行滴灌等高效节水灌溉，水稻区推广控制灌溉等节水措施。在黄淮海区重点发展井灌区管道输水灌溉，推广喷灌、微灌、集雨节灌和水肥一体化技术。在南方地区发展管道输水灌溉，加快水稻节水防污型灌区建设。地表水过度开发和地下水超采区治理项目。在地表水源有保障、基础条件较好地区积极发展水肥一体化等高效节水灌溉。在地表水和地下水资源过度开发地区，退减灌溉面积，调整种植结构，减少高耗水作物种植面积，进一步加大节水力度，实施地下水开采井封填、地表水取水口调整处置和用水监测、监控措施。在具备条件的地区，可适度采取地表水替代地下水灌溉。

第一节 节水灌溉工程技术

一、渠道防渗技术

目前，我国渠道总长度约 400 万 km，其中渠道防渗工程 60 万 km，占渠道总长度的 15％，85％的渠道工程没有采取防渗措施。已防渗渠道由于标准偏低、不配套、老化失修、灌溉方式落后和管理不善等原因，渠系水利用系数仅为 0.5～0.6，而美国是 0.78，苏联是 0.6~0.7，日本是 0.61，巴基斯坦是 0.58。

　　据统计，我国每年由灌溉渠道渗漏的水量为 1734.6 亿 m^3，占我国总水量的 33％，占农业总水量的 45％。由于灌溉水的大量浪费，致使农业用水占总用水量的比值增大，如西北内陆区高达 95％，黄土高原区为 87.3％，而一些发达国家仅占 50％左右。陕西省泾惠渠、渭惠渠、洛惠渠三大灌区，每年从各级渠道渗漏损失的水量约 3 亿 m^3，相当于一个大型水库的容量，水资源浪费又十分严重。

　　实践证明，渠道采取防渗措施之后，可减少输水损失 70％~90％。如果按减少 80％计算，每年可节水 1387.7 亿 m^3。按每公顷灌溉用水量 9000m^3 计算，可扩大灌溉面积 154 万 hm^2。由此可见，农业节水潜力很大。做好渠道防渗，提高渠系水利用率，是农业节水的关键环节。然而，由于我国季节性冻土分布约占国土面积的 54％，北方地区一年近 1/4 时间里地表及其附近存在季节性冻融，使渠道防渗工程遭受不同程度的冻胀破坏。如宁夏唐徕渠衬砌渠道，运行两年后冻胀破坏导致渠道坡脚混凝土衬砌板被推开，上部衬砌板塌落下滑。又如吉林省榆树市向阳水库东干渠深挖方段，运行一年后渠基土壤呈泥浆状顺坡下流，并堆积在渠底，严重影响了渠道的正常输水。说明北方灌区冻胀是渠道衬砌破坏的主要原因。

　　（一）渠道防渗的主要作用

　　（1）防止渠道工程冻胀破坏。采用衬砌材料对渠道进行砌护或采用膜料进行渠道防渗，阻止渠水或渠堤上的地表水入渗、隔断水分对冻层的补给，是防止渠基土壤冻胀的根本措施，从而确保了衬砌体或膜料的防渗安全。

　　（2）提高渠系水利用系数。据宝鸡峡灌区总干渠实际观测，防渗前每公里输水损失为 0.425％，混凝土衬砌后，每公里输水损失降为 0.017％，减少损失 96％，使原来 98km 干渠输水损失量由 19m^3/s 降为 0.76m^3/s，每年减少渗漏水量 2.4 亿~2.9 亿 m^3。

　　（3）节约投资和运行费用。据新疆的经验，渠道采用防渗措施后，用节省的水灌溉，每公顷投资约为建库蓄水灌溉的 1/3。美国一些灌溉渠道，其灌溉成本只相当于未防渗渠道的 69％~84％。西班牙防渗渠道比不防渗渠道每年节约养护工日 0.34 个/m^2。

　　（4）防止土壤盐碱化及沼泽化。渠道不采取防渗措施，不仅因渗漏而损失水量，而且抬高地下水位，导致灌区盐碱化、沼泽化。苏联中亚一带及巴基斯坦的旁遮普省府拉合尔市等地，由于渠道未采取防渗措施，渗漏水造成灌区盐碱化。后采用混凝土、装配式钢筋混凝土和沥青混凝土等材料防渗，土地盐碱化问题得到了有效控制和改善。

　　（5）防止渠道冲刷、淤积及坍塌。新疆、甘肃等地区，在戈壁滩上修渠引水，采用卵石砌渠，既防冲、防渗，又缩小了渠道断面，减少了开挖方量，同时省去了陡坡、跌水等水工建筑物。我国北方引黄灌区，水的含沙量较大，渠道比降小，流速小，故土质渠道很容易淤积。采用混凝土等材料衬砌后，渠道糙率降低，流速提高，淤积减少，更有利于引高含沙水进行灌溉。

　　（6）对工业和生活排污渠道，采取防渗措施，可防止污水渗漏污染环境，从而有效地保护了水资源可持续开发利用。

　　（二）渠道防渗工程技术

　　渠道的防渗工程技术就是减少或杜绝由渠道渗入渠床而流失水量的各种工程技术和方

法。常见的防渗技术措施包括土料防渗、水泥土防渗、砌石防渗、膜料防渗、混凝土防渗、沥青混凝土防渗和暗渠防渗。我国《渠道防渗工程技术规范》（SL 18—2004）规定了上述各种渠道防渗技术措施的技术特性、防渗效果、运用条件等，设计时可参考选用适合的防渗技术。

1. 土料防渗

（1）土料防渗的特点。土料防渗是我国沿用已久的实践经验丰富的防渗措施，是指以黏性土、黏砂混合土、灰土、三合土和四合土等为材料的防渗措施。由于黏性土料源丰富，可就地取材，并且涂料防渗技术简单造价低，还可以充分利用现有的碾压机械设备，因而在我国尤其是资金缺乏的中小型渠道上应用较多。

（2）土料防渗对原材料的要求。用于土料防渗的土料一般选用高、中、低液限的黏质土和黄土。高液限土包括黏土和重黏土；中液限土包括砂壤土、轻、中、重粉质黏土、轻壤土和中壤土。在采用时必须清楚含有机质多的表层土和草皮、树根等杂物；用于土料防渗的石灰要选用煅烧适度、色白质纯的新鲜的石灰或贝灰，其质量应符合Ⅱ级生石灰的标准，石灰中氧化钙和氧化镁的总含量不应小于 75%（按干重计）。所选用的石灰要妥为对方，最好随到随用，在职工的全过程中，包括水化、拌和、闷料、铺料和夯压过程，虽好不要超过半个月。砂在灰土中主要起骨架作用，可以降低灰土的孔隙率，减少灰土的干缩，提高灰土的强度，所用砂宜选用天然级配的粗中粒的河砂或山砂，但要控制其含泥量，河砂及人工砂的含泥量应补大于 3%，山砂的含泥量应不大于 15%，极细砂则不宜选用。卵石会碎石在三合土、四合土或黏砂混合土中起骨架作用，减少土的干缩，增强其抗压及防冻的能力，粒径以 10～20mm 为宜。对于施工期短、用水紧迫、渠道要提前通水的土料防渗工程，在土料中还可以掺加一定量的水泥，工业废渣等掺合料以提高灰土的早期强度和在水中的稳定性能。

2. 水泥土防渗

（1）水泥土防渗的特点。水泥土为涂料、水泥和水拌和而成的材料，主要靠水泥与土料的胶结与硬化，强度类似混凝土。根据施工方法的不同，水泥土分为干硬性和塑性的两种。水泥土料源丰富可以就地取材、投资少、造价较低，还可以利用现有的拌和机、碾压机等施工设备施工。水泥土防渗较土料防渗效果要好，一般可以减少渗漏量的 80%～90%，每天每平方米的渗漏量为 0.06～0.17m^3。水泥土防渗的主要缺点是水泥土早期的强度及抗冻性较差，因而适宜用于气候温和的无冻害地区。

（2）水泥土防渗对原材料的质量要求。用于水泥防渗的土料应为级配良好，黏粒含量宜为 8%～10%，砂、砾含量宜为 50%～80%，当黏粒含量少于 5% 时，应掺入黏土，当砂、砾少于 50% 时，应掺入砂、砾料。岩石风化料的最大粒径不得超过 50mm 和衬砌厚度的一半，且不含直径大于 5mm 的土团。土料中有机质含量不超过 2%，水溶盐总含量不大于 2.5%（以重量计），pH 值宜为 4～10，且其中不得含有树根、杂草、淤泥等杂物。用于水泥土防渗的水泥可选用一般水工混凝土使用的水泥，常用等级为 325、425，有抗冻和抗冲刷要求的渠道宜使用硅酸盐或普通硅酸盐水泥。

3. 砌石防渗

（1）砌石防渗是我国采用最早、应用较广泛的渠道防渗措施，按材料和砌筑方法，有干砌卵石、干砌块石、浆砌料石、浆砌块石、浆砌石板等多种，按结构型式有护面式、挡土墙式两种。

砌石防渗抗冲流速大、耐磨能力强、防冻抗冻能力强、具有较强的稳定渠道的作用，因而在提高水资源利用率、稳定渠道和保证输水安全、防冻防冲等方面均发挥了很大的作用，取得了明显的经济效益和社会效益。但是由于砌石防渗不容易采用机械化施工，施工质量较难控制，而且砌石防渗一般厚度大，方量多，用工较多，故其造价不一定低于混凝土等材料的防渗，是否采用应以防渗效果好、耐久性强和造价低廉为原则，通过技术经济论证后确定。

（2）砌石防渗常用卵石一般粒径大于 20cm，以矩形最好，椭圆形、锥形次之，扁平形最次，球形的卵石由于运输不便、不易砌紧、易受水流冲动，故不宜选用。所选石料应坚硬、五裂纹、洁净、外形方正、六面平整，表面凹凸不大于 10mm，厚度不小于 20mm。如为块石，上下面应大致平整、无尖角薄边、块重不小于 20kg，厚度不小于 20cm。如为石板，应选矩形的，要求表面平整且厚度不小于 3cm。对水泥的要求与水泥土防渗对水泥的要求相同，对石灰和砂料的要求与土料防渗对石灰和砂料的要求相同。

4. 膜料防渗

膜料防渗就是用不透水的土工膜来减少或防止渠道渗漏损失的一种技术措施。土工膜式一种薄型、连续、柔软的防渗材料，其具有防渗性能好、适应变形能力强、耐腐蚀性强、施工简便、工期短、造价低等优点。时间表明，膜料防渗一般可减少渗漏损失 90%～95%，不尽适用于各种不同形状的渠道而且适用于可能发生沉陷和位移的渠道，每平方米膜料防渗的造价为混凝土防渗的 1/10～1/5，为砂浆卵石防渗的 1/10～1/4。

5. 混凝土防渗

混凝土防渗是目前广泛采用的一种渠道防渗技术措施，用混凝土衬砌渠道，防止或减少渗漏损失，其具有防渗效果好、耐久性好、糙率小允许流速大、强度高、便于管理、适应性广泛的特点。混凝土防渗能减少渗漏损失的 90%～95% 以上，在正常情况下能运用 50 年以上。

6. 沥青混凝土防渗

（1）沥青混凝土防渗的特点。沥青混凝土防渗是以沥青为胶结剂，与矿粉、矿物骨料经过加热、拌和、压实而成的防渗材料，具有防渗效果好、适应变形能力强、抗老化、造价低、容易修补等优点。沥青混凝土具有适当的柔性和黏附性，能适应较大的变形，发生裂缝有自愈能力，具有适应渠基土冻胀而不裂缝的能力，防冻害能力强。

（2）沥青混凝土防渗对原材料的质量要求。渠道防渗沥青混凝土所用沥青取决于气候条件及料源等，同时要考虑沥青混凝土在高温下的热稳定性和在低温下的塑性等因素，一般选用 60 甲或 100 甲道路石油沥青，其质量应满足我国规定的石油沥青的技术标准。矿物骨料为石料或砂料，石料应选用碱性石料，如石灰岩、白云岩石料等，应尽量选用碎石，其新鲜而粗糙的表面有助于提高沥青混凝土的强度。砂料可选用河砂、山砂、海砂或人工砂，砂料应纯净、颗粒坚硬，其含泥量不得大于 2%～5%，用硫酸钠法干湿循环 5 次后的重量损失应小于 15%。

（三）渠道防渗设计

1. 防渗渠道断面型式

防渗渠道断面有梯形、矩形、复合形、弧形底梯形、弧形坡角梯形、U形、城门洞形、箱形、正反拱形和圆形等多种型式，如图9-1所示。

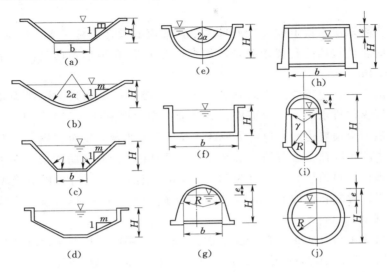

图9-1　防渗渠道断面型式示意图

（a）梯形；（b）弧形底梯形；（c）弧形坡角梯形；（d）复合形；（e）U形；
（f）矩形；（g）城门洞形；（h）箱型；（i）正反拱形；（j）圆形

不同的断面型式各有特色，梯形断面施工简便，边坡稳定，在地形地质无特殊问题的地区可普通选用。在北方有冻胀变形地区可以选用能够减轻冻胀变形不均匀性的断面型式，如弧形底梯形、弧形坡角梯形、U形等断面型式。暗渠则具有占地少、在城镇区安全性能高、水流不易污染等优点，在冻土地区还可以避免冻胀破坏。

2. 边坡系数

防渗渠道边坡系数选用得恰当与否，直接关系到防渗渠道的稳定性和安全性，需要谨慎设计认真选择。影响边坡系数大小的影响很多，如防渗材料的种类、渠道的等级、基础的情况等。防渗渠道最小边坡系数的确定可以通过边坡稳定分析计算求得，还可以通过查阅相关规范文献中的经验数值确定。

3. 糙率

渠道糙率的大小主要取决于所选用的防渗材料和施工质量的好坏，如素土防渗渠道的糙率大于0.02，而混凝土防渗渠道的糙率在0.015～0.016，不平整的喷浆面糙率为0.017～0.018。规划设计时，可根据所选用的防渗技术措施的种类和防渗渠道的表面特征查阅相关文献选用适宜的糙率值。

4. 不冲不淤流速

防渗渠道的允许不冲流速主要决定于防渗材料和施工条件，设计时可参考有关文献中我国防渗工程实践总结的经验数值确定，防渗渠道的允许不淤流速则根据水源的含泥沙量利用经验公式计算确定。

5. 渠堤设计

渠堤超高的设计，除埋铺式膜料防渗层可以不设超高外，其余措施防渗层的超高设置依据《灌溉排水渠系设计规范》（SDJ 217—84）中的规定主要根据渠道的设计流量选用。

渠堤宽度主要取决于渠道的设计流量大小，渠道的设计流量越大，渠堤宽度也越大。堤顶兼做公路时，应按照道理要求确定，如渠道为 U 形和矩形断面时，公路边缘宜距渠口边缘 0.5～1.0m。

为了排水的需要，堤顶应做成向外倾斜 1/100～2/100 的斜坡，堤岸为高边坡时，还应在其坡角设置纵向排水沟，一保证堤顶和坡面的雨水顺利排出堤外，不冲坏防渗渠道。如渠道通过城镇、交通要道或人口密集地区，堤顶还应当设置安全栏栅，以策安全。

同时，为了防止堤顶、渠坡的雨水流入防渗层的底部而破坏防渗层，在边坡防渗层的顶部应设置封顶板，封顶板的宽度宜为 15～30cm，当防渗层下有砂砾石换填层时，封顶板的宽度应大于二者之和再加上 10cm，当防渗层高度小于渠深时，应将封顶板嵌入渠堤。

6. 伸缩缝设计

为适应气温变化和地基变形而引起的防渗层或保护层的变形要求，刚性材料防渗层和膜料防渗的刚性材料保护层应设置伸缩缝，但浆砌石较多的砌体较厚，气温变化引起的变形较小，并且浆砌石较多的砌筑缝隙可以消除一部分外界因素引起的变形，可以不设置伸缩缝，但为了适应软弱基础引起的较大变形应设置沉降缝。伸缩缝的间距 2～8m 不等，依据防渗材料和施工情况的不同而不同。常用的填缝材料有沥青油毡、沥青砂浆、焦油塑料胶泥和聚氯乙烯胶泥，也有使用锯末水泥、木条等材料的。根据渠道规划、对防渗效果的要求、渠基有无冻胀形、湿陷性和施工条件等因素选择伸缩缝的型式，常用的型式有矩形缝、梯形缝、矩形半缝、梯形半缝合塑料止水带，如图 9-2 所示。

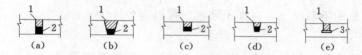

图 9-2 刚性材料防渗层伸缩缝型式示意图
（a）矩形缝；（b）梯形缝；（c）矩形半缝；（d）梯形半缝；（e）塑料止水带
1—沥青砂浆；2—焦油塑料胶泥；3—塑料止水带

7. 砌筑缝设计

水泥土、混凝土、沥青混凝土预制板防渗和浆砌石防渗均有砌筑缝。一般水泥土、混凝土和浆砌石应采用水泥砂浆砌筑或采用水泥混合砂浆的强度等级应砌筑砂浆的强度等级适当提高。沥青混凝土预制板应采用沥青砂浆、沥青玛帝脂、焦油塑料胶泥或细粒沥青混凝土砌筑。砌筑缝的宽度：刚性材料矩形缝为 1.5～2.5cm；梯形缝为上口 2～5cm，下口 1.5～2cm；沥青混凝土矩形缝为 5cm，梯形缝上口 7cm，下口 2cm。

（四）防渗材料的应用效果

各种防渗材料的性能及防渗效果，见表 9-1。

表 9 - 1　　　　　　　　　　　　各种防渗材料的性能及防渗效果

防渗材料	各种防渗材料类别	允许不冲流速 /(m/s)	防渗效果 /[m³/(m² · d)]	使用年限 /年
土料	素土、黏性混合土 三合土、四合土、灰土	0.30～1.00 <1.00	0.07～0.17	5～10
水泥土	现场浇筑 预制铺砌	<2.50 <2.50	0.06～0.17	8～30
石料	浆砌石 干砌卵石挂淤	2.5～6.0 2.5～4.0	0.09～0.25 0.20～0.40	25～40 20～30
沥青混凝土	现场浇筑 预制铺砌	<3.00 <2.00	0.04～0.14	30～50
混凝土	现场浇筑 预制铺砌	3.0～3.5 <2.5	0.06～0.017	20～30
膜料	土料保护层＋ 刚性保护层	0.45～0.90	0.04～0.08	20～30

摘自：何武全我国渠道防渗工程技术的发展现状与研究方向 [J]. 防渗技术，2002，01：31 - 33，46.

二、低压管道输水技术

（一）技术原理

低压管道输水技术，是指以管道代替明渠的一种输水技术措施，通过一定的压力，将灌溉水由分水设施输送到田间。

低压管道输水系统由水源与取水工程设施、输水配水管网设施组成。

水源的水质应符合农田灌溉用水标准，不应含有过多的杂草、泥沙等杂物。机井的取水除选择适宜机泵外，还应安装压力表及水表。大中型提水灌区还应设置进水闸、分水闸、拦污栅、沉淀池及量水建筑物。

输配水管网包括各级管道、分水设施、保护装置和其他附属设施。在面积较大的灌区，管网可由干管、分干管、支管、分支管等多级管道组成。

1. 低压管道输水系统的类型

低压管道输水系统按输配水方式可分为水泵提水输水系统和自压输水系统，水泵提水又可分为水泵直送式和蓄水池式；按管网形式可分为树状网、环状网；管网系统按固定方式可分为移动式、管渠结合式、半固定式；按结构形式可分为开敞式、封闭式和半封闭式系统。

2. 低压管道输水用管材和附属设施

管材和附属设施时低压管道输水灌溉系统的重要组成部分，其投资约占工程总投资的70％～80％，选择合适的管材和附属设施，不仅可以节省工程造价，也是提高工程质量，使之长久发挥效益的保障。

目前管道输水工程中所用管材，主要有塑料管、混凝土管、玻璃钢管、铸铁管等。不同管材的性能不同，生产中应根据实际情况科学选用，以达到经济耐用的目的。

附属设施时指和管道配合使用的一些设施，包括放水装置、保护装置和量水设备等。

放水装置应结构简单、坚固耐用；密封性能好，关闭时不渗水、不漏水；使用方便，易于装卸，成本低。安全保护装置包括调压管、进气阀和排气阀。井灌区常用的量水设备为水表，水表的量水精度高，牢固耐用，便于维修。

.（二）技术应用效果

低压管道输水具有成本低、节水明显、管理方便等特点，是世界上应用较为普遍的节水灌溉技术之一，已成为许多发达国家进行灌区技术改造的一个方向性技术措施。20 世纪 50 年代以来，低压管道输水技术在国外就已得到广泛的应用；70 年代以来，塑料管道的广泛应用加速了低压管道输水技术的发展；80 年代以后，随着材料科学的发展和生产工艺的改进，普遍开始使用高分子材料的管材，如硬聚氯乙烯管（最大口径可达800mm）、聚乙烯管（最大口径可达 3000mm）和玻璃钢复合管网输配水调控技术也已基本成熟。

1. 北方井灌区应用效果

北方井灌区，通过推广应用低压管道输水技术，总结出 9 项优点：①可提高水的有效利用率；②节能；③省工；④减少土渠占地；⑤灌水及时、增产增收；⑥便于交通和机耕；⑦维修管理方便，寿命长；⑧在丘陵区应用，避免土渠弯曲线长和被泥沙淤塞渠道；⑨调整作物种植结构，提高产值和效益。

2. 南方灌区应用效果

经济评价表明，丘陵自流灌区，还是山区自流（包括水库自流）灌区，管道输水技术都取得了显著的经济效益。

（1）节地。根据南方各地的工程实践，应用低压管道输水灌溉技术可节地2.19％，丘陵区 2％，山区 1.5％。

（2）节水。在南方地区推广应用低压管道输水灌溉技术节水量大于北方灌区，据调查分析，亩均节水 229.27m³（加权平均），其中平原 245.70m³，丘陵井灌区 196.67m³，山区 245.50m³。虽然总体上南方水资源相对丰富，但在多数丘陵山区和山区缺水却十分严重，因此，南方低压管道输水灌溉技术节水扩大灌溉面积效益主要反映在丘陵山区和山区。

（3）增产。由于实施管理化输水技术后，灌水及时，增产、增收十分明显，据大量数据统计分析，平原区增产 35kg/亩，丘陵区增产 42kg/亩，山区增产 6kg/亩，井灌区增产30kg/亩，加权平均增产 38.67kg/亩。南方 710 万亩管道输水工程每年可增产 2.7 亿 kg。

三、各种灌溉方法的特点及其适用条件

良好的灌水方法不仅可以保证灌水均匀，而且可以节省用水，有利于保持土壤结构和肥力。不正确的灌水方法或灌水量过大而形成深层渗漏，造成用水的浪费，引起地下水位上升，招致土壤恶化；或灌水量不足，土壤湿润不均匀，影响作物的正常生长。因此，正确地选择灌水方法是进行合理灌溉、保证作物丰产的重要环节。

灌水方法一般按照水输送到田间的方式和湿润土壤的方式大致分为地面灌溉和局部灌溉两大类。

1. 地面灌溉

地面灌溉是水从地表面进入田间并借重力和毛细管作用浸润土壤，所以也称为重力灌水法。这种方法是目前应用最广泛、最主要的一种方法。

按其湿润土壤的方式不同又可分为畦灌、沟灌、淹灌、漫灌和喷灌等。

（1）畦灌。是用田埂将灌溉土地分隔成一系列小畦。灌水时，将水引入畦田后，在畦田上形成很薄的水层，沿畦长方向流动，在流动过程中主要借助重力作用逐渐湿润土壤。

（2）沟灌。是在作物行间开挖灌水沟，水从输水沟进入灌水沟后，在流动的过程中主要借毛细管作用湿润土壤。和畦灌比较，其明显的优点是不会破坏作物根部附近的土壤结构，不导致田面板结，能减少土壤蒸发损失，适用于宽行距的中耕作物。

（3）淹灌（又称格田灌溉）。是用田埂将灌溉土地划分成许多格田，灌水时，使格田内保持一定深度的水层，借重力作用湿润土壤，主要适用于水稻。

（4）漫灌。是在田间不做任何沟埂，灌水时任其在地面漫流，借重力渗入土壤，是一种比较粗放的灌水方法。灌水均匀性差，水量浪费较大。

（5）喷灌。是利用专门设备将有压水送到灌溉地段，并喷射到空中散成细小的水滴，像天然降雨一样进行灌溉。其突出优点是对地形的适应性强，机械化程度高，灌水均匀，灌溉水利用系数高，尤其是适应于透水性强的土壤，并可调节空气湿度和温度。但基本建设投资较高，而且受风的影响大。

2. 局部灌溉

（1）渗灌。是利用修筑在地下的专门设施（地下管道系统）将灌溉水引入田间耕作层借毛细管作用自下而上湿润土壤，所以又称为地下灌溉。其优点是灌水质量好，蒸发损失少，少占耕地，便于机耕，但地表湿润差，地下管道造价高，容易淤塞，检修困难。

（2）滴灌。是由地下灌溉发展而来的，是利用一套低压塑料管道系统将水直接输送到每棵作物根部，水由每个滴头直接滴在根部上的地表，然后渗到并浸润作物根系最发达的区域，是一种局部灌水法。其突出优点是非常省水，自动化程度高，可以使土壤湿度始终保持在最优状态。但需要大量塑料管，投资较高。

（3）微压喷灌。是用很小的喷头（微喷头）将水喷洒在土壤的表面，微喷头的工作压力与滴头差不多，但是它是在空中消散水流的能量。由于同时湿润的面积较大，因此流量也可大一些，出流速度比灌头大得多，所以堵塞的可能性减少。适用于果树、蔬菜、花卉的灌溉。

（4）覆膜灌溉。是在地膜栽培的基础上，不再另外追加投资，而利用地膜防渗并输送灌溉水量，同时又通过放苗、专门灌水孔或地膜的窄缝等向土壤内渗水，以适时、适量地供给作物所需要的水量，从而达到节水灌溉的目的。

四、常用的灌溉方法：

（一）畦灌

我国北方小麦、谷子等窄行距密播作物以及牧草和某些蔬菜，均广泛采用畦灌。

实施畦灌时，要注意提高灌水技术，即要合理地选定畦田规格和控制入畦流量、放水时间。畦田的规格和入畦流量与地面坡度、土地平整情况、土壤透水性能、农业机具等有关。一般自流灌区畦长 30～100m；畦宽应按照当地农业机具宽度的整数倍确定，一般为 2～4m，每亩 5～10 个畦田。入畦单宽流量一般控制在 3～6L/(s·m)，以使水量分布均匀和不冲刷土壤为原则。畦田的布置应根据地形条件变化，保证畦田沿长边方向有一定的坡度。一般适宜的畦田田面坡度为 0.001～0.003 之间。如地面坡度较大,土壤透水性较弱,畦田可适当加长,入畦流量适当减小;如地面坡度较小,土壤透水性较强,则要适当缩短畦长,加大入畦流量,才能使灌水均匀,并防止深层渗漏。灌水技术要素之间的正确关系应根据总结实践经验或分析田间试验资料来确定。

(二)喷灌

喷灌是将灌溉水通过喷灌系统(或喷灌机具),形成具有一定压力的水,由喷头喷射到空中,形成水滴状态,洒落在土壤表面,为作物生长提供必要的水分。喷灌比地面灌可提高产量 15%～25%;灌水均匀度一般可达到 80%～85%,水的有效利用率为 80% 以上,用水量比地面灌溉节省 36%～50%;喷灌可用于各种类型的土壤和作物,受地形条件的限制小;可以提高工效 20～30 倍;可提高耕地利用率 7%～15%。但喷灌受风的影响大,3～4 级以上风力时应停止喷灌。喷灌的蒸发损失相对较大。喷灌系统由水源工程、首部装置、输配水管道系统和喷头等组成。喷灌系统形式有管道式喷灌系统和机组式喷灌系统两种。

1. 水源

和一般地面灌溉系统一样,要搞喷灌首先要有水源。在灌溉季节能保证供给所需数量和质量的水,不管是河流、渠道、塘库、井泉都可以,但是,含沙量大的水源不适用于喷灌。

2. 水泵

喷灌和地面灌溉不同的是,要把水喷洒成细小的水滴,这就要求水流具有一定的压力(10～20m 的水头),这在多数情况下都要用水泵来加压。最常用的是离心泵。

3. 动力

带动水泵的动力可以根据当地条件采用柴油机、拖拉机、电动机和汽油机等,功率的大小根据水泵配套的要求而定。

4. 管道系统

其作用是把经过水泵加压以后的灌溉水送到田间,因此要求能承受一定的压力,通过一定的流量。管道系统常分成干管和支管两级。为了避免作物的茎叶阻挡喷头的水舌,常在支管上装有竖管,在竖管上再装喷头,使喷头高出地面一定距离。为了连接和控制管道系统,还要配置一定的弯头、三通、阀门等配套用件。

5. 喷头

是喷灌的专用设备,是喷灌系统的重要部件。喷头的作用是把水泵加压以后的集中水流分散成细小的水滴并均匀地散布在田间。

(三)微灌

微灌是利用微灌设备组装成微灌系统,将有压水输送分配到田间,通过灌水以微小的流量湿润作物根部附近土壤的一种局部灌水技术。微灌系统由水源、首部枢纽、输配水管网、灌水器以及流量、压力控制部件和量测仪表等组成。微灌可以非常方便地将水施灌到每一株植物附近的土壤,经常维持较低的水压力满足作物生长需要。微灌省水、省工、节能,灌水器的工作压力一般为 50～150kPa;灌水均匀度高,可达 80%～90%;对土壤和地形的适应性强。但微灌系统投资一般要远高于地面灌;灌水器出口很小,易堵塞,对过滤系统要求高。

微灌系统形式有滴灌、微喷灌、小管出流灌和渗灌等。

1. 滴灌

滴灌是利用安装在末级管道上的滴头，或与毛管制成一体的滴灌带将压力水以水滴状湿润土壤，主要借重力作用使水渗入植物根系区并使土壤经常保持最优含水状态的一种先进灌水技术。滴灌灌水器的流量为 $2\sim12L/h$。

滴灌系统由首部枢纽、管道系统和滴头三部分组成。滴灌系统的各个组成部分及其作用简介如下：

（1）水泵。水泵是从水源抽水加压的设备。滴灌系统一般要求在 $100\sim500kPa$ 压力下工作，所以可采用小功率离心泵。若使用城市自来水时，需装上压力表和流量调节器等。

（2）过滤器。主要用于滤去灌溉水中的悬浮物，是保证整个系统不被堵塞、能够进行正常工作的关键设备。

（3）肥料罐。容积为 $25\sim100L$，化肥在其中溶解后，经肥料罐出水罐上部的节流阀，均匀地注入主管道内的灌溉水中。

（4）输水管道。一般为聚乙烯或聚氯乙烯管，管径为 $25\sim100mm$。塑料管因温度变化会产生伸缩，因此安装时应有伸缩节头。同时还需在支管进水端安装阀门或流量调节器。

（5）毛管。灌溉水是由毛管经过许多滴头或细孔流入植物根部附近内的土壤中。使用时，一般置于地表，也有埋入作物根系最密的土层中。

（6）滴头。滴头是滴灌系统中的重要设备，需要的数量最多，滴头好坏直接影响灌水质量。因此，要求滴头能供给均匀和恒定的流量，调节流量简便，易于安装和拆卸，当有堵塞时，能拆开清洗。滴头原料要求能抗老化、价格低且耐用等，目前大多采用聚氯乙烯或聚乙烯等材料制造。

2. 微喷灌

微喷灌是利用直接安装在毛管上，或与毛管连接的微喷头将压力水以喷洒状湿润土壤。微喷头有固定式和旋转式两种。前者喷射范围小，水滴小；后者喷射范围较大，水滴也大些，故安装的间距也大。微喷头的流量通常为 $20\sim250L/h$。

3. 小管出流灌

小管出流灌溉是利用 $4mm$ 的小塑料管与毛管连接作为灌水器，以细流（射流）状局部湿润作物附近土壤。对于高大果树通常围绕树干修一渗水小沟，以分散水流，均匀湿润果树周围土壤，小管灌水器的流量为 $80\sim250L/h$。

4. 渗灌

渗灌是利用一种特别的渗水毛管埋入地表以下 $30\sim40cm$，压力水通过渗水毛管管壁的毛细孔以渗流的形式湿润其周围土壤。由于它减小土壤表面蒸发，是用水量最省的一种微灌技术。渗灌毛管的单宽流量为 $2\sim3L/(h\cdot m)$。

（四）小畦灌水技术、间歇灌水技术、膜上灌水技术

这三种灌溉技术目前在我国比较先进，正逐步得到推广。

1. 小畦灌水技术

小畦灌水技术是我国北方井灌区行之有效的一种节水灌溉技术，河北、山东、河南等省的一些园田化标准较高的地方，正在逐步推广应用。其优点是灌水流程短，减少了沿畦长产生的深层渗漏，因此能节约灌水量，提高灌水均匀度和灌水效率。缺点是灌水单元缩小，整畦时费工。小畦灌溉是相对过去长畦、大畦而言的，将灌溉土地单元划小，但畦子的大小也不是越小越好，而是根据一些技术指标来确定畦田的长度。一般情况下，如果地面坡度较大，土壤透水性较弱，则畦田可适当加长，入畦流量适当减小；如果地面坡度较小，土壤透水性较强，则要适当缩短畦长，加大入畦流量，这样才能使灌水均匀，防止深层渗漏。

小畦灌溉田间操作要点是：首先要平整土地，合理划分畦田。对平原地区，可大面积地进行平整，山区或地势变化较大的地方可分隔成几片进行平整。土地平整是小畦灌溉的关键，根据理论和实践经验划分畦田。其次灌水时往往采用及时封口的办法，即当水流到离畦尾还有一定距离时，就封闭入水口使畦内剩余的水流向前继续流动，至畦尾时则全部渗入土壤，可以采用七成封口、八成封口、九成封口或灌流封口等。

2. 间歇灌水技术

间歇灌水技术是 20 世纪 80 年代以来研究出的一种新的地面灌溉技术，它突破了传统的地面灌溉模式，具有灌水速度快、节约水量和灌水均匀度高等优点，其间歇灌溉的原理是：传统的地面灌溉方式是连续地向沟（畦）田输入一个大致不变的流量，直到灌完一个沟（畦）为止。在水流推进过程中，入渗水流量尽管沿沟（畦）长逐渐减少，但仍是连续的，所以又称为连续灌溉。而间歇灌溉则是以一定的或变化的周期循环间断地向沟（畦）田灌水，即交替地向几个沟（畦）田供水。间歇灌溉开始时，当水流入沟（畦）一定距离时停止供水（即将水改口入另一沟畦），待田面水层消退后，再开始供水。第二次供水推进长度为第一次供水的湿润长度加上新推进的一段长度，而后再停止供水，等到再次消退后再供水，不断重复这种循环直到灌完全部沟（畦）田为止。

3. 膜上灌水技术

膜上灌的基本形式有以下几种：

（1）开沟扶埂膜上灌。在膜上灌铺膜装置未研制成功前，利用原有的铺膜机平铺地膜，灌水前在两膜之间用开沟器开沟，在膜侧形成小的土埂，膜床高于两边沟底。因为膜床高、埂子小、水易下沟，所以推广中采用较少。

（2）打埂膜上灌。它是第 1 种形式的改进形式。有两种形式：①有漫灌带的打埂膜上灌，即做 1～2m 宽的小畦，将宽 90cm 塑膜铺于其中，一膜 3 行种植，膜两侧有 10cm 左右的漫灌带。这种形式的膜上灌，畦长一般为 30～50m，入畦流量 5L/s，节水 20% 以上；②无漫灌带的打埂膜上灌，即做宽为 95cm 左右的小畦，把宽为 70cm 地膜铺于其中，一膜 2 行种植，膜两侧为土埂。这种膜上灌，畦长 80～120m 节水 30%～50%。

（3）沟内膜孔灌。沟内膜孔灌是将土壤整成沟垄相间的波浪形田面，地膜铺于沟底和两坡，作物种在两侧坡边上，利用放膜孔为作物供水，节水 30% 以上。缺点是垄背杂草丛生，放苗孔以下水量无效蒸发。

（4）膜孔膜缝灌。它是第 3 种形式的改进形式，即把膜铺在垄背上，相邻两膜在沟底形成 2~3cm 宽的一条缝。通过放苗孔和窄缝给作物供水，克服了沟内膜孔灌的缺点。

膜上灌水要素除了土壤种类和地形坡降外，对一定地块来说，灌水强度、入膜流量、膜上流速、膜畦规格、灌水定额、灌水规格、灌水持续时间、畦首尾进水时差等也是膜上灌的技术要素。

第二节 节水灌溉配套农业技术

本节主要介绍种植结构优化技术、抗旱节水品种筛选应用技术、耕作保墒技术、覆盖保墒技术、蒸腾蒸发抑制技术、化学制剂保水技术和水肥耦合技术等。

一、种植结构优化技术

种植结构优化技术是依据当地的水、土、光、热资源特征以及不同作物需水特性和耗水规律，以高效、节水为原则，以水定植，合理安排作物的种植结构及灌溉规模，限制和压缩高耗水、低产出作物的种植面积，从而建立与当地自然条件相适应的节水高效型作物种植结构，以缓解用水矛盾，提高降水和灌溉水的利用效率。该技术可在较大范围内产生节水效果。

（一）技术原理

不同作物对水分亏缺的反应不同，这集中表现在抗旱节水特性和水分利用效率的差异。作物抗旱性是在缺水条件下作物能获得足够产量的能力。作物的节水性是指作物以较低的水分消耗，维持正常生长发育并获得一定经济产量的特性。水分利用效率是指单位耗水量生产的生物量、经济产量以及经济价值。许多研究结果表明，在相同干旱条件下，不同作物种间的水分利用效率存在很大差异，通常可达到 2~5 倍。由于不同作物种间的抗旱节水特性与水分利用效率差异以及雨水资源的时空分布不均，这就为作物选择与合理布局而建立节水型种植结构提供了理论依据。

（二）技术要点

1. 选择需水与降水耦合性好、耐旱、水分利用率高的作物品种

适当扩大水分利用效率较高的作物（如甘薯、春玉米、马铃薯等）种植面积，压缩水分利用较低的作物（如春小麦、亚麻等）种植面积，以充分利用当地水资源。在华北平原两熟制地区的深井灌区，压缩高耗水冬小麦、夏玉米等作物，增加传统的耐旱节水优质高效的作物种植，如春播或者夏播的谷子、高粱等小杂粮、豆类以及优质饲草、甘薯、特种玉米和其他特色作物。在北方灌溉水源保证率不高的地区，严格控制稻田的规模，对稻田面积的扩大要进行认真的水资源供需平衡论证。1 亩稻田的灌溉用水可以满足 3 亩充分灌溉的旱作用水，稻田只能在局部低洼易涝地上发展。对于土壤还没有彻底脱盐的盐渍化地区，每年需要大量淡水用于压碱、洗盐，平衡土壤盐分，更需要加大水稻改旱作的力度，推动稻田改制。在南方丘陵地区压缩一些灌溉保证率不高，冬春严重缺水的岗丘稻田，即俗称的"望天田"、"雷响田"，加强地面径流拦蓄，充分利用相对丰富的天然降水实行退水改旱，或水旱轮作，种植耗水较少但经济效益较高的旱地作物，如棉花、麻类、烟草、瓜菜、药材，果树或其他经济作物、经济林木。

2. 调整作物熟制，使之与水分条件相适应

根据我国夏秋季节降水较多、光热充足的特点，适当扩大夏秋作物的种植比例，以充分利用水热资源。如南方三熟制双季稻区，淘汰劣质低效的双季早稻，增加一季旱作；在热量条件两熟有余，三熟略感不足的长江中下游地区，改部分双季稻三熟制为单季稻两熟制，扩大一季中稻或一季晚稻的种植，保证冬种的充分生长，即常说的"三三得九不如二五得一十"；减少早春整地播种，缓解夏季双抢期间灌溉高峰期的用水压力；北方西部干旱条件下的一熟制冬小麦或春小麦地区，由于小麦对水分要求的条件较高，可以改种部分耐旱节水的小杂粮、豆类、饲草，或建立节水高效的轮作制；在黄淮豫东平原，春夏播作物需水和降水的耦合关系较好，生长期降雨量占年降雨量的60％以上，尤以棉花最高，达82％，其次是春播花生、红薯和高粱等。

3. 调整作物播期

调整作物播期，使作物生育期耗水与降水相耦合，可以提高作物对降水的有效利用。对于灌区，要根据来水的季节变化特点，合理安排作物种植比例，缓解用水矛盾。

4. 优化协调粮、经、饲三者比例

在满足粮食生产基本需求的情况下，调整农业结构，压缩粮食种植面积并提高其品质，增加饲料作物、经济作物、林果、名优特产作物的种植比例。把目前以粮食作物为主兼顾经济作物的二元结构，逐步发展为"粮、经、饲"的三元结构。

5. 发展立体、轮作种植

我国各地因所在的纬度、海拔高度不同，气候条件有很大差异，应根据当地的自然条件、土壤条件和作物的生物学特性，采用不同的种植方式，合理搭配种植。一般无霜期较长、热量充足的地区，应积极发展间、套、复种等种植方式；无霜期较短、热量资源较差的地区，应采用以间作为主要形式的种植方式，或实行高秆作物与矮秆作物、深根作物与浅根作物的混作等，以充分利用有限的水、肥、光、热资源。

二、抗旱节水品种筛选应用技术

所谓抗旱节水品种是指抗旱性强、水分利用效率高、综合性状优良的作物品种。培育或引进适合当地条件的节水高产型品种是降低作物耗水量、提高水分利用效率的一项重要措施。

（一）技术原理

同一作物不同品种之间在抗旱性和水分利用效率方面差异很大，这种差异除了环境条件的影响外，更主要的是植物本身遗传基础的差异。充分挖掘并利用作物的抗旱、节水、增产潜力，改良作物的抗旱性，对发展节水农业具有重要意义。

（二）技术要点

1. 严格遵照用种程序

试验、示范、推广是一套不可逆的缺一不可的品种筛选应用程序。首先要进行严格的、规范的试验。试验中，对品种的特征、特性、抗逆性、产量性状和产量、品质性状和品质、生态适应性、利用价值和前景等方面进行全面考查。严格遵守种子法，在试验成功的基础上开展一定规模和范围的示范。通过特定程序，经专门机构审定或认定，合法地逐步推广。

2. 选用适宜的品种类型

尽管不同作物的品种繁多，但都有一定的类型归属。种植中，品种类型适宜是前提，如果类型不当，就不能完成生长发育过程，失去了种植意义。掌握具体作物品种的特征和特性，结合每种作物的种植区划，计算用种地区的积温，综合其他生态条件，选用适宜的品种类型，是种植成功的保证。

3. 考虑作物品种的生态适应性

一种作物和一个品种的生态适应性强，就有较广阔的种植范围。

4. 选用抗逆性强、高产优质作物品种

冬小麦节水抗旱品种的主要筛选指标是：种子吸水力强、叶面积小、气孔对水分胁迫反应敏感，根系大入土深，株高 80cm 左右，分蘖力中等，成穗率高，生长发育冬前壮、中期稳、后期不早衰，籽粒灌浆速度快、强度大，穗大粒多，千粒重 40～45g，抗寒、抗旱、抗病、抗干热风。玉米节水抗旱品种的主要筛选指标是：出苗快而齐，苗期生长健壮；中后期光合势强，株型紧凑；籽粒灌浆速度快；耐旱、抗病、抗倒伏；产量高而稳，籽粒品质好；生育期适合于当地种植制度。

三、耕作保墒技术

（一）深松蓄墒技术

深松是指疏松土壤，打破犁底层，使雨水渗透到深层土壤，增加土壤储水能力，且不翻动土壤，不破坏地表植被，减少土壤水分无效蒸发损失的耕作技术。

1. 技术原理

长期浅耕及机械的田间作业会造成土壤压实，在距地表 16～25cm 下面形成坚硬、密实黏重的犁底层，阻碍雨水下渗，减弱土壤蓄水能力，影响作物根系发育，导致作物减产。深耕松土就是使用深松机械将犁底层耕松，创造疏松深厚的耕作层。通过深松加厚了活土层，疏松的土层增加了土壤孔隙度，提高土壤接纳降雨的能力；同时，翻耕切断了土壤水分向地表移动的通道，减少了土壤下层水分表逸的机会和数量，进而达到蓄水保墒的效果。一般耕作时，水分入渗量只有 5mm/L，1m 土层蓄水量不足 1350m³/hm²，深耕松土后土壤水分入渗量达到 7～8.5mm/L，1m 土层蓄水量达 1800m³/hm²。

2. 技术要点

深松有全面深松和局部深松 2 种。全面深松使用深松犁全面松土，适用于配合农田基本建设，改造耕浅层的黏质土。局部深松则是用杆齿、凿形铲进行松土与不松土间隔的局部松土，即深松土少耕法。

（1）技术要求。

1）深松时间。适时深松是蓄雨纳墒的关键，深松的时间应根据农田水分收支状况决定，一般宜在伏天和早秋进行。对于一年一熟麦收后休闲的农田要及早进行伏深松或深松耕。一年两熟区一般在播种前进行。

2）深松深度。深松深度因深松工具、土壤等条件而异，应因地制宜，合理确定。一般深松深度以 20～22cm 为宜，有条件的地方可加深到 25～28cm，深松耕深度可至 30cm。

3）深松间隔。密植作物（小麦等）的深松间隔为 30～50cm；宽行作物（玉米等）深松间隔 40～70cm（量好与当地玉米种植行距相同）。

4）作业周期。深松有明显的后效，一般可达 2～4 年。因此，同一块地可每 2～4 年进行一次深松。

（2）机具要求。①深松作业前的土壤比较坚硬，深松机入土困难，牵引阻力大，需匹配大功率拖拉机；②根据土质、土壤墒情、深松幅宽确定拖拉机功率匹配；③深松作业是保护性耕作技术内容之一，保护性耕作要求秸秆和残茬覆盖地表，因此，要求工作部件（松土铲）有良好的通过性能而不被杂草缠结；④深松机要求具有保证其松土而不粉碎土壤、不乱土层的性能；⑤深松机工作部件应使土壤底层平整均匀。

（3）农艺要求。①深松后为防止土壤水分的蒸发，应根据土壤墒情状况确定是否镇压表土；②深松后要求土壤表层平整，以利于后续播种作业，保证播种时种子覆土深度一致。

（二）耙糖镇压保墒技术

耙糖是改善耕层结构达到地平、土碎、灭草、保墒的一项整地措施。镇压既能使土壤上实下虚减少土壤水分蒸发，又可使下层水分上升，起到提墒引墒作用。

1. 技术原理

所谓耙糖是指翻地后用齿耙或圆盘进行碎土、松土、平整地面等措施。实行翻地—耙地—糖地的"三连贯"作业，可以进一步糖碎表土、糖平耙沟，使田面更加平整，并具有轻压作用，使地面形成一个疏松的覆盖层，减少土壤水分蒸发。秋翻地要随犁、随耙、随糖，称为秋耕地耙糖。小麦为了防止土壤返浆水的无效蒸发，要进行早春顶凌耙糖，早春顶凌耙地时间一般在早春土壤解冻 2～3cm（即昼消夜冻期间）。顶凌耙地保墒的关键：一是要早，二是要细，三是次数要适宜。

2. 技术要点

（1）耙糖时间。耙糖保墒主要是在秋季和春季进行。麦收后休闲田伏前深耕后一般不耙，其目的是纳雨蓄墒、晒垡，熟化土壤。但立秋后降雨明显减少，一定要及时耙糖收墒。从立秋到秋播期间，每次下雨以后，地面出现花白时，就要耙糖一次，以破除地面板结，纳雨蓄墒。一般要反复进行多次耙糖，横耙、顺耙、斜耙交叉进行，耙糖连续作业，力求把土地耙透、耙平，形成"上虚下实"的耕作层，为适时秋播保全苗创造良好的土壤水分条件。秋作物收获后，进行秋深耕时必须边耕边耙糖，防止土壤跑墒。早春解冻土壤返浆期间也是耙糖保墒的重要时期。在土壤解冻达 3～4cm 深，昼消夜冻时，就要顶凌耙地，以后每消一层耙一层，纵横交错进行多次耙糖，切断毛管水运行，使化冻后的土壤水分蒸发损失减少到最低程度。在播种前也常进行耙糖作业，以破除板结，使表层疏松，减少土壤水分蒸发，增加通透性，提高地温，有利于农作物适时播种和出苗。

（2）耙糖深度。耙糖的深度因目的而异。早春耙糖保墒或雨后耙糖破除板结，耙糖深度以 3～5cm 为宜。耙糖灭茬的深度一般为 5～8cm，但耙茬播种的地，第一次耙地的深度至少 8～10cm。在播种前几天耙糖，其深度不宜超过播种深度，以免因水分丢失过多而影响种子萌发出苗。

（3）镇压时间。播种前土壤墒情太差，表层干土层太厚，播种后种子不易发芽或发芽不好，尤其是小粒种子不易与土壤紧密接触，得不到足够的水分时，就需要进行镇压，使土壤下层的水分沿毛细管移动到播种层上来，以利种子发芽出苗。

冬季地面坷垃太多太大，容易透风跑墒。在土壤开始冻结后进行冬季镇压，压碎地面坷垃，使碎土比较严密地覆盖地面，以利冻结聚墒和保墒。

四、覆盖保墒技术

作物田间通过利用作物秸秆或地膜覆盖，可以截留和保蓄雨水及灌溉水，保护土壤结构，降低土壤水分消耗速度，减少棵间蒸发量和养分损耗，从而提高水资源利用效率，同时该技术具有调节土温、抑制杂草生长等多方面的综合作用。覆盖保墒技术根据覆盖材料的不同分地膜覆盖和秸秆覆盖两种形式。

（一）地膜覆盖保墒技术

技术要点如下。

1. 精细整地

精细整地是地膜覆盖的基础。地膜覆盖的田块秋季收获后要进行秋、冬翻耕，耕后及时耙耱保墒。第二年春季只耙耱不翻耕，早春要及时顶凌耙耱保墒。雨后还要及时耙耱保墒。经过这些工序，达到地平、土碎、墒足，无大土块，无根茬，为保证覆膜质量创造良好条件。

2. 科学施肥

根据土壤养分亏缺状况科学配比施肥，是地膜覆盖增产的保证。一般来说，在土壤翻耕时要施足基肥。基肥以有机肥和磷肥为主，有机肥施用量较常规增施 30%～50%，作物中后期应及时采用扎根追肥、灌水的方法补充肥水，以防止作物脱肥早衰。高肥地块氮素肥料应减少 20%左右，增施磷、钾肥，以控制作物徒长。低肥地块增施氮肥，则有利于增产。

3. 早起垄

在冬前或早春整好地后随即起垄。垄应做成中间高、两侧呈缓坡状的圆头高垄。一般垄高 10～15cm，垄底宽 50～60cm。垄向以南北向为宜。垄做好后，再轻轻镇压垄面，使垄面光滑平整，覆膜时地膜容易绷紧，膜面能紧贴垄面，增温保墒效果好，而且还有利于土壤毛细管水分上升。在干旱少雨地区，大面积采用地膜覆盖时，应在垄沟中分段打埝，以便纳雨蓄墒。

4. 喷洒除草剂

地膜覆盖容易在膜下滋生杂草，特别在多雨低温年份，易形成草荒，与作物争水、争肥、争光照，影响盖膜效果。所以在覆膜前要适当使用除草剂，按照适宜的剂量和稀释浓度，均匀地喷洒地面，以防药害。为保证安全，可按常规用量减少 20%。

5. 覆膜

覆膜质量直接关系到地膜覆盖的效果，是地膜覆盖栽培的关键。整地、起垄、喷洒除草剂后应立即覆膜。覆膜时，要将地膜拉展铺平，使地膜紧贴地面。地膜的两侧、两头都要开沟埋入土中，并要压紧、压严、压实，使膜面平整无坑洼，膜边紧实无孔洞。然后再在膜面上每隔 1.5m 压一土堆，每隔 3m 压一土带，以防风吹揭膜。应用地膜覆盖机覆膜功效高，质量好，均匀一致，并且节省地膜。

6. 播种与定植

播种与定植时间、方法、质量，关系到出苗早晚和缓苗快慢，是地膜覆盖的主要技术环节，因此，应根据不同作物、不同地区和地膜覆盖的特征，选择适宜的播期。地膜覆盖的春播作物，一般是晚霜前播种，晚霜后出苗或放苗，播种、定植过晚则失去地膜覆盖的意义。一些抗寒作物可以适当提早，但由于盖膜后播种至出苗的时间缩短，出苗期较早，所以播种也不能过早，以防早春霜冻危害。地膜覆盖的播种方式一般采用先盖膜后播种或定植，主要有条播和穴播或移栽等几种方式。播种时先按株、行距在膜面上开直径为 4～5cm 的圆孔或十字形口，然后再播种或定植。随后要及时用湿土把播种或定植孔连同地膜一起封严压实，以防风吹揭膜，降低土温和蒸发失水，并可抑制杂草。

7. 田间管理

在播种、定植后，覆盖在田间的地膜常会因风吹、雨淋和田间作业遭到破坏，有的膜面出现裂口，有的膜侧出现漏洞，如不及时用土封堵严实，地膜会很快裂成大口，使地温下降，土壤水分损失，杂草丛生，失去盖膜的作用。因此，在田间管理时，应注意不要弄破地膜；要经常检查，发现破口及时封堵，以防大风揭膜，造成毁苗伤苗。

在先播种后盖膜的农田，出苗后应及时打孔放苗。孔的大小以 4cm 为宜，按照密度确定适宜的株距。幼苗放出后，及时用土把孔口密封严实，防止透气和灌风揭膜。先盖膜后播种的田块，如播种后遇雨，易形成板结，应及时破除播种孔的硬结，以利幼苗出土。幼苗出土后，应根据不同作物，在适宜的时期进行间苗、定苗，保证全苗，达到适宜的密度。其他的田间管理，如中耕除草、追肥、防治病虫害等，应根据不同地区、不同作物、不同生育阶段，采取相应的措施。此外，地膜覆盖的作物，往往前期容易徒长，后期容易早衰。因此，在前期要注意控水蹲苗，促进根系生长。在中、后期要注意灌水、追肥，防止脱肥早衰，促使作物早发、稳长、不早衰。

在地膜覆盖下，作物生育期普遍提前，成熟期较早，应及时收获，达到增产增收的目的。作物收获后，要及时拣净、收回田间的破旧地膜，以免污染土壤，影响下茬作物的生长发育。

（二）秸秆覆盖保墒技术

技术要点如下。

1. 主要形式

（1）直茬覆盖：主要应用于小麦联合收割机收获后，小麦高茬覆盖地表。

（2）粉碎覆盖：用秸秆还田机对作物秸秆直接进行粉碎覆盖。

（3）带状免耕覆盖：用带状免耕播种机在秸秆直立状态下直接播种。

（4）浅耕覆盖：用旋耕机或旋播机对秸秆覆盖地进行浅耕地表处理。

2. 覆盖量与覆盖时间

（1）直播作物：小麦、玉米等作物播种后、出苗前，以 2250～3000kg/hm² 干秸秆均匀铺盖于土壤表面，以"地不露白，草不成坨"为标准。盖后抽沟，将沟土均匀地撒盖于秸秆上。

（2）移栽作物：油菜、红薯、瓜类等移栽作物，先覆盖秸秆 3000～3750kg/hm²，然后移栽。

（3）夏播宽行作物：棉花等宽行作物在最后一次中耕除草施肥后覆盖秸秆，用量 3000～3750kg/hm²。

（4）果树、茶桑等果茶园：可随时覆盖秸秆，用量以春季 $4500kg/hm^2$，秋季 $3750kg/hm^2$ 为宜。

（5）休闲期覆盖：在上茬作物收获后，及时浅耕灭茬，把糖平整土地后将秸秆铡碎成 $3\sim5cm$ 覆盖在闲地上，覆盖量视土壤肥力状况，一般 $4500\sim7500kg/hm^2$。

总之，覆盖量以把地面盖匀、盖严但又不压苗为度。一般以 $3750\sim15000kg/hm^2$ 为宜，应酌情掌握。一般原则是：休闲期农田覆盖量应该大些，作物生育期覆盖量应该小些；用粗而长的秸秆作覆盖材料时量应多些，而用细而碎的秸秆时量应少些。

3. 覆盖材料

采用农作物生产的副产品（茎秆、落叶）或绿肥为材料进行农田覆盖。一般情况下，麦秸、稻草、玉米秸秆、麦糠等都可以作为农田和果园的覆盖材料。

4. 灌水方法

（1）灌好底墒水。

（2）采用 $450m^3/hm^2$ 左右的小定额灌水。

5. 田间管理

（1）均匀覆盖。

（2）注意病虫草害。

五、蒸腾蒸发抑制技术

（一）黄腐酸抗旱剂

1. 技术原理

黄腐酸（简称"FA"）是腐殖酸（HA）中分子量较小的水可溶组分。FA 除具有 HA 的一般特征外，还具有自身的特点，即分子量较小，醌基、酚羟基、羧基等活性基团含量较高，生理活性强，易溶于水，易被植物吸收利用，水溶液成酸性等。因而 FA 对植物起着以调控水分为中心的多种生理功能，是一种调节植物生长型的抗蒸腾剂。

（1）缩小气孔开张度，抑制水分蒸腾：叶面当日喷施抗旱剂一号，气孔开张度明显降低。次日测定，小麦叶片气孔平均开张度 $0.6\mu m$，对照为 $2.2\mu m$，直喷剂后第 10d 仍然明显，小麦的蒸腾强度在 14d 内平均降低 40%。喷剂一次引起气孔导性降低所持续的时间为 $12\sim20d$，在水分调控上达到保水节流。

（2）增加叶绿素含量，促进光合作用：小麦在孕穗期遭受干旱后植株发黄，叶绿素含量下降，而喷施 FA 后叶色浓绿，小麦旗叶叶绿素含量较对照增加 0.35mg 每克干叶，倒二叶增加 0.5mg 每克干叶，这一现象一直可以维持到生长中后期。旗叶、倒二叶光合产物在籽粒形成中占据到 35.1%，从而有利于光合作用的正常进行。

（3）提高根系活力，防止早衰：研究证明，叶片衰老指数 C 旗/C 基，即基部叶片与顶部叶片叶绿素含量的比值，与根系活力呈显著正相关。叶面喷施 FA 后，促进了根系活力，增强了从土壤深层对矿物质和水分的吸收能力，一般比对照多吸收 13%～40%，表现出叶片衰老明显减缓，在水分调控上达到增墒开源。

（4）减慢土壤水分消耗，改善植株水分状况：由于 FA 制剂抑制蒸腾，使土壤水分消耗减慢，土壤含水率相应提高。喷剂 9 天植株总耗水量比对照减少 6.3%～13.7%，土壤含水率相应提高 0.8%～1.3%，从而改善了植株水分平衡状况。

2. 技术要点

（1）拌种。密植作物配比用量为种子：FA：水＝50kg：200g：5kg；稀植作物配比用量为种子：FA：水＝50kg：100g：5kg。方法是将 200gFA 溶解在 5kg 水中，然后将药液洒在种子上掺拌均匀，堆闷 2～4h 后即可拌种。

（2）喷施。喷施技术直接影响 FA 效果的发挥，故应严格遵守各项要求。

1）最佳喷期：一般原则是在作物生长期中遇到干旱时都可喷施。但在作物的"水分临界期"即作物对干旱、干热风特别敏感的时期喷施效果最好。

2）喷施次数：一般对当季作物喷施一次即可，若遇严重持续干旱，可在间隔 15～20d 后喷施第二次。

3）喷施浓度：冬小麦每公顷用量 0.75kg，玉米每公顷用量 1.125kg，均加 900kg 水稀释喷雾。

4）稀释方法：合格产品极易被水稀释而不留沉淀。某些产品黏性增加，抗硬水能力差，则采用 50℃ 热水搅拌至胶状液后，再加水稀释至所需浓度。

5）喷雾机具：一般用背负式喷雾器，要求机具压力大、雾墒细、雾化好。面积较大的喷施最好选用机动喷雾器，使用弥雾机效果最好。

6）喷施时间：晴天上午 10 点前或下午 4 点后为最佳喷施时间。中午炎热，刮风时节或下雨前后喷施效果最差，甚至无效。

7）混配须知：可与酸性农药复配混用，以增效缓释。

8）喷施要领：基本要求是要保证农作物功能叶片均匀受药。如冬小麦以旗叶和倒二叶为中心的上部叶片必须受药，喷量以刚从叶片上滴落雾滴为度，并检查叶片上是否均匀分布褐色雾滴作为喷雾的质量标准。

（二）水面蒸发抑制剂

1. 技术原理

能够在水面形成单分子膜并能抑制水面蒸发的制剂称之为水面蒸发抑制剂，在化学上属于表面活性剂的范畴。这类物质为直链的高级脂肪族化合物，碳原子数目在 11 个以上，具有抑制水分蒸发的能力。其分子具有不对称结构，一端含有极性的亲水基团，另一端具有非极性疏水基团，将这种乳液喷于水面后，分子中的疏水基团由于与水排斥而转向空间，亲水基团转向水中，与水分子发生缔合。这样水与单分子膜物质间牢牢吸引，在水面就会形成肉眼看不见的单分子膜层，膜层厚度为 $2.5 \times 10^{-9} m$，对水面产生较高的表面压力，阻挡水分子向大气中扩散。同时单分膜层分子间的空隙可让氧气和二氧化碳透过，而水分子却通不过，因而能有效抑制水分蒸发。当然，由于抑制了水分蒸发，使蒸发潜热积累于水中，从而可提高水温。

主要功能如下：

（1）抑蒸性：这是水面蒸发抑制剂的主要功能。在水面形成单分子膜层，阻挡水分子向外逸出，其抑制蒸发率室内为 70%～90%，野外为 22%～45%。

（2）增温性：由于抑制蒸发在水中累积蒸发耗热，从而提高水温，一般增温幅度为 4.0～8.2℃。

（3）扩散性：这类制剂喷施水面后能迅速形成连续均匀的单分子膜层。由于膜内加有扩散剂，当膜层破裂后能自动扩散恢复合拢。扩散性与温度有关，温度高扩散快，温度低则扩散慢。

（4）抗风性：单分子膜层对风敏感，当风速为 0.8m/s 时，膜层就会随风移动，风速为 3m/s 时有助于膜层的扩散和提高抑制蒸发率，当风速超过 3m/s 时，单分子膜被风吹成褶皱破裂而失效。

（5）有效性：喷施一次有效性可维持 3～7 天。由于氧气和二氧化碳均能透过，对植物、鱼类无害。

2. 技术要点

（1）喷施。将水面抑制蒸发剂加水稀释 10～30 倍成为水乳液，然后用喷雾器喷洒水面，即自动扩散成膜。

（2）挂施。将水面抑制蒸发剂的水乳液用纱布包好，挂在水稻田水流入水口处，经流水缓慢冲击，乳液从纱布团中不断浸出，随漂浮水面扩散成膜，经流水带动扩散使整块稻田水面全部成膜。

（三）土壤保墒剂

1. 技术原理

裸露土壤中的水分主要是通过蒸发散失。散失途径有两条：一是毛管水通过毛细管上升作用不断输送到地表损失；二是以气态水的方式扩散到空气中损失。将成膜制剂喷于土表，干燥后即可形成多分子层的化学保护膜固结表土，阻隔土壤水分以气态水方式进入大气。同样以土壤结构改良剂混合土壤，可显著增加土壤水稳性团粒结构，从而阻断土壤毛管水的连续性，降低毛管水上升高度，达到抑制水分蒸发的目的。

它的主要功能：

（1）抑制土壤水分蒸发：土面增温剂的抑制蒸发率为 80%～90%，保墒增温剂的抑制蒸发率为 75%～95%，土壤结构改良剂的抑制蒸发率一般在 30%～50% 之间。

（2）提高土壤温度：在 20℃ 的室温下，每蒸发 1g 水约需消耗 584.9cal 热量，抑制了土壤蒸发，就意味着减少了蒸发耗热而用以提高土温。在我国北方春季晴朗的天气条件下，充分湿润的土面蒸发量可达 7～8mm 每天，即在 $1cm^2$ 的土面上 1 天就要蒸发掉 0.7～0.8g 水，并消耗 420～480cal 热量，减少蒸发就保存了部分汽化热而使土壤温度得以提高。由于这类制剂的颜色多为深褐色和黑色，故能增加太阳辐射的吸收率而进一步增温，使土壤增温效果十分显著。

（3）改善土壤结构：将土壤结构改良剂与土壤混施后，由于氢键和静电作用，对电解质离子、有机分子、络合物等发生吸附而促使土壤形成团粒结构。粒级为 2～1mm、1～0.5mm、0.5～0.25mm 土粒的百分含量，处理比对照分别增加 33.3%、29.5% 和 59.6%。

（4）减轻水土流失：增温保墒剂喷施土表后与土粒黏结形成多分子膜层而固化表土；土壤改良剂与土壤混施后能形成稳定的团粒结构，有利于增加土壤的稳定性，防风固土，减轻冲刷，保持水土效果明显。

2. 技术要点

（1）喷土覆盖。增温保墒剂需在用水稀释后喷洒土表用来封闭土壤，所以用量较大。

每公顷全覆盖用量为原液1200～1500kg加5～7倍水稀释。先少量多次加水，不断搅拌均匀后再大量加水至所需浓度，经纱布过滤后倒入喷雾器即可喷施。若预先用水对土表喷施湿润后，则更有利于制剂成膜并节省用量。对于冬小麦这类条播作物，喷剂时只需喷施播种行，不必对土壤进行全覆盖，也同样能取得好的效果。

（2）混施改土。将土壤结构改良剂与土壤混合，用量一般为干土重的0.05％～0.3％，约2800～3000kg/hm²。混施可促进土壤团粒结构形成，尤其对各种土壤水稳性团粒结构形成作用明显，有利于保持水土。

（3）渠系防渗。用沥青制剂喷于渠床封闭土壤可大大减少水分渗漏损失。在渠系表面或15cm层处喷施沥青制剂，每平方米用量80～110g。

（4）灌根蘸根。对于一些育苗移栽作物除了喷土覆盖外，也可采用土壤保湿剂乳液直接灌根，浓度配比为1:10。也可用此浓度乳液蘸根包裹后长途运输再作移栽，用以减少蒸腾，保持成活。

（5）刷干保护。对移栽的果树类作物和林木树干，可用制剂乳液喷涂刷干，通过膜层保护减少蒸发，防寒防冻，保护苗木安全越冬、病虫害防治和早春抽条。

六、化学制剂保水技术

（一）技术原理

保水剂又称土壤保水剂、保湿剂、高吸水性树脂、高分子吸水剂，是利用强吸水性树脂制成的一种超高吸水保水能力的高分子化合物。它与水分接触时，能够迅速吸收和保持相当于自身重量几百倍至几千倍的去离子水、数十倍至近百倍的含盐水分，而且具有反复吸水功能，吸水后膨胀为水凝胶，可缓慢释放水分供作物吸收利用，从而增强土壤保水性，改良土壤结构，减少深层渗漏和土壤养分流失，提高水分利用率。大量试验研究表明，保水剂能提高农田保水保肥能力，节约农田用水量，改良土壤结构，提高种子出苗率、幼苗移栽成活率，促进作物幼苗生长发育等功效。

（二）技术要点

1. 施用方法

保水剂的施用方法大致有十几类，根据农林业使用的经验，一般大田作物采用拌种并配合沟（穴）施，果树及其他经济作物采用蘸根或沟（穴）施，效果最佳。

保水剂施用时要掌握以下要领：

（1）耙土挖沟。无论是耙土还是挖沟（穴），都不要伤动主根，造成"伤筋动骨"，影响植物成活和正常生长，但开挖时要有利于根系吸水，所以大部分毛根应露出，但最好不要将毛根外表的土层剔得太干净，使保水剂凝胶体与毛根直接接触，也就是说露出毛根应保留一层薄薄的土为好。这样既不会对吸水产生影响，而且可以防止保水剂凝胶体与毛根直接接触而发生对根的腐蚀或者由于伴随吸水发生体积变化后根被切断。另外，沟（穴）的深度应略大于播种深度，有利于根系朝有水的方向生长，防止倒伏。

（2）撒施浇水。无论干施、湿施都要均匀，否则吸水后在局部会产生糊状凝胶，造成土壤蓄水过高，影响土壤通气和植物生长，甚至枯死。一般来说，保水剂（颗粒剂型）干施时，只要与土拌匀就能解决这个问题；如果不拌土，就一定要撒匀。同时，要注意土壤水分和施用时间在干旱少雨且灌溉条件又比较差的地方，土壤含水量低于10％时，施用保水剂前应将其投入大容器中充分浸泡饱和，使之充分吸水呈凝胶状后再与土壤混合使用（湿施），这种方法的优点在于能提前充分把水吸足，但要十分注意与土拌匀。据林业专家建议，在造林绿化时，保水剂粒径采用0.5～3mm为宜，不要使用粉状剂型，以克服产生糊状问题。另外，无论干施、湿施，都要保证已施入的保水剂被水浸泡饱和。干施时要浇透蒙头水；湿施时，要提前洒水使沟（穴）中土壤含水量达到10%。因为保水剂是吸水保水的物质而不是产水剂，没有条件浇透第一遍水或浸泡饱和的地区不宜使用。

（3）防止蒸发。泡胀后的保水剂在自然条件下的水分蒸发远远大于有减蒸措施的蒸发量。1g保水剂加100g水在室内杯装开口和杯口盖上塑料纸条件下，自然蒸发40天后，剩下的水分分别为5%和95%。所以，要采取一些必要的防蒸发措施，如盖草、树叶和沙子等。

（4）观测管理。使用保水剂后，在植物生长全过程都要注意观察叶片旱象和土壤墒情，并结合气象条件决定是否补水，如果不补水，又无降水，就会适得其反。

2. 用量

保水剂在土壤中的用量随土壤质量、土壤墒情、植物种类、气候条件以及保水剂本身性能不同而有所差异。各类产品的使用说明中一般会提供参考值，大致用量为植物耕作层或穴（沟）干土重量的0.05%～0.2%，施入量太少起不到蓄水保墒作用，施入量过大，不但成本高而且雨季（特别是南方地区，黏壤类土壤）常会造成土壤贮水过高，引起土壤通气不畅而导致林木根系腐烂。

七、水肥耦合技术

水肥耦合技术就是根据不同水分条件，提倡灌溉与施肥在时间、数量和方式上合理配合，促进作物根系深扎，扩大根系在土壤中的吸水范围，多利用土壤深层储水，并提高作物的蒸腾和光合强度，减少土壤的无效蒸发，以提高降雨和灌溉水的利用效率，达到以水促肥，以肥调水，增加作物产量和改善品质的目的。

（一）技术原理

作物根系对水分和养分的吸收虽然是两个相对独立的过程，但水分和养分对于作物生长的作用却是相互制约的，无论是水分亏缺还是养分亏缺，对作物生长都有不利影响。这种水分和养分对作物生长作用相互制约和耦合的现象，称为水肥耦合效应。研究水肥耦合效应，合理施肥，达到"以肥调水"的目的，能提高作物的水分利用效率，增强抗旱性，促进作物对有限水资源的充分利用，充分挖掘自然降水的生产潜力。

不同水分胁迫条件下，水肥对作物的生长发育和生理特性有着不同的作用机理和效果。首先，在水分胁迫较轻时，养分能显著促进作物的根系和冠层生长发育，不仅增强了根系对水分和养分的吸收能力，而且提高叶片的净光合速率，降低气孔导度，维持较高的渗透调节功能，改善植株的水分状况，从而促进光合产物的形成，最终表现为产量和WUE的提高。然而，随着水分胁迫的加剧，养分的作用机理和效果发生了不同的变化。氮素的促进作用随水分胁迫的加剧慢慢减弱，在土壤严重缺水时甚至表现为负作用。说明氮肥并不能完全补偿干旱带来的损失。因此，随干旱胁迫的加重应适当减少氮肥的用量。与氮肥相反，在严重水分亏缺条件下，磷肥能促进作物的生长与抵御干旱胁迫的伤害。氮、磷有很强的时效互补性和功能互补性，合理搭配能显著增产，达到高产、稳产和提高水分利用效率的目的。

对氮素和水分相互关系研究发现，由于含氮化合物需要相对较大的能量用于合成和维持生命，限制氮素的供应则可能导致含氮化合物在老的组织中转移并供同样需要能量的幼嫩组织利用。在氮素亏缺条件下，植株地上部与地下部比率下降，导致非光合组织相对增加，因而不利于水分利用效率的提高。有研究指出，施肥使冬小麦叶水势下降，增加了深层土壤水分上移的动力，使下层暂时处于束缚状态的水分活化，扩大了土壤水库的容量，提高了土壤水的利用率，达到了"以肥调水"的目的。

通过对一定区域水肥产量效应的研究，同时预测底墒、降水量，就可以根据模型确定目标产量，拟定合理的施肥量，为"以水定产"和"以水定肥"提供依据，就可以在区域内"以肥调水""以水促肥""肥水协调"，提高水分和肥料的利用效率，对大面积农业增产具有实际指导意义。但因为不同地区水量、热量、土壤肥力等条件不同，其肥水激励机制也存在明显差异。所以在某一区域建立的水肥耦合互馈效应模型，只能在相似地区适用，在另一地区用的效果则不理想或不适用。

（二）技术要点

1. 平衡施肥

平衡施肥是指作物必需的各种营养元素之间的均衡供应和调节，以满足作物生长发育的需要，从而充分发挥作物生产潜力及肥料的利用效率，避免使用某一元素过量所造成的毒害或污染。平衡施肥的技术要领：

（1）采集土样分析。

（2）确定土壤肥力基础产量。

（3）确定最佳元素配比与最佳肥料施用量。

（4）合理施用。

2. 有机肥、无机肥结合施用

有机肥与无机肥配合施用，能提高土壤调水能力，而且增产效果较好。但施用时应根据有机肥料和无机肥料种类的特点，适时、适量运用。使用中应考虑以下几点：

（1）有机肥料含有改良土壤的重要物质，其形成腐殖质后，具有改善土壤水稳结构和增进土壤保水、保肥能力的作用，能提高作物对土壤水的利用率；化学肥料只能提供作物矿质养分，无改土作用，对中下等肥力土壤应尽量多使用有机肥料，并根据土壤矿质养分状况配合施用一定量化肥。

（2）有机肥料在分解过程中会产生各种有机酸和碳酸，可促进土壤中一些难溶性磷养分转化成有效性养分，在一定程度上了提高土壤磷养分总量。因此，可以适当降低使用化肥磷量的标准。

（3）有机肥料供肥时间长，肥效缓慢，化肥肥效快，两者具有互补性。因此，有机肥应适当早施，化肥则可根据作物需肥情况按需施肥。

（4）在施用碳氮比比较高的有机肥（如秸秆还田）时，要适量增施氮肥，防止作物脱氮早衰，避免产量下降。

（5）由于种植作物种类及轮作方式不同，作物所需有机肥与化肥比例会有较大差异。如豆科作物可能需要有机肥、磷肥量多一些，氮肥需要量就很少；对于玉米，有机肥、化肥均应多施一些。所以，有机肥、化肥施用中应根据土壤养分状况、作物需肥和种植方式情况不同而不同。

3. 采用适宜的施肥方式

对密植作物宜用耧播沟施，对宽行稀植作物以穴施为好，施肥后随即浇水；花生、棉花、油菜等作物根据生长需要还可结合运用根外追肥。

4. 控制灌水定额

研究表明，灌水定额超过 $1050m^3/hm^2$ 便容易造成肥料淋失，在畦灌条件下灌水定额宜控制在 $825m^3/hm^2$ 以内。

第三节 节水灌溉综合技术模式简介

节水灌溉综合技术是充分合理利用各种灌溉水资源，采取工程、农业、管理等技术措施，使区域内有限的灌溉水资源总体利用率最高及其效益最佳的一种技术集成。由于实施节水灌溉的地区自然、经济、社会条件千差万别，灌溉的对象也多种多样，必须遵循因地制宜的原则，依据不同地区的自然地理条件和作物种植结构，建立不同的节水灌溉综合技术模式，才能更有效地发挥出节水、增产、增收的综合效益。

节水灌溉综合技术模式中所涉及到的工程节水技术措施主要包括渠道防渗、管道输水灌溉、喷灌、微灌、改进地面灌、集雨灌溉等；农业节水技术措施主要包括以调减高耗水作物种植面积为主要方向的种植结构优化技术，以提高作物抗逆性为主要方向的品种改良技术，以坡地治理、深耕松土、耙耱镇压等为主要内容的耕作保墒技术，以秸秆覆盖、地膜覆盖为主要内容的覆盖保墒技术，以合理喷施"旱地龙"等化学制剂为代表的作物蒸腾抑制、调节技术，以施用土壤保水剂为代表的土壤吸水、保水技术，以配方施肥、增施有机肥为主要内容的水肥耦合技术等；管理节水技术措施主要包括节水高效灌溉制度的制定、土壤墒情监测与灌溉预报技术，灌区配水技术，灌区量水技术和灌溉自动控制技术等几个方面。

一、井灌区节水灌溉综合技术模式

井灌区节水灌溉综合技术模式是以粮食和经济作物为对象，以提高农田灌溉用水效率和实现地下水采补平衡为目标而提出来的一种将工程措施、农艺措施和高新技术为依托的管理措施综合配套而形成的一项综合节水技术。根据井灌区水、土资源状况，作物类型，选择适宜的工程措施和灌溉技术来提高输、配水效率，将作物栽培措施、节水抗旱品种筛选、耕作覆盖等农艺措施结合来提高水分利用效率，采用政策引导、软硬件相结合的管理措施进行区域和不同作物间的优化配水，最终实现水资源的科学、高效利用。不同地区不同作物具有不同的节水灌溉综合技术模式，其模式特点简介如下。

1. 高标准低压管道输水灌溉综合技术模式

由井、水泵、水表、各级管道、出水口等组成，一般采用干支二级输水管道布置，每隔一定距离留一个出水口。管道输水可直接由管道分水口分水进入田间渠道送水入田，也可在分水口处连接软管直接输水入田。同时，为发挥综合节水效果，还可在分水口安装水表进行计量，以便进行田间灌溉用水的定量控制。该模式操作简单，便于管理，使用方便，是井灌区各类作物灌溉的一种主要模式，具有适用范围广、施工方便、节水、增产、占地少等优点，被农民群众称为"农田自来水"，受到各地群众欢迎。

2. 半固定式喷灌综合技术模式

将半固定式喷灌、综合农艺措施和管理措施有机集成。

3. 坡地二次加压与喷灌尾水利用综合技术模式

单井流量 80m³/h，控制面积 500 亩。种植结构为小麦、蔬菜、高收益作物。典型作物：上茬小麦、下茬白菜，小杂粮、花生、茄子、果树。灌溉技术：一级低压管灌＋二级加压喷灌＋喷灌尾水移动管灌。农艺措施：深耕蓄水、地膜覆盖、应用抗旱剂。工程管理措施：1、2 级泵联合运行管理，建立用水者协会经营。

4. 多用户远程 IC 卡控制大田微灌综合技术模式

该模式采用现代先进的科学灌溉理念，工程包括田间土壤墒情监测、精准施肥器、田间控制柜、滴灌设备和机井水泵、变频控制器及机井首部自动反冲洗过滤系统。管理上根据栽培的作物类型，配备了科学合理的灌溉制度和模式化管理技术，并建立专门指导灌溉和施肥的技术服务体系，确保灌溉系统良性运行。

5. 集约化精准大田滴灌综合技术模式

该模式包括田间土壤墒情监测装置、精准施肥器、远程遥控控制系统、全自动反冲洗过滤系统、田间滴灌管网布置、机井水泵及灌溉制度和专人操作管理。

6. "一井两田"节水灌溉综合技术模式

单井流量：120m³/h。控制面积：290～380 亩。种植结构：水稻、旱田粮食、蔬菜、高收益作物。典型作物：水稻、上茬小麦、下茬白菜、玉米、西瓜、树苗。灌溉技术：渠道防渗衬砌，水田格田标准化、旱田窄短畦灌溉。农艺措施：三旱整地、节水育苗、抛秧、浅湿灌溉、深耕蓄水、增施有机肥、覆膜。工程管理措施：用水总量控制，定额供给，实行水量累进收费制。

7. 平原井灌保护生态环境节水灌溉综合技术模式

充分利用天然降水、地表水、土壤水、控制开采地下水，变作物消耗灌溉水为主到消耗土壤水、降水为主；工程节水、农艺节水与管理节水紧密结合，实现水资源的优化配置。

8. 以塑料低压软管输配水为主的节水灌溉综合技术模式

以井灌区小白龙输水灌溉为主，辅之以农艺措施和分段灌溉。主要特点是用塑料低压软管代替两级土渠输水与配水，与窄畦小畦结合。

9. 高寒地区井灌水稻节水灌溉综合技术模式

根据我国北方地区温度较低，而水稻又是喜温作物，因此除了减少输水过程中的损失以外，还必须加强田间工程管理，进行水稻控水灌溉和旱育秧等技术来达到节水高产的目的。

二、渠灌区节水灌溉综合技术模式

我国渠灌区输水渠道防渗衬砌率低，工程老化失修严重，田间工程不配套，灌水方法落后，是发展节水灌溉的重点区域，特别是田间工程部分，由于以群众投入为主，是当前节水灌溉最薄弱的环节。因此，这类灌区在对干、支渠等输水工程进行防渗的同时，必须对田间工程进行节水改造。改造的模式是：对斗、农渠进行防渗衬砌，平整土地，重新确定沟渠规格，采用小畦灌、沟灌、长畦短灌和波涌灌等先进的地面灌水技术，并通过开展非充分灌溉、水稻控制灌溉、降低土壤计划湿润层深度和采用覆盖保墒等农业综合节水技术，实现渠灌区全方位节水。但是由于我国地域广阔，水源有所差异，作物种类也有所不同，因此其综合模式也会有所不同。

1. 渠道防渗结合农艺措施和管理措施的节水灌溉综合技术模式

该模式通过完善工程配套与改造，采取渠道防渗与防冻胀技术进行防渗衬砌，减少输水损失。田间平整土地，重新确定沟渠规格，采用小畦灌、沟灌、长畦短灌和波涌灌等地面灌水改进技术减少田间灌水损失。应用集成农业综合配套技术，提高水分生产效率，通过渠系水管理技术及水资源优化配置与信息管理系统的建立与应用来提高灌区管理水平。

2. 平原渠灌区"节水改造＋农艺节水＋管理节水"综合技术模式

对灌区实施节水改造，干支渠进行衬砌防渗，末级渠系配套整治，改进地面灌水技术，配合采用适宜的节水高产农艺措施和节水管理措施。

3. 以水稻高产节水控制灌溉为主的综合技术模式

该模式是在渠灌区将工程技术、农业技术与管理技术，因地制宜地进行有机结合，形成节水高效的节水灌溉综合技术体系。

4. 引黄渠灌区水稻节水灌溉综合技术模式

进行渠道防渗和田间工程改造，平整土地，田块格田化，田埂硬化，田间灌排渠道分设，并布设水量和控制设施。选用节水高产良种和节水高效的栽培技术，采用水稻控制灌溉技术。

5. 水稻"湿、晒、浅、间"节水灌溉综合技术模式

进行渠道防渗和田间工程改造，平整土地，田块格田化，田埂硬化，田间灌排渠道分设，并布设水量和控制设施。选用节水高产良种和节水高效的栽培技术，采用水稻"湿、晒、浅、间"节水灌溉技术。

6. 水稻旱育秧节水灌溉综合技术模式

进行渠道防渗和田间工程改造，平整土地，田块格田化，田埂硬化，田间灌排渠道分设，并布设水量和控制设施。选用节水高产良种，在原有水稻旱育秧技术成果基础上，采用"包衣旱育、免盘抛秧"和"四秧配四田"技术。

7. 机旋耕加水稻"薄、浅、湿、晒、补"节水灌溉综合技术模式

该模式是根据水稻生产发育各阶段的生理需水特点，科学灌水，促使水稻在最优化的水分环境下生长，既达到了节水灌溉之目的，又使水稻增产，是节约成本、降低消耗、增产增收的实用技术。

三、井渠结合灌区节水灌溉综合技术模式

井渠结合灌区的基本特点是单一依靠渠灌还是单一依靠井灌都存在水资源不足，或引起其他生态问题，必须实行井渠结合灌溉。这类灌区节水灌溉综合技术模式一般为：开展地面水与地下水在时间上及空间上的联合调度。渠灌部分进行适度防渗输水渠道，井灌部分采用管道输水；田间采取长畦改短实施小畦灌溉及覆盖、化学节水、节水灌溉制度等农艺和管理节水措施，实现水资源的优化调度和农业高效用水。结合各地的灌溉实践，井渠

结合灌区节水灌溉综合技术模式可概括为下述几种模式。

1. 灌区上中下游用水合理调配的节水灌溉综合技术模式

该模式的主要特点是地表水、地下水的联合运用来实现水资源的合理利用。对灌区上、中、下游用水合理调配、地表水高效利用、建设引河补源，以井保丰的农田节水灌溉工程；配套农艺节水措施，实现农艺节水与工程节水的密切结合；采取分级管理、分级供水、按方收费、计量到村的运行管理措施。

2. 不同水资源优化调度的节水灌溉综合技术模式

该模式是在冬春两季利用地下水井灌，腾空地下库容，接纳雨季降水；夏秋两季则利用地表水源渠灌，实现地表水与地下水、咸水与淡水在时间上及空间上的联合调度。渠灌部分要对骨干渠道进行适度防渗处理，在提高渠系水利用率的同时，发挥田间渠道对回补地下水的作用，井灌部分采用管道输水，提高输水效率。田间采用短小畦灌溉，并与覆盖保墒、生物化学节水措施、节水灌溉制度等农艺和管理措施结合，实现水资源的优化调度和高效利用。

3. 沟引蓄提井渠结合节水灌溉综合技术模式

该模式是利用灌区内天然或人工开挖的排水河、沟，在其内建闸蓄存汛期的排水或通过骨干渠道在非灌溉季节从水源地向其引水蓄存。在灌溉季节，沿河沟提水通过渠道灌溉河沟近处耕地上的作物；在离河沟较远耕地的作物，则打井实行井灌。采取优化配置降雨和外来水资源、站井联用的灌溉技术、节水高效的农艺节水措施和灌溉用水管理技术进行有机配套集成。

4. 引河补源井渠结合节水灌溉综合技术模式

该模式是建设高效用水的引洪补源灌溉工程和对田间灌溉工程进行节水技术改造，针对洪水具有历时短、流量大、随机性强的特点，在利用有限的洪水资源获得较大的补源量的总原则下，采用以面补为主、线补为辅、即到即补，粮食作物地块补源为主、经济作物补源为辅的引洪补源灌溉技术，提高灌溉水资源的利用率。结合引洪补源灌溉采用节水高效的综合农艺技术措施，提高水分利用效率，增产增收。在整个灌溉用水过程中，为实现地下水的采补平衡，要采取强化水资源管理，搞好水资源的保护措施。

四、天然降水富集区节水灌溉综合技术模式

据调查，我国适宜开展集雨节灌的地区包括西南、西北、华北的 14 个省（直辖市、自治区），有耕地面积 4.1 亿亩，人口 2.86 亿人。这些地区的相当一部分，由于地形和经济条件的限制，兴建骨干水利工程难度很大，而且带来的生态环境问题多。因此，农业生产主要"靠天吃饭"，生产条件落后，农民收入低，是我国主要的扶贫地区。如何充分利用当地唯一有潜力的降雨资源，发展有限灌溉（灌关键水），提高作物产量，促进农民脱贫致富，不但是当地迫切需要解决的问题，也是我国农业生产一个带战略性的问题。通过水利、农业科技工作者的努力，根据各地劳动人民的实践，总结提出了天然降水富集区节水高效综合技术模式，这种模式的特点是节灌工程与农业节水措施的紧密结合，即建设雨水集流工程［包括集流面、水窖（池）、输水管（沟）］和等高耕种开挖鱼鳞坑拦蓄雨水、深耕蓄水保墒、覆盖抑制蒸腾保蓄、调整农作物布局的适水种植、增施肥料提高水肥利用率、坡地粮草轮作、粮草带状间作和草（灌木）间作减少雨水径流等农业蓄雨利用技术措施相结合，田间采用小畦灌、点灌或滴灌。

1. 高效种植性节水补灌综合技术模式

该模式的特点是以提高水分利用率和利用效率来带动户营经济的高效益，不仅提高农田水分利用率、补灌水分利用效率，而且还要提高土地产出率、劳动生产率、产投比、科技进步贡献率等。

2. 庭院经济型节水灌溉综合技术模式

该模式的特点是推广高效种养适用技术，提高降水、土地与饲料的利用和转化效率。

3. 生态畜牧型节水灌溉综合技术模式

该模式特点是综合利用节水灌溉综合技术来提高饲料转化效率与单位畜产品的经济效益，力求经济效益与生态效益的双赢。

4. 玉米集雨膜侧栽培节水灌溉综合技术模式

该模式特点是将地膜覆盖种植与集雨节灌技术有机结合，实现节水和开源的统一。

5. 旱作集雨微灌综合技术模式

该模式特点是：实施窖（井）建设工程，打窖蓄水，解决人畜饮水困难，发展旱作微灌种植。

6. 西北坡地径流集雨节水灌溉综合技术模式

该模式的特点是根据西北地区水土资源和农业生产特点，采取结合小流域治理的集雨节水补灌、坡面集雨与林草建设节水灌溉、道路路面集雨节水补灌、利用土圆井水源节水灌溉、庭院经济集雨节灌、旱作农田就地拦蓄集雨节灌等技术集成，发展集雨节水灌溉。

7. 西南山丘区集雨节灌综合技术模式

该模式特点是建设山丘区微小水利工程集雨，采用低压管道输水灌溉、喷灌、微灌，并与中、大型养殖场的沼气建设相结合，将沼液提灌到蓄水池中稀释后进行灌溉。

8. 北方山区以集雨蓄水为主的节水灌溉综合技术模式

该模式的特点由集雨系统、蓄水系统、节水灌溉系统、农艺措施与管理措施等有机结合形成，通过集雨、存储和节水灌溉等工程措施，管理措施、农艺措施来实现山区雨水利用，提高山区农产品产量和质量，改善地区生态环境、水资源环境。其特点是：工程规模小、实用可靠；便于山区施工，群众易于掌握；成本较低，符合山区农民经济承受能力和地区经济发展需求。

五、北方干旱内陆河区节水灌溉综合技术模式

北方干旱内陆河灌区深居欧亚大陆腹地，平原降水量仅 25～200mm，年蒸发量高达 2000～3000mm，没有灌溉就没有农业，并且水资源总量不足，水资源开发利用程度较高，个别地方已出现面积较大的地下水降落漏斗，生态用水量亟待增加，因此在这些地方实施节水灌溉具有重要的现实意义。根据该类型区作物的耗水特性、种植栽培特点和采用的灌溉方式的不同，总结提出了以下节水灌溉综合技术模式。

1. 大田低收益作物低成本降耗简化节水灌溉综合技术模式

该模式特点是以粮食作物为主，将节水品种、农艺措施，免耕秸秆覆盖与机械化畦植沟灌技术融为一体，进行集成。适宜作物为小麦、小麦玉米带田和啤酒大麦；其主体技术为减免冬灌机械化免耕秸秆覆盖技术和机械化畦植沟灌技术；配套的农艺技术为节水品种，精量播种，节水灌溉制度，配方施肥与化学保水剂等。

2. 大田高收益作物增投增效节水灌溉综合技术模式

该模式特点是将垄膜沟灌技术、膜下滴灌技术、喷灌渗灌技术和节水品种、地膜覆盖、平衡施肥和节水灌溉制度等有机集成。适宜作物为制种玉米、加工甜椒、加工番茄、啤酒花、酿酒葡萄和苜蓿；其主体技术为膜垄沟灌技术、膜下滴灌技术、喷灌渗灌技术，配套技术为选用节水品种、地膜覆盖技术、全降解地膜、平衡施肥与育苗技术，节水灌溉制度、田间闸管灌与分根交替灌溉。

3. 以膜下滴灌为主的棉花节水综合技术模式

该模式特点是将地膜覆盖技术与滴灌技术有机结合，在降低滴灌技术成本的基础上，达到了节水增产的双重目标。它将有压水源通过滴灌管道系统变成细小的水滴在作物根系范围内进行局部节水灌溉，同时由于覆膜可大大减少作物的棵间蒸发，使得作物根系在滴头附近集中发育，使水、肥作用更直接，效率更高。膜下滴灌还可在根系范围内形成一个低盐区，加之地膜覆盖使棵间蒸发甚微，盐分不易返回地面，在盐碱地上也可获得较高产量。

4. 小麦滴灌复播节水综合技术模式

该模式的特点是将滴灌应用于密植作物，开创了滴灌应用于密植作物的先河，同时充分发挥北疆农业生产"一季有余、两极不足"的有效积温，进行复播，有效提高了农业的土地生产率。具有土地利用率高、省水 20%～30%、省肥料 20%以上、省种子、省机力、省劳力的优点。

5. 以控制性隔沟交替灌溉技术为主的节水灌溉综合技术模式

该模式的特点是将垄植沟灌技术、足墒播种技术、地膜覆盖技术、控制性交替灌溉技术、用水管理技术的有机集成。

六、节水抗旱灌溉综合技术模式

我国无论是北方或是南方地区，均存在着许多季节性缺水地区，这类地区在农作物播种季节或某个生育阶段经常性地发生干旱，而在其他生长季节或生育阶段则降雨可满足需水要求，如不采取抗旱灌溉轻者减产，重者绝收。在这些地区可采取的节水灌溉综合技术模式为：将节水抗旱品种、节水高效种植模式、节水高效栽培技术、田间雨水就地利用技术与抗旱补灌技术如坐水种、软管灌溉、轻小型移动式喷灌机组等和平整土地、修建梯田、植树种草培肥土壤、覆盖保墒、合理耕作、采取节水灌溉制度相结合。

1. 坡耕地集雨抗旱灌溉综合技术模式

该模式的特点是以提高水资源的利用率和生产效率为核心，围绕"集雨、抗旱"两个基本点，积极开展水资源保护与高效利用，通过工程措施与生物措施、农耕措施与化控措施、集雨措施与水土保持措施、灌溉措施与抗旱措施的四结合，实现农业节水、农业发展、农民增收，达到水资源保护和高效用水的目的，促进农业生态良性循环。

2. 旱田移动式喷灌节水抗旱综合技术模式

该模式是针对地形复杂、风沙严重的现状，在山地，山脚打井、山腰建池，提水上山搞喷灌；在漫坡漫岗地，以小流域治理为重点，建蓄水工程搞喷灌；在平原区，合理布局井群，连片搞喷灌；在沿江沿河区，搞蓄、引、提、灌、排同步进行；在城郊区，开展保护区等集约化经营，推广更高水平的喷灌、微灌。针对分散的土地经营现状、较浅的地下水埋藏水位和地方经济比较贫困地区，采用使用方便、移动灵活、价格低廉、灌溉效果好的中小型移动式喷灌模式，达到经济、实用。一家一户分散经营地区，采用打井灌溉水源，根据农户经济实力和拥有的农田面积，使用小型喷灌设备。移动式喷灌工程由灌溉水源井、潜水泵、管网系统、喷头等组成。

3. 以机械化耕作栽培为主的抗旱节水灌溉综合技术模式

该模式的特点是以机械化为主的节水灌溉综合技术模式围绕对天然降雨和灌溉用水的蓄、保、用、节四个提高水资源利用率的关键环节而形成的以农田改造、耕作保墒、抗旱栽培、补充灌溉为核心内容的完整的技术体系。

4. 生物篱保水增收抗旱节水灌溉综合技术模式

该模式的特点是通过坡耕地修筑土埂、种植护埂经济植物篱、完善坡面水系、覆盖栽培等措施，采用集雨节灌等措施，可有效地减少水土流失，保护生态环境。通过该模式的实施，不仅培肥地力和减少水土流失、节约灌溉用水，而且避免了田间焚烧秸秆造成的环境污染。

5. 坡地分段集雨高效抗旱补灌综合技术模式

该模式的特点是通过扩蓄增容土壤水，微型工程就地蓄水，中小型工程拦蓄降水，季节性干旱期或用水高峰期调配用水，分层次地蓄积降雨径流，配套主要农作物高效补灌模式，提高降水利用率。

6. 坐水种节水抗旱灌溉综合技术模式

该模式是针对我国北方大部分地区，春季基本没有降雨，春播期间干土层较厚，在旱情较重的地方干土层甚至超过 15cm，无法按期播种，为解决这一难题，我国开发研制了机械化补水种植技术及机具，以播种机为基础，在拖拉机上加装水箱（罐），在种沟里补水后，再播种覆土，抗旱保苗和节水的效果很好，习惯上称"坐水种"或行走式施水播种技术。其主要特点：①机动灵活，不受地形限制，可充分利用各种水资源，提高了水资源的利用率；②可根据作物的农艺要求及生长期的需求规律，与相应的农机具配套使用；③结构简单、投资少、成本低、易操作，符合农民的技术水平和经济实力。

7. 玉米灌后覆膜节水抗旱灌溉综合技术模式

该模式的特点是把"行走式"节水灌溉技术、地膜覆盖技术和玉米适用的先进技术有机结合起来的一种高度集约化经营的高产栽培技术模式。

8. 坡地沟垄耕作抗旱节水灌溉综合技术模式

该模式的特点是将坡地沟垄耕作节水技术、覆盖保墒技术、节水灌溉技术、化学保墒技术、种植结构调整等技术有机集成的一种适宜坡地山丘区的综合节水技术。

9. 丘陵区坡耕地喷水带抗旱节水灌溉综合技术模式

该模式的特点是在丘陵区的坡耕地上，建设喷水带灌溉系统，对坡耕地上的农作物进行抗旱节水灌溉。

10. 山丘区适水种植旱作农业节水灌溉综合技术模式

该模式的特点是进行坡改梯农田基本建设，建设集雨工程，采用节水抗旱补灌技术，配合改良土壤和耕作覆盖保墒，发展特色农业，如反季蔬菜、优质水果等。

11. 低山丘陵区水资源高效利用的抗旱节水灌溉综合技术模式

该模式的特点是对低山丘陵区的河沟进行梯级拦蓄和建设高位水囤，充分开发和利用有限水资源，采用渠道防渗、管灌和喷微灌，结合抗旱保墒措施，发展山丘区特色农业。

12. 小麦抗旱节水灌溉综合技术模式

该模式的特点是包括生物（基因）节水、农艺节水和工程节水。生物节水主要是选用抗旱节水品种，利用品种自身抗旱特性达到节水的目的；农艺节水主要是以减少田间耗水为目的，提高水（包括自然降水和人工灌溉）的产出效率；工程措施主要是采用平整土地、修建防渗渠道，管道输水等措施是减少输水过程中的蒸发，渗漏损失，提高水资源的有效利用率。

13. 水稻覆膜抗旱栽培节水灌溉综合技术模式

该模式的特点是以地膜覆盖为核心技术，以节水抗旱为主要手段，集成旱育秧、厢式免耕、精量推荐施肥、地膜覆盖、"大三围"栽培、节水灌溉、病虫害综合防治等先进技术。

14. 以节水补灌为主的抗旱节水灌溉综合技术模式

该模式的特点是修建引水补灌设施，配套软管灌、喷灌等节水灌溉设施，采用以节水补灌为主，农艺措施与管理措施相结合的节水灌溉综合技术。

七、设施及高效农业节水灌溉综合技术模式

设施农业栽培也称保护地栽培，是利用日光温室、塑料棚等保护设施，人为地创造适宜于作物生长发育的良好环境条件，从而达到优质、高产、高效。其生产对象是高附加值的供城市居民消费的蔬菜、花卉等价格高的作物。设施高效益作物主要包括以温室大棚滴灌和无公害蔬菜种植为主。主体农业节水技术是地膜覆盖、膜下滴灌施肥、管道输水灌溉技术等，并配套抗旱作物品种、应用化学抗旱保水剂、有机生态无土栽培、节水灌溉制度等技术。

1. 高新农业节水灌溉综合技术模式

该模式的特点是采用调整种植结构＋设施农业技术＋先进灌溉技术，建设高标准农业节水示范园区，达到设施农业节水高效的目标。

2. 城市近郊高新农业节水灌溉综合技术模式

该模式的特点是高投入、高产出，实现现代化的自动控制灌溉管理与水资源的高效利用。

3. 都市型现代设施农业集雨微灌技术模式

该模式包括水源机井、首部过滤系统、变频控制系统、远程控制器、远传水表、蓄水池、室内滴灌管、微喷设备、小管出流灌溉设备及田间主管道等。

4. 设施高价值作物高投高效精准节水灌溉综合技术模式

该模式的特点是将水肥一体化技术、农户参与式水权管理与测量水技术、低压管道输水等技术有机集成。种植高附加值的温室蔬菜或花卉；采用精准灌溉制度以及农艺节水措施作为配套技术。

5. 以滴灌自动化灌溉为主的保护地节水灌溉综合技术模式

该模式的特点是将滴灌供水技术、自动化控制技术有机结合，可以根据蔬菜生长所需水分，自动以水滴的形式对作物供水，仅湿润部分土壤，可节水 20％～30％。

6. 温室简易重力滴灌综合技术模式

该模式的整个系统由塑料柔性水池（带有组建化水池支架）或刚性蓄水池（水泥、铁皮、塑料罐等）、组建化过滤系统、PE 支管和滴灌带等组成，使用安装简便。

7. 基于高新技术的精细灌溉节水综合技术模式

该模式的特点是建立田间农作物生长条件的数据采集系统，经计算机处理后进行灌溉预报，利用自控技术对灌溉进行自动化管理。

8. 温室大棚蔬菜膜下滴灌节水综合技术模式

该模式主要采用膜下软管滴灌技术，输水管大多采用黑色高压聚乙烯或聚氯乙烯管，内径 40～50mm，作为供水的干管或支管使用。滴灌带由聚乙烯吹塑而成，膜厚 0.10～0.15mm，直径 30～50mm，滴灌带上每隔 25～30cm 打一对直径为 0.07mm 大小的滴水孔。膜下软管技术的应用，可提高地温，降低棚室空气湿度，减少病害的发生，改善了传统的灌溉方法使棚室中湿度增大、极易导致棚室蔬菜病害高度发生的弊端，对蔬菜按需供水，起到节本增效的作用。滴灌控制设备、输水管、滴灌带、连接部件均采用塑料制成，轻便，易于安装、拆卸。

9. 果园节水节肥一体化综合节水技术模式

该模式的特点是在果园中建设滴灌、微喷灌、喷水带等灌溉系统，配套地膜覆盖或秸秆覆盖和配方施肥等节水高效农艺措施，提高灌溉水和肥料的利用率，达到节水增效的目标。

10. 农业机械化灌溉综合节水技术模式

该模式的特点是采用流体机械、系统控制、管道技术以及田间管理等技术措施，对经济作物进行自动化灌溉，具有节水高效，提高劳动效率，省工省时，节约成本等优点。

11. 以微灌、喷灌和智能卡管理为主的节水灌溉综合技术模式

该模式是集成各种种高新技术，不仅可降低作物灌溉用水量，增加产出，而且还可扩大单井控制面积，提高灌溉设备利用率，使水利工程效益得到充分发挥。其特点为：控制面积 500 亩，单井流量 80m³/h；种植蔬菜、葡萄、梨树、速生杨、茄子、辣椒等高收益作物；采用滴灌、微喷、喷灌；增施农家肥、培肥地力与生育期水肥管理等农艺措施；采用智能卡自动控制灌溉与用水计量，用水户自主管理。

12. 以自动化控制喷灌为主的综合节水技术模式

该模式的特点是将自动化控制技术、喷灌技术、农艺措施、工程管理措施等相结合，达到节水、增产、省工、高效益的目的。

八、机电提水灌区节水灌溉综合技术模式

我国机电提水灌区普遍存在泵站布局不够合理，泵站设施老化失修，机泵装置效率低，能耗高，输水损失大，田间工程标准低，灌水方法落后的问题。针对这些问题，各地通过调查研究，筛选适合技术，提出了该类型区节水改造的模式为：对泵站合理布局，进行节能更新改造；对输水土渠改造为低压输水管道或衬砌渠道；对田间水稻灌区实现格田化，采用水稻节水灌溉制度，蔬菜灌区采用喷灌或滴灌。

1. 南方小型机电提水灌区节水改造综合技术模式

该模式的特点是泵站节水灌溉工程与农业节水措施的紧密结合。

2. 农村机电提灌站节水改进综合技术模式

该模式的特点是对农村小型机电提灌站进行技术改造，田间采用喷灌或微灌技术。

3. 丘陵引提灌区节水灌溉综合技术模式

该模式的特点是采用水资源合理利用＋非充分灌溉＋农业节水措施，达到节水高效的目标。

九、草原牧区节水灌溉综合技术模式

1. 家庭草库伦节水灌溉技术模式

该模式主要包括：水源工程、工程节水措施、农艺节水措施和管理节水措施以及饲草料的综合栽培技术、围栏和防护林等。该模式主要是在一些地下水埋深较浅的沙质草场或居住相当分散出水量较少的高平原地区，以户为单位，在自家承包的草场内，选择水土资源条件相对较好的地区，进行小面积灌溉饲草料地建设。主要节水工程措施为低压管道输水灌溉，或采用小型喷灌。配套的技术措施有：草地围栏，防护林带建设，人工牧草综合节水栽培技术，以及饲草料的加工、青储技术等。

2. 牧区"五个一"节水灌溉综合技术模式

该模式主要包括：水源工程、工程节水措施、农业节水措施和管理节水措施以及与之相配套的自动化供水技术、饲草料加工贮存技术、畜群基本建设措施等。"五个一"即每牧户牧民在自家承包的草场内打1眼机电井，建设1块40～50亩的节水灌溉饲草料地，建1座15m³水塔，修1座30m³青贮窖，建1座80m²舍饲暖棚；以及围栏、防护林带等。

3. 规模化节水灌溉饲草料基地经营模式

该模式主要包括：水源工程建设、节水灌溉工程措施、农艺节水措施和管理节水措施，以及人工草地建设、饲草料综合高产栽培技术、草地围栏和防护林带等。主要节水灌溉工程形式采用大型时针式喷灌系统、平移式喷灌系统，或采用卷盘喷灌系统。如采用地表水灌溉时也可采用渠道衬砌节水灌溉形式。水源工程可开发利用地下水，也可采用有坝、无坝引取地表水作为灌溉水源。在采用地表水时，使水质情况设置必要的沉淀过滤设施。在灌溉管理上应采用非充分灌溉技术，并大力推广采用先进的农艺、草业栽培技术。

4. 联户开发饲草料地节水灌溉综合技术模式

该模式包括水源工程建设，工程节水措施、农业节水措施和管理节水措施，以及人工草地建设和饲草料综合高产栽培技术。此外需配套进行围栏、防护林带配套建设，面积较大的还需进行生产路配套建设。该模式由多户牧民自发联合，或由乡、村行政组织协调多户牧户牧民，选择水土资源条件较好的草地，进行较大规模的灌溉饲草料地建设，一般每户平均20～50亩，或每个羊单位牲畜平均0.2亩左右。节水灌溉工程形式一般采用低压管道输水灌溉、半固定喷灌、或采用大中型机组式移动喷灌系统。并配套牧草栽培、农艺、管理等技术措施。

5. 人工草地自压喷灌、管灌综合技术模式

由于灌溉系统需要具有较为稳定的水源水位，故该模式主要包括：山区河道地表水拦截工程（水库），管道输水工程和调压减压工程，节水灌溉措施和节水灌溉管理技术，以及与之相配套的饲草料综合高产栽培技术，围栏和防护林建设技术等。

6. 太阳能风能提水饲草料地节水灌溉模式

该模式主要包括：太阳能或风能发电装置，直流逆变及功率跟踪装置，输水及蓄水池工程，喷灌或管灌工程，发电、提水及灌溉控制系统以及与之相配套的人工饲草料种植管理技术，管理节水技术等。

7. 山前天然草地自流引水衬砌渠道排管出流节水灌溉模式

该模式主要包括：出山口地表水资源截引工程、渠道衬砌工程，以及天然草场改良技术措施和草地围栏工程。这类形式一般由乡、村行政统一组织进行建设、管理，或由乡、村组织出面协调多户牧民组织用水协会，在山前选择坡度较缓，且较为坡向均一的天然草地，在山间天然河道上建坝引水或采用无坝引水方式，经衬砌渠道或管道引地表水到山前天然草地发展草地灌溉。渠道一般采用矩形或梯形断面，并采用混凝土衬砌。配水渠道间距一般在 $200\sim500m$ 之间，沿等高线布置。灌水方式采取在距堤顶部 $20\sim30cm$ 处安装一排 PVC 或 PE 出水管（出水管为 $\phi50$），将水引入渠旁的天然草场内进行连续性的小管径出流顺坡漫灌。PVC 或 PE 管安装间距依天然草场坡度而异，间距一般在控制在 $5\sim10m$ 之间。为减轻天然草场地面冲蚀，在小管出水口处设置直径 $30\sim50cm$，深 $20cm$ 的卵碎石防冲坑。为大幅度提高天然草场产量，达到节水增产目的，应结合进行天然草场综合改良，一般采取补播优良牧草＋切根松耙＋施肥（农家肥或化肥）以及节水管理技术措施。

8. 天然草场引洪淤灌综合技术模式

该模式主要包括河道引洪运洪工程、渠道衬砌工程、天然草场改良技术以及管理技术措施等。

第四节　几种主要农作物的节水高效灌溉制度

作物灌溉制度是为了促使农作物获得高产和节约用水而制定的适时、适量的灌水方案，它既是指导农田灌溉的重要依据，也是制定灌溉规划、设计灌溉工程以及编制灌区用水计划的基本依据。作物灌溉制度包括：农作物播种前及全生育期内的灌水次数、灌水时间、灌水定额和灌溉定额。灌水定额是指单位耕地面积上的一次灌水量，而灌溉定额是指单位耕地面积上农作物播种前和全生育期内的总灌溉水量。

节水高效灌溉制度是把有限的灌溉水量在作物生育期内进行最优分配，以提高灌溉水向根层贮水的转化效率和光合产物向经济产量转化的效率。对旱作物可根据水源供水状况，在水源充足时采用适时、适量的节水灌溉；在水源供水不足的情况下采取非充分灌溉、调亏灌溉、低定额灌溉、储水灌溉等，对水稻可采用浅湿灌溉、控制灌溉等，限制对作物的水分供应，一般可节水 $30\%\sim40\%$，而对产量无明显影响。

充分灌溉是指水源供水充足，能够全部满足作物的需水要求，此时的节水高效灌溉制

度应是根据作物需水规律及气象、作物生长发育状况和土壤墒情等对农作物进行适时、适量的灌溉，使其在生长期内不产生水分胁迫情况下获得作物高产的灌水量与灌水时间的合理分配，并且不产生地面径流和深层渗漏，既要确保获得最高产量，又应具有较高的水分生产率。供水不足条件下的节水高效灌溉制度是在水源不足或水量有限条件下，把有限的水量在作物间或作物生育期内进行最优分配，确保各种作物水分敏感期的用水，减少对水分非敏感期的供水，此时所寻求的不是单产最高，而是全灌区总产值最大。供水不足条件下的节水高效灌溉制度包括非充分灌溉的经济用水灌溉制度和调亏灌溉制度。非充分灌溉的经济用水灌溉制度是以经济效益最大或水分生产率最高为目标，确定作物的耗水量与灌溉水量。调亏灌溉制度是根据作物的遗传和生物学特性，在生育期内的某些阶段，人为地施加一定程度的水分胁迫（亏缺），调整光合产物向不同组织器官的分配，调控作物生长状态，促进生殖生长，控制营养生长的灌溉制度。

在制定节水高效灌溉制度时，常采用总结群众的灌水经验；根据灌溉试验资料；根据土壤水量平衡分析成果并参考群众灌水经验或试验资料等三种方法。

根据水利部编制的《全国节水灌溉规划》，到 2020 年，发展耕地节水灌溉工程面积 3133.3 万 hm^2、牧草节水灌溉面积 86.7 万 hm^2、林果节水灌溉面积 113.3 万 hm^2、节水措施面积 1000 万 hm^2。由此可见，我国推广应用节水高效灌溉制度任重而道远。

一、水稻的节水高效灌溉制度

2004 年以来，国内稻谷种植面积和产量持续增长，实现了"十二连丰"。2015 年我国稻谷播种面积 45.3198 万亩，亩产 459.5kg，总产量 20824.5 万 t，产量连续 5 年站稳在 2 亿 t 之上。

1. 水稻的需水规律

（1）水稻的生理需水。生理需水是指供给水稻本身生长发育、进行正常生命活动所需的水分。维持水稻正常生理功能所消耗的水量，绝大部分是通过植株蒸腾而散发到大气中去，因此这部分水量称为水稻的蒸腾量。蒸腾强度是随着绿色叶面积和植株高度的增加而逐渐增加的，到了成熟期，又随着绿色叶面积逐渐减少而递减。水稻的生理需水在水稻一生中的变化规律是从小到大，再由大到小。

（2）水稻的生态需水。生态需水是指为保证水稻正常生长发育，创造一个良好的生态环境所需的水分，这部分水量主要包括棵间蒸发和稻田渗漏。水稻生态需水的作用是多方面的，但最主要的作用是以水调温、以水调肥、以水调气以及淋洗有毒物质等。棵间蒸发是物理性的扩散汽化作用，受到植株荫蔽的影响，在水稻全生育期的变化规律是从大到小，再从小到大。在有水层和没有水层的条件下，棵间蒸发量可相差好几倍。稻田渗漏分为田埂渗漏和底层渗漏，与稻田的土壤质地、土壤结构、地下水位、田面水层深浅以及边界出流条件等密切相关。田面有水层的稻田比田面无水层的稻田，因受水的重力作用，其渗漏量大得多。

2. 各生育期需水量与棵间蒸发、叶面蒸腾的变化

根据广东、广西、福建等省、自治区一些灌溉试验站的试验成果统计，水稻各生育期需水量占全生育期需水量的比例（又称阶段需水模系数），见表 9-2 至表 9-4。

表 9-2　　　　　　　　水稻各生育期需水量占全生育期需水量的比例

生　育　期	双季早稻/%	双季晚稻/%
移栽回青期	4.0～8.2	3.6～11.4
分蘖前期	6.4～23.6	7.0～26.9
分蘖后期	7.4～23.8	8.7～25.5
拔节孕穗期	15.3～32.9	14.1～31.0
抽穗开花期	10.2～17.7	7.2～20.4
乳熟期	7.7～15.9	8.4～18.9
黄熟期	8.6～31.3	3.1～20.0

表 9-3　　　　　　　　水稻各生育期叶面蒸腾量占全生育期蒸腾量的比例

生　育　期	双季早稻/%	双季晚稻/%
移栽回青期	0.8～4.4	1.2～4.7
分蘖前期	1.5～20.3	4.2～25.0
分蘖后期	7.0～23.5	7.8～26.7
拔节孕穗期	18.7～37.6	18.6～34.9
抽穗开花期	11.9～23.1	8.1～25.5
乳熟期	8.4～19.8	10.1～23.5
黄熟期	4.1～35.6	3.4～21.8

表 9-4　　　　　　　　水稻各生育期棵间蒸发量占全生育期蒸发量的比例

生　育　期	双季早稻/%	双季晚稻/%
移栽回青期	7.7～19.2	10.1～28.4
分蘖前期	15.1～39.2	15.0～39.7
分蘖后期	5.4～24.4	6.1～23.4
拔节孕穗期	9.8～22.9	4.7～19.5
抽穗开花期	4.2～10.0	4.2～8.6
乳熟期	4.1～11.3	4.3～14.1
黄熟期	9.7～20.3	3.1～24.7

3. 水稻需水临界期

水稻需水临界期是指水稻生长期间对水分最敏感的生育阶段。水稻的需水临界期多在孕穗期，即稻穗形成的阶段。因为稻穗是植株中最幼嫩的部分，抵抗干旱的能力最弱，对水最敏感，往往最先受到缺水的影响，容易造成穗短、粒少。并且该期叶面积大，蒸腾作用强，需水较多，约占全期需水量的20%～30%，若供水不足，就会削弱同化物质制造及其在植株体内运转，造成水稻减产。

4. 水稻需水量与产量的关系

影响水稻产量和需水量的因素均十分复杂，在充分供水的条件下，水稻的品种、农业技术措施是影响单产的主要因素，而气温、湿度、风速等则是影响水稻需水量的主要因素。因此，在充分供水条件下，水稻需水量与产量之间不存在简单的线性关系。水稻需水系数是指每生产1kg稻谷所消耗的水量（kg），是需水量与经济产量的一个比值，用来反映灌溉水效率的高低。对于不同的地区，不同的稻别、其需水系数也有差别，一般是早稻的需水系数小于晚稻。

5. 水稻的节水高产灌溉制度

（1）秧田的节水灌溉。采用湿润灌溉，即在育秧初期保持秧板湿润（含水量90%以上），待秧扎根并有2～3个小叶以后再灌浇水层。另外，还可采用旱田育秧，即在旱地上作畦，畦上播种盖灰，出苗前进行旱育，每日早晚喷水湿润畦面，待秧高3cm以后，用沟畦透水灌溉，使沟中水分浸透畦田土壤，在畦面不形成水层。在北方稻区，也可采用水旱秧田，即早期采用旱田育秧，待秧苗全长至6～7cm时灌上水层，以防止死苗，促进生长。

（2）整泡田的节水灌溉。缩短整泡间隔时间，集中灌水：尽量做到整地、泡田、栽秧在同一天进行；浅水整田：灌水使土壤饱和，土壤之间的空隙出现积水时停止灌水，立即进行水耕；减少水层深度：改传统的深水泡田为浅水泡田，田整好后，田面上保持30～50mm水深即可；做好田埂，防止串灌。

（3）本田的节水高效灌溉制度。水稻节水高效灌溉制度的形式：一般所说的水稻灌溉制度都是指本田灌溉或直播稻田的灌溉。水稻本田的灌溉制度实际上是指各生育阶段水层（包括烤田）的合理组合方式。由于环境条件差异，这种组合是多种多样的。当前各地采用的水稻节水高效灌溉制度有多种形式，一般有"浅湿"灌溉、"薄浅湿晒"灌溉、"薄露"灌溉、"控制"灌溉、"间歇"灌溉等多种称谓，但都可归纳为浅水淹灌与湿润灌溉相结合的灌溉制度，即在生育阶段内，有时用浅水层淹灌，有时用湿润灌溉。这种灌溉制度一般又分以下三种方式：①复青期浅水淹灌，以后长期浅湿结合；②复青期和孕穗至灌浆期浅水淹灌，其他时期浅湿结合；③全生育期都采用湿润灌溉。另外，还可采取合理深蓄降雨、充分利用雨水、减少水稻灌溉用水量的深蓄雨水节水灌溉制度。

水稻节水高效灌溉制度的技术原理：水稻的需水量包括叶面蒸腾、株间蒸发和田间渗漏三部分。第一部分属生理需水是水稻生长发育过程中所必需的，但只占水稻总需水量的30%～40%；而第二和第三部分属生态需水却占总需水量的60%～70%，并不完全是水稻生长所必需的，试验表明有相当部分水量可以节省，而对水稻生长影响很小。因此，可以根据水稻的生长需水规律，采用"浅、湿、干"的土壤水分管理，实施以水调肥，以水调气，以水调温，有效地促控水稻生长发育，保证其生理需水，减少其生态需水，达到节水高效的目的。

二、小麦的节水高效灌溉制

小麦是我国仅次于水稻的主要粮食作物，种植面积约4.3亿亩。其中春小麦6300多万亩，其他均为冬小麦。冬小麦生长期一般是10月中旬至次年的5月下旬，此时恰处于是北方干旱季节，因此，冬小麦的灌溉也只限于这些地区。南方各省冬小生长期降雨颇多，一般不需要灌溉。春小麦主要分布在东北、西北与内蒙古地区，春小麦一般3月底或4月初播种，6月底或7月初收割，在其生长旺期内，降雨较少，因此普遍需要灌溉。

（一）小麦的需水规律

1. 冬小麦的需水规律

各生育阶段的需水量：冬小麦各生育期由于时间长短、气候条件各异，因而各阶段总需水量与阶段日需水强度不同。需水量最多的阶段是抽穗—成熟期，即灌浆阶段。灌浆期需水量大的原因是由于该阶段生长期长，而且日需水强度高。但日需水强度最大的阶段是在拔节—抽穗期，这是因为此期间冬小麦由营养生长阶段转为生殖生长与营养生长并进的阶段，生长旺盛、需水强度大，属于需水敏感期。因此保证这一阶段的水分需求，对冬小麦的增产、增收十分重要。

棵间蒸发与叶面蒸腾：冬小麦需水量主要由叶面蒸腾与棵间蒸发两部分水量组成。叶面蒸腾是一个生理过程，蒸腾量大小除与大气条件和土壤水分条件有关外，也受植株本身的生理作用制约。植株的生长条件，如叶面积大小等因素也影响着蒸腾的大小。蒸腾量的变化规律是由冬小麦生长初期的较少而逐渐增大，至拔节以后至最大值。棵间蒸发是一个物理过程，与土壤水分条件、棵间小气候状况、水汽压梯度和地面覆盖条件有关。冬小麦生长初期，棵间蒸发量较大。如播种—越冬期，由于叶面覆盖少，棵间蒸发量占需水量的60%以上。以后，随着冬小麦植株群体的逐渐增大，棵间蒸发量逐渐降低，至拔节以后减至最小值，这时不足需水量的10%。

2. 春小麦的需水规律

各生育阶段的需水量：春小麦需水量最大的生育阶段为灌浆期，即抽穗—成熟阶段。其模系数（每个生育阶段的需水量占全生育期需水总量的百分比）在40%以上。其次是拔节期，模系数为20%以上。阶段需水量最小时期为播种—出苗期，模系数在6%以下。日需水强度最高的阶段一般为拔节期，其生理需水与生态需水均达到了最高峰，是春小麦的生殖生长与营养生长最旺盛的阶段，保证这一时期的水分需求，对春小麦增产作用重大。

棵间蒸发与叶面蒸腾：春小麦各生育期的叶面蒸腾变化与总需水量变化相似，从小到大，而又由大变小，峰值在拔节—抽穗期。棵间蒸发也基本与叶面蒸腾的变化同步，这主要是春小麦生长期间蒸发量明显受气象条件影响，气象条件与生物学过程同步，较大的生物量并没有明显抑制棵间蒸发之故。春小麦棵间蒸发量占需水量比例与产量水平有关，一般占20%～30%，产量水平高时所占比例较小，反之则大。春小麦棵间蒸发量占需水量比例还与品种类型有关。

我国冬小麦的面积分布很广，几乎遍及全国，但主要产区集中在长江以北、黄河及淮河流域的河南、河北、山东、山西、陕西、安徽、江苏、北京、天津、新疆等省（直辖市、自治区）。这些省（直辖市、自治区）冬小麦种植面积占到全国冬小麦种植总面积约80%，冬小麦生长期一般是10月中旬至次年的5月下旬，此时恰处于是北方干旱季节，因此，冬小麦的灌溉也只限于这些地区。南方各省冬小生长期降雨颇多，一般不需要灌溉。春小麦主要分布在东北、西北与内蒙古地区，春小麦一般3月底或4月初播种，6月底或7月初收割，在其生长旺期内，降雨较少，因此普遍需要灌溉。

（二）小麦的节水高效灌溉制度

冬小麦是我国主要的粮食作物之一，生长期很长，一般为240～260天，每年9月下旬至10月下旬播种，次年5月下旬至6月中旬收割。我国是一个季风气候国家，冬小麦的生长期正是少雨季节，灌溉是冬小麦获得高产的重要保证。在水量有限、供水不足的条件下，冬小麦全生育期的总需水量及各生育阶段的需水量不可能得到全部满足，因此，就不可能按照供水不受限制时的丰产灌溉制度进行灌溉。在这种情况下就应按照节水高效的灌溉制度进行灌溉，把有限的水量在冬小麦生育期内进行最优分配，确保冬小麦水分敏感期的用水，减少对水分非敏感期的供水，此时所寻求的不再是丰产灌溉时的单产最高，而是在水量有限条件下的全灌区总产量（值）最大。我国冬小麦主产区是属我国水资源最紧缺地区之一，因此，多年来开展了大量有关冬小麦节水高效灌溉制度的研究，取得了许多行之有效的成果，并已大面积推广应用。

三、玉米的节水高效灌溉制度

玉米的种植区域遍布全国各省（直辖区、自治市），而根据适宜种植的程度又较集中分布在从东北三省经冀、鲁、豫、陕走向西南的一个狭长地带，该地带玉米种植面积占全国玉米总面积的 70%，产量接近玉米总产量的 4/5。

根据地理位置、地势、气温、无霜期长短等条件确定玉米的播种期和种植制度，并将玉米大致分为春播和夏播两类。我国北方北纬 40°以北，多为春季播种，为春玉米。北纬 38°以南，气温较高，无霜期多在 190 天以上，玉米夏季播种，为夏玉米。冀、晋、陕、鲁及新疆等省（自治区），靠北部种植春玉米，南部复种夏玉米，中部春、夏玉米交叉种植。长江以南一些地区有一年三熟的秋玉米，而广西、海南等省区，还可以在冬季种植玉米。

1. 玉米的需水规律

无论是春玉米还是夏玉米、北方玉米还是南方玉米，需水模系数（指各生育阶段需水量占全生育期总需水量的百分比）的变化趋势均是从小到大，再由大到小。各生育阶段需水情况如下：

（1）播种—拔节阶段：植株蒸腾量很小，其水分多数消耗在棵间蒸发中，玉米这个生育阶段在全生育期内时间最长，春、夏玉米分别占全生育期天数的 32.4%～35.6% 和 30.3%～31.9%，但需水模系数最低，春玉米占 23.9%～24.2%，而夏玉米仅占 16.7%～22.8%。

（2）拔节—抽雄阶段：不论是春玉米还是夏玉米，此生育阶段都处于气温较高的季节。玉米在拔节以后，由于植株蒸腾的速率增加较快，日需水强度不断增大。该阶段经历时间，春玉米 34～40 天，北方夏玉米 25～32 天，南方夏玉米仅 18～25 天。该阶段需水模系数普遍较高，春玉米为 28.2%～33.5%，在灌溉条件下的夏玉米达 28.3%～36.5%。

（3）抽雄—灌浆阶段：是玉米形成产量的关键期。该阶段时间较短，春玉米 18～24 天，夏玉米 16～21 天。需水模系数的区域差异性较大，辽宁春玉米平均为 17.9%，而山西北部春玉米达 28.4%，安徽中部夏玉米为 23.7%。

（4）灌浆—成熟阶段：除部分春玉米外，此阶段多数地方气温渐降，叶片也开始发黄，该阶段持续时间：春小麦 30～36 天，夏玉米 22～28 天。黄河以北地区，无论春玉米或夏玉米，需水模系数大都为 25% 左右。而南方多数省份，生育期正常供水情况下，夏玉米需水模系数一般 29%～34%，春玉米也在 27% 以上。

2. 玉米的节水高效灌溉制度

我国北方地区，在玉米的生育阶段，都存在不同程度的缺水问题，需要实施灌溉。玉米的节水高效灌溉制度，便是针对各地不同的水资源状况，充分利用降雨，按以供定需的原则制定的，根据玉米各阶段对水分的要求适当地调整生育期间的灌水次数、时间与定额，力求在节水的前提下获取相对较高的产量。各地的试验统计资料表明：不论是春玉米还是夏玉米，其生育期中的关键灌水时期一是抽雄—开花期，二是播种期。抽雄期受旱对产量影响最大。春玉米的播种—出苗期（4—6月）降雨量较少，保证播前有充足水分状况，能促成玉米全苗和壮苗。因此在制定节水高效灌溉制度时，一定要保证抽雄期前后和播种期的用水。

四、棉花节水高效灌溉制度

我国棉花产地分布很广，但主要集中在华北、华中、西北与华东地区。形成黄河流域棉区、长江流域棉区和西北内陆棉区。棉花的需水规律如下。

1. 棉花需水量及其影响因素

棉花需水量受气候、土壤、品种、栽培条件等影响，在时间、空间上都有一定的变化。关于空间上的变化，主要受气候条件左右。在华北、陕西等地的黄河流域棉区，属于半湿润气候区，这里年平均气温为 10～15℃，无霜期长达 180～230 天，棉花全生育期需水量变化在 550～600mm 之间。该区年降雨量 550～600mm，但全年降雨分布不均，60%～80% 的雨量集中在 7 月、8 月两个月。一般春季干旱、多风、蒸发量大。9 月份以后雨量逐渐减少，日光充足，适宜棉花吐絮。春季干旱往往影响棉花播种与出苗。因而实行冬、春蓄水灌溉，并做好春季保墒工作，对当地棉花生产十分重要。西北内陆棉区，如新疆、甘肃省河西等地，属大陆干旱气候，年蒸发量可达 1500～4000mm，而年降雨量仅为 20～180mm。棉花生长期平均气温为 5～10℃，由于蒸发力强，棉花需水量高达 800mm 以上。如吐鲁番地区，棉花生长期干旱、炎热，需水量竟高达 1017mm，可见当地棉花生产与灌溉关系十分密切。在我国的南方长江流域棉区，如江苏、安徽、湖南、湖北及浙江等地，棉花生长期平均气温为 5～18℃，年降雨量为 750～1500mm，雨水充沛。棉花需水量为 600mm 左右，当地棉花生长期间虽然有短期伏旱，花铃期有一定灌溉要求，但棉田排水问题更为突出。在东北辽河流域属特早熟棉区，由于生长期短，棉花需水量仅为 400～500mm。当地年降雨量为 400～700mm，如同黄河流域棉区一样，也多集中在 7 月、8 月两个月。春季干旱季风多，表墒不足影响棉花播种与出苗。

由于栽培水平、产量等因素的影响，即便在同一地区棉区需水量也会发生变化。如施肥水平，尤其是有机肥的大量使用，可改善土壤结构，使耕层容重减小，土壤变得疏松，多孔隙，这样毛管水不宜直接达到地表，棵间土壤蒸发水量明显减少。但由于肥力条件好，棉株发育好，枝叶繁茂，叶面积增大，叶面蒸腾量则有所加大。

棉花种植密度对需水量的影响亦很明显。一般情况下，随着植株密度的提高，叶面积系数增大，叶面蒸腾量增大，需水量随之变大。据 20 世纪 50 年代，河南人民胜利渠试验站资料，棉株密度由 5000 株/亩增大到 9000 株/亩时，需水量增加 50～60mm。

20 世纪 80 年代以来大面积实行地膜覆盖、秸秆覆盖新技术措施后，显著减少了棵间土壤蒸发量，从而降低了需水量。据新疆资料，幼苗至现蕾阶段，在覆膜度为 75% 时，因覆盖，减少棵间蒸发量达 51.6%，花铃期减少 60.4%，吐絮期减少 42.0%。全生育期减少 53.9%。

不同棉花品种，由于株形结构、叶面积等不同，需水量亦不同。根据试验，品种对需水量的影响，变化幅度在 10% 左右。

河南省很多地区，20 世纪 80 年代以来实行棉、麦一体化种植，棉麦轮作。改春棉为夏播棉。据测定夏棉皮棉产量在 75～100kg/亩时，需水量变化在 300mm 左右，与一般夏季作物需水量相近。

2. 棉花各生育期的灌溉需求

（1）苗期：从出苗到开始现蕾这一阶段称为苗期。北方棉区这一时段大约在 45 天左右，时间从 4 月底到 6 月初。此间风多、风大，蒸发量大，降雨少，寒流频繁。棉苗出土后常遇低温等不利条件而易感染病害。一般不要求灌水，习惯蹲苗，此时加强中耕松土措施既可保墒，又能提高地温，有利于促进幼苗生长，也可减轻病的危害。长江流域棉区，苗期正值梅雨季节，细雨蒙蒙，排水问题更为突出，不需灌水。

（2）蕾期：棉花现蕾以后气温升高，生长发育加快，花蕾大量出现，对水分要求也十分迫切。北方棉区此间干旱少雨，必须灌溉以保证棉苗生长发育对水分的要求。现蕾期及时灌水，不仅有利于棉株生长，而且现蕾数也明显增加，有利增产。经验表明，蕾期适时灌水可以争取早座、多座伏前桃，进而控制后期植株徒长，减少了蕾、铃脱落率。

（3）花铃期：花铃期虽逢雨季，但由于降雨的不稳定性，灌水几率仍然很大。花铃期是棉花灌水高峰期，植株蒸腾量大，对水分十分敏感。干旱和淹涝都会引起蕾铃的大量脱落。另外花铃期缺水与否不但影响产量，而且对棉纤维品质也有影响。花铃期正值棉花生殖生长旺盛阶段，大量生殖器官的形成、运转，会有较多有机营养物质的产生与积累。在干旱时及时灌水不仅有利于干物质的形成、运转，而且也有利于矿物质营养的吸收、利用。在黄河流域棉区，花铃期正值雨季，灌溉若不注意天气预报，灌后遇雨往往形成徒长，致使中、下部蕾铃大量脱落。为了防止中、后期徒长，应注意抓伏前桃。低位果枝能座住伏前桃，就可以在雨季稳住棉株，不使其徒长，这样就可有效地减少蕾铃脱落。

（4）絮期：吐絮以后叶片逐渐老化，有的已脱落，叶面蒸腾量明显减少，对灌溉要求不高灌溉几率小。但试验资料表明，絮期干旱时及时灌水，对产量与棉纤维品质都有重要影响。有的研究成果表明，絮期及时灌水，明显增加秋桃数并增强已座成桃的棉纤维品质。关于后期停水日期，主要依据秋季降雨、温度变化、霜期早晚情况来决定。秋雨少，生长期较长的地区，8 月中旬的幼铃尚能吐絮，停水日期可放在 8 月 30 日左右，即在吐絮开始时为宜。如果 9 月天气干旱，还应继续灌水，以保证幼铃的生长与成熟。

课外知识

国外农业灌溉模式

发展节水灌溉不是简单地降低农业灌溉的用水量，而是一项综合工程，它既依赖于现代灌溉技术的研究、推广应用和技术培训等环节，也涉及水土资源的合理利用、农业种植结构的调整、用水管理体制的改革、水价政策的制定和生态环境保护等领域。

纵观世界上节水灌溉比较发达的国家，都是根据各自的国情，综合考虑社会、经济、资源、环境和技术因素，采取适合本国特点的农业高效灌溉措施。

一、以色列模式

以色列是一个水资源严重紧缺的国家，人均水资源占有量只有 $365m^3$，灌溉面积为 22 万 hm^2，农业用水量占总供水量的 62％。为了提高灌溉水效率，所有的灌溉农田都采用了喷灌和滴灌现代灌溉技术和自动控制技术，使灌溉水平均利用率达到 90％，滴灌面积占其全部灌溉面积的 2/3。

为提高灌溉水利用率采取的其他措施还有水量计量、水价政策、灌溉过程的计算机管理和遥控、水肥同步施用。这些措施使平均灌溉水量由 1975 年的 $8700m^3/hm^2$ 降为 1995 年的 $5500m^3/hm^2$，同时在农业总用水量不增加的情况下农业产出增长了 12 倍。

国家为供水提供一定的补贴，但补贴的比例在逐渐降低。以色列所采用的管理体制、法规、经济和技术等综合措施，对水的需求进行管理，提高农业和工业用水效率，重复利用其有限的水资源。以色列以仅仅 $5500m^3/hm^2$ 的灌溉用水量在干旱地区获得了成功的灌溉农业，实现 92％ 的农产品自给。

二、法国模式

虽然法国的水资源较为丰富，但时空分布极其不均匀，在地域和时域上存在水资源紧缺的问题，法国的南部水资源比较紧缺。法国采取了许多措施，以提高需水量管理水平，提高水的利用效率；改善农业耕作方法，尽量减少对自然环境的影响。

法国水管理的特点是由国家、流域管理委员会、水协会和地方水管理公司共同参与管理。为了管理好水务，近年来法国修改了水法和农业法两部法规。水法强调了水资源（包括地表水、地下水等）的统一性，建立了以流域为单位的水资源管理体系。水法还强调了水是公共资源。

在法国现有的 238 万 hm^2 灌溉面积中，111 万 hm^2 为现代灌溉面积，占总灌溉面积的 47％。现代灌溉面积以喷灌为主，有喷灌面积 89 万 hm^2，占现代灌溉面积的 80％。平均灌溉水价为 0.15 美元/m^3。

在灌溉用水管理模式上，法国有协作管理、区域开发公司管理和单个灌溉工程管理 3 种模式。其中协作管理模式是由参加用水户协会的农场主和其他用户共同拥有和使用灌溉设备，协会负责需要集体开展的工作、统一管理设备和维护工程设施。每个协会平均有 75 个成员和 $250hm^2$ 灌溉农田。协作管理模式的成功归功于协会内成员之间的紧密联系，农民负责履行集体做出的决定，水费收取和管理到位。水费至少可以支付运行和维护费用，有时还可以支付部分工程建设投资。

三、美国模式

美国的灌溉面积为 1999 万 hm^2，其中占灌溉面积 55.6％ 的为沟灌，喷灌和滴灌面积占灌溉面积的 27％，地下灌溉技术也得到了应用。

美国有很好的现代灌溉技术研究和开发支持条件，有许多研究中心，这些中心经常深入农场与用水户保持密切联系，技术推广不但速度快且面也很广，现代灌溉面积发展速度很快。美国垦务局和其他机构遍布美国各地，根据当地的气候和水源条件为灌溉农业提供良好的技术支持。美国的灌溉水价基于平均成本价，水价不但包括运行和管理成本，也包括政府为保护水资源而附加的费用，按用水量收取水费。为了促进现代灌溉农业技术的应用，美国引入了如下几项措施：

（1）研究将用虹吸管引水灌溉的灌区改为喷灌、滴灌等现代灌溉的限制条件。研究发现，为初次购买喷灌设备的用户提供低息贷款并进行支持性的示范可促进现代灌溉技术的应用。

（2）美国垦务局将自动控制技术用于灌区配水调度，配水效率可由过去的80％增加到96％。

（3）在加州开展的为期10年的非充分灌溉研究示范表明，非充分灌溉可使单位水量的产出提高，而单位面积土地的产出降低了。研究发现，在考虑所有投入后，应用非充分灌溉农场的净收入比较低，但他们所使用单位水量的收益较高。

（4）开展了为期5年的城镇生活污水灌溉研究。在灌溉前，生活污水用过滤、沉淀等办法处理。研究发现，用处理后的生活污水灌溉的作物与用井水灌溉的作物，在长势和品质上没有明显区别，也没有发现土壤和地下水产生退化。用处理后的生活污水灌溉食用作物的风险在可承受的范围内。

（5）进行灌溉农业结构调整，将灌溉农业由水资源紧缺的地区转移到水资源丰富的地区。

思 考 题

1. 什么是节水灌溉？节水灌溉的目的是什么？
2. 名词解释：灌溉制度，灌水定额、灌溉定额。
3. 井灌区节水灌溉综合技术模式有哪些特点？
4. 常见的节水灌溉配套农业技术有哪几种？
5. 常用的灌水方法有那种？

参 考 文 献

[1] 中国灌溉排水发展中心. 节水灌溉综合技术应用推广系列讲座 [EB/OL]. 2007. http：//www.jsgg.com.cn/CIDDC_SavingWaterClass/.
[2] 施坰林. 节水灌溉新技术 [M]. 北京：中国农业出版社，2007.
[3] 奕永庆. 经济型喷微灌 [M]. 北京：中国水利水电出版社，2009.
[4] 科学技术部中国农村技术开发中心组. 节水农业在中国 [M]. 北京：中国农业科学出版社，2006.
[5] 隋家明，李晓，宫永波，等. 农业综合节水 [M]. 郑州：黄河水利出版社，2006.
[6] 科学技术部中国农村技术开发中心组. 节水农业技术 [M]. 北京：中国农业科学出版社，2007.
[7] 罗金耀. 节水灌溉理论与技术 [M]. 武汉：武汉大学出版社，2003.
[8] 何武全. 我国渠道防渗工程技术的发展现状与研究方向 [J]. 防渗技术，2002，01：31-33，46.

第十章　病险水库整治工程

病险水库，一般是指存在危险因素、给汛期顺利度汛带来很大隐患的水库。"雨天有水拦不住，旱天缺水放不出"曾是我国很多病险水库的真实写照。我国2014年底有各类水库大坝98002座，大多建于20世纪50—70年代，由于技术限制、年久失修、管理缺失等不利因素影响，1954年迄今已发生3500余起水库溃坝事故，给人民生命和财产造成巨大损失。

病险水库的成因：①中国的水库、大坝多建于20世纪50—70年代，普遍存在标准偏低、水库设施老化等问题，坝体渗水、坝身薄弱等现象严重，在防汛抗洪中无法发挥功能和作用；②修建时开工面广，数量多，受材料、设备、资金、技术等条件限制，"土法上马"，出现了很多边勘测、边设计、边施工的"三边"工程，没有遵守基建程序，片面强调进度，急于求成，加之财力、物力的限制，水库大多未完工，形成了半拉子工程而成为废库、病库或险库；③水库因重建轻管，财政资金不到位，水价严重偏低，管理技术手段落后，长期得不到正常的维护养护，缺乏必要的监测、观测设施，老化失修严重，以及法规制度不完善等因素，形成了小病变大病、积病成险的恶性循环；④忽视小型水库安全运用，无调度方案或不严格执行调度方案超标运用，带病带险运行，无管理，出现险情不能及时发现和抢护等，也是造成病险水库的重要原因。

病险水库的主要隐患：小型水库因建设标准不够、设计施工质量不高、管理体制不顺、工程不配套、维修养护经费不足，加之长期运行，老化失修严重等问题，安全隐患日益凸显。①坝体填筑土质不符合要求，碾压不结实，大坝普遍存在漏水、渗水和散浸等；②涵管大多为圬工结构，破损、断裂严重，一半以上小水库涵管漏水；③溢洪道大多开凿于自然岩体，砌护、抹浆、消能、跌水等工程措施不配套；④管理落后，大坝杂草丛生，蚁害严重，库区周边环境差，影响大坝安全运行；⑤水库下游工程不配套，有水送不出，影响工程效益的发挥；⑥观测、通信、报警、管理设施不完善等；⑦大坝隐患的，导致水库水位达不到设计要求，弃水严重，严重影响了水库的功能。

病险水库整治的意义：水库大都居高临下，是城镇、交通干线、重要基础设施头顶上的"一盆水"，是防洪安全的最大隐患，一旦失事，将对下游造成毁灭性灾难。特别是小型病险水库地处偏僻，交通、通信不畅，遭遇特大暴雨洪水袭击后，垮坝事故发生率较高，严重威胁着水库下游人民群众的生命财产安全。且水库具有防洪、供水、发电、养殖、生态等多种功能，是优化水资源配置的重要工程手段，是江河防洪体系的重要组成部分，也是国民经济的重要基础设施。开展病险水库除险加固，提高水库防洪能力，发挥水库供水效益，既是水库安全运行，保护下游人民群众生命财产安全的需要，又是提高水库蓄水调节能力，实现水资源可持续开发利用的需要。

病险水库除险加固的主要工程措施：病险水库除险加固，应在现有工程基础上，通过采取综合加固措施，消除病险，恢复和完善水库应有的功能，确保工程安全和正常使用。并针对病险水库的具体病险问题，提出建议性的处理措施，主要如下：

（1）对洪水标准低的水库，建议采取加高大坝，扩建泄洪设施或将两者结合使用来提高洪水标准。

（2）对需抗震加固的水库，如坝坡抗震能力不足，建议进行放坡处理，或加强坝体防渗和排水，增加坝坡抗震能力；如坝体或地基存在液化的危险，建议采取更换坝体（基）土料、振冲加固和加压重体等措施来处理。

（3）对坝体结构存在问题的水库，如土坝坝坡不稳定，建议对坝坡进行放坡处理或加厚坝体；若坝坡裂缝或塌陷，可采取灌浆或一般回填处理；若混凝土、浆砌石坝的坝体抗滑不稳定，可采用增大坝体断面或用预应力锚索锚固，以增加抗滑能力等方法处理；如遇混凝土坝裂缝，应查清导致裂缝的原因及裂缝发展程度，根据裂缝的性质采取灌浆、锚固和表面封闭等不同方法处理，特别对于大坝上游面水平方向的严重裂缝，一定要认真研究，妥善处理。

（4）对大坝防渗系统有问题的水库，若坝体、坝基防渗出现问题，可根据具体情况分别采用充填灌浆、劈裂灌浆、振动沉模防渗板墙、高压喷射灌浆、冲抓、套井、混凝土防渗墙及其他可靠的工程措施解决。水平防渗出现问题可修补或用垂直防渗替换。

（5）输、放水系统及泄洪系统加固，可分别采取改建、扩建、修补等措施。

（6）对有淤积问题的水库，可采取清淤、冲淤、加强来沙区水土治理等方法解决。淤积特别严重的，可考虑降等使用或报废。

总之，病险水库除险加固要坚持因地制宜的原则，针对不同工程采取相应的措施。工程的勘测、设计、施工等部门，既要注重经济实用技术与方法应用，又应注重新技术、新方法、新材料、新工艺的应用。在认真研究，充分论证的基础上，努力提高病险水库除险加固工程的科技含量，确保除险加固方案经济上合理、技术上先进可行，使病险水库彻底除险。

第一节　我国病险水库除险加固规划概况

全国病险水库除险加固专项规划（以下简称"规划"）工作，自1999年7月启动到2001年12月最终报告出版上报，历经两年多。期间，承担该"规划"编制任务的水利部天津水利水电勘测设计研究院和水利部水利建设与管理总站，在水利部建设与管理司的主持领导下，在地方有关部门的大力协助下，按照任务书的要求，对收集到的大量的基础资料，进行整理、统计、分析，并多次召开会议，广泛征求专家和主管部门意见，对规划方案进行完善。"规划"报告的编制完成，为国家、水利部和全国各级水行政主管部门贯彻中央有关"整治江湖，兴修水利"和"抓紧现有病险水库加固，使其充分发挥效益"等一系列指示精神，为全面完成病险水库除险加固工作，提供了科学决策的依据。

一、全国水库的基本情况

根据要求，本次"规划"首先对全国现有水库的基本情况进行了全面的调查摸底，以求得到关于全国水库方面的基本数据。

统计表明，截止到 1999 年底，我国已建成各类水库 84083 座，其中，大型水库 420 座，中型水库 2744 座，小型水库 80919 座。进一步分析得知，属水利部管理的水库共 83727 座，占全国水库总数的 99％，其中，大型 346 座，中型 2682 座，小型 80699 座。

省际间对比，水库的分布很不均匀，数量相差较大。上海市无一座水库，而湖南、江西、广东、四川、湖北和云南 6 省，各自拥有的水库数均超过 5000 座，这 6 个省份的水库总数占全国水库总数的 55％。其中，湖南省拥有的水库为全国之最，共 11000 多座，大约相当于全国水库总数的 1/7。

应该说明的是，本文中提出的全国拥有的大、中、小型水库的数量是在反复核对，多方调查的情况下得出的，准确性相对较高。

二、病险水库除险加固的必要性和紧迫性

1. 对加强防洪保安工作意义重大

经过 50 多年的建设，我国主要江河初步形成了以水库、堤防、蓄滞洪区为主体的拦、排、滞、分相结合的防洪工程体系。这一重要体系在抵御历年发生的洪水中发挥了重要作用，大大减轻了灾害损失，保障社会稳定和国民经济的发展。其中，水库作为控制性工程，利用其自身的防洪库容，拦洪削峰，在防洪体系中作用巨大。

据有关资料，在 1991 年淮河流域发生大洪水期间，其流域内 51 座大型水库共拦蓄洪水 38 亿 m^3，削减洪峰 70％～90％，水库的防洪作用显著。另据统计，1998 年，长江、嫩江、松花江大洪水期间，全国 1335 座大中型水库共拦蓄洪水 532 亿 m^3，避免 200 余座城市进水受灾，减少农田受灾面积 228 万 hm^2（3420 万亩），减免受灾人口 2737 万人。

然而，由于病险问题的存在，许多水库不能利用原设计的防洪库容调蓄洪水，无法承担其在江河防洪体系中所应担负的责任，破坏了原设计防洪体系的完整性。而且，随着我国近年来堤防建设的加强，病险水库已成为防洪体系中较薄弱的环节，严重影响我国防洪保安工作的顺利实施。病险水库除险加固后，水库的正常防洪功能得以恢复，江河防洪体系得到完善。据本次规划统计，全国仅大型和重点中型病险水库除险加固完成后，就可增加防洪库容约 56.1 亿 m^3。这将大大提高我国水库拦洪削峰的能力。

病险水库本身由于防洪标准低或存在严重工程质量问题，增加了垮坝的可能性。而水库大坝一旦失事，对下游人民的生命财产以及主要交通干线等基础设施将造成毁灭性的灾害。"75·8"大水中，河南板桥、石漫滩两座大型水库失事，教训惨痛；青海省库容只有约 300 万 m^3 的沟后水库，因大坝质量问题垮坝失事，造成下游 300 多人死亡，经济损失数亿元。1995 年，湖北省一座库容仅十几万 m^3 的小型水库垮坝，也造成 34 人死亡的惨剧。

更为严重的是很多病险水库位于城镇的上游，且与城市（镇）的距离近，相对高差大，对城市安全威胁极大。据本次规划统计，全国影响县以上城镇的大型和重点中型病险水库共 429 座，受此类水库影响的县以上城市 178 个，占全国城市数的 25.4％。受影响的县城 301 个，占全国县城数的 17.6％。处于大型及重点中型病险水库威胁之下的城乡人口达 1.46 亿人，耕地 0.088 亿 hm^2（132 亿亩）。另外，全国京广、京九、陇海、京哈、津浦等几乎所有重要交通干线以及很多重要厂矿、企业和军事、通信等基础设施的安全，也受着这些水库的直接威胁。

因此，病险水库除险加固，对解除或减免其对上游的严重威胁，减少溃坝灾害损失，保证人民生命财产安全意义重大，是加强我国防洪保安工作的必要措施。

2. 是保证水库效益充分发挥的必要措施

我国水库所拥有的库容总量为 5100 多亿 m^3，相当于全国河川年径流总量的 1/6。水库除了具有巨大的拦蓄及调节洪峰能力外，还在灌溉、发电、供水等方面创造着巨大的效益。

水库控制的灌溉总面积达 0.16 亿多 hm^2（2.4 亿多亩），占全国总灌溉面积的 1/3。

截止到 1999 年底，全国水电装机容量已达 7297 万 kW，约占全国总装机容量的 1/3，其中水利部门管理的装机为 2773 万 kW，约占全国总装机的 1/8。这些水电站为工农业生产和国民经济发展提供了可靠的能源保证。其中，农村小水电的发展，促进农村物质和精神文明的建设，为贫困地区脱困和山区农村奔小康作出了贡献。

在城乡供水方面，特别在城市供水方面，水库的作用越来越重要。据统计，水库每年向城市供水约 200 亿 m^3，有效地解决了各行各业及人民生活对水的需求。我国的许多重要城市，如北京、天津、大连、青岛、沈阳、长春、石家庄、西安、乌鲁木齐、深圳、香港等的工业和居民生活用水的主要水源来自水库，水库能否保障供水，已成为这些城市经济发展和社会稳定的举足轻重的因素。

另外，水库拥有养殖面积 200 万 hm^2（3000 万亩），占淡水养殖面积的 40%，年产鱼约 120 万 t；水库形成的水面能有效地改善环境、调节气候，还可开发旅游等综合经营项目。

然而，许多病险水库不能正常蓄水或需要降低水位运行，兴利库容减少，无法按设计标准满足供水、灌溉、发电等用水需求，影响其兴利效益的发挥。

除险加固后，水库处于正常运行状态，可以恢复原有库容，保证各种效益的充分发挥。据初步统计，仅全国大型和重点中型水库加固后，就可恢复兴利库容 69.0 亿 m^3，年增加城镇供水约 45.2 亿 m^3，相当于新建几十座大型水库，加上其他各类水库除险加固后增加的库容，效益是巨大的。

3. 是水利事业可持续发展的必要条件

对病险水库进行除险加固，通过一定的资金投入，完善水库管理所需的设备和设施，为提高水库工程的管理手段和管理水平打下良好的基础。通过水库的除险加固，使工程处于良好状态，为促进水库管理体制改革，建立水库管理良性运行机制，保证水库乃至水利事业可持续发展提供了有利条件。

另外，对病险水库进行除险加固，使水利国有资产得以有效保值，同时，也为水资源优化配置、改善生态环境提供更有力的保障。

综上所述，对病险水库进行除险加固，可恢复或加强水库的防洪功能，充分发挥水库的灌溉、发电、供水、旅游、养殖等综合效益，使生态环境得到改善，为水利管理体制改革提供有利条件。促进我国水利事业的发展，更好地"服务于人民，造福于人民"；同时，病险水库的除险加固，可加强西部地区的基础设施建设，为当地的人畜饮水和经济发展增加可靠的水源。病险水库除险加固，是我国在 21 世纪实现水资源可持续利用和社会经济持续发展的战略举措。病险水库事关人民群众生命财产安全，事关国民经济发展和社会稳定，事关国家的长治久安，因此，病险水库的除险加固是十分必要和紧迫的。

三、规划的指导思想，原则，范围，水平年及目标

1. 指导思想

以《中华人民共和国水法》和《中华人民共和国防洪法》以及国务院颁布的《水库大坝安全管理条例》为指导，贯彻执行 1998 年中央 15 号文件精神，面向 21 世纪，按照社会经济可持续发展的战略思想，体现和反映国民经济发展对水利工程的要求，从国土整治、保障经济发展出发，编制全国病险水库除险加固专项规划。在科学、规范、鉴定的基础上，查明病险水库的基本情况和存在的主要问题，据此拟定综合治理措施。按病险水库的险情、功能、效益及资金情况，提出分期实施方案，为国家进行水利建设与管理宏观决策及安排工程项目提供可靠、科学的依据。

病险水库除险加固，应工程与非工程措施并举，综合治理，提高水库的防洪标准，消除工程隐患，为我国社会稳定和国民经济可持续发展以及生态环境的改善提供有力支撑和可靠保障。

2. 基本原则

（1）全面规划，统筹兼顾，标本兼治，综合治理。深入调查研究，弄清病险水库数量、险情、功能，水库安全分类类型，总体和分项投资规模以及加固后经济效益等。病险水库除险加固规划应与流域防洪规划相协调。

（2）遵循确保重点、兼顾一般，区分轻重缓急、分期分批实施，工程措施与非工程措施相结合的原则，划分重点和一般病险水库；拟定分期分批处理方案；并充分发挥中央与地方两个积极性，研究提出除险加固政策措施和资金筹措方案。

（3）掌握已实施的病险水库除险加固工程情况，总结经验，并对工程遗留问题进行规划补充和完善。

（4）病险水库除险加固工程应建立和完善管理机构、制度和管理设施，注重发挥经济效益，建立良性运行管理机制。

（5）规划力求体现可行和科学性，要求列入规划的病险水库，应分期分批做好各项前期工作，包括注册登记、安全鉴定、初步设计等。

3. 规划范围

按照病险水库除险加固分期分批实施的原则，本次规划的范围为我国水利部门管辖的水库安全分类为三类的大、中、小型病险水库。

4. 规划水平年

根据病险水库基础资料调查情况，确定现状年为 1999 年。按照国民经济发展要求和各地发展的实际情况，确定近期规划水平年为 2005 年，远期规划水平年为 2015 年。

5. 规划目标

计划从 2001 年开始，用 15 年的时间完成本规划范围内病险水库的除险加固任务。除险加固后的水库，其防洪标准和工程安全状况均应满足现行国家和部颁规范的要求，达到一类坝标准。

四、病险水库除险加固专项规划的重点与分区

1. 规划重点

遵循轻、重、缓、急的原则，经研究，将大型、重点中型、西部地区一般中型及西部地区重点小（1）型病险水库列为本次规划的重点。

所谓重点中型病险水库是指那些影响县以上城镇或重要铁路干线防洪安全和跨省、自治区、直辖市界以及属于西部地区的灌溉面积较大的中型病险水库。

西部地区重点小（1）型病险水库是指那些位于西部地区的，影响县以上城镇或重要铁路干线防洪安全，对灌溉或对当地生态环境起重要作用的小（1）型病险水库。

2. 规划分区

属于规划重点的病险水库，位置重要，防洪、灌溉等综合效益巨大，病险情况相对严重，急需除险加固。因此，建议中央对这些病险水库的除险加固给予资金补助。另外，考虑到我国地域辽阔，地理位置、自然条件差别较大，各地经济发展水平不一等因素，中央补助资金的比例和政策，视地区不同应有所区别。

本规划根据各省、直辖市、自治区所处的地理位置、经济发展水平情况及工程辖属关系，将全国划分为东部地区、中部地区、西部地区和水利部直属流域机构4个不同部分或区域。

五、全国病险水库的基本情况

1. 病险水库的数量

为全面掌握全国病险水库的现状，本次规划根据调查资料将属全国水利系统管辖的8万多座水库按《水库大坝安全鉴定办法》进行了安全分类，结果如下：一类水库共26052座，二类水库共27262座，三类水库共有30413座。

按照规划范围的界定，这里的三类水库即为本次规划所要专门研究的病险水库。此类病险水库共计30413座，其中，大型145座，中型1118座，小（1）型5410座，小（2）型23740座。

另据调查得知，全国属其他部门管理的356座水库中，还有19座为病险水库。由于本规划研究范围仅限于水利系统管辖的水库，所以，这19座水库未包含在本规划提到的全国病险水库的数量中。

即使仅考虑属水利系统管理的病险水库，其总数也相当于全国水库总数36%，数量比较多。

2. 病险水库分布情况

据本次规划资料分析，各省现有病险水库的数量基本上与各省拥有的水库数量成正比，全国病险水库的分布与全国水库的分布基本相似，即遍布全国，但区域分布不匀。湖南、广东、四川、山东、云南、湖北、江西等省病险水库绝对数量较多，这些省份的病险水库数均超过1600座，其中，湖南省最多，为3873座（不含湘西土家族苗族自治州）。

3. 病险水库的病险问题分析

据调查分析，由于种种原因，我国病险水库的病险问题多种多样，有些问题的处理难度较大，综合来看，主要为以下几个方面。

（1）水库防洪标准低。共计有247座大型及重点中型病险水库的防洪标准达不到部颁近期非常用洪水标准。

（2）抗震标准低。按 1990 年 1∶400 万地震烈度区划图确定场地基本烈度并按现行水工抗震规范复核，很多水库抗震标准低，其中，13 座大型病险水库抗震标准低于现行规范要求。

（3）大坝稳定性差。许多水库存在大坝坝体断面不足、坝坡或坝体抗滑不稳定、坝体裂缝等问题。51 座大型病险水库存在此类问题。

（4）坝体、坝基渗漏严重。大坝，尤其是土石坝存在坝基渗漏、绕坝渗漏、接触冲刷破坏、散漫、沼泽化、流土、管涌等问题，危及大坝安全。

（5）输、放水及泄洪建筑物老化、破坏较为普遍。许多水库的输、放水及泄洪建筑物老化、建筑物裂缝、断裂、露筋、剥离、冲蚀、漏水，严重影响建筑物结构的整体性，特别是遇坝下埋管时，极易导致接触冲刷破坏，危及坝体安全。溢流面和泄槽未衬砌或质量差、冲蚀，无消能措施或消能措施不完善；基础淘刷等。

（6）金属结构和机电设备不能正常运转。金属结构和机电设备老化、锈蚀严重、止水失效，正常运转非常困难，严重影响水库安全。30 座大型病险水库的溢洪道或泄水洞的机电设备存在此类问题，中型水库此类问题更多。

（7）管理设施、观测设备等不完善。多数病险水库的水文测报、大坝观测系统不完善，特别是中型病险水库大部分没有水文测报及大坝观测系统；许多水库的管理设施陈旧落后，防汛公路标准低，甚至没有防汛道路。

另外，还有水库淤积、山体滑坡、蚁害等问题，均需引起高度重视。

综上所述，全国病险水库数量大，分布广，问题复杂，除险加固任务十分艰巨。

4. 列为规划重点的病险水库数量

按照规划重点病险水库的划分标准，在对大量水库实地调查研究的基础上，会同各流域及各地专家意见，本《规划》建议全国共 1346 座水库应列为规划重点。其中，大型 145座，重点中型 584 座，西部地区重点小（1）型 484 座，西部地区一般中型 133 座。为便于安排除险加固计划并加强对除险加固工作的管理，凡列入规划重点的水库均逐座对应列出名称等。

六、病险水库除险加固发展概况

"十一五"中期，国务院就已明确用 3 年时间全面完成《全国病险水库除险加固专项规划》确定的病险水库除险加固任务；2010 年，全面启动了 5400 座小（1）型病险水库除险加固工作，要求 3 年内完成。"十一五"结束时，随着大中型和重点小型病险水库除险加固任务的全面完成，小（2）型水库的安全隐患问题显得更加突出，已成为防洪工程体系最为薄弱的环节，对小（2）型病险水库进行除险加固刻不容缓。

进入"十二五"，2011 年中央 1 号文件明确提出要加快小型病险水库除险加固步伐，要求在"十二五"末全面完成小型病险水库除险加固任务，国务院为此召开专门会议进行部署。

2011 年 2 月 25 日，水利部、国家发改委、财政部就进一步加快小型病险水库除险加固步伐、全面消除水库安全隐患做出新一轮部署；同年 4 月 12 日，全国小（2）型病险水库除险加固工作正式启动实施。

五年间，水利部明确目标，科学谋划，分步推进，确保除险加固任务如期实现：会同财政部先后组织编制了《全国重点小型病险水库除险加固规划》（以下简称《重点小型规划》）和《全国重点小（2）型病险水库除险加固规划》〔以下简称《重点小（2）型规划》〕。经国务院批准，《重点小型规划》共纳入小（1）型病险水库 5400 座，要求于 2012 年年底全面完成；《重点小（2）型规划》共纳入坝高 10m 以上且库容 20 万 m³ 以上的病险水库约 1.59 万座，要求于 2013 年年底全面完成；其余 2.5 万多座一般小（2）型病险水库要求于 2015 年年底完成；为消除全国第一次水利普查中新发现的小型病险水库安全隐患，2014 年又启动新增小型病险水库除险加固工作，要求于 2015 年底完成。

截至 2015 年年底，"十二五"期间规划的 50742 座小型病险水库除险加固任务已基本完成。不仅如此，列入《全国中小河流治理和病险水库除险加固、山洪地质灾害防御和综合治理总体规划》新出现的 320 座大中型病险水库，截至 2015 年年底，已累计下达中央预算内投资建议计划 61 亿元，201 座投资已安排完毕，其中 180 座已完成除险加固。

第二节　病险水库的检查与观测

水工建筑物受到各种力的作用，以及各种自然因素的影响，内部状态不断发生变化，但变化是缓慢和不易察觉的，故需预埋一定的观察设备和使用一定的仪器，进行经常、系统的观察和量测，以便及时发现问题采取措施加以处理，或改变运用方式，确保工程安全。

观测工作应遵守下述原则：一是观测项目应满足监视建筑物工作情况和了解变化规律的需要；二是观测变化过程，并应保持资料的连续性；三是观测必须按时，测值必须符合精度要求，计算必须正确。

大量事实证明，水工建筑物的失事，事前总是有预兆的，若发现不正常情况及时采取应对措施，是可保证正常运行的。

一、检查观测的重要性

水库检查观测，是水库工程完成生产运行任务，保证工程安全所必需的，其重要性主要有以下几点：

（1）掌握每日雨量、水位、蓄水量、来水量、出水量等工程运行状态的指标，是指导水库工程完成运行任务的依据。

（2）水库失事，事前都是有征兆的，对水库进行仔细巡视、观察，就能及时了解水库工程运行中异常变化现象，通过分析判断，采取相应安全措施。

（3）记录水库工程异常情况及其变化过程，也是分析存在问题原因、及时制定合理的处理方案所必需的。

新中国成立以来，全国各地兴建了大批小型水库工程，在抗御水旱灾害、发展农村经济中发挥了重要作用。据统计，小型水库在往年垮坝失事事件中所占比例较大。

二、检查观测制度

1. 检查工作

国家有关规范规定，水库巡视检查分为日常巡视检查、年度巡视检查，特别巡视检查。

（1）日常巡视检查，由水库管理单位人员根据工程具体情况，确定巡查部位和内容，按巡查路线、程序进行。国家规范中对小型水库的日常巡查次数，规定一般每周一次，高水位时增加次数，大洪水时每天至少一次。各省防汛指挥部应根据本省汛情特点和目前工程状况，规定小（1）型水库汛期的巡视次数。非汛期的巡视未作统一规定，建议每5天巡视一次。

（2）年度巡视检查，是每年汛前（4月15日前）、汛中高水位期间以及汛后（10月15日以后）进行的例行性定期检查。汛前、汛中检查是以水库工程当年能否安全度汛为标准，对存在问题提出处理意见，确保工程安全度汛。汛后检查是水库进行维修养护、更新改造的依据。检查中发现的问题，作出维修、改造计划，在非汛期加以实施，并在下一年入汛前全部完成。

（3）特别检查。当水库发生较严重水情（如出现历史最大洪水，最高洪水位）或有较严重的破坏现象，出现险情时，应立即报告主管单位和上级水利部门，请求组织力量进行检查，并采取相应措施，保证工程安全。

2. 观测工作

（1）土石坝工程。水库一般设有水位、降雨量、泄流量、放水量、渗流量等观测设施，近几年兴建的面板堆石坝等工程，除了以上观测项目，还有变形观测，坝体、坝基、绕坝渗流等观测项目。面板堆石坝、心墙堆石坝、重力墙堆石坝，最易发生沉陷变形，应根据建成以来运行情况，在上游面、坝顶、下游面埋设沉降观测点，建立测量基点，定期进行坝体沉陷观测，作为坝体变形检查的主要方法。

（2）浆砌石坝、混凝土坝工程。国家规范对于小型水库的安全监测项目，规定一般应设有坝体位移、渗流量、扬压力、水位、气温等项目，雨量观测未作规定。有些地区过去兴建的小（1）型水库一般仅有水位、降雨量、泄流量、放水量观测设施，近年兴建的混凝土坝工程基本能达到规范规定的监测设施。

三、检查观测等技术档案

很多小型水库是在20世纪50—70年代兴建的，原始设计不全，资料数据不准确，过去运行管理中出现过什么问题、检查处理记录等资料，也没能很好保存，给以后的管理工作造成困难。

小型水库工程技术档案，具体应包括以下几方面的内容。

（1）水库工程规划设计原始资料。具体有：①工程所在河流和地区的水文气象、工程地质、地形地貌以及人口、土地、耕地、经济、文化等自然条件和社会历史现状的基本资料；特别是水库下游受洪水威胁地区的上述资料；②工程规划资料；③工程技术设计书和设计图纸。

（2）水库工程施工资料。包括施工组织设计、基础处理、质检记录、批准文件、竣工报告及竣工图纸等资料。

（3）历年工程检查观测资料。

（4）历年工程维护修理加固资料。

（5）历年生产运用指标。包括：①历年降雨、径流、洪水特征值；②历年蓄水、供水特征值；③历年灌溉、防洪、发电效益特征值。

（6）管理制度、规程和规范。

（7）各种计划和考核资料。

（8）上级部署的专项检查记录、总结，上级人员来水库检查的结论性意见，处理情况等资料。

（9）其他有关资料。如仪器、设备、材料的保管登记资料及各种情报资料等。

四、巡视检查

水库的巡视检查分为日常巡视，年度检查，特别检查。在汛期，当水库达到设计正常高水位前后时，每天应至少进行一次巡查，病险水库达到汛期控制水位时，每天不少于两次。当大坝遇到可能严重影响安全运用的情况，应加密巡查次数；发生比较严重的破坏现象或出现其他危险迹象时，应组织专门人员对可能出现险情的部位进行连续监视观测。

巡查重点：大坝上游水面附近，上、下游坝面，坝脚（含镇压层范围），涵洞进出口部位，溢洪道两侧岩体，监测系统以及病险水库的隐患部位等。

检查方法：通常用眼看、耳听、手摸、脚踩等直观方法，或辅以锤、钎、钢卷尺等简单工具对工程表面和异常现象进行检查量测。对大坝表面（包括坝脚、镇压层）要由数人列队进行检查，以防漏查。

（1）眼看。察看迎水面大坝附近水面有否旋涡；迎水面护坡块石有否移动、凹陷或突鼓；防浪墙、坝顶有否出现新的裂缝或原存在的裂缝有无变化；坝顶有否塌坑；背水坡坝面、坝脚及镇压层范围内有否出现渗漏突鼓现象，判断渗漏水的浑浊变化；大坝附近及溢洪道两侧山体岩石有否错动或出现新裂缝；通讯、电力线路是否畅通等。

（2）耳听。耳听有否出现不正常水流声。

（3）脚踩。检查坝坡、坝脚是否出现土质松软或潮湿甚至渗水。

（4）手摸。当眼看、耳听、脚踩中发现有异常情况时，则用手作进一步临时性检查，对长有杂草的渗漏处逸区，则用手感测试水温是否异常。

（一）水工建筑物的观察

水工建筑物的观察，就是用眼看、耳听、手摸等直觉方法或用简单的工具，对建筑物进行观察，以便及时发现建筑物外露的一切不正常现象。

观察的内容、次数、时间、顺序等应根据建筑物的具体情况，进行全面安排。原则上每月应至少进行1~2次。当建筑物有不正常情况或处于容易引起问题的外界条件下时，应加强观察。每年汛前、汛后、用水期前后，都应对水工建筑物进行一次全面的观察。

在不同运用情况和外界因素影响下，应加强对容易发生问题部位的观察。

（1）在高水位期间，应加强对土坝下游坡、滤水坝址、两岸接头、下游坝脚和其他渗流出逸部位的观察以及建筑物和闸门变形的观察。

（2）在大风浪期间，应加强对建筑物表面及其两岸山坡的冲刷、排水情况以及可能发生滑坡坍塌部位的观察。

（3）在泄流期间，应加强对流态、冲刷、淤积、振动、水面漂浮物的观察。

（4）在水位骤降期间，应加强对土坝上游坡可能发生滑坡的部位的观察。

（5）在泄水间歇期间，应对泄水建筑物可能发生冲刷、磨损、空蚀等部位的观察。

（6）在冰凌期间，应注意对冰冻情况，冰凌对建筑物的影响及防冻、防凌措施效果的观察。

（7）在冬季和温度骤降期间，应加强对混凝土建筑物缝形变化和渗水情况的观察。

（8）在遭受 5 度以上地震之后，应立即对水工建筑物进行全面的观察。特别要注意有无裂缝、滑坡、塌陷、翻沙、冒水及渗流量异常等现象。

（9）结合工程具体情况，加强观察其他应注意的部位。

（二）水工建筑物的观测

1．土坝观测

（1）土坝的变形观测。土坝的变形观测包括垂直位移（沉陷）、水平位移和固结观测。

1）土坝的沉陷和水平位移观测。土坝的沉陷和水平位移观测是在土坝观测横断面的坝顶和坝坡上安设固定的位移点，用测量仪器观测其位置变化。观测横断面应布置在有代表性且能控制主要变化情况的部位，如最大坝高处、合龙段、坝基地形和地质变化较大的地段，横断面间距一般 50～100m。在每个观测横断面上的标点一般不少于 4 个，而且在上游坡正常水位以上至少布置 1 个。为了便于用视准线法观测，各断面同一高程的标点应基本在一条直线上，如图 10-1 所示。

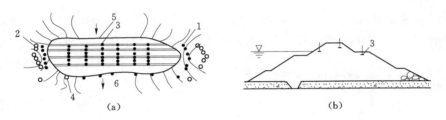

图 10-1　视准线法水平位移观测布置示意图

（a）平面图；（b）横断面图

1—工作基点；2—校核基点；3—观测点；4—转测点；5—合龙段；6—原河床

位移标点由底板、立柱和标点头三部分组成（图 10-2），标点必须坚固可靠，并与土坝牢固结合，同时不受冰冻和块石护坡变形等外界影响。起测基点应设在坝头两岸的岩石或坚实的原状土基上。

观测水平位移，一般用经纬仪按视准线法施测。施测时，在一岸基点安置经纬仪，对准另一岸的工作基点，构成视准线，测出各位移标点与初测成果进行比较，则可得出其差值，从而确定该标点处坝体的水平位移量。由于视准线法观测方便、计算简单、成果可靠，因此广泛采用。

但当坝轴线较长，观测精度不能保证时，水平位移观测还可采用三角网法，并可用全站仪测量。

土坝蓄水以后，水平位移的正常规律是：位于上游坡的标点向上游方向位移，位于下游坡的标点向下游方向位移。在同一高度上的标点，上游坡的标点的位移量较下游坡的标点小。如果土坝发生滑坡或较大的裂缝，则位于同侧坝位置相近的某些标点将发现不同的水平位移趋势。

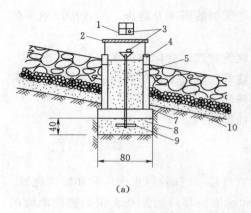
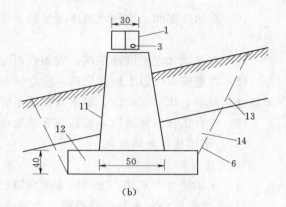

（a）　　　　　　　　　　　（b）

图 10-2　土工建筑物位移标点结构图（单位：cm）

（a）有块石护坡情况；（b）无块石护坡情况

1—十字线；2—保护盖；3—标点头；4—50mm 铁管；5—填砂；6—开挖线；7—回填土；8—混凝土；
9—铁销；10—坝体；11—立柱；12—底板；13—最深冰冻线；14—回填土料

土坝垂直位移（沉陷）观测，通常用水准仪或连通管根据起测点的高程测定标点的高程变化。

土坝沉陷的正常情况是：填土高度大处的标点下沉较多，填土高度低处下沉较少。如果土坝发生不均匀沉陷，则标点的沉陷就会违反这一规律。土坝发生滑坡，在沉陷上表现为上部标点向下沉陷，而下部的标点向上升高。

2）土坝的固结观测。土坝的固结观测是了解土坝在施工和运用期间的固结情况，作为施工控制和工程安全运用的依据。

在坝身中，逐层埋设横梁式固结管或深式标点组，测量各点高程变化，即可计算出固结量。通常配合土坝垂直位移观测进行。

固结观测管应分别安设在原河床、最大坝高、合龙段等典型断面内。横梁式固结管由管座、带横梁的细管、中间套管三部分组成，如图 10-3 所示。

孔隙水压力与固结有密切关系，因此孔隙水压力的观测设备一般是结合固结观测设备进行布置的。孔隙水压力常用测压管观测。

3）土坝的裂缝观测。由于土料的干缩，坝身的不均匀沉陷或滑坡，坝体表面可能会出现裂缝。

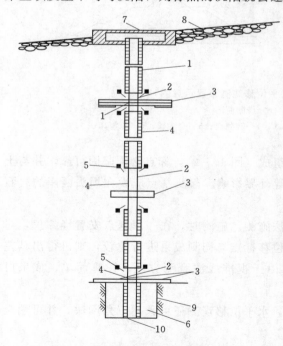

图 10-3　横梁式固结管结构示意图

1—套管；2—带横梁的细管；3—横梁；4—U 形螺栓；5—浸以柏油的麻袋布（或棕皮）；6—管座；7—保护盒；8—块石护坡；9—岩石；10—混凝土底座

对于缝宽大于 5mm，较长、较深或穿过坝轴线的裂缝、弧形裂缝、明显的垂直错缝以及与混凝土建筑物连接的裂缝，必须进行观测。对裂缝分布的位置、走向、长度和密度作出标记，进行编号和记录，绘制出裂缝的平面分布图，并进行经常性的观测，了解其变化情况。

（2）土坝的渗透观测。土坝的渗透观测包括浸润线、渗透流量、绕坝渗流、坝基渗流压力和渗透水浑浊度等。

1）土坝的浸润线观测。土坝浸润线的形状和位置，对土坝的渗流和稳定有很大影响，因此应进行浸润线观测。

浸润线观测是在坝体埋设特制的测压管（图 10 - 4），再利用测深锤或电测水位器放入测压管中测出管内水面高程。

测压管通常应布置在最大坝高处、原河床段、合龙段等几个重要的横断面上。在每个横断面上布几个测压管，其位置和数量以能绘制浸润线的形状为原则。

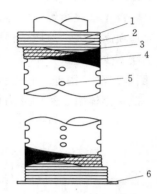

图 10 - 4　测压管示意图
1—铅丝；2—两层麻布；3—第二过滤层；4—第一过滤层；5—进水孔；6—封闭板

测压管水位测得以后，应该分析研究每一个测压管水位与库水位的关系，并绘制浸润线，通过浸润线观测资料的分析，可以判断土坝的防渗设备和排水设备的工作效能。

2）渗透流量观测。渗透流量观测是用以了解土坝渗透流量变化的规律和是否有不正常的渗透现象，据此分析排水和防渗设备的工作情况。进行渗透流量观测时，应结合进行上下游水位、测压管水位、气温及降雨量等项目的观测。有时还应根据需要定期取水样，进行渗透水的透明度和化学分析。

在坝体排水设备下游的适当地点将渗流集中，用量水堰等设备测量渗透流量。

在正常情况下，库内水位升高，渗透流量增加；水位降低，渗透流量减少。由于土坝坝前落淤，渗流量逐渐减少。当发现渗透流量突然增大时，应注意有无管涌现象发生。

3）渗透水流的浑浊度观测。土坝的防渗和排水设备工作正常时，渗透水流是较清的。当渗出浑水时，就可能是管涌的征兆，必须加以注意。

渗透水流的浑浊度是用特制的透明度管来观测的。通过在透明度管中的渗出水样的透明度，可以确定渗透水的含泥量。

4）绕坝渗流观测和坝基渗流压力观测。为了解土坝与岸坡连接处防渗和排水设备的作用及岸坡渗流情况，防止发生不正常的渗流影响土坝的安全，需要在土坝两端岸坡的适当地点埋设测压管，观测浸润线的位置，并随时掌握其变化情况。

当土坝坝基内有透水层时，为了掌握坝基渗透压力的变化，防止发生集中渗流，需要在坝基内埋设测压管，观测渗流压力。

2. 混凝土坝和其他混凝土建筑物的观测

混凝土受到外力作用和温度变化影响后，将产生变形。通常把混凝土建筑物的沉陷、水平位移、地基扬压力的观测称为外部观测，而把混凝土内部的应力、应变、温度等的观测称为内部观测。

（1）混凝土坝的水平位移观测。混凝土坝的变位观测，除用土坝变位观测的方法外，其水平位移还可采用正、倒垂线法和引张线法进行观测。

1）正垂线法。正垂线法是利用一条悬挂在坝体固定位置上的铅垂线为基准，当坝体发生变形时，铅垂线位置亦发生变化，在观测点量出铅垂线所偏离的距离，即得两点的相对水平位移。沿垂线不同高程安设测点，还可以观测坝体挠度，如图 10-5 所示。

重力坝将正垂线布置在坝体的竖井或宽缝内，拱坝则布置在专门设置的竖井内。观测坝段通常是坝高最大、地质条件较差、有坝内厂房以及设计计算所需的典型坝段。一般大型混凝土坝不少于 3 条，中型不少于 2 条。

2）倒垂线法。倒垂线和正垂线的构造恰恰相反，垂线的底部固定在岩基深处，而顶端自由，设有浮体组，利用浮力使垂线始终保持铅垂状态，如图 10-6 所示。

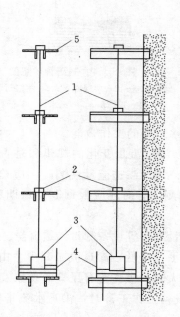

图 10-5　正垂线装置示意图
1—垂线；2—观测仪器；3—垂球；
4—油箱；5—支点

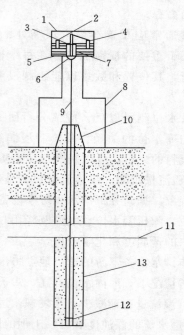

图 10-6　倒垂线装置示意图
1—油箱；2—浮子连杆连接点；3—连接支架；4—浮子；
5—浮子连杆；6—夹头；7—油桶中间空洞部分；
8—支承架；9—不锈钢丝；10—观测墩；
11—保护管；12—铺块；13—钻孔

由于倒垂线的底端固定在岩深处，不受坝体变形的影响，因此，可以看成一条可靠的基准线。倒垂线不仅可以观测坝的相对水平位移，也可以观测坝的绝对位移。由于倒垂线的这一特点，在正垂线、倒垂线、引张线等变形观测系统中，往往以倒垂线作为观测系统的基准。

3）引张线法。引张线法是用一根不锈钢丝，两端施加张力使之成一直线（指悬链线的水平投影），利用此直线来测定建筑物在垂直该线段方向上的水平位移，如图 10-7

所示。

引张线由端点、测点、钢丝及测线保护管等四部分组成。观测时，用读数显微镜观测。

（2）垂直位移观测。混凝土坝在垂直方向的变形主要是温度变化引起坝体的膨胀和收缩、坝基变形以及水压荷载综合反应。混凝土坝体垂直位移观测，通常和土坝沉陷观测一样。但由于混凝土坝的垂直位移量远比土坝沉陷量小，为避免测量误差大于变位量的情况，通常采用精密水准测量。

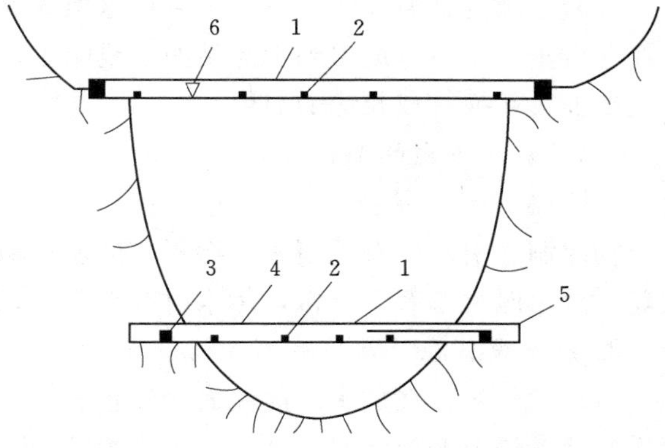

（3）混凝土建筑物的伸缩缝观测。为了解混凝土建筑物伸缩缝的开合情况

图 10-7　引张线布置示意图
1—引张线；2—测点；3—端点；4—廊道；5—隧洞；6—坝顶

及其变化规律，应进行伸缩缝观测。伸缩缝后期往往和混凝土的温度、气温、水温、上游水位等因素有关。

伸缩缝观测，一般可在最大坝高、地质情况复杂或进行应力应变观测的坝段伸缩缝上布置测点。测点的位置一般可安设在坝顶、下游坝面和廊道内。一条伸缩缝上的测点不得少于两个。

混凝土建筑物的伸缩缝观测，是在伸缩缝的测点处埋设金属标点或差动式电阻测缝计，用以测量缝的变化。

（4）混凝土建筑物地基扬压力观测。地基扬压力由埋设在建筑物与地基接触面上的差动电阻式渗压计进行观测。测压断面应选择在最大坝高、老河床和地基较差的地段。测压断面，对于大中型混凝土建筑物，不应少于 3 个。每个测压断面内测点的数量和埋设位置，一般在防渗设备如灌浆帷幕、铺盖、齿墙、板桩等的前后各安设一个测点，在排水孔断面上及紧靠建筑物下游面各安设一个测点。每一个测压断面不得少于 3 个测点。

（5）混凝土坝的应力观测。为了解混凝土坝在不同工作条件下内部应力的分布和变化，应按工程的重要性、坝型、坝的受力和地质情况，选择一些有代表性的坝段或特殊部位进行应力观测。混凝土坝的应力观测应与上下游水位、混凝土温度、位移、伸缩缝、扬压力等项观测进行配合。

混凝土坝的应力由在施工期间内埋设的应变计观测。应变计有差动电阻式和钢弦频率式两种，国内多采用差动电阻式。埋设在坝内的应变计，用电缆引到观测站，接在集线箱上；用比例电桥读仪器的电阻和电阻比，计算出混凝土在应力、温度、湿度及化学作用下所产生的非应力变形；从混凝土的总变形中扣除这部分非应力变形，即可求得混凝土仅由应力产生的应变，再通过混凝土徐变及弹性模量等关系，最后从应变换算出应力。

（6）混凝土坝的温度观测。为了解大坝由于混凝土本身水化热、水温、气温和太阳辐射等形成的坝体内部温度分布和变化情况，用以研究温度对坝的应力及体积变化的影响，分析坝体的运行状态，同时为了随时掌握施工中混凝土的散热情况，防止产生温度裂缝和确定灌浆时间，应进行混凝土坝的温度观测。

混凝土坝内部温度的观测，可采用电阻式温度计。在坝体施工期间将电阻式温度计埋设在混凝土内，由电缆引到观测站的集线箱上，用比例电桥测定温度计的电阻，通过电阻与温度的关系换算成相应的温度。

（三）放水设施的巡视检查

1. 日常的巡视检查

输水洞。引水段有无堵塞、淤积、崩塌；输水洞放水时有无异常声响；出口建筑有无损坏，放水时流态有否异常，停水时有否渗漏；闸门及启闭机工作是否正常，有否损坏。

2. 放水设施在放水前后的专门检查

（1）放水洞。在放水之前和放水停止后，应进行全面的检查。主要检查洞（管）内壁有无裂缝、错位变形、漏水孔洞、闸门槽附近有无气蚀等现象。不能进洞（管）内检查时，可在洞口观察洞内是否有水流出，倾听洞内是否有异样滴水声，出口周围有无浸湿或漏水现象。进洞（管）内检查时要特别注意给洞内鼓风送气，严防检查人员在洞内缺氧窒息死亡。

（2）启闭设施。有些小型水库放水设施的进口一般选用插板门，用螺杆式启闭机启闭。为防止污物进入涵管，进口设有拦污栅。插板门的门盖和启闭机是用拉杆连接的，拉杆是一根一根用法兰或接钣螺栓连接的。为防止拉杆扭曲，沿山坡设有一个一个拉杆抱轴。插板式启闭设施的检查观察，主要是检查拉杆是否弯曲、抱轴是否松动失效、启闭机部件是否润滑。

插板门座、门盖、进口拦污栅等，要抓住水库放空的机会及时进行直观检查；不能放空的水库要定期（每二三年一次）在枯水期低水位时潜水摸查，有问题及时处理。过去有的小型水库疏于放水设施进口检查维护，到了蓄水期出现闸门关不住，不能正常蓄水；放水期闸门打不开，不能放水灌溉，严重影响了当地的生产和生活秩序。

（3）平板闸门和电动启闭机。对这类闸门启闭设施主要检查观察闸槽有无堵塞物，有无气蚀损坏，闸门主侧轮有无锈死不转动，止水设施是否破损，门页有无扭曲变形、裂纹、脱焊、油漆剥落、锈蚀等；闸门部分开启时有无震动情况；对滑动式闸门，还要检查胶木滑道是否老化、缺损等；对启闭设备要检查润滑系统是否干枯缺油，吊点结构是否牢固可靠，固定基脚是否松动，齿轮及制动是否完好灵活，电源系统是否畅通，连接闸门的螺杆、拉杆、钢丝绳有无弯曲、断丝、损坏等现象。开闸放水前要试车，观察运转过程中是否灵活，工作状态是否正常，发现有不正常的响声、振动、发热、冒烟等情况，立即停车查找原因，待检修正常后才能使用。

（四）溢洪道的巡视检查

1. 日常的巡视检查

（1）进水段有无坍塌、崩岸、淤堵或其他阻水现象。

（2）堰顶或闸室、闸墩、胸墙、边墙、溢流面、底板，有无裂缝、渗水、剥落、冲刷、磨损、空蚀等现象；伸缩缝、排水孔是否完好。

（3）溢洪道出口消能部位有无冲蚀、损坏。

（4）有闸门及启闭机的，应检查其是否处于正常工作状态。

2. 溢洪道在汛期泄洪前后专门检查

（1）泄洪前的检查。每当库水位接近溢洪高程将要泄洪之前，要组织力量进行一次详细检查，看泄洪通道上是否有影响泄水的障碍物；两岸山坡是否稳定，如果发现岩石或土坡松动出现裂缝或塌坡，应及早清除或采取加固措施，以免在溢洪时突然发生岸坡塌滑、堵塞溢洪道过水断面的险情。检查溢洪道各部位是否完好无损，如底板、边墙、溢流堰、消力池等结构，有无裂缝、损坏和渗水等现象。

（2）泄洪后的检查。泄洪后应及时检查消力池、护坦、海漫、挑流鼻坎、消力墩、防冲齿墙等有无损坏或淘空，溢流面、边墙等部位是否发生气蚀损坏，伸缩缝内、侧墙前后有无渗水现象等。

（五）水流观测

水流观测的目的在于了解水工建筑物上下游水流情况，以及水流特别是高速水流对建筑物的影响，以便制定合理的运行方式，或采取必要的措施，避免不利的情况发生，确保工程安全和正常运用。需要进行流向、流速、流态、冲淤、水面线和振动、脉动压力、负压、进气量、空蚀以及过水面压力分布等项目的观测。

（1）水位、流量、流速、流态等项目的观测，一般是用水文测验的方法量测，辅以摄影和目测描绘。将观测成果绘成水流平面形态图和纵断面上的水面线图，据此了解不同情况下水工建筑物上、下游的水流形态及消能设备的效能，分析各种水流形态发生的条件和原因，并与设计计算和模型试验结果进行比较验证，找出最有利的操作运行方式，避免河床遭受冲刷和破坏。有关高速水流的观测，多采用电测仪器。

（2）振动观测在于了解建筑物、闸门由于水流引起的振动对其安全的影响，研究减免振动的运用方式和措施，尤其要避免造成共振。振动观测的测点，应选择结构物遭受动能冲击最大处并有代表性部位。观测时，将仪器的感应部分与振动部位的测点接触，通过示波仪观测记录其振幅和频率。

（3）水流脉动压力是引起闸坝、输水管道等结构物振动的力，可能引起护坦、海漫、输水管路、溢流坝面等建筑物的损坏。因此，需进行水流脉动压力观测，测点应布置在边界条件有改变的部位及水流扰动最大区域。水流脉动压力采用电测，感应部分为脉动压力感应器，记录部分为示波仪。脉动压力的观测要素是脉动振幅和频率。

（4）负压观测的测点一般应与通气管结合，布设在水流条件突变、易于产生空蚀的部位。负压观测管为圆形金属管，管应在施工期间埋好，管口应与建筑物表面垂直并平齐，另一端引至翼墙、观测廊道或观测井内，安装真空压力表或水银压差计进行观测。

（5）进气量观测是为了解通气管的工作效能，并研究振动、负压、空蚀及管道不稳定流态等项目提供资料。在泄水建筑物放水期间，必须经常检查通气管是否畅通。对重要的输、泄水建筑物，要选定有代表性的通气管进行进气量观测。进气量观测一般采用孔口板、毕托管、热阻丝及风速仪等进行。

（6）空蚀观测是为了解空蚀对于建筑物的影响，研究减轻或防止空蚀的方法和检修措施。对于容易产生空蚀的部位，应进行观测。当发现产生空蚀时，应分轻重缓急，严重的应立即停止使用，研究产生的原因，制订抢修方案。

（7）观测过水面压力分布的目的在于了解溢流面、泄水管道进口曲面、隧洞洞壁等过水面上的压力分布情况。过水面压力分布的观测，是在过水面上布设一系列测压管，通过测压管中水面高程或压力大小，即可得出压力分布。

（六）每日巡视、观测工作日记

水库工程建筑物，常年处在大自然的环境中，不断经受暴雨、洪水的考验。为了保证工程始终处于正常状态，必须执行汛期每日巡视、观测制度，发现问题及时处理。

如沟后水库（见本章课外知识）为高 71m（总库容 310 万 m^3）的砂砾石混凝土面板坝，1993 年 7 月 27 日溃坝失事，主要原因是设计、施工方面有严重问题。但是如果当天能认真执行巡查制度，在当天上午 8—9 点巡视发现下游坝坡有集中渗水，立即汇报、研究、请示，在下午 2 点泄洪洞开始放水，也能避免溃坝事故发生（因为这个水库有内径 3.8m、最大泄流能力 208m^3/s 的泄洪洞）。

有些地区汛期暴雨洪水强度大，水库安全监测设施简陋，更应加强汛期巡视检查。但是，过去有的水库管理人员疏于日常巡视，待到发现水库建筑物出现问题，究竟是哪一天在什么水情下发生的问题都不知道，对分析问题、制定具体措施带来困难。因此，小型水库应建立每日巡视、观测，并填写《管理工作日记》的制度，切实扭转疏于管理的状况。把每天的巡视情况、观测结果、问题处理等情况一一记录在案。一方面达到督促管理人员、落实管理责任的作用；另一方面，管理工作日记也是小型水库的管理档案，表 10-1 为《小型水库管理工作日记》表式，供参考，具体应用中可以根据工程实际情况印制管理工作日记表式。《小型水库管理工作日记》（表 10-1）应每天填写一张，每年一本，这也是今后水库管理技术档案的重要部分。

《小型水库管理工作日记》主要记录三个方面内容。

1. 每日气象、水文、水情等观测记录

（1）气象预报和气象实况。有条件的水库汛期应有气象预报收听记录，有昨日对今天的气象预报以及今天的气象实况。坚持气象预报记载，可以提醒管理人员注意明天是否有恶劣天气，以便采取必要的准备措施。

（2）降水量观测。水库雨量站早上 8 点的观测是固定的，每天 8 点观测以后，及时计算昨日 8 点至今日 8 点的降雨量。除早上 8 点以外，14 点、20 点、2 点是否观测，视当时降雨强度进行观测。

（3）库水位观测。早上 8 点观测水库水位一次，其他时间是否观测，视水库水情变化决定。

（4）放水量记录。

（5）溢洪道泄流记录。水库没有泄洪，则泄流量为 0；水库处于泄流状态，记录早上 8 点的溢流堰顶泄流水深、泄流量（m^3/s），其他时间是否观测，视当时水库水情的变化决定。

（6）水库的水量平衡计算。昨日 8 点至今日 8 点入库水量为 $W=$ 库水位上升增加蓄水量＋放水量＋泄洪水量＋正常渗漏、蒸发水量计算得到入库水量 W 以后，应与降雨量进行对照（入库水量＝降雨量×集雨面积×径流系数），分析是否合理。

水库每日正常渗漏、蒸发（库面）水量损失，可以选取多天连续无雨且未放水时，从库水位下降总量中，求得相应减少的总蓄水量，再除以连续不放水天数来推算。应当选择

表 10 - 1　　　　　　　　　　　**小型水库管理工作日记**

____年____月____日　　　　　　　　　　　　　　　　　　　　　　　　今日管理员_____

气象预报（昨日记录）			今日天气实况				
降水量观测	昨日 8 点至今日 8 点降雨量____mm	今日观测	时间	08：00	14：00	20：00	02：00
			雨量/mm				
库水位观测	昨日 8 点至今日 8 点库水位^{上升}_{下降}____m	今日观测	时间	08：00			
			水位/m				
放水量记录	不发电的用水	昨日 8 点至今日 8 点平均放水流量____m³/s，全日放水量____万 m³	今日观测	时间			
				放水流量			
	发电用水	昨日 8 点至今日 8 点共发电____kWh，共用水____万 m³	昨日 8 点至今日 8 点，平均库水位____m，单位发电量的耗水量____m³				
溢洪道泄流记录	昨日 8 点至今日 8 点日平均泄流量____m³/s 泄流总量____万 m³	今日观测	时间	08：00	14：00	20：00	02：00
			溢流水深/m				
			溢洪流量/(m³/s)				
水库水量平衡情况	昨日 8 点蓄水____万 m³ 今日 8 点蓄水____万 m³ 蓄水量增____万 m³，减____万 m³		输水洞放水（灌溉发电）____万 m³		溢洪道泄流____万 m³	昨日 8 点至今日 8 点库区降雨____mm、入库水量____万 m³	

每日巡视记录 开始时间____ 结束时间____ 巡视者（签名）：	大坝坝顶、迎水面 左坝头_____ 右坝头_____ 坝坡面_____ 防浪墙_____ 坝顶_____	背水面、坝脚 左坝头_____ 右坝头_____ 坝坡面_____ 坝脚_____ 坝脚附_____ 近地面_____	其他部位 放水洞_____ 进口_____ 出口_____ 溢洪道（建筑物、山坡） 进口段_____ 溢流堰_____ 下游_____ 闸门_____ 门杆_____
其他工作记录（问题处理情况，上级通知执行情况等）			

记录人：

不同库水位，不同季节（夏季库面蒸发损失大）进行计算。从而得到水库每日正常的渗漏蒸发损失规律，以便进行水量平衡计算。

2. 每日巡视检查记录

每个小型水库，汛期每天至少进行一次巡视检查。可以根据各个水库建筑物的布置，制定巡视路线，逐一检查大坝、放水设施、溢洪道等建筑物，如有异常情况，小的问题及时处理，发现大的问题应立即报告上级主管部门。

水库安全巡视记录在每天的管理工作日记中。这个表式主要适用于土石坝小型水库，浆砌石坝、混凝土坝的小型水库，其巡视重点是坝段是否有变形位移，有否裂缝、裂缝有否发展，应根据这些要求制定巡视项目路线。如图 10-8 所示为一座土石坝的小型水库安全巡视路线图。早上 8 点检查雨量站储水器，观测降雨量；然后经右坝坡上坝，至右坝头迎水面的放水洞进口，水库水位尺记录库水位；再检查上游坝面，至左坝头、下游坝面、下游坝脚；大坝检查完毕，再检查溢洪道，最后回到管理所。每日巡视过的建筑如情况正常，则在每日巡视记录栏的相应建筑物部位打一个"√"，未检查到的部位不填写，发现有异常情况另附专页记录说明。非汛期每 5 天巡视一次，但是每天的降水、库水位、放水等仍应每天记录。

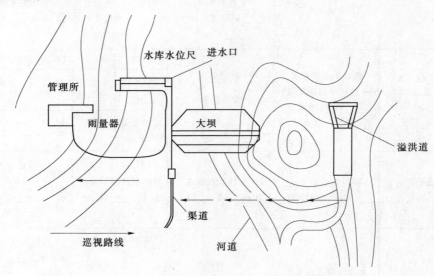

图 10-8　水库每日巡视示意图

3. 其他工作记录

凡是有关水库安全问题处理情况，向上级部门汇报，上级有关通知及执行情况等必须做出记录。这是水库管理工作的"备忘录"，平时看起来不重要，但这是很重要的记录，以备查证。

第三节　水工建筑物的养护与修理

水工建筑物的养护是指建筑物完建并交付使用后，为保持完整状态和正常运用而进行的日常维护工作，也包括一般的大修小补。修理则是指建筑物受到损坏或较大程度破坏时的修复工作，涉及面广，工作量较大。修理一般又分岁修、大修及抢修等几种。养护与修理两者之间是没有严格界限的，建筑物的某些缺陷及轻微损害，如不及时养护维修，就会发展为严重的破坏。反之，加强经常性的养护工作，发现问题及时处理，建筑物的破坏现象是可以防止或减轻的。养护修理应本着"经常养护、随时维修，养重于修，修重于抢"的原则进行。无论是经常性的养护维修，还是岁修、大修或抢修，均以恢复或局部改善原有结构为原则。

一、土坝的养护与修理

（一）基本养护与修理

土坝最容易发生的问题是裂缝、滑坡、渗透变形、排水设施堵塞和破坏以及护坡的松动崩塌等，在运用中应特别注意这些问题：

（1）土坝经常性的养护工作主要有维修坝顶、坝坡、防浪墙；保护各种观测仪器和埋设设备的完好；坝面及岸坡排水沟要经常清淤，保持畅通；维护坝体滤水设施和坝后减压设施的正常运用，防止雨水对坝面的侵蚀和冲刷。此外，尚应加强对土坝的安全管理，不得在坝面种植或放牧，不准在坝身上堆放大量物料以及在坝的附近进行对工程有害的活动。

（2）裂缝的处理。处理坝体裂缝时，应根据不同情况，分析裂缝产生的原因，采用不同的措施。对表面干缩裂缝及冰冻裂缝，一般可做封闭处理；对于深度不大的其他表层裂缝多用开挖回填处理；对坝体裂缝众多及存在内部裂缝情况可采用充填灌浆或劈裂灌浆法处理；对自表层延伸至坝体深处的裂缝，可用开挖回填与灌浆相结合的方法处理。

（3）渗漏处理。对坝坡渗漏、坝端接触渗漏、绕坝渗漏以及透水坝基的不正常渗漏进行处理的总原则是"上截下排"。上截就是坝身和坝基的坝轴线以上部分，采用水平防渗和竖直防渗措施进行截渗、延长渗径；下排则是在下游采用滤料导渗等方法（导渗沟、导渗培厚、透水盖重和减压井等），将渗水安全排到下游。

（4）滑坡处理。对坝体滑坡的处理应根据滑坡原因、部位、坝型、严重程度及库水位高低等情况，采取不同措施处理。对发展阶段的滑坡，应找出原因采取紧急处理措施抢护，稳定滑坡；对已相对稳定的滑坡，通常采用堆石（或抛石）固脚、放缓坝坡等措施，使坝体稳定。滑坡裂缝宜用开挖回填、分层夯实措施处理，不宜采用灌浆办法。

（二）土坝白蚁的防治

1. 白蚁的危害性

土坝白蚁危害是水库防洪安全的重大隐患之一，栖居在土坝上的白蚁多为土栖白蚁，其中黑翅土白蚁和黄翅大白蚁，是危害土坝的主要蚁种。

土栖白蚁活动非常隐蔽，其巢穴不易发现，行迹外露时危害已重。土栖白蚁进入坝体后，在浸润线以上、坝面以下 1～3m 的坝体内营巢繁殖，见图 10-9。由于

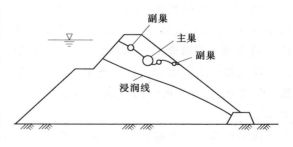

图 10-9　白蚁在土坝内营巢示意图

生活和生存的需要，需找水寻食和自然繁殖，并随着巢龄的增长，群体数量不断增加，巢体逐渐扩大，主巢直径可达 1m 以上。副巢数量有的多达上百个，蚁路不断蔓延，四通八达，有的横穿大坝。库水位上涨时，库水即沿蚁路浸入蚁巢，从背水坡流出，成为漏水通道。随水压力增大和时间延长，带出大量的泥土，洞径不断扩大，造成坝身突然下陷或坝面塌坑，如抢救不及时就可能溃坝，甚至晴天也有可能发生溃坝。特别是长期低水位运行的水库，当库水位升到蚁道高程时，易出现险情。

白蚁的繁殖速度非常快，一个大型蚁巢每年约有 3000～4000 个有翅成虫飞出，少数交配成新巢，这些新巢 3～5 年后又开始分群建巢，如任其发展后患无穷。当土栖白蚁进入坝体营巢繁殖，即使质量再好的大坝也会溃于蚁穴。

1998 年浙江省小型水库进行安全检查，查出很多小（1）型水库土坝已有白蚁危害或大坝附近有白蚁活动迹象：如浙江省宁海县 9 座土坝水库中有 6 座、鄞县 12 座土坝水库有 8 座、黄岩区 8 座土坝水库中有 4 座、诸暨市 19 座土坝水库中有 11 座、金华县 36 座土坝水库中有 14 座、龙游县 8 座土坝水库中有 6 座、长兴县 6 座土坝水库中有 4 座，安吉县小（2）型水库 85% 有白蚁迹象。这次浙江省小型水库安全检查，对白蚁危害土坝安全问题，检查工作有两个特点：第一，凡是由县水利部门与县白蚁防治单位协作的，都查出不少水库土坝已有蚁患或土坝附近有白蚁活动，从而提高了防治白蚁危害的警惕性；第二，还有相当数量的县（区、市），水库安全检查记录表中没有土坝蚁患情况的说明。但是就在这些县的毗邻地区（土壤植被、气候基本相同），已经反映土坝蚁患或土坝附近白蚁活动很普遍、很严重。这说明有些县（区、市）的水利部门对土坝白蚁防治工作还有待改进。

2. 土坝白蚁的防治

土坝白蚁的预防贯彻以防为主，防治结合，综合治理的方针。防是指土坝未产生蚁患前采取措施，不让土栖白蚁侵入到土坝上来。预防的措施有以下几种：

（1）认真做好清基工作。在土坝加高培厚时，施工前对土坝及大坝周围都要认真进行检查和灭治工作。注意消除土坝上部、两岸坡及附近山坡上的白蚁。如原坝有白蚁隐患存在的，应首先将白蚁灭杀后再加高培厚，必须先清除原坝面表土层杂草。同时在新老土结合部位铺设毒土防蚁层，填土时严禁带人杂草和树根，严格防止有白蚁、菌圃的土料上坝。对附近山坡上的白蚁隐患，先用挖巢法把蚁巢摧毁；为了防止后患，较大的蚁道，用灭蚁诱饵条毒杀，效果较佳。

（2）消灭有翅成虫。繁殖蚁纷飞季节，利用它们的趋光特性（向有亮的地方扑），在大坝两端一定距离以外的位置设灯光诱杀，减少新群体发生，但灯光不能离坝太近（有翅成虫的飞翔距离因地形、风力和风向而异，防止繁殖蚁掉在大坝上，反而招来白蚁）。

（3）加强工程管理。铲除土坝上灌木、杂草，禁止在土坝上堆放柴草、木材，保持坝面和周围的干净，减少白蚁蔓延。白蚁分飞期严格控制土坝灯光，以免招来有翅成虫繁殖。

灭杀蚁源，用灭蚁诱饵条，在防治土坝蚁患的同时，对能飞临土坝周围几百米范围内孳生地的白蚁也要同样杀灭，减少白蚁上坝的机会。

二、混凝土坝和浆砌石坝的养护与修理

混凝土坝和浆砌石坝常见的病害主要是坝和地基的抗滑稳定性不够、裂缝和坝体及坝基的渗漏。

（1）提高混凝土坝和浆砌石坝抗滑稳定性措施的具体方法有：采用补强帷幕灌浆、加强坝基排水系统和防渗阻滑板等措施，减小扬压力；加大坝体剖面或附加竖向荷载以增加其有效重力；采用预应锚索锚固措施和增加基岩抗力等。

（2）坝体裂缝和渗漏的处理。对稳定的温度裂缝或缝宽较小、错动不大的裂缝，可用勾缝填塞法处理；当裂缝随气温或坝体变形而变化，但不影响坝体正常工作时，可进行表面贴补处理；当坝体裂缝较多、渗漏严重时，可在上游面增设防渗层；当坝体产生较大的贯穿性沉陷裂缝，或由于坝体强度不够而出现应力裂缝时，应采用加厚坝体的处理方法；对由于各种原因所造成的贯穿性裂缝，而数量又较多时，常用灌浆方法处理，也可采用环氧树脂填补裂缝。当采用上述一种办法处理不能解决问题时，则可根据具体情况，采取两种以上的综合措施处理。

（3）坝基及绕坝渗漏的处理。坝基产生渗漏的原因是多方面的，如原有帷幕失效、坝体与坝基接触不良、排水系统堵塞、基岩断层裂隙增大等。处理时应先查明漏水原因，再分别采用接触灌浆、帷幕灌浆、固结灌浆、改善排水条件等处理方法。

三、溢洪道的养护及修理

溢洪道常见的病害问题及其修理措施主要有以下几种：

（1）溢洪道过水能力不足的处理措施。首先应根据实际情况，正确确定防洪标准，并根据水库的集雨面积及实测水文资料，复核溢洪道过水能力是否满足要求，如不满足，则按照一定标准分别采用加高大坝、改造现有溢洪道、增大原有溢洪道的过流能力以及增设非常溢流设施等办法，或综合采用上述措施处理。

（2）溢洪道陡坡底板的损坏及修理。陡坡底板损坏原因，应针对损坏原因采取以下措施：当底板折断或破裂，应重新进行加厚补强；如底板不稳定，则应加厚或采取固结灌浆，使底板与地基连成一体；如底板表面不平整，则应设法填平；如有磨蚀淘空，则应进行填补；如接触防渗不良，排水管堵塞或反滤层破坏，则应加作防渗止水片，疏通排水及重新进行翻修。

（3）裂缝的处理。溢洪道的闸墩、堰体、边墙、底板、消能设施一般由砌石、混凝土或钢筋混凝土筑成。裂缝是常见病害，应根据产生裂缝的原因及损坏程度，分别采用勾缝填塞、开槽嵌补、灌浆、重砌等措施处理。

（4）防止水流冲刷。出口水流有冲刷或回流淘刷坝脚，应补修导墙将水引离坝脚；泄洪出路不通或受阻，应加以疏通或扩大泄洪断面，以保持通畅。

对于设有闸门的溢洪道，应注意闸门及启闭设备的养护与修理。

四、隧洞与坝下涵管的养护及修理

隧洞与坝下涵管最为常见的病害问题是裂缝漏水。造成这一现象的原因很多，有设计和施工的原因，也有管理方面的原因，其处理方法主要如下：

（1）对由于地基不均匀沉陷断裂的涵管，除加强涵管强度外，重要的是加固地基，加固方法应根据地基情况和断裂位置而定。

（2）对隧洞和涵管管壁的一般裂缝漏水。可采用水泥砂浆或环氧砂浆封堵处理。

（3）当裂缝较多，漏水严重，或为了堵塞混凝土与岩石或坝体间的空隙时，可采用灌浆法处理。

（4）如隧洞、涵管质量差，因材料强度不够而产生裂缝或断裂时，可采取内衬砌加固措施，即用成品管套在原涵管之内，然后在成品管与原涵管之间填充水泥砂浆或预埋骨料灌浆。

（5）对隧洞无衬砌段的加固或衬砌损坏的补强加固可用喷锚衬砌处理。

五、水闸的养护与修理

水闸在运用管理中常遇见的问题有：闸墩、护坦、岸墙、翼墙等混凝土或浆砌石裂缝；闸侧绕渗破坏；水闸下游冲刷问题以及闸门和启闭设备的保养不善等。前两者的处理措施与前述混凝土及砌石水工建筑物处理措施基本相同，下面简要叙述后两者的处理措施。

（1）水闸下游冲刷问题。当闸下游发生冲刷破坏后，对河床冲刷部位或海漫冲刷部位常采用抛石加以保护，也可用沉排或柴石枕沉入冲刷塘内加以保护；当上下游两岸被冲而坍陷时，应根据水流情况分析原堤位置是否适宜，然后再加以砌石护坡。

（2）闸门及启闭设备的管理养护。闸门及启闭设备的养护主要分两大类：一是机电设备、动力设施、各类仪表及集控装置，这些部分应经常保养，定期检查维修，使其运用灵活，准确有效，安全可靠。另一类是机械部分，如闸门、启闭机、各种传动设备和埋件等。这些部分应定期清洗，经常加油润滑，除尘防锈；闸门叶如发生变形，杆件弯曲或断裂、焊缝开裂、铆钉或螺栓松动，都应立即恢复或补强。闸门出现上述问题的原因主要是关闭不当，门叶产生剧烈振动和严重气蚀。因此，闸门养护时，除保证门体端正，不使扭曲外，必须做好闸门防振、抗振、防气蚀和防锈蚀工作。

六、渠系建筑物的养护与修理

常用的渠系建筑物有渡槽、无压隧洞、倒虹吸管、涵洞等。渡槽及倒虹吸管最常见的病害是裂缝及接缝漏水；隧洞及涵洞常见的病害是裂缝渗漏及洞身断裂。这些病害的处理与前面的"隧洞及坝下涵管"以及其他混凝土水工建筑物的处理措施基本相同，可供参考采用。

第四节　农业水利工程的运行管理

一、用水计划

（一）用水计划的编制

用水计划是实行计划用水的依据，即灌区从水源引水并向各级渠道和用水单位配水的计划。灌区用水计划由渠系用水计划和用水单位计划两部分组成，渠系用水计划又包括引水计划和配水计划。

用水计划应采取自上而下和自下而上相结合的办法编制。在干、支渠（或水管所、站）较多、灌溉面积较大的灌区，可分三级编制，即管理局（处）编制全灌区的渠系用水计划，水管所（站）编制渠段用水计划，斗委会编制用水单位（斗渠）用水计划。在干、支渠较少、灌溉面积较小的灌区，一般分为两级编制，即渠系用水计划与用水单位计划。小型灌区可一级编制，即将渠系用水计划和单位用水计划合并编制。按三级编制的灌区，一般由管理局（处）按年（或季）根据灌溉面积、水源条件、渠道输水情况、气象预报等拟定本灌区可能执行的灌溉制度和轮廓的配水指标，逐级下达到水管所（站）和用水单位斗渠或村经验及管理机构拟定的灌溉制度和轮廓的配水指标，编制本单位的用水计划报水管所（站）；水管所（站）根据审定后的用水单位计划和渠系轮廓配水指标，编制渠段用水计划报局（处），管理局（处）再根据用水单位和渠段用水计划编制渠系用水计划。

在水源丰富的灌区，可直接由下而上编制用水计划，上级管理机构在审批时予以适当调整。

（二）用水计划的执行

在一般情况下对已定好的用水计划不得任意变动，如果放水时实际的气象、水源、灌溉面积等条件与计划出入较大时，则应调整、修改用水计划，进行水量调配。通过水量调配工作，具体实现用水计划中的引水、输水、配水。所以，水量调配是执行用水计划的中心内容。尤其是水源减少或遇到降雨以及发生干旱的情况下，更应做水量调配工作，同时，因地制宜地贯彻执行用水计划。灌区的水源和其他条件不同，渠系水量调配工作也各有特点。这里仅介绍无坝或低坝自流引水和多种水源灌区的渠系水量调配工作。至于河川水库灌区和泉水灌区，流量比较稳定。提水灌区除考虑机械、供电及水源水位等影响外，其内部配水与自流灌区基本相同。

（三）水量调配基本原则和要求

1. 水量调配基本原则

灌区水量调配的基本原则是水权集中、统筹兼顾、分级管理、均衡受益。具体办法是：按照作物灌溉面积、计划灌水定额、各级渠道水的利用系数分配水量。

2. 水量调配工作的要求

（1）水量调配必须做到"统一领导、水权集中、专职调配"。由管理局直属的配水站和专职配水人员负责全灌区干支渠水量调配工作。在引水时，应加强水质监测工作。在输配水中，要抓住安全输水并须做到"稳、准、均、灵"。"稳"即水位、流量相对稳定；"准"即水量调配要及时准确；"均"即各单位用水均衡；"灵"是要随时注意全员负责，斗渠的水量调配由斗渠的技术员负责。

（2）调配人员要熟悉灌区地形、行政区划、灌排渠系布置、建筑物位置、土壤分布、渠系用水计划、井灌能力及其提水设备、各级渠道建筑物的正常和加大流量、流程时间、安全水位、险工段位置、水的利用率、渠道挟沙能力和有关调配的指示文件、图表等，以便遇到特殊情况能及时、准确地采取应变措施。

（3）调配人员应该经常了解灌区作物需水情况、各用水单位意见以及有关水文、气象等方面的资料。在放水期间必须日夜轮流值班，详细填写配水日志。如遇特殊情况，应及时上报渠系管理部门进行处理。有计划地施测各项资料，如各级渠道水利用系数、渠系水利用系数等；做好渠道测流工作，绘制水位-流量关系曲线，并经常校对量水断面和量水建筑物，不断提高量水精度。要加强上下级渠段间的水情联系，监督各站用水，定期结算水账，发布灌区引水、用水及各项用水指标控制情况。

二、测水量水

（一）灌区测水量水的基本任务

灌区测水量水是合理调度和充分利用水资源、实施计划用水的一项必要措施，也是按经济规律管理灌区的必不可少的手段。灌区量水工作的基本任务有如下几点：

（1）按照灌区用水计划和水量调配的要求，调节、控制渠道水量，准确地从水源引水，向各级渠道配水和按定额向田间供水。

（2）检查灌水质量和灌溉水的利用效率，指导和改进用水工作。

（3）掌握水量供需状况，合理修正、调整供水和配水方案。

（4）整理观测资料，为改正灌区管理工作，为水利规划、设计、施工和科学研究提供和积累资料。主要资料有：年度、灌溉季度和每次灌溉引水的总水量、田间用水量、排泄和退弃水量；渠道及建筑物的输水能力、渠道、田间水和灌溉水有效利用系数；测站水位一流量关系图表和水工建筑物的流量系数；水源测站的水位、流量、含沙量过程线；特定地段田块的灌溉定额；渠道输水量、输水时间、灌水次数、灌水量；灌溉用水的经济指标。

（二）利用水工建筑物量水

1. 利用闸、涵量水

用以量水的闸、涵一般可以分为下列 5 种类型：

（1）具有平面直立启闭式闸门的明渠放水的单孔建筑物。按闸底不同又可分为两种：一种是闸底平、闸后无跌坎，闸后底宽等于入口宽；另一种是闸后有跌坎，离闸不超过40cm，闸后门底宽等于或大于入口宽。

（2）带有平面直立启闭式的矩形暗涵放水口建筑物。

（3）带有平面启闭式闸门同管放水口的建筑物。这类建筑物按进水口翼墙与闸门形式不同，又可分为两种：一种是带有平面直立式闸门，并有翼墙的同管放水口；另一种是带有平面斜立式闸门，进水口与渠道边坡相平齐的网管放水口。

（4）带有平面直立启闭式闸门的矩形明渠多孔放水口建筑物。按其闸底及闸墩的不同亦可分为三种：第一种闸底平、闸后无跌坎；第二种紧接闸后有跌坎；第三种闸孔间有长条闸墩，闸底平，闸后无跌坎。

（5）带有扇形闸门、闸底平、闸门支点处无跌坎的放水建筑物。

利用涵闸量水的计算较为复杂，可参照《灌区量水工作手册》查表计算。

2. 利用拱涵放水口建筑物量水

利用浆砌石料把涵洞做成拱形的拱涵放水口，其识别水流形态、选用流量系数以及查用流量表，可与矩形暗涵相同。计算和查用流量的步骤：

（1）辨别水流形态。

（2）根据水流形态，同矩形暗涵一样，查有关流量表。

（3）进行修正。所谓修正，就是修正洞宽，把宽度折算为相当于矩形涵的宽度，便于计算流量。当启闸高度不超过矩形部分（有闸控制自由流、有闸控制潜流）或水深不超过矩形部分（闸门全开自由流、闸门全开潜流）时，就不需对洞宽进行修正。

3. 利用叠梁式闸门放水

叠梁式闸门是由许多块矩形木块或钢筋混凝土块（或梁）叠放存闸墩槽内，拼成叠梁或闸门板。在保证上游水深的情况下，根据下泄流量大小，减少或增加叠梁块数，以作调节。叠梁闸板最上面一根叠梁应制成锐缘形状；叠梁之间，备梁与门槽之间，应紧密吻合，以防止或尽量减少漏水，提高量水精度。

叠梁式闸门的过闸流量，按直立式薄壁堰的水力计算方法进行计算。

4. 利用跌水量水

跌水是连接高、低渠道使水流产生自由跌落、集中降低高程的建筑物，一般陡坡上口也属于这一类型。跌水大都用块石或混凝土修建。跌水口常见有矩形和梯形两种。

利用渠道上的跌水量水，应将水尺安设在建筑物上游3～4倍渠道正常水深处，水尺零点与跌水口底坎齐平。

流经跌水口的流量，采用下列公式计算：

（1）矩形断面跌水的跌水流量：

$$Q=mbH\sqrt{2gH} \tag{9-1}$$

（2）梯形断面跌水的跌水流量：

$$Q=m(b+0.8nH)H\sqrt{2gH} \tag{9-2}$$

式中　Q——流量，$\mathrm{m^3/s}$；

　　　b——跌水宽度，m；

　　　h——上游水头，m；

　　　g——重力加速度，$\mathrm{m/s^2}$；

　　　n——梯形断面边坡斜率的倒数；

　　　m——流量系数，按实测求得。

利用跌水量水，可根据实测流量系数或所采用的流量系数，绘制水位—流量关系表或曲线图。量水时，根据水尺读数，从水位-流量关系表或曲线图中，即可查得相应流量数值。

（三）供水管理组织和管理制度

1. 管理组织

目前，我国大多数灌区是按照专业管理与群众管理相结合的原则组建管理机构的，以专业管理为骨干，群众管理为基础，同时充分发挥民主管理组织的决策和监督职能。与这种管理体制相对应的组织形式主要有专业管理组织、群众管理组织、民主管理组织，这里仅对专业管理组织做一介绍。

（1）专业管理机构的设置。根据《灌区管理暂行办法》规定：国家管理的灌区，属哪一级行政单位领导，即由哪一级人民政府负责建立管理机构，根据灌区规模，分别设立管理局、处或所；以灌溉为主的水库及其灌区，一般设统一的管理机构进行管理；水库及水库枢纽工程规模较大，影响较大或与灌区距离较远的，在上级水利主管部门的统一领导下分设管理机构进行管理；较小河流或同一河段上，有多处用水关系密切的灌区，可以按河系或河段建立机构。

灌区专管机构内部的管理体系，中型灌区可设处或所（或站）两级管理（为管理方便，有的灌区处所下再设管理段，作为所的派出机构），大型灌区可设局、处、所三级管理。

灌区专管机构的人员编制，由水利主管部门按照《水利工程管理单位编制定员标准》提出定编方案，报上级领导机关批准后执行。

（2）灌区专业管理组织是灌区常设的管理机构，全面负责灌区的日常管理工作。其主要职责有：①宣传、贯彻国家的有关方针、政策、法规，贯彻执行上级部门的有关规定、指示以及灌区代表会、灌区管理委员会的决议和其他交办事宜；②建立健全灌区各级专管机构和群众管理组织，推行岗位责任制和经济责任制。通过在职学习和脱产培训，努力提高职工的政治和业务素质。积极采用先进的工作方法，努力提高科学化管理水平和工作效率；③加强工程设施的检查、维修、养护和技术改造，保证工程设备的完好和正常运行；④实行计划用水和科学用水，改进灌排技术，减少水量渗漏损失，努力提高水的利用率；⑤加强经营管理，健全财务制度，做好水费计收工作，开展综合经营，增加灌区收入；⑥建立健全灌区民主管理组织，吸收受益农户和有关单位的代表参加管理；⑦开展灌区高产、优质、高效、节水、节能的科学研究，做好灌溉试验和灌溉新技术推广工作；⑧做好灌区配套建设。一般情况下，大中型灌区支渠以上工程，应由专管机构负责管理。灌区对支渠的管理，可由灌区专业机构管理，也可成立支渠管理委员会由群众管理组织管理，专管机构派人参加领导。

2. 管理法规

（1）水法规。水法规，是指以开发利用、保护水资源和防治水害过程中产生的社会关系为调整对象的法律规范的总和，包括国家、地方政府和主管部门所颁布的法律、法规、规章。目前，国家颁布的主要水法规有 10 项。

水法规的颁布使水利工作进入了健全法制，依法管水、治水的新时期。我们不但要看到政策的作用、物质的作用，同时要充分认识法律对维护、促进水利工程的威力，要努力学好水法规，宣传水法规，运用水法规，依法保护水利工程管理权利。

（2）水资源的管理与保护。为了合理地开发利用和有效利用水资源，防治水害，充分发挥水资源的综合效益，适应国民经济发展和人民生活水平提高的需要，必须加强水资源的管理和保护。为做好水资源的管理和保护，依据《中华人民共和国水法》等有关水利法规，重点要加强以下几方面的工作：

1）坚持水行政主管部门对水资源的统一管理，按照"全面规划、统筹兼顾、综合利用、讲究效益，发挥水资源的多种功能"的原则，合理开发利用水资源。

2）采取各种有效措施，保护自然植被，种树种草，涵养水源，防治水土流失，改善生态环境。同时要加强水污染的监督管理，禁止各种危害水资源、造成水污染的不法行为。

3）厉行节约用水，实行计划用水。要积极发展节水灌溉，提高水的综合效益。同时逐步推行取水许可制度，促进计划用水、节约用水，全面加强水资源的管理。

4）大力宣传《中华人民共和国水法》等水利法规，增强法制观念，做到依法管水、依法管护工程。严厉打击盗窃、破坏水利工程设施，危害水利工程安全的不法行为，维护正常的水事秩序。

5）加强水费的计收管理，抓好水资源费、堤防维护管理费、河道采砂管理费、防洪保安费等事业性收费，用经济手段来调节水资源的合理配置和开发利用，促进水资源的管理和保护工作。

3.管理制度

管理制度是供水生产单位各项管理活动的准则。如果没有共同遵守的、方向正确的、科学的、严密的管理制度，势必造成职责不清、秩序混乱，现代化大生产就无法正常进行，也谈不上管理目标的实现。供水生产单位管理制度主要有以下几个方面。

（1）供水制度。供水制度主要是指供水单位在引水、输水、配水过程中应遵循的准则。如引水制度、配水制度，运行调度规则等。

（2）用水制度。为了顺利执行用水计划，维护正常的用水秩序，灌区管理机构对用水活动要订立管理制度，以便做到有章可循。用水制度主要又分为下面几项：

1）按计划用水制度。用水计划是灌区用水安排的指令性文件，必须遵照执行。灌区管理单位要订立有关管理制度，应明确规定：用水单位必须遵照用水计划按时按量在规定的地点进行用水；禁止在渠道上任意扒口、私埋涵管和未经批准设站提水；不准私开斗口门，不准制造用水纠纷；斗口量水设施要定期检验，以保证量水准确，灌区用水活动必须经灌区管理单位批准并列入计划才能进行，对违反用水管理制度和扰乱用水秩序以及侵害管理单位权益和水管人员人身权利者要进行经济处罚，情节严重者移交司法机关处理。

2）节约用水制度。实行以亩定量、水量包干、计划外用水加价收费或累进加价收费，不准大水漫灌，不准昼灌夜排。

3）水费收缴制度。水费收缴方面应订立有关管理制度，规定水费收缴的时间、收缴方式、水费逾期缴纳的处理办法等。实行签订《供水合同》和水票制的灌区，用水单位在年初应如实申报灌溉面积，签订《供水合同》，供水单位将全年的供水量计划下达给用水单位后，由用水单位在规定期限内向供水单位足额交付水费购买水票，按照规定的时间、地点申请用水，结算水账，将水票交给供水单位，办理结算手续。水费逾期不缴按规定加收滞纳金。

4）用水交接制度。上下游、村社间实行"上送下接"，避免用水"空当"。

（3）工程维护制度。为了保证供水工程所属的渠道、渠系建筑物及机电设备保持良好的运行状态，要建立和完善对各类渠道、渠系建筑物、机电设备的养护维修制度。工程的养护修理制度包括对工程日常养护、维修、岁修及大修等各方面的管理制度。

（4）岗位责任制。岗位责任制就是把水管单位的生产任务和各项工作的有关规定、要求和注意事项具体落实到每个部门、每个岗位、每个职工，明确规定各个部门、各个岗位的职责、任务，使每个职工都知道自己应该干什么，怎么干，并对自己所在岗位的生产和工作负责。这样，在水管单位中就可做到人人有专责、事事有人管、工作有标准、成果可检查。工区供水也可根据其所在岗位的不同，指定相应的岗位责任制。

（5）技术标准和技术规程。技术标准为人们在生产技术活动中提供统一的行动准则，使水管单位内外各方面的协作关系相互配合，保证生产过程中的各项工作质量标准（如工程质量标准、设备工具标准、水质标准、测水量标准等）达到所规定的要求。

技术规程是水管单位为执行标准、保证工程安全和供水生产有秩序地顺利进行和在水库调度、观测检查、工程养护维修、机器设备操作维修以及技术安全等方面所作的规定，主要有水库调度规程、灌排机械设备操作规程、检查观测规范、养护修理规范、闸门启闭规范、设备维修规程和安全技术规程等。

（6）其他管理制度。灌区水管单位为搞好供水生产和提高经济效益，在管理工作的其他方面也需要建立和健全相应的管理制度，主要如下：

1）在劳动管理中，有职工考勤制度、培训制度、奖惩制度、劳动保护制度、劳动用工制度等。

2）在物资管理中，有采购验收制度、限额发料制度、仓库管理制度等。

3）在财务管理中，有现金收支管理制度、固定资产管理办法、流动资金管理制度、成本管理制度、各项基金管理制度等。

在其他方面，如文书档案管理有关制度、行政事务管理有关制度、工程安全管理有关制度等。

建立科学合理的管理制度很重要，贯彻执行更重要。贯彻执行管理制度主要抓好以下三项工作：①要加强政治思想工作。必须教育职工以主人翁的态度自觉地遵守制度，严格认真、一丝不苟地执行制度；②要加强岗位人员的培训工作。制度是按照客观规律制定的，岗位人员必须懂得客观规律，才能掌握和执行制度。所以，必须加强岗位练兵和业余教育，不断地提高岗位人员的技术业务水平；③要搞好检查评比。这是保证制度贯彻执行的一项重要措施，没有检查，制度容易流于形式，通过检查评比还可以总结经验，鼓励先进，鞭策后进，克服缺点，不断提高经营管理水平。

管理制度通过一段时间的实践，随着各方面情况的变化，就会出现一些不合理、不完善的方面，需要作必要的修改和补充。制度一经建立或修订，要保持相对稳定，不可经常变更。

课外知识

驻马店水库及沟后水库溃坝简介

一、驻马店水库溃坝

1975 年 8 月，由于超强台风莲娜导致的特大暴雨引发淮河上游大洪水，河南省驻马店地区包括两座大型水库在内的数十座水库漫顶垮坝。石漫滩、田岗水库垮坝，澧河决口，流域内洪峰齐压驻马店全区，老王坡蓄洪区相继决口。8 月 8 日 1 点，驻马店地区板桥水库漫溢垮坝，六亿多立方洪水，五丈多高的洪峰咆哮而下，同期竹沟中型水库垮坝，薄山水库漫溢，及 58 座小型水库在短短数小时间相继垮坝溃决。河南省有 29 个县市、1100 万人受灾，伤亡惨重，1700 万亩农田被淹，其中 1100 万亩农田受到毁灭性的灾害，倒塌房屋 596 万间，冲走耕畜 30.23 万头，猪 72 万头，纵贯中国南北的京广线被冲毁 102 公里，中断行车 18 天，影响运输 48 天，直接经济损失近百亿元，史称"75·8"大洪水。

主要原因如下。

1. 大环流影响

1975 年 8 月上旬，东亚西风环流形势相对稳定，赤道辐合带北推并且十分活跃，特别是 7503 号台风深入内陆，移动缓慢，强度维持甚至一度稍有加强，在台风东侧外围形成了一条很强的水汽通道，使河南南部地区维持持续性的强上升运动，丰富的水汽供应，不断重建的不稳定气层，为持续性强降水的出现创造了良好的条件。

7503 号台风 8 月 4 日在福建省登陆，经赣南、湖北，6 日 2 点过长江后转向东北东，6 日 14 点又转向北，移动缓慢，6 日 20 点到达桐柏山区，7 日 8 点到达河南泌阳县附近，此后第二次转向，折向西南，到 8 日 14 点才消失于大巴山南部。台风低压在河南南部停滞长达 20 多小时。能够如此深入内陆并维持这样长时间的台风是极为少见的。

2. 天气尺度系统配置

天气尺度系统配置为持续暴雨创造了极为有利的条件。这次特大暴雨系由三次强降水过程所组成。第一次是位于长江南岸的 7503 号台风东边潮湿偏南气流与华中弱冷空气辐合上升所致。第二次是台风直接的影响，暴雨区位于台风的东北部，位于台风环流上升速度最大区。7 日 8 点台风中心到达最北的纬度，此时台风移动缓慢近于停滞。而原来在台湾省东边的热带涡旋向西北移动，并向 7503 号台风靠近，使河南暴雨区偏东风显著加强，水汽辐合和上升速度达到最大而产生最强的第三次降水过程。正是由于在各次暴雨期间各种天气尺度系统的配置，使得大暴雨出现所需条件（即持续的强上升运动，水汽供应源源不断，位势不稳定不断建立）都接近最大值。持续性特大暴雨便由此产生。

3. 良好的中尺度环流条件

良好的中尺度环流条件，使其暴雨雨强成为罕见。这样大的雨强主要是由强烈的对流性活动所致。在这次特大暴雨期间，伴随有频繁而强烈的对流性活动，其中尤以雷暴活动最为明显。暴雨区雷暴接连发生，且造成特强降水，当雷暴消失时，降水也随之结束。暴雨区中大量凝结潜热释放，使气层增暖，促使上升运动加强，这种反馈作用又加强暴雨。在每场暴雨中，一次次强对流活动都和低空的中尺度气流辐合带中尺度气旋性涡旋相联系。

4. 地形

地形对这次特大暴雨起着明显加强作用。此次特大暴雨发生地，从伏牛山脉东端舞阳县以南的一连串丘陵向南一直连接到桐柏山脉，形成一个弧状地形，对台风外围宽广的东风转东北东风的气流，有很强的强迫辐合作用。归纳起来，地形影响表现有三个方面：第一是大地形抬升引起的触发作用以及中小尺度地形造成的准定常辐合区；第二是朝东开口的弧状地形，使许多中尺度低涡、雷暴和切变线有利于在低层偏东急流左侧产生；第三是雨团常沿河谷地区相继移动，使得处于雨团盛行路径上的地区雨量特别大，从而导致暴雨中心发生在侧风坡。

5. 工程设计标准太低

板桥水库石漫滩水库垮坝原因是洪水设计标准太低。当时记载的最高洪水水位 117.94m，坝高却只有 116.3m。溃坝时，洪水水位不仅超过坝顶 1.64m，而且超过了防浪墙约 10cm，导致水流漫过坝顶。土坝下游坡为沙、土，抗水流冲刷能力低，因此漫坝以后很快地就将沙和土芯冲刷冲刷掉干净，形成了垮坝。

二、沟后水库溃坝

1993 年 8 月 27 日 23 点左右，青海省海南藏族自治州共和县境内的沟后水库发生溃坝，库内蓄水近 300 万 m³，冲开坝体 60 多 m，从 40 多 m 高处跌落，扫荡了恰卜恰河滩地区，冲毁大片农田、房舍、铺面，死亡 300 余人，并有多人失踪。由水利部派出专家组进行了调查，对溃坝过程、失事原因，有详细的调查分析。从沟后水库溃坝失事中应当认真吸取教训，加强水库安全管理。

1. 工程概况

沟后水库位于青海省海南藏族自治州共和县恰卜恰河上游。控制流域面积 198km²，库区多年平均降雨 311.8mm，多年平均径流量 1286 万 m³，水库大坝高 71m，坝顶高程 3281.00m，为砂砾石坝体钢筋混凝土面板坝（原设计为堆石面板坝，因开采、运输石料困难，改了坝型），为减少工程量，坝的上部是一个高 5m 的 L 形钢筋混凝土防浪墙。水库汛限水位 3276.72m，相应库容 310 万 m³；由于设有最大泄流量 208m³/s 的泄洪输水洞（$D=3.8$m），水库正常水位即为校核洪水位 3278.00m，相应总库容 330 万 m³。

该工程是龙羊峡水电站淹没补偿经费兴建的灌溉、供水工程，于 1990 年 10 月完工，1992 年竣工验收，被评为"优良工程"，1993 年 7 月溃坝。

2. 失事过程

1993 年 7 月 14 日—8 月 27 日 12 点，库水位从 3261.00m 上升到 3277.00m，据溃坝后水位痕迹测定，最高水位 3277.25m，高于防浪墙平台 0～0.25m（防浪墙平台设计 3277.35m，坝体沉陷后为 3277.00～3277.25m）。

27 日 20 点，沟后村有两姐妹从大坝左岸上坝观赏水库，至高程 3260.00m 时看到坝面护坡石缝里有一股渗水水流，感到异常，随即返家。当天约在 21 点，管理人员在值班室听到坝上似有闷雷巨响，立即跑到坝下游观察，听到流水和滚石声音，看到坝上石块向下滚动（约在坝的中央偏上部），喷出水雾浓密。约在 22 点 40 分大坝溃决。溃口顶宽 138m，底宽 61m，底高程 3221.00m，水库存水量约 60 万 m³。

专家估算溃坝流量 2050m³/s，流到坝下游 13km 的恰卜恰镇（海南藏族自治州州府、共和县县城）流量 887m³/s。当时报道造成倒房 2000 多间，死亡 288 人，失踪 40 人，经济损失 15 亿元。

3. 溃坝原因分析

大坝实际上是一个没有分区，粒径偏细的砂砾石坝（即施工未按设计要求），又有一个功能严重不足的面板防渗系统（施工质量差，面板接缝漏水，特别是面板与防浪墙底板间橡胶片止水，有的部位未嵌入混凝土中），坝体内又未设置专门排水系统。因此，大坝可能的破坏形式及过程如下：

（1）库水位升高，持续时间长，面板与防浪墙的接缝漏水量超过坝体自身排水能力，使下部浸润线逐步抬高。

（2）当坝体砂砾料饱和时，孔隙水压力和滑动力增大，有效抗滑强度减小。据估算，在坝坡稳定性最差的坝体的上部，抗滑安全系数小于 1。

（3）设计中坝的边坡稳定是按非饱和料考虑的，饱和料比非饱和料的抗滑稳定性低很多。再加上坝顶高达 5m 的直立防浪墙及填土荷载。一旦墙基填料饱和、发生不均匀湿陷，必将导致墙体下沉、转动、促使防浪墙底座与面板顶部之间的水平接缝内仅有一道橡胶止水带拉脱、敞开、形成漏水带。

（4）当库水位超过上述接缝部位后，库水畅通地从漏水带灌入坝体，进一步促使顶部和填料饱和，防浪墙及坝顶的附加滑动力矩和滑动力加大，导致坝顶下游坡失稳。

（5）位于河床坝段的坝高最大，沉降量也最多，使在坝顶面板顶部的水平接缝张开最大，库水灌入比左右坝段多，填料饱和湿陷时间也最长，孔隙水压力和滑动力增大，抗滑力减小，以致河床段的坝顶局部连同防浪墙最先向下游倾斜滑动，堕入深约 60m 的河谷。

（6）库水相继漫过坝顶滑塌后的砂砾石陡坡自由下泄，坝料随之流失，将河床段冲成深沟。上部悬空的面板，在库水荷载作用下，相继折断、塌落、溃口随之扩大，导致库水溢流量增大，坝体冲蚀量也加大。

（7）溃口进一步扩大，直到库水位大幅度降低，下泄流量及冲刷能量都相应减小，砂砾坝体的流失及面板的塌落才随之减小，逐渐趋于相对稳定状态，最后形成面板和坝体溃口。

（8）坝体缺少专门排水设施，坝体砂砾料按最大粒径分为四个区控制，以保证大坝砂砾石透水系数下游大于上游，实际上砂砾石渗透系数决定于细料粒径，坝体实际的渗透系数估计为 $10^{-2} \sim 10^{-3}$ cm/s，透水性不好。

（9）高防浪墙的止水和沉陷控制不严（有专家认为，在坝高达 71m 的砂砾石坝体中未布置浸润线测压管可能也是设计方面的严重教训）。

（10）工程质量问题严重，混凝土面板有贯穿性蜂窝，面板接缝止水连接不好，甚至脱落，导致面板漏水，坝体浸润线抬高，填料饱和（有专家认为，设计时要求根据砂砾石粒径将坝体分成若干砂砾石坝区，砂砾石粒径大的应放在下游面，而实际施工时一般都制成了一座均质的砂砾石面板坝，这也是施工质量问题）。

4. 安全管理教训

沟后水库溃坝，主要原因是设计和施工方面有严重问题。但是在运行管理方面，有两点教训应引以为戒。

（1）重效益、轻安全，思想上麻痹大意，大坝安全管理工作不到位。据有关资料介绍，沟后水库设管理局（属镇政府领导），有 10 名职工，管理重点在灌区，实际在大坝仅有 1～2 人，除每日记录水位外，没有正常地执行对工程检查和观测的任务，而且沟后水库汛限水位 3276.00m，1993 年 7—8 月库水位从 3261.00m 上升到 3277.25m，超过了汛限水位，达到水库建成以来最高水位，理应格外加强安全检查的，却没有加强监测措施。

（2）水库虽有很强泄洪能力，由于未能及时发现问题采取措施，失去了避免溃坝的机会。沟后水库有直径 3.8m 的泄洪洞，校核洪水位 3278.00m 时泄流量 208m³/s。溃坝当天，水库管理人员如能执行大坝巡视制度，在 8—9 点发现左坝 3260.00m 处集中渗漏出流（沟后村两姐妹当天下午见到处），立即报告镇政府、县水利局，请求领导到现场检查处理，经过 4～6h 的检查、研究和向县政府领导请示，从 14 点开始泄放 50m³/s；2h 后加大到 100m³/s，到 20 点应能泄放出库水 170 万 m³，估计库水位可以下降并接近 3260.00m（下游渗水集中出逸高程），溃坝事故将可避免。

思 考 题

1. 工程管理包括哪些内容？
2. 水量调配的基本原则与要求是什么？
3. 什么是管理制度？
4. 病险水库建筑物的观测工作应遵循哪些原则？
5. 什么是内部观测和外部观测？
6. 水流观测的目的是什么？

参 考 文 献

［1］ 朱宪生，冀春楼．水利概论［M］．郑州：黄河水利出版社，2004．
［2］ 俞衍升，岳元璋．水利管理分册［M］．北京：中国水利水电出版社，2004．
［3］ 高安泽，刘俊辉．著名水利工程分册［M］．北京：中国水利水电出版社，2004．
［4］ 中华人民共和国国务院．水库大坝安全管理条例［S］．北京：水利电力出版社，1991．
［5］ 中小型水利水电工程地质勘察规范［S］．北京：中国水利水电出版社，2005．
［6］ 华北水利水电学院．水库工程检查观测［M］．北京：水利电力出版社，1979．
［7］ 王金花．水库大坝安全监测分析评估预报系统设计与应用实例［M］．银川：宁夏大地音像出版社，2006．
［8］ 黄恒康．在病险水库测量中值得重视的一些问题［J］．科技资讯，2007．
［9］ 刘康和．土石坝老化病害无损探测技术及应用［J］．江淮水利科技，2007．

第十一章　城镇供水工程

第一节　管网的类型及其布置

供水工程中向用户输水和配水的管道系统，又称给水管网。它包括输水管渠、配水管网、加压泵站、水塔、水池和管网附属设施等。从水源地到水厂的管渠，只起输水作用，称输水管渠（参见输水工程）；自来水厂出来的管道称配水管网。配水管网中主要起输水作用的管道称为干管，从干管分出起配水作用的管道称支管，从支管接通用户的称用户支管。

管网系统按其输配水方式、管网形式、固定方式、输水压力、管网作用等可分为以下类型。

1. 按输配水方式分类

水泵提水输水系统：一种形式是水泵直接将水送入管道系统，然后通过分水口向城镇用户供水。另一种形式是水泵通过管道将水输送到某一高位蓄水池，然后由蓄水池通过管道自压向城镇供水。

自压输水系统：利用地形自然落差所提供的水头满足管道系统在运行时所需的工作压力。

2. 按管网形式分类

（1）树状网：管网为树枝状，水流从"树干"流向"树枝"，即在干管、支管、分支管中从上游流向末端，只有分流而无汇流。目前国内管道系统多采用树状网。

（2）环状网：管网通过节点将各管道联结成闭合环状网。根据给水栓位置和控制阀启闭情况，水流可作正逆方向流动。这种形式的供水可靠性高，大多在城市供水中采用。农村饮水工程一般采用树状网。

3. 按固定方式分类

（1）移动式：除水源外，管道及分水设备都可移动，机泵可固定也可移动，管道多采用软管，简单易行，一次性投资低，但劳动强度大，管道易破损。

（2）半固定式：管道系统的一部分固定，另一部分移动。

（3）固定式：管道系统中的各级管道及分水设施均埋入地下，固定不动。

对农村饮水工程而言，一般不宜采用移动式和半固定式管网系统。

4. 按管道输水压力分类

低压管道系统：其最大工作压力一般不超过 0.2MPa，最远出口的水头一般在 0.002～0.003MPa，该形式对管材承压能力要求不高。

非低压管道系统：工作压力超过 0.2MPa，该形式对管材质量要求较高。

对农村饮水工程而言，一般采用低压管道系统。

5. 按管网作用分类

（1）骨干管网：把水从水源输送到城镇用户，其出水口一般为给水栓。

（2）用户管网：其任务是根据用户需水要求适时适量地把水分配给用户。水源一般是给水栓，出口一般为出水设备。

（3）配水管网：将水由水厂送到分配管网以至用户的管道系统。它包括干管、支管、闸阀、消火栓、水塔、高地水池、加压站、接户管、水表及其他附属设施。配水管网是整个城乡供水系统的重要组成部分，它和输水管渠、二级泵站及调节构筑物有密切的联系，其修建费用约占供水工程总投资的 50％以上。

一、布置原则

依据供水区域的范围、用水需求、地形及水厂位置确定管网的布设。一般的原则是：①干管的方向应符合供水区域所需的主要水流方向；②为保证供水的可靠性，沿主要水流方向敷设数条干管，各干管以横跨管连接，干管的间距应能围绕大用水户，使大用水户可从两个方向进水；③选定干管位置时，应考虑到施工与管理上的方便，并应考虑到与其他管道、地下构筑物之间的关系。

二、布设类型

有环状管网和树状管网两种。环状管网的管线连接成环状，当管网中某一管段发生故障时，水能从另外管线流至用水地点，以保证供水可靠性较高。环状管网内的水经常流动，使水质保持良好，还可在相当大的程度上削弱水锤的危害，但管线较长，造价较高。树状管网的管线布置成树状，常用于新区或供水边缘地区，某处管线损坏时，其后部的管道就要断水，供水可靠性差，但这种管网造价较低。事实上，有时限于地形条件只能铺设树状管网，而更多的时候，这两种管网往往是并存的。例如，重要供水地区采用环状管网，可以间断供水的地区则采用树状管网；或近期先建树状管网，以后根据发展逐步扩建成环状管网。

三、管道

管道依其作用可分为由水厂配水至供水区的主干管和从主干管将水分配到各用水方向的干管，以及将水从干管送至用水户的支管。在选择管道的管径时，主干管、干管一般根据输配水量和水压进行管网平差，并结合经济流速决定。支管通常不进行水力计算，管径取决于所需消防水量，一般不小于 100mm。

四、管理与调度

为保证管网正常运行，需备用不同比例尺的各种管线图纸，对附属设施进行记录的各种卡片及相应的管理制度。管网中要设置测压站，通过有线或无线装置将压力数值及时传送到中心调度室，通过计算机整理，为生产调度提供依据。在干管上及干、支管分流处，还应设测流站，以观测管中水流方向、流速及流量，并将所得数据绘制成流向、流量及等压曲线图，作为调度或日后管网改造的依据。施工中要防止与其他管道错接。管网附属设施（appurtenances of pipe network）是为便于管网控制、维修和运行而附属于管网的附件及构筑物。

五、管网附件

主要有闸阀、消火栓、排气阀、泄水阀以及集中供水栓等。

1. 闸阀

用以调节管道内的流量及压力，在维修管道时可用于截断水流。常用的有蝶阀及暗杆楔式闸阀，有立式及卧式两种类型。闸阀一般安装在管道交叉处，通常每个交叉点按一定方位装两个闸阀。一般手动操作，直径较大时采用电动操作。

2. 消火栓

供给消防用水的水栓，有时也可用作排除管道内空气或水，也可临时在消火栓上装压力表测压。消火栓分地上、地下式两种，一般布置在交叉路口及消防车可以驶进的地方。为了满足消防需要，消火栓一般有两个直接与救火龙带连接的接口，另外还有一个供给消防车用水的较大栓口；在居民小区内，消火栓附近还要加装水泵结合器，使消防车从市政干管直接抽水送入专用消防管道，结合器组装系统中有防止高压水倒流入市政干管的设备；消火栓的服务半径不应过大，一般小于 120m；消火栓的配水管的管径不宜小于 100mm。

3. 排气阀

安装在管线的隆起部分，在管线投产或检修后通水时，用以排出管内空气。平时可用它排除从水中析出的气体，以防止在管内产生气囊，而减少管道的过水断面和增加管网内的水头损失。当管道发生断裂时，可通过排气阀补入空气以减少管道内由于大量漏水而产生的负压，尤其是可防止钢管因产生负压而被压坏。排气阀的口径与管道直径之比一般采用 1 : 8～1 : 12。

4. 泄水阀

应装在管道下凹处及阀门间管段的最低处，用以排除管内的沉积物和检修时排泄管内存水及冲洗管道时作排水之用。由泄水阀放出的水可直接排入河川或沟渠，也可先排入泄水井内，再用水泵抽排。

5. 集中供水栓

在室内没有供水、排水卫生设备的地区，需在取水方便的地方设置集中供水栓，供 50～100m 范围内的居民使用。在供水栓周围应有良好的卫生环境，四周应设排水沟，以免污水下渗，影响地下水水质。严寒地区的给水栓应采用防冻栓，并设置于室外背风向阳处。

六、管网构筑物

包括阀门井、支墩、挡墩、管沟、倒虹吸管及管桥等。

1. 阀门井

为容纳闸阀、地下式消火栓、排气阀、泄水阀等管网附件的井室。其尺寸应满足操作阀门及拆装管道阀件所需的最小尺寸。井的深度由管道埋设深度确定。闸门井一般用砖砌，也可用石砌或钢筋混凝土建造。井壁与管道接触部位应留有缝隙，用油麻、黏土封塞，以防井室沉陷，压坏管道，在地下水位高的地方，井底板、井壁均不应透水，底板应能抵抗地下水的压强，阀门井应具有抗浮的稳定性。

2. 支墩

口径较大管道的三通、管堵及弯头等附件处应设支墩，以防止由于管内水压使管口松动或破坏。支墩的大小需经计算确定，有时为地形所限也可采用打桩等形式以减少支墩尺寸。

3. 套管、管廊

管道穿越铁道时，为了便于经常的检查和维修，常设置套管。套管可用钢筋混凝土管、铸铁管等，也可做成方形钢筋混凝土管涵。套管两端应设检查入孔。套管或管涵内也可设托架或滚轴，以便敷设或修理管道时将管道推入或拉出。在繁华的街道上，套管也可与其他管道合并，设在一个综合的管廊内，以便于管道安装和检查维修。

调节构筑物（regulating structure）供水系统中用以调节水量或保证水压的工程设施。水厂运行时的逐时产水量与配水量以及配水量与用水量并不相等，为了调节产水、配水和用水之间的不平衡，必须建造调节构筑物，如图 11-1 所示。当产水量大于配水量时，将多余水量贮存起来；产水量小于配水量时，取用存贮的水以满足需要。同样，当配水量大于用水量时，将多余水量贮存起来；当配水量小于用水量时，取用存贮的水以满足需要。使水厂产水和供水较为均衡，工程投资和动力费用都可以降低。调节构筑物的容积，按其功能由产水曲线与配水曲线或配水曲线与用水曲线推算，也可以凭经验估算，并考虑贮备水量。

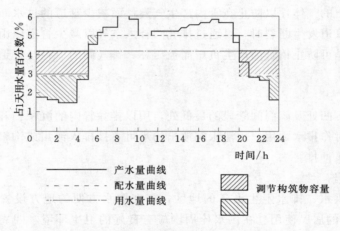

图 11-1 产水量、用水量和配水曲线变化图

常用的调节构筑物有清水池、水塔、高位水池、气压罐等。清水池一般用以调节产水与配水之间的差额。水塔不仅调节水量，还可保证管网所需水压，有时还供给水厂用于冲洗滤池的用水。当供水区域内有较高地形可利用时，可建设高位水池，其功能和水塔相同。水塔、高位水池多用于乡镇供水管网和工业、企业内部的供水。气压罐用于供水规模很小的系统。大中城市的用水量比较均匀，通常用水泵调节流量，多数可不设水塔。当供水区域较大、输配水管线很长时，常设水库泵站，加压供水。即由送水泵站将水输入远离水厂的清水池内，再由加压泵站将水输入配水管网，以保证远端用户的水压要求。

修建调节构筑物的材料有砖石、钢筋混凝土、钢材、塑料板等。清水池、水塔、高位水池除有进、出水管外，还有溢流管、放空管、水位指示装置等。清水池、高位水池的池顶常设检修孔和通气孔，以便维护管理和池内自然通风。高位水池、水塔的顶部应安装避雷设施，以防雷击。大容积水池常设置导流隔墙，以防止水流短路，影响水质。

（1）清水池（clearing water tank）。水厂中储存经过处理后清水的构筑物。在实际运行中，水厂的产水量在 24h 内一般保持均匀恒定，但城乡的用水量却逐时变化，为此，需建造清水池以进行调节。清水池的调节容积可采用累积曲线进行计算。一般清水池的调节容积约为最高日用水量的 10%～30%，村镇水厂采用较大百分率。

清水池除调节容积以外，还需考虑有适当的安全储备，以防止事故或消防用水时出现供水不足。此外，还应复核是否能满足加氯消毒，特别是氯胺消毒所需停留时间对容积的要求。

清水池的平面形状有矩形和圆形两种，取决于水厂平面布置要求。清水池的有效水深为 3～4m，过浅则占地面积较大，过深则水位变幅较大。通常作成地下式或半地下式，池顶覆土 0.3～1.0m，以防止顶板和池水受温差的影响。清水池常用钢筋混凝土、预应力钢筋混凝土或砖石建造，其中以钢筋混凝土使用最广。

一座水厂至少应设置两座能独立运行的清水池。每池设有进水、出水、排水和溢流管。溢流的能力应与最大进水量相等，溢流口应有防止水流倒灌和小动物进入池内的装置。清水池的必要设施还有带网罩的通气孔、人孔、爬梯、水位指示器及排水坑等。为防止水流短路，池内应设导流隔墙，池底应有适当的坡度倾向排水坑。

（2）水塔（water tower）高出地面一定高度，有支承设施的储水容器。水塔在配水系统中起调蓄水量、稳定水压的作用。水厂里为供给冲洗滤池的用水，有时也需设水塔。由于变频设备的普及，在多数情况下水泵变频运行，可以取代水塔。

水塔通常采用钢筋混凝土、砖石、钢材等材料建造，主要由水箱、塔体（支承设施）和管道所组成。水塔的进出水管与管网连接，进水管应设在水箱中心并伸入水箱的高水位附近，出水管应靠近箱底，以保持水的流动。进出水管可以合用，也可以单独设置。另外，应设直径与进水管基本相同的溢流管和排水管。设在寒冷地区的水塔应有保温措施。塔顶应装避雷设施。

水箱的断面通常做成圆形，高度与直径之比为 0.5～1，高度过高，会增加水泵的扬程。同时，由于水位变化幅度较大，也不利于稳压。为冲洗滤池用的水塔更应尽量使水箱高度降低，以防止冲洗过程中，因水位下降而影响冲洗强度。

七、消除供水二次污染

为消除自来水在管网输送至用户水龙头过程中导致水质下降的各种因素，所采取的综合措施。水质下降包括在用户水龙头放出"红水""黑水"或有异臭味的水等，即"供水二次污染"。

产生供水二次污染的原因，主要有：①水本身的质量和管网材质：水经过自来水厂严格净化后虽然已经安全达标，但水中仍有各种微量化学物质。水在管网流动过程中，水的腐蚀性会在未经防腐的金属管内壁"结垢"；水中的碳酸盐会沉淀成"水垢"；水中的悬浮物、微生物、有机物会黏附在管道内壁，形成"生物膜"。当管道中水流方向、流速改变时，这些结垢层就会脱落，出现浑水。一般锈蚀较重的易形成"红水"，含盐高的呈"黑水"，铁细菌、硫细菌及藻类大量存在时会使水产生异臭味和浮渣；②设计、施工和维修方面的原因：包括管网缺少可以排污和冲洗的设施；分质自备水管道和城市管网连接没有可靠的隔断措施；用户卫生设备、蓄水池、屋顶水箱的进出水管设置不当，造成回流；管线施工抢修时进入的泥土、污物，而在通水前未经充分冲洗和消毒；停水或失压时管道外污水反窜入管内、水池或水塔通气管；溢流管未装网罩，导致昆虫、小动物、尘埃进入，造成污染；水池容量大，储留时间过长，导致余氯浓度下降，易滋生病菌等；③二次供水设施管理不善：自来水出厂后经水塔、屋顶水箱送到用户或经蓄水池存贮后加压的都称二次供水设施。二次供水如无严格的管理和定期清洗消毒便会滋生细菌、沉淀污物进而污染水质。

消除供水二次污染要进行综合治理。①提高出厂水水质：出厂水达到《生活饮用水卫生标准》（GB 5749—2006）是最低的要求。为了确保用户水质，应尽可能提高出厂水的水质标准，尤其是降低浑浊度、调整 pH 值和需要时对水进行稳定处理。降低浑浊度实际上是大大降低水中的有害物质、细菌和病毒的载体。先进发达国家的出厂水浑浊度已降至 0.05NTU 以下。pH 值偏低的酸性水能促进管道内的腐蚀，也影响水的口味。为此应对 pH 值偏低的出厂水进行加碱处理。水的稳定性以水的饱和指数衡量，饱和指数即水的实测 pH 值与同一水的碳酸钙饱和平衡时 pH 值的差。当饱和指数为零附近时，水质稳定；大于零时，意味着碳酸盐过于饱和，水会结垢；小于零时碳酸盐未饱和，二氧化碳过量，对管壁易腐蚀。水质不稳定就会出现红水、黑水，就需要进行稳定处理；②选择适用材质的管道并进行防腐处理：对已经使用多年、锈蚀严重的铸铁管必须更换。更换时应严格选择不易锈蚀的管材，对金属管材必须进行砂浆衬里和其他有效的防腐措施。一般对小口径室内自来水管不允许再使用镀锌钢管，应采用质量优良的衬塑复合管，管径 100～300mm 的采用塑料管，大于 300mm 的宜采用球墨铸铁管或预应力管，特大型的可选用钢管和薄壁钢筒混凝土管；③严格设计、施工、维修，加强对二次供水设施的管理：管线设计、施工要严格按照有关规范进行。抢修要有防污染措施，尽可能地不停水作业。对住宅水箱、高层建筑的地下蓄水池要进行每年不少于两次的清洗与消毒。自来水厂的生产调度要避免管道内流速和流向频繁的变化，在有条件时要建立完善的管网水流与水质自动监测系统，以利于指导合理、科学的调度和管理。

八、高位水池

建筑在高程适当的较高地面上的贮水调节构筑物，又称高位水池。其作用与水塔相似，但容积可较大。高位水池一般用钢筋混凝土建造，呈圆形或方形，构造与清水池相似，池顶应装避雷设施。高位水池必须因地制宜地在地形条件许可的地区建造。高位水池可使供水安全程度大大提高，并能取得较大的经济效益。

气压罐（pneumatic tank）是兼容水与空气的一种内压容器。气压罐是气压供水设备的主要部件，安装在水泵与管网之间。当水泵工作时，除向管网供水外，同时向罐内充水，罐内空气被压缩，压力升高，当压力升至最高工作压力时，水泵的自动开停装置切断电源，水泵停转，罐内压缩空气将罐内的水送入管网。随着罐内水量减少，压力随之下降，当降至最低工作压力时，自动接通电源，水泵重新启动。如此循环，反复运行。它兼有升压、调节、贮水、供水、蓄能和控制水泵启停的功能。气压罐具有确保用水点水压要求、水质不易被污染、安装灵活机动、便于自动控制等优点。它的缺点是调节容积小、压力变化较大、运行费用高、一旦停电或自控失灵会出现断水现象。

气压罐按气水相互关系可分为补气式和隔膜（板）式两种类型。补气式罐内空气与水接触，由于气溶于水，在运行中空气会逐渐减少，需要补气，以维持供水压力。隔膜式在罐内由隔膜将水与空气隔离，气体不会渗入水体，一次充气可长期使用。气压罐用碳素钢板焊接成圆筒形，主要参数为调节容量、总容积和工作压力。

气压罐属于压力容器，是有爆炸危险的承压设备。为了确保安全运行，要严格遵守安全操作规程和岗位责任制，并应进行定期检验。气压罐适用于小型供水场合。

管网水力计算（Hydraulic Computation of Pipe Network），对用户供水及排水管道系统的有关水力学问题的计算。管网按布置类型有枝状管网和环状管网两种；按其功能可分供水管网和排水管网。对供水及排水的管道系统的有关水力学问题的计算其结点之间的管路一般较长，可不计局部水头损失及流速水头，按长管计算。本条目仅针对给水管网。

九、给水管网布置要求

输水和配水系统基本要求保证输水到给水区内并且配水到所有用户的全部设施，包括输水管渠、配水管网、泵站、水塔和水池等。对输水和配水系统的总要求是，供给用户所需的水量，保证配水管网足够的水压，保证不间断给水。管网是给水系统的主要组成部分，它和输水管渠、二级泵站及调节构筑物（水池、水塔等）有密切的联系。

给水系统设计年限要求应符合城市总体规划，近远期结合，以近期为主。一般近期宜采用 5～10 年，远期规划年限宜采用 10～20 年。给水系统设计时，首先须确定该系统在设计年限内达到的用水量。一般设计用水量由下列各项组成：①综合生活用水，包括居民生活用水和公共建筑及设施用水；②工业企业生产用水和工作人员生活用水；③消防用水；④浇洒道路和绿地用水；⑤未预计水量及管网漏失水量。

系统布设具体要求：

给水管网的布置：①按照城市规划平面图布置管网，布置时应考虑给水系统分期建设的可能，并留有充分的发展余地；②管网布置必须保证供水安全可靠，当局部管网发生事故时，断水范围应减到最小；③管线遍布在整个给水区内，保证用户有足够的水量和水压；④力求以最短距离敷设管线，以降低管网造价和供水能量费用。

给水管网布置形式在城市建设初期可采用树状管网，以后随着给水事业的发展逐步连成环状管网。实际上，现有城市的给水管网，多数是将树状管网和环状管网结合起来。在城市中心地区，布置成环状网，在郊区则以枝状网形式向四周延伸。供水可靠性要求较高的工矿企业须采用环状网，并用枝状网或双管输水到个别较远的车间。

树状管网由多条管段串联而成的干管和与干管相连的多条支管组成，它的特点是管网中任一点只能由一个方向供水。若在管网中某一点断流，则该点之后的各管段供水就出现问题。故供水可靠性差是其缺点，而节省管料，降低造价是其优点。

树状管网的设计，一般先根据工程要求、建筑物布置、地形条件等进行整个管网的管线布置，确定各管段长度和各结点流量；然后由结点流量按连续性原理，求得各管段通过的流量。枝状管网的计算，主要是确定水塔水面应有的高度及管径。

树状管网可分干管和支管进行计算。干管是指从水源开始到供水条件最不利点的管道，其余则为支管。供水最不利点是指距水源远、地形高、建筑物层数多、需用流量大的供水点，亦称控制点。

干管计算，主要内容包括确定干管各管段的流量、管径、水塔高度等。由于干管是由不同流量、不同管径的各管段串联而成，因此必须满足串联管道的两个条件：连续性方程和水头损失叠加原理，即总水头损失等于各管段水头损失之和。为了克服沿程阻力，保证水流能流到最不利点，同时满足供水的其他要求，在流到最不利点地面后应保留一定的剩余水头（也称自由水头）。因此，按长管计算，干管起点的水塔水面距地面的总水头或水厂配水泵站的扬程（H）为

$$H = \sum h_f + H_z + (z - z_0) \tag{11-1}$$

式中　H——水塔水面距地面的高度或水泵扬程，m；

　　$\sum h_f$——各管段水头损失之和，m；

　　　z——最不利点处的地面高程，m；

　　　z_0——管网起点水塔或泵站处的地面高程，m；

　　H_z——供水条件最不利点地面处所需的自由水头，由用户提出需要。若管径已知，则相应的总水头（H）即可由上式求出。这时，各管段的管径是由管内流速与通过流量确定。管内流速应选择在技术上限定的允许最大、最小流速之间，而且尽量采用规范规定的经济流速。允许流速值随要求的不同而不同。例如给水管网为防止水击所造成高压，一般限定最大允许流速为 2.5～3.0m/s；为避免水中杂质在管内沉积，限定最小流速为 0.6m/s。若管径未知，已知总水头（H）、管线布置图和各管段通过流量，需求管径。在这种情况下，可按支管管径的计算方法求解。

　　支管计算，主要内容为确定支管管径。支管起点水头即为干管上各节点的水头，由干管起点水头减去干管起点至该支管起点间的水头损失求得；支管终点水头，则根据工程具体要求、终点地面高程等确定，其值为该支管终点自由水头（剩余水头）与当地地面高程之和。当支管起、终点水头及管长确定后，计算求得任一支管的平均水力坡度（$\bar{J}_{ij}$），由 $\bar{J}_{ij}$ 及支管通过流量（Q_{ij}）计算支管的比阻（A_{ij}），再由 A_{ij} 计算得到支管管径，然后选择相应的标准管径。一般情况下，需根据选用的标准管径进行校核计算，保证最不利点的自由水头不小于所需值。

　　环状管网由多条管段互相连接成闭合形状的管道系统。管网内任一点均可由不同方向供水。若管网内某一段损坏，可用阀门将其与其余管段隔开检修，水还可以由另一方向流向损坏管段下游管道，供水可靠性较高。另外，环状管网还可减轻因水击现象而产生的危害。但环状管网加大了管道总长度，使管网的造价增加。

　　环状管网的设计与树状管网相似，一般先根据工程要求等先进行整个管网的管线布置。

　　环状管网的计算，主要是求管段的通过流量、管径和各管段水头损失；从供水条件最不利点的地形标高和所需自由水头推求水塔水面高度或水泵的扬程；核算在各种运转条件下起点总水头是否满足工程需要。在这些计算工作中，首先是确定管径和通过流量问题。管径可由通过流量与所选用的经济流速来确定。通过流量即使在结点流量已知的情况下也可以有不同的分配。因此，与管段数相等的通过流量是待求的未知数。管段数 n_p、结点数（n_j）与环数（n_c）有下列关系，即

$$n_j + n_c - 1 = n_p \tag{11-2}$$

　　根据环状管网特性，必须满足如下两个水力计算原则：

（1）连续性方程。设流向结点的流量为正，流出结点的流量为负，则任一结点流量的代数和等于零，从而得到结点方程

$$\sum_{i=1}^{n} Q_i = 0 \qquad (11-3)$$

共有 n_j-1 个方程，最后一个结点方程不独立，可以从其余 n_j-1 个方程推得。

（2）任一闭合环路可看成是在分流点与汇流点之间的并联管道。设顺时针方向流动所产生的水头损失为正，逆时针方向的为负，则任一闭合环路水头损失的代数和为零，得到环方程

$$\sum h_{fi} = 0 \qquad (11-4)$$

共有 n_c 个方程。

根据以上两个原则，可列出 n_j+n_c-1 个方程，正好求解 n_p 个未知管段流量。求解环方程的方法，一般有解管段方程、解结点方程、解环方程 3 类。①解管段方程法：以管段通过流量为未知数，由前述水力计算两原则得到 n_p 个方程联立求解；②解结点方程法：以结点水压为未知数，按水力计算第一原则得到 n_j-1 个方程，再配合管网中已知水压的结点（如起点泵站的水压或终点处所需水压），即可求出 n_j 个结点水压，由此计算各管段水头损失及各管段流量；③解环方程法：以每一环的校正流量为未知数，根据水力计算的第二条原则，每环可得到一个校正流量方程。环网中有 n_c 个环，共有 n_c 个校正流量方程，可解出各环的校正流量。由于环数比管段数或结点数均少，所以求解方程的数目也大为减少。哈代-克罗斯（Hardy-Cross）提出了环方程的近似解法（常称管网平差）。它在求解校正流量时略去了各环间的相互影响，使解法简便。其计算方法可概括为不断调整流量、消除闭合差。具体计算步骤如下：

（1）绘制环状管网平面布置示意图，标出各管段长度和结点上流入或流出的流量值。

（2）根据用水情况，初次拟定各管段的水流方向，并按连续性原理，即式（11-3），对管段的通过流量进行初次分配。通常整个管网的供水方向应指向大用户集中的结点。

（3）按选用的经济流速和通过流量计算每一管段的管径，并根据计算值选取相近的标准管径。

（4）根据选取的管段管径及管道材料计算相应的比阻及阻抗，计算各管段的水头损失。

（5）计算每一单环水头损失的闭合差 Δh（称为第一次闭合差），看其是否满足方程（11-4）。如闭合差大于零，说明顺时针方向的初次流量分配太多，反之说明逆时针方向的流量分配太多。对这两种情况均需就初次分配的流量进行校正。一般情况下，在进行计算时常采用允许的单环闭合差，其值视工程精度要求而定。单环指最小的环路单元。

（6）求各环的校正流量。由式（11-4）得到计算校正流量的校正流量方程为

$$\Delta Q = \frac{-\Delta h}{2\sum \dfrac{h_{fi}}{Q_i}} \qquad (11-5)$$

校正流量的方向与闭合差的方向相反。

（7）调整各管段的通过流量，得到第二次的各管段通过流量值。当校正流量与管段内

初次分配的通过流量方向相同时相加；相反时则相减。对于数个单环的共用管段，其校正流量应为相邻单环的校正流量的代数和；求和时应注意正负号的变化，符号由所在单环的流动方向决定。

（8）根据第二次的各管段通过流量，由上述步骤（3）进行重复计算，直到每一单环的闭合差均小于给定的允许值，即得各管段的实际通过流量。

管网平差计算工作结束之后，就可求解供水管网起点的水塔水面高度或水泵扬程及各结点水头，这些计算与枝状管网类似。上述的管网平差计算过程中，各管段的管径保持不变，因此计算后应对各管段的流速进行校核。当环状管网的单环数很多时，平差工作量较大，而且是一种机械的重复计算，可采用电子计算机编程计算。

十、管网平差（pipe network analysis）

消除闭合差使管网达到水力平衡的计算方法。根据水力学的基本原理，在任何一个闭环管路中，假设顺时针方向的流量所产生的水头损失为正，逆时针方向的流量所产生的水头损失为负，则环状管网的水力计算，最终必须满足两个条件：①流向任一节点的流量等于自该节点流出的流量；②任何一个闭环管路的水头损失等于零。

进行管网平差时，需先假设初始流量，然后经过计算逐次进行调整，使闭合差逐渐缩小，直至最后达到允许的精度。计算的步骤和方法虽有多种，但以哈代克罗斯（Hardy—Cross）提出的改正流量平衡水头法为主。这种管网计算的水头损失公式为

$$h = kQ^x \tag{11-6}$$

式中　　h——水头损失；

Q——流量；

k——管道摩阻系数；

x——指数。

环路中任意一条管道中的流量可先假设为 Q，如未达到水力平衡时，需按下式进行校正：

$$Q = Q_1 + \Delta \tag{11-7}$$

式中　　Q——管道中的实际流量；

Q_1——假设的初始流量；

Δ——流量校正值。

把式（11-7）代入式（11-6），得

$$kQ^x = k(Q_1 + \Delta)^x = k[Q_1^x + xQ_1^{(x-1)}\Delta + \cdots] \tag{11-8}$$

式（11-8）中 Δ 值甚小，展开式（除前两项外）其余各项可忽略不计。根据前述第二条件，有

$$\sum kQ^x = 0 \tag{11-9}$$

即

$$\sum kQ^x = \sum kQ_1^x + \sum xkQ_1^{x-1}\Delta = 0 \tag{11-10}$$

$$\Delta = \frac{-\sum kQ_1^x}{\sum xkQ_1^{(x-1)}} = -\frac{\sum h}{x\sum(h/Q_1)} \tag{11-11}$$

对一个环路来说，式（11-11）中分子 $\sum h$ 为环内各管段水头损失的代数和，即闭合差。分母为环内各管段 h/Q_1 的绝对值之和。流量校正值 Δ 仅是约略数值，用此数值对初

始的假设流量进行调整之后可使管网接近平衡，但必须重复数次，直到闭合差达到允许值为止。一般手工计算时小环闭合差要求小于 0.5m，大环闭合差小于 1.0m。电算时，闭合差可采用 0.01～0.05m。上述计算也可列表或在管网图上直接进行。计算管网平差还有牛顿一拉夫森法、线性理论等方法。

第二节　管网的优化设计与维护

管线的布局与用水点分布、用水量、用水点高程和水压要求有紧密关系。不合理的布局会造成流量过于集中、系统水头损失大，或者增加管长，提高造价。因此，需要对管线布置进行优化设计。

一、管网优化设计的目标

管网优化设计的目标主要有：可靠性、水压水量的保证性、经济性。

1. 可靠性

可靠性是指在规定的使用状态下、规定的时间内完成预定功能的性能。对农村饮水工程供水管网而言，预定功能是指在正常工作条件下，保证给水栓所需的水量和水压。在工程设计中考虑到可靠性，就有可能减少因故障引起的损失和维修费用。在管网优化设计时，其可靠性应达到：在事故情况下，水量和水压不低于规定的限度，而在时间上不超过允许减少水量和降低水压的时间。

2. 水压水量的保证性

在正常工作时，各个给水栓的水压、水量要能达到设计要求，以免水压过高，引起水量和能量的浪费，防止下游因水压降低以致水压和水量的不足。

3. 经济性

在农村饮水供水工程中，经济性是在进行管网优化设计时所要考虑的一个重要指标。管线的费用主要与水管材料、长度和直径等有关。因此在管网设计时应根据给水栓的位置确定最优的管网布置方案，减小管网的长度，在此基础上，确定管网的最优管径组合，以期达到整个管网的经济性。

在以上设计目标中，除了经济性外，其他方面都不易进行定量评价。如用水量变化和管道损坏等原因使计算流量不同于实际流量，泵站的运行方式、管理水平等也会影响管网设计目标的实现。因此在管网设计中，主要是对管网的布置和管径的选择进行优化，选出最佳方案，尽量达到设计目标。

二、管网的优化设计

管网的规划布置是管网系统中关键的一部分。管网布置得合理与否，对于管网的可靠性、经济性等都有很大的影响。因此，对管网的布置方案应进行优化计算，反复比较确定最终方案，以保证管网良好的运行状况和方便的管理维护。

管网的优化设计比较复杂，包括的内容比较多，主要有：管网类型的确定、给水栓位置的确定、管网布置的确定、需水量的计算、管网流量的分配、管网压力的计算、管网最优管径的确定等。

（一）骨干管网的优化布置

骨干管网布置的特点与原则：

（1）骨干管网的形式一般以树状网为主，多水源的情况下也可能形成局部环状网。

（2）骨干管网全部为固定式地埋管网，管段的布置不影响地面的使用功能。

（3）规划时首先确定给水栓的位置，主要依据供水区需水形式、供水量等确定。

（4）在给水栓位置确定的前提下，应力求管网的总长度最短，以降低总投资。

（5）管线位置的确定：管线尽量平顺，减少起伏和折点，以便于施工和维护。管线选线原则：①根据乡镇总体规划、管道规划及乡村分布，布置管线时应尽量缩短管线，但不是最短就最好，要综合考虑；②应尽量避免与各种障碍物交叉，如遇河流、铁路、公路以及地质条件不利的地段则需进行防护；③水利条件要好，管理方便，能耗低；④管线应尽量沿公路或铁路一侧埋设，以便于维护管理（抢修、放水）；⑤尽量避免拆迁，少占农田；⑥工程造价要低；⑦为防止土壤对金属管道的腐蚀，应尽量避免通过土壤腐蚀性大，导电率高的地段。

（6）充分考虑管路中量水、控制和保护等装置的适宜位置。

（7）尽量利用地形落差实施重力输水，以减少运行费用。

（二）给水栓的布置

给水栓是骨干管网的出水口，又是用户管网的水源，它是两种管网的联结点，应该满足用户对供水压力和流量的要求，方便用户用水和布置用户管网，并便于管理维护。一个给水栓可以有 1～4 个取水口，我国尚未有统一的取水口标准。一般而言，一个取水口供一个独立的用水系统，较大的供水单位可由若干个取水口供水，甚至若干个给水栓供水。

给水栓的布置原则为：在给水栓布置以前，必须在规划图上划清供水区边界，每个供水区可能有若干个不同用水要求的独立的供水系统，因此还应将这种独立供水系统的边界进一步划分出来，它将由一个取水口负责供水；要充分考虑控制区内公路、建筑物等对将要布置的管道的影响；取水口控制区内，地形高差不宜过大，一般在 10m 以内，否则用户管网内各点压力变化太大，以致供水不均匀；当给水栓向几个用水区供水时，其位置应适中，置于各供水区的共同边界处；当向一个大的用水区供水时，最好位于供水区中心。

（三）管网的优化布置

管网的优化可利用正交表法、图论法等数学手段。

1. 管网布置的正交表法

对于树状网，在管网布置时，任一节点 i 的上游侧可能布置 a_i 条管段，如有 n 个节点就可能有 $a_1 \times a_2 \times \cdots \times a_n$ 种布置。计算工作量很大，不易找出树状网布置的最优解。把这类问题归结为以 a_i 个水平、n 个因素影响下的最优化问题，即可用正交表求解。一般假定节点上游的管段连接方向有纵向和横向两个水平，根据管段方向数和节点数，可查两水平的正交表，见表 11-1 和表 11-2，得出计算次数和每种布置方式的管段连接方向。正交表中的数字 0、1 分别表示管段横向连接（—）和纵向连接（｜）。按每种方式进行管网的经济设计，并求其总费用，然后选取纵向和横向总费用最小值，作为确定连接方向的依据，得出各节点连接管的方向，从而确定出管网的最优布置方式。

表 11-1   二水平正交表的选用

节点数	1～3	4～7	8～11	12～15	16～31	32～63	64～127
正交表	$L_4(2^3)$	$L_8(2^7)$	$L_{12}(2^{11})$	$L_{16}(2^{15})$	$L_{32}(2^{31})$	$L_{64}(2^{63})$	$L_{128}(2^{127})$
计算次数	4	8	12	16	32	64	128

表 11-2 $L_8(2^7)$ 正交表

N	1	2	3	4	5	6
1	0	1	1	1	1	1
2	0	1	1	0	0	0
3	0	0	0	1	1	0
4	0	0	0	0	0	1
5	1	1	0	1	0	1
6	1	1	0	0	1	0
7	1	0	1	1	0	0
8	1	0	1	0	1	1

采用正交表法，当管段数较少时，比较容易分析，当管段数比较多时，也可采用同样的方法进行分析，但计算比较复杂。而且正交表法是以方差分析为基础的，包含几个因素相互作用时的效果，所以有时求出的并不一定是最优解，有时甚至是较差的解。

2. 管网布置的图论法

在图论中，图是顶点与连接这些点的边的集合，表示为 $G=(V, E)$，其中 V 是顶点的集合，E 表示边的集合。在管网的优化布置中，将每个给水栓或配水水源看成是图上的一个顶点，给水栓之间的连接管看作是边，从而形成图。通常以边的长度或造价为边的权重，它与两给水栓之间的连接顺序无关，因此称之为赋权无向图。

当图 G 有 n 个顶点时，边的数目为 $n(n-1)/2$ 条，称为无向完全图。如果图 G 中有两个顶点 u 和 v 之间存在一条道路，则称 u 和 v 是连通的；若图 G 中任意两顶点连通，则称图是连通的，否则称为非连通的。

连通的没有回路的图称为树。它是图的一种特殊形式，其数据元素（即给水栓的序号）有层次关系，某一层上的元素与上一层的一个元素联结，与下一层的多个元素联结。n 个顶点时，只有 $n-1$ 条边，如多加一条边即形成回路，成为环状网，所以树是无向图中的非完全图，且是极小连通子图。

若图 G 的树包含图 G 的所有顶点，则称为图 G 的一棵生成树或支撑树。如果 $T=(V, E')$ 是 G 的一个支撑树，则称 E' 中所有边的权之和为支撑树 T 的权，记为 $W(T)$，如果支撑树 T' 的权 $W(T')$ 是 G 的所有支撑树的权中最小的，则称 T' 是 G 的最小生成树。

（1）最小生成树法。图的最小生成树可采用 Kruskal 法和 Prim 法确定。

1）Kruskal 法。此法是按权值递增的顺序来构造最小生成树，又称避圈法。先将水源至各给水栓及各给水栓之间按递增顺序排列，再选最小两条线段连接起来，然后由小到大连接各顶点，但不可与已选取的边形成"圈"，如此将所有节点连接起来即可得到最小生成树。

2）Prim 法。其基本思想是：从某一点开始，设为 V_1，则作 $S \leftarrow \{V_1\}$。然后寻找 V/S 中的点与 S 中点距离最短者，设为 (V_k, V_j)，其中 $V_k \in S$，$V_j \in V/S$，则将 (V_k, V_j) 边收入到树 T 中来，且 V_j 进入 S。依次反复进行，直到 n 个顶点用 $n-1$ 条边连接起来为止。

这两种方法都可以找到每个问题的最小解。他们是两种不同的算法，但 Prim 法回避了必须检验圈的要求，也回避了将所有的边按权值排序，从而节约时间，提高速度，因此比 Kruskal 法更有效。

对于管网的优化布置，仅仅寻求最小生成树并不能实现投资最少的目标，最小生成树仅是管网投资减少的一个因素。最小生成树所寻求的是整个管网的总长度最短，即所有顶点之间的最短连接，而不是一点到其余各点之间的最短连接。在管网布置时，我们假定各个管段的直径是均一的，但当水源位置不同时，各段管径的大小有较大的差异，因而对造价的影响较大。通过缩短流量和直径较大的管段长度，同时增加流量和直径较小的管道长度，使管网的总投资进一步降低。这个问题可采用最短路径法得到解决。

（2）最短路径法。在图论中，最短路径法最早是由荷兰学者 Dijkstra 提出的，它可用于求解一个顶点到其他所有顶点的最短路径问题。

在管网布置中，可运用最短路径法求出确定的单一水源至其余各节点均为最短距离的树，从而可以优化管道布置，节省投资。

最短路径法的基本思想是：从水源 V_s 出发，逐步向外探寻最短路，执行过程中，与每个点对应，记录下一个数，或者是从 V_s 到该点的最短路的权（记入 P），或者是从 U 到该点的最短路的权的上界（记入 T），不断的修改 T，并且把某一个 T 标号的点改变为 P 标号的点，这样至多经过 $n-1$ 步，就可求出从 V_s 到各点的最短路。

从理论上而言，上述方法可对管网进行优化计算，但在农村饮水工程管网优化设计中，由于其特殊性，在应用时必须考虑其各自工程的特殊情况。

（四）管网管径的优化

在管网的优化设计中，选择合理的管径是一个重要内容。管径的大小对管网的经济性、水压保证性、可靠性都有重要的影响，它们与管径的关系见图 11-2，横坐标 d 表示管网整体的管径大小趋向。

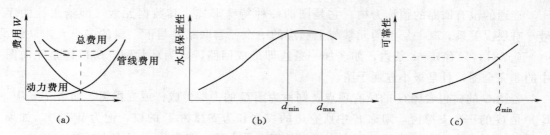

图 11-2　管网指标与管径关系

（a）管径与费用关系；（b）管径与水压保证性关系；（c）管径与可靠性关系

由图 11-2（a）可以看出，在满足设计要求的压力和流量的前提下，如果采用小管径，可以降低管网的造价，但由于水头损失大，要求管网管道压力大，运行中的动力费用提高；如果采用大管径，虽然可以降低运行费用，但管网的造价提高。在设计中，我们必须寻求两者的最佳结合点,以使管网的总投资最小,这就要求对管网进行技术经济分析计算,以确定管段的经济管径。

1. 经济流速法

在确定各管段的设计流量后,根据工程所在地区的管材情况确定适宜流速,然后由式(11-12)计算经济管径,最后根据标准管径进行修正。

$$d=\sqrt{\frac{4Q}{\pi v}} \tag{11-12}$$

式中　d——管径,m;

　　　Q——管段的流量,m³/s;

　　　v——管段的经济流速,m/s。

经济流速受当地管材价格、使用年限、施工费用及动力价格等因素的影响较大,若当地管材价格较低,而动力价格较高,经济流速应选取较大值,反之则应选取较小值。表11-3中列出了不同管材经济流速的参考值。在确定流速时,还要使流速的下限满足防淤要求,流速的上限满足防管网水锤的要求。

表 11-3　　　　　　　　　经　济　流　速

管材	钢筋混凝土	混凝土水泥	石棉水泥	水泥土	硬塑料	陶瓷
$v/(\text{m/s})$	0.8~1.5	0.8~1.4	0.7~1.3	0.5~1.0	1.0~1.5	0.6~1.1

2. 界限设计流量法

每种标准管径不仅有相应的最经济流量,而且有其界限设计流量,选用界限流量范围内的管径,是比较经济的。

确定界限设计流量的条件是相邻两个商品管径的年费用折算值相等。当两种管径的年费用折算值相等时,相应的流量即为相邻管径的界限设计流量。

可以根据管网的设计流量,直接选用其界限设计流量所对应的管径。

(五) 管网流量的确定

根据各用水单位需水量的要求,按随机方式来确定各级管段的流量。所谓随机用水方式是指管网系统各个出水口的启闭在时间和顺序上不受其他出水口工作状态的约束,管网系统随时都可供水,用水单位可随时取水。

1. 给水栓的流量

输向各个出口的流量是根据用水单位需水量确定的,这一流量常大于用户需水量,以便在管理方面给用户一定程度的自由。

由于出口的最大流量由流量调节器控制,通常选择一个标准水流范围。现借鉴法国的标准,见表11-4。

表 11-4　　　　　　　　　给　水　栓　的　等　级

给水栓等级	0	1	2	3	4	5
流量 $Q/(\text{m}^3/\text{h})$	7.5	15	30	50	75	100
流量 $Q/(\text{L/s})$	2.1	4.2	8.3	13.9	20.8	27.8

2. 管网的流量

在实际工程设计中，由于不同区域需水量不同，如住宅区主要为生活用水，工业区主要为工业用水，因此不可能采用同一等级的取水口。对于有 k 个取水口等级的情况，计算公式为

$$Q = \sum_{i=1}^{k} n_i p_i d_i + U \sqrt{\sum_{i=1}^{k} n_i p_i q_i d_i^2} \tag{11-13}$$

式中　n_i——i 等级的取水口数目，个；

　　　p_i——i 等级的取水口开启率；

　　　d_i——i 等级取水口的标准流量，m^3/s；

　　　q_i——i 等级取水口的关机率，$q_i = 1 - p_i$。

由于用户管网和骨干管网的工作任务不同，因此它们具有不同的设计特点。用户管网的优化设计，具有以下特点：

（1）一般根据用水单位及用户的需水方式进行管网设计。

（2）管网的布置主要受到供水区需水量的影响，此外还受到水源位置、用户需水方式等因素制约。

（3）管网的布置比较稠密，管网的投资占整个工程总投资的比重大，因此优化的目的主要是在满足用户用水需求的前提下降低管网的投资。

用户管网的优化步骤同骨干管网的设计步骤基本相同。

三、管材的类型和性能

目前，乡镇供水应用的管材可分为金属管材和非金属管材两大类。金属管材包括灰铸铁管、球墨铸铁管、钢管、镀锌铁管等。非金属管材有钢筋混凝土管、加强玻璃纤维管、塑料管和铝塑复合管等。

（一）管材的主要类型和特点

1. 灰铸铁管

灰铸铁管又称灰铁管，耐腐蚀性较强，且能承受一定水压，在早年应用很广，因其材质较脆，管壁较厚，已逐渐被其他管材代替。

2. 球墨铸铁管

球墨铸铁管又称"可延性铸铁管"，优点是具有较高的抗拉强度和延伸率，具有较好的韧性、耐腐蚀性、抗氧化、耐高压等优良性能，口径为 75~2600mm。

3. 钢管

钢管有无缝钢管和焊接钢管两种。钢管具有耐高压、富韧性、抗震动、管壁薄等优点，其机械强度高，能承受极高的内压外压，可以加工各种特殊管件，适用于穿越各种障碍。缺点是易被腐蚀，因此大口径钢管应进行内外防腐。外防腐可采用涂层防腐和电防腐，涂层防腐一般采用还氧煤沥青二油六布加强级防腐，电防腐采用牺牲阳极保护法。内防腐采用水泥砂浆内衬防腐。因钢管内外防腐都是事先做好，在现场焊接时，难免会破坏接口处防腐层，给施工质量带来隐患。

4. 镀锌铁管

镀锌铁管有刷锌管和镀锌管两种。刷锌管锌皮较厚，耐腐蚀性强，可用于供水管；镀

锌管锌皮较薄，只能用于穿电线的室内明管。口径常用范围为 13～50mm。

5. 钢筋混凝土管

钢筋混凝土管为大口径管材，用于大水量较长距离输送。包括预应力钢筋混凝土管、自应力钢筋混凝土管、钢筒预应力钢筋混凝土管。主要优点是使用寿命长、耐腐蚀，但是重量大、切断和接引支管困难。常用口径为 600～2000mm。自应力钢筋混凝土管、钢筒预应力钢筋混凝土管，主要优点是使用寿命长、耐腐蚀，但是重量大、切断和接引支管困难。常用口径为 600～2000mm。

6. 加强玻璃纤维管

加强玻璃纤维管属大口径管材，用于大水量较长距离输送。重量轻，内壁光滑，不易结垢，但耐外力荷载性能较差。通常管径为 600～2300mm，设计使用年限 50 年。

7. 塑料管

给水常用的塑料管包括硬聚氯乙烯管（UPVC）、氯化聚氯乙烯管（CPVC）、聚乙烯管（PE）和高密度聚乙烯管（HDPE）等种类。

UPVC 管是世界范围内塑料管消费量最大的品种。它耐腐蚀，耐老化，通常情况下可使用 20～50 年；内壁光滑，不易结垢，输水能力比铸铁管高 43.7%；质量轻，易扩口，黏接、弯曲、焊接、安装工作量仅为钢管的 1/2，劳动强度低、工期短；价格低廉。缺点是韧性低，线膨胀系数大，使用温度范围窄，在 15～60℃ 之间。管径范围 13～200mm。在乡镇及农村饮水管网中应用广泛。

CPVC 管是由含氯量高达 66% 的过氯乙烯树脂加工而得到的一种耐热性好的塑料管材。随其氯含量的增加，其密度增大，软化点、耐热性和阻燃性提高，拉伸强度提高、熔体黏度增大、耐化学腐蚀性良好，在沸水中也不变形，广泛应用于饮用水管道系统。

HDPE 管材具有良好的耐高、低温性能，具有抗环境应力开裂、抗冲击、耐老化、耐腐蚀、价格和安装费用低廉等优点，是我国近几年来推广应用的一种新型管材。它是仅次于 UPVC 管，使用量排第二位的管材。

8. 铝塑复合管

铝塑复合管用特殊工艺在塑料管中间加一层铝膜以增加其强度，因其刚性较低，用于室内时需与墙壁固定。

（二）管材的技术经济性能

1. 耐压能力

指管壁承受管内的工作压力和管外土层静荷载及地面活荷载的能力，这是保证输水安全性的重要指标。钢管、预应力钢筒混凝土管、球墨铸铁管三种管材强度高，承受内外压的能力强，而加强玻璃纤维管、塑料管承受外压的能力较弱。

2. 柔性特征

加强玻璃纤维管属于柔性管材，其柔性特征及重量轻的特点，使其适于在水下以及地下水位高的软土地区铺设。

3. 耐腐蚀性能

埋地管道外部的土壤对管壁的腐蚀是十分严重的，尤其是酸性土对管道的腐蚀尤为严重，因此管材的耐腐蚀能力是保证给水管道安全性和延长使用寿命的重要条件。

4. 接口形式

接口结构的先进性，直接关系着给水的安全性、渗透性和安装的复杂程度。

5. 管材重量

管材重量对施工运输成本及施工难度影响较大。

6. 施工难度

管道安装施工难度受管材重量、防腐工艺、接口形式以及对地基和回填的要求等因素影响。

7. 管内壁粗糙度

管内壁粗糙度对减小水流阻力、降低水头损失、减少加压功率起着极其重要的作用。

8. 管材价格

管材价格要综合考虑，如钢管费用要计防腐费用，混凝土管费用要计运输费等。通过综合比较各种管材，可以发现塑料管应用于供水工程，施工方便，水头损失小，管材无需内外防腐，投资可大大降低。

9. 施工费和施工条件

施工费中人工费几种管材相差不多，运输费和吊装费混凝土管较多，电费、排水费钢管较多。根据施工现场、路径障碍、气候条件等确定使用管材。在障碍较多之处，钢管最适用。部分管材特性参数见表 11 - 5。

表 11 - 5   **部分管材特性参数**

性　　能	管材类别				
	球墨铸铁管	一阶段管	钢筒混凝土管	玻璃钢管	UPVC 管
密度/(kg/m³)	7.2	约 3.0	约 3.0	1.6～2.0	1.35～1.46
抗拉强度/GPa	≥420	5.0～8.5	≥140	≥250	48～50
屈服强度/MPa	≥300		≥210		≥40
弯曲弹性模量/GPa	150～170	15		19.3	3.2
抗压强度/MPa		≥40	≥42.2	320	100
纵向延伸率/%	5～10			2.0	
管壁粗糙系数	0.013	0.013	0.012	0.009	0.009
管道单位长度重量/(kg/m)	593.7	1198	1460	165.8	≤165
耐腐蚀特性	较好	较好	较好	好	好
工作压力范围/MPa	≤2.5	0.3～1.0	0.4～2.0	0.6～2.0	0.6～10
长期使用对水质的影响	较小影响	较小影响	较小影响	有一定影响	较小影响

四、排气阀及泄水阀的使用

长距离输水管道依据地形起伏铺设。然而水中通常掺有一定数量的气体，在输水过程中也会随水流带进管道一些气体，这些气体掺杂在水流中又逐渐释放出来，结果在管内顶部（即管道起伏最高点）形成全阻压缩过水断面，增加输水过程中额外的水头损失，所以积气必须排除。因此在管道的每一个高点安装自动排（吸）气阀，以便能排除管道内所有的空气。排气阀安装的位置，规范中规定一般在管道最高点设置，具体可根据实际需要调整。实践证明，合理的设计与安装排气阀对保护管线正常输水极为重要。泄水阀一般设于管道最低点，以便排除管内沉积物和泥沙等。

五、管网水头损失的计算

水具有黏滞性，在水管中流动时会产生水流阻力。克服阻力就要耗损一部分机械能转化为热能，造成水头损失。根据其产生的原因不同，可分为沿程水头损失和局部水头损失。

1. 沿程水头损失

沿程水头损失计算公式如下：

$$h_f = \lambda \frac{l}{d} \frac{v^2}{2g} \tag{11-14}$$

式中　λ——沿程阻力系数；

　　　l——管段长度，m；

　　　d——管道直径，m；

　　　v——断面平均流速，m/s；

　　　g——重力加速度，m/s²，一般取 9.81。

在实际计算中，常采用下列公式计算管道沿程水头损失：

$$h_f = JL = f \frac{Q^m}{d^b} L \tag{11-15}$$

式中　f——沿程水头损失摩阻系数；

　　　m——流量指数；

　　　b——管径指数；

　　　Q——流量，m³/h，m³/s；

　　　d——管段直径，mm；

　　　J——管道水力坡降；

　　　L——管段的长度，m。

各种管材的 f、m、b 值见表 11-6。

表 11-6　　　　　　　　　　　　不同管材 f、m、b 值表

管材种类		$f(Q:\text{m}^3/\text{s}, d:\text{m})$	$f(Q:\text{m}^3/\text{h}, d:\text{mm})$	m	b
混凝土及当地材料管	糙率：0.013	0.00174	1.312×10^6	2.00	5.33
	糙率：0.014	0.00201	1.516×10^6	2.00	5.33
	糙率：0.015	0.00232	1.749×10^6	2.00	5.33
旧钢管、旧铸铁管		0.00179	6.25×10^5	1.90	5.10
石棉水泥管		0.00118	1.455×10^5	1.85	4.89
硬塑料管		0.000915	0.948×10^5	1.77	4.77
铝质管及铝合金管		0.0008	0.861×10^5	1.74	4.74

2. 局部水头损失

水流通过弯管、三通、四通、阀门、减缩管或其他附件时，会引起局部水头损失，一

般用下式计算：

$$h_j = \frac{\xi v^2}{2g} \tag{11-16}$$

式中　ξ——局部水头损失系数，可由设计手册查到；

v——断面平均流速，m/s；

g——重力加速度，m/s²，一般取 9.81。

局部水头损失和沿程水头损失相比，其值很小，当管段长度为直径的 1000 倍以上时，可忽略不计。在实际工程设计中，通常取沿程水头损失的 10%～15%。

对于串联管道，其总水头损失可由下式计算：

$$h_w = \sum_{i=1}^{n} h_{wi} = \sum_{i=1}^{n} (h_{fi} + h_{ji}) \tag{11-17}$$

式中　h_w——串联管道总水头损失，m；

h_{wi}——各管段的水头损失，m；

h_{fi}——各管段的沿程水头损失，m；

h_{ji}——各管段的局部水头损失，m；

n——串联管段的管段数。

对于并联管道，两节点之间的管段其水头损失相同，即

$$h_w = h_{wi} = h_{w2} = \cdots = h_{wn} \tag{11-18}$$

六、设计中应注意的几个问题

1. 穿越障碍

设计时，应尽量将地下设施调查清楚，在设计阶段做出翻越障碍的方案遇到大的障碍，如：雨水方涵、大口径供热管线（双线）时，应在保证埋深的条件下，采用钢制"U"弯头，保证管线顺利通过。

2. 地基处理

在管位确定后，应对沿线进行地质勘探，充分了解地基岩层的成因、构造或可能发生的影响场地稳定性的不良地质现象，从而对场地工程地质做出正确评价，提出相应的技术对策。如遇到不良地质，应对管基做相应处理。

管基可分为：弧形素土基础、灰土基础、砂垫基础、混凝土基础、枕基及其他特殊处理的管道基础。

3. 抗震

进行管道设计时应按照国家室外给排水和煤气热力工程抗震设计规范要求进行。

七、管网系统的维护

1. 管网测压测流（城镇供水）（pressure and flow measurement of water supply pipe network of city and town）

观测管网中的水压、流量与流向的工作。管网测压有经常性测压和定期或临时性现场测压。经常性测压是在管网中干管的交叉点、大用水户附近、密集的居民区、管网末梢或低压区等处设立测压点，安装压力表，随时或定时通过有线或无线方式，将各点的水压传送到供水系统的调度中心，以利于调度人员及时掌握管网中压力情况，合理地调配各水厂

中的水泵机组的开停，使管网正常运行，以保证服务压力，并节约能耗。根据管网分析和地形情况，也可在管网中设水塔、高地水池、调流阀、加压泵站。在管网中关键地区安装电动闸阀，遥控调节闸阀的开启度，以利于调度工作。此外，通过测压统计每日最高、最低、平均压力及压力合格率等，以积累调度工作的资料。定期或临时现场测压是在管段上设测压点，了解不同季节、不同时间各测压点的压力情况，还可利用水力坡降线的变化，了解管段中水流的方向，以发现管段中漏水或闸阀的误关闭；应用水力学公式估算管道中的流量，并验算管道的粗糙系数，若发现粗糙系数值过大，则需除垢（如刮管、加气冲洗等）或涂衬，以恢复管道的输水性能。在夏季供水高峰时，临时选择必要的消火栓和立柱安装压力表测压，并作记录。然后会同固定测压点所测记录绘制等水压曲线，从等水压曲线的疏密情况可判断负荷过重的薄弱环节，作为管网改造、扩建的依据。管网中的供水厂若不止一个，可通过全面测压，找出每个水厂的供水区域，了解压力分布，与管网分析计算验证对比，修正管网分析中的节点流量，以提高管网分析的精确度，也为今后建立管网数学模型奠定基础。

管网测流是根据管段的长短和分支多少，在每条管段上设置一个或两个测流井，一般是在管段不停水的情况下钻孔，安装马鞍形管接头及旋塞阀，在旋塞阀的外面砌井室，进行定期或临时的流量观测。新敷设的主干管应预留测压测流井，以备测压测流设备的安装。观测时将毕托管插入管中，通过它两端的压差，利用公式求出流速和流量 Q，从而了解管段中的负荷、水流方向、有无阻塞等情况。根据所测流量用水力学公式验算管道的粗糙系数。

为了保证城市防火安全，可进行消防水量试验，即在一个地区选择一个位置适中的消火栓 R 作为测压点，从该点周围的几个消火栓放水，记录总放水量 Q_F 和消火栓 R 从原始压力的下降值 H_F，从而推算出消火栓 R 从原始压力下降到期望的压力 H_R 时，周围消火栓的总出水量 Q_R。

Q_R 由下式计算：

$$Q_R = Q_F \frac{H_R^{0.54}}{H_F^{0.54}} \approx \left(\frac{H_R}{H_F}\right)^{1/2} \qquad (11-19)$$

这种方法可以推断如发生火灾时管网的消防供水能力。

2. 管网管道检漏（城镇供水）（leakage detection of water supply pipe network of city and town）

寻找供水管网中管道漏水部位的工作。管网管道漏水的原因通常是：①管材质量差或管壁受到侵蚀而穿孔、破裂；②施工质量差，管道接口渗漏；③管内水压波动剧烈，产生水锤使管道破裂；④由于基础沉陷，气温或水温变化，地面上车辆等冲击荷载或静荷载过大，受其他工程、地质的影响或地震灾害等，造成管道沉降、折断或破裂。

管网管道检漏的方法很多，常用的方法有：

（1）音听检漏法，利用听漏饼或听漏棒等仪器，置于管道正上方地面上或直接置于闸阀上，当初步判断有漏水情况后，即沿管道前进，根据听到管道漏水声音的大小判定漏水点。电子检漏仪是比较好的检漏设备，它把地下漏水产生的震动通过拾音器变为极微弱的电流，经过放大并变成音频电流，由耳机或仪表显示。20世纪70年代发明的相关检漏仪，它是利用漏水声音在水中传播到达两个在不同地点传感器的时间不同，而计算出漏水点到传感器的距离。因其传感器分别置于管身上，故不受埋深影响，对测试环境适应性强。20世纪90年代发明的永久性渗漏监测仪（Aqualog50），是一种统计噪音的分析仪，使用时将其装于2个或更多个消火栓上，通过对管网噪声的统计，利用识别仪对所产生的直方图进行分析，可判定发生渗漏地点。

（2）区域测漏法。将管网管道分隔为各含2000～5000户的若干小区，在其进水干管或旁通管上安装水表，在夜间，把小区内管段上的闸门逐个关闭，每关闭一个闸阀，随即记录减少的进水量，找出闸阀进水量减得最多者，则其附近可能就有漏水点，再用音听法进行定位。中国的管网管道检漏多使用音听法。

减少管道的漏水，不仅可以节约水资源用量，降低供水成本，还可减少对道路及其他建筑物的危害。世界各国对减少管道漏水工作都很重视。中国的供水企业都设有专门的管道检漏组织，把管道检测作为一项日常工作。

排水管道内是否有接缝损坏和错口现象，可以在检查井内设上下反光镜或使用水下电视进行检查。还可将水下电视和高压水泥喷枪相结合，进行管内修补，不需开槽重修。随着塑料工业的发展，已有采用乙烯酯化树脂做的软管，套入要维修的管道内，进行热化涨固，实现整体不开槽维修。

3. 管网管道维修（城镇排水）（maintenance of drainage pipe network of city and town）

保证排水管网畅通的措施。为了充分发挥排水设施的功能，必须进行管道通挖和管道维修，排水管道内沉积物淤泥等深度超过管径的1/5，就应进行通挖，清除管内的淤泥，包括掏挖各种井（检查井、雨水井等）内的淤泥等。通挖的方法有人力、机械和水力通沟3种方式。

人力通挖工具有不同尺寸的泥勺、人力绞车、引钢丝绳的竹片、钢片或软轴、在井内支钢丝绳的滑车以及各种型式的通沟器。通沟器有适用于不同管径的胶皮圆盘，钢板圆筒和半圆槽，管径大于检查井直径的可以采用拼装式工具。

机械通挖工具有真空吸泥车、机动绞车（带圆筒式抓斗）和软轴通沟车（带螺旋形的铰头）。

水力通沟工具采用高压水冲车。也可根据管网的具体情况，由下游泵站配合，在管内使用胶皮堵或自动闸门进行控制，憋水冲沟。但必须将通挖段内的淤泥，及时清掏或用吸泥车吸走，不得冲入下游管段。

第三节　管网工程设计实例

取惠民县某村为典型工程设计。村内基本情况为：人口551人，户数188户。该村在人口数量和规划布局上都具有较强的代表性。

一、给水系统设计采用的主要指标和参数

居民用水定额50L/（人·d），大牲畜70L/（头·d）。

用水要求：每户设一个DN20集中放水龙头，水龙头额定流量0.3L/s，当量1.5，流出水头5m；时变化系数$K_h=3$；日变化系数$K_d=1.5$。

该村为定时定点供水方式，每天总供水时间为 6h，每日 3 次供水，每次 2h。

二、给水量计算

（1）居民生活用水量：$Q_1 = 50 \times 551 \times 10^{-3} = 27.55(m^3)$

（2）大牲畜用水量：$Q_2 = 70 \times 394 \times 10^{-3} = 27.58(m^3)$

（3）最高日设计用水量：$Q_d = K(Q_1 + Q_2) = 1.2 \times (27.55 + 27.58) = 66.16(m^3)$

（考虑管网漏失量和未预见水量 20%）

（4）最高日平均时给水量：$Q_{cp} = Q_d/6 = 11.03(m^3/h)$

（5）最高日最高时给水量：$Q_{max} = K_h \times Q_{cp} = 33.09(m^3/h)$

（6）年均总给水量：$Q_y = 365 \times Q_d/K_d = 365 \times 66.16/1.5 = 16098(m^3)$

三、给水管网布置

工程布置：村级干管沿村东西主街布置，设两条干管，埋设在同一坑道内，首端设闸阀一个，支管垂直于干管沿南北向次要街道和胡同布置，设 14 条支管，每条支管控制 15 户，干管北侧支管长度为 124m，南侧支管长度为 113m，入户管最长为 36m，每户安装 DN20 水表一块，DN20 立杆水嘴一套。村内干管选用 PE 管。

详细布置如图 11-3 所示。

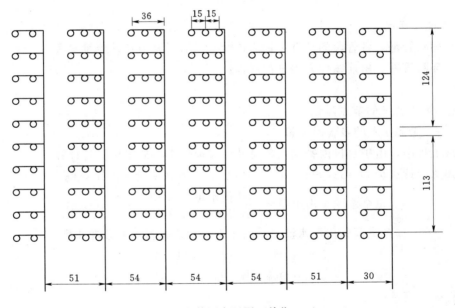

图 11-3　管网布置图（单位：m）

四、管段流量计算

1. 沿线流量计算

计算方法有长度比流量法和面积比流量法。

（1）长度比流量法。假定各用水量均匀分布在全部干管线上，则管线单位长度上的配水流量称为比流量，记为 q_{cb}。

$$q_{cb} = \frac{Q - \sum Q_i}{\sum L_i} \qquad (11-20)$$

式中 Q——管网总用水量，L/s；

$\sum Q_i$——沿线各用户集中流量之和，L/s；

$\sum L_i$——干管总长度，m。

对只有一侧配水的管线，其长度按一半计算。则沿线流量 Q_y 可由下式计算：

$$Q_y = q_{cb}L \tag{11-21}$$

式中 L——管段长度，m。

（2）面积比流量法。假定各用水量均匀分布在整个供水面积上，则单位面积上的配水流量称为比流量，记为 q_{mb}：

$$q_{mb} = \frac{Q - \sum Q_i}{\sum w_i} \tag{11-22}$$

式中 w_i——管段供水面积，m²。

则某一管段的沿线流量 Q_y，可由下式计算：

$$Q_y = q_{mb}L \tag{11-23}$$

2. 节点流量计算

$$q_n = \frac{1}{2}Q_y \tag{11-24}$$

3. 管段计算流量

（1）树状管网。各管段的计算流量为该管段以后所有节点的流量总和。

（2）环状管网。由连续性方程进行计算：

$$q_i + \sum q_{ij} = 0 \tag{11-25}$$

式中 q_i——节点 i 的节点流量；

q_{ij}——节点 i 上的各管段流量。

在该工程中，由于是村内管网工程设计，规模较小，故采用简化计算。

已知总设计流量 $Q = 33.09\text{m}^3/\text{h} \approx 9.19(\text{L/s})$，水龙头为 188 个，则

$$每个水龙头出水量 = \frac{设计供水量}{总龙头数} = \frac{9.19}{188} = 0.049(\text{L/s})$$

$$各支管管段配水流量 = 每个龙头出水量 \times 本管段龙头数$$

$$0.049 \times 15 = 0.735(\text{L/s})$$

$$0.049 \times 10 = 0.490(\text{L/s})$$

干管配水流量：

短干管：$0.735 \times 6 + 0.490 \times 2 = 5.390(\text{L/s})$

长干管：$9.19 - 5.390 = 3.80(\text{L/s})$

五、管径的确定

管网中各管段的管径，按最高时用水量情况下管段的计算流量和经济流速确定。公式为

$$D = \sqrt{\frac{4Q}{\pi v}} \tag{11-26}$$

PE 管的经济流速一般为 $1.0 \sim 1.8\text{m/s}$，通常取 $v = 1.5\text{m/s}$，计算得

入户管直径　　　$D=\sqrt{\dfrac{4Q}{\pi v}}=\sqrt{\dfrac{4\times0.049}{1000\times\pi\times1.5}}\times1000=6.5(\text{mm})$

故选用 20mmPE 管。

支管直径　　　　$D=\sqrt{\dfrac{4Q}{\pi v}}=\sqrt{\dfrac{4\times0.735}{1000\times\pi\times1.5}}\times1000=25.0(\text{mm})$

故选用 50mmPE 管。

短干管管径　　　$D=\sqrt{\dfrac{4Q}{\pi v}}=\sqrt{\dfrac{4\times5.39}{1000\times\pi\times1.5}}\times1000=67.6(\text{mm})$

故选用 75mmPE 管。

长干管管径　　　$D=\sqrt{\dfrac{4Q}{\pi v}}=\sqrt{\dfrac{4\times3.80}{1000\times\pi\times1.5}}\times1000=56.8(\text{mm})$

故选用 63mmPE 管。

六、管网水力计算

水头损失的计算采用第七章第七节中的有关计算公式。

沿程水头损失计算：

$$h=il \tag{11-27}$$

式中　i——单位长度的水头损失，又称水力坡度。

i 采用适合塑料管的勃拉修斯公式进行计算：

$$i=0.000915\frac{q^{1.774}}{D^{4.774}} \tag{11-28}$$

式中　q——管段计算流量，m^3/s；

　　　D——管段计算内径，m。

由此可计算得人户管沿程水头损失：

$$h_{户沿}=0.000915\times\frac{0.000049^{1.774}}{0.020^{4.774}}\times36=0.096(\text{m})$$

支管沿程水头损失：

$$h_{支沿}=0.000915\times\frac{0.000735^{1.774}}{0.050^{4.774}}\times124=0.509(\text{m})$$

由于干管流量变化较大，故沿程水头损失采用分段计算，各管段长度、流量和水头损失见表 11-7、表 11-8。

表 11-7　　　　　　　　　　　短干管沿程水头损失计算表格

管段	管径/mm	长度 L/m	计算流量 q /(m³/s)	水力坡度 i	水头损失 h/m
1	75	36	0.00441	0.906	0.512
2	75	51	0.00294	0.0069	0.353
3	75	54	0.00147	0.0020	0.109
合计		141			0.974

表 11 - 8　　　　　　　　　　长干管沿程水头损失计算表格

管段	管径/mm	长度 L/m	计算流量 q /(m³/s)	水力坡度 i	水头损失 h/m
1	63	192	0.0038	0.0251	4.819
2	63	54	0.00233	0.0105	0.567
3	63	51	0.00086	0.0018	0.092
合计		297			5.478

　　由上述计算可以看出，长干管未配水段由于距离较长，水头损失过大，为减小其沿程水头损失，保证供水段的供水压力，在输水管段采用与短干管管径一致的 PE 管道，即管径为 75mm，重新进行计算。计算结果见表 11 - 9。

表 11 - 9　　　　　　　　　长干管沿程水头损失重新计算表格

管段	管径/mm	长度 L/m	计算流量 q /(m³/s)	水力坡度 i	水头损失 h/m
1	75	192	0.0038	0.0109	2.093
2	63	54	0.00233	0.0046	0.248
3	63	51	0.00086	0.0008	0.041
合计		297			2.382

　　由上述计算可以看出，长干管沿程水头损失为 2.382m，短干管沿程水头损失为 0.974m，两者为并联关系，所以取干管沿程水头损失为 2.382m。

　　总沿程水头损失为

$$h_{沿} = 0.096 + 0.509 + 2.382 = 2.987(\text{m})$$

　　局部水头损失按沿程水头损失的 15% 计，得

$$h_{局沿} = 2.987 \times 15\% = 0.448(\text{m})$$

龙头安装高度 1m，水龙头流出自由水头为 5m，所以，需要总水头为

$$H = 2.987 + 0.448 + 1.0 + 5.0 = 9.435 \approx 10(\text{m})$$

第四节　水厂厂址的选择与布置

一、厂址选择

　　农村水厂的厂址选择，应在整个给水系统设计方案中全面规划，综合考虑，通过技术经济比较后确定。

　　1. 厂址选择

　　水厂是整个给水系统的重要组成部分，它与取水、输水、配水和管网布局各工程之间有着密切的联系，因此厂址的确定要受到上述诸多因素的影响。

　　水厂厂址选择一般应作多种方案，根据各方案的优缺点作综合评价。综合评价一般包括下列要求：投资及经营费指标；土地及耕地的占有；水源水质的环境条件；能（电）耗

和节能效果；原有设备的利用程度；施工难易程度及建设周期；运行管理方便程度等。

2. 厂址选择原则

（1）厂址选择应结合村镇建设规划的要求，靠近用水区，以减少配水管网的工程造价。当取水点远离用水区时，水厂一般应靠近用水区。

（2）厂址应选择在工程地质条件较好的地方。一般选在地下水位较低，地基承载力较大，湿陷性等级不高，岩石较少的地层。

（3）少占农田或不占农田，且留有适当的发展余地。

（4）应选环境保护条件较好的地方，其周围卫生条件应符合《生活饮用水卫生标准》（GB 5749—2006）中规定的卫生防护要求。

（5）应选择在不受洪水威胁的地方，否则应考虑防洪措施。

（6）选择在交通方便，靠近电源的地方，并考虑排泥、排水的方便。

（7）当地形有适当坡度可以利用时，输配水管线（网）应优先考虑重力流。

农村水厂厂址的选择，在进行综合评价时各项目标绝非同等重要，应根据具体情况，通过技术经济比较后确定。

二、水厂流程布置

（一）水厂的组成

水厂的组成见表 11 - 10。

表 11 - 10　　　　　　　　　　　　水　厂　的　组　成

组成部分	主　要　内　容
生产构筑物	系指水源水经净化处理可达到水质标准要求的一系列设施，一般包括泵房、配水井、加氯间及氯库、絮凝池、沉淀池、滤池、变配电站等
辅助生产建筑物	系指保证生产构筑物正常运转的辅助设施，一般包括值班室、控制室、化验室、仓库、维修间、锅炉房、车库等
附属生活建筑物	系指水厂的行政管理和生活设施。一般包括办公用房、宿舍、食堂、浴室等

注　本表适用于以地表水为水源的水厂，地下水为水源的水厂可适当简化。

生产构筑物均可露天布置。北方寒冷地区需有采暖设备，可采用室内集中布置。集中布置可以比较紧凑，占地少，便于管理。但结构复杂，管道立体交叉多，造价较高。

（二）净化工艺流程布置

水厂的流程布置是水厂设计的基本内容，由于厂址和进、出水管方向等的不同，流程布置可以有多种形式，设计时必须考虑下列布置原则。

（1）流程力求简短，各主要生产构筑物应尽量靠近，避免迂回交叉，使流程的水头损失最小。

（2）尽量利用现有地形。当厂址位于丘陵地带，地形起伏较大时，应考虑流程走向与各构筑物的埋设深度。为减少土石方量，可利用低洼地埋设较深的构筑物（如清水池等）。如地形自然坡度较大时，应顺等高线布置，在不得已情况下，才作台阶式布置。

在地质条件变化较大的地区，必须摸清地质概况，避免地基不匀，造成沉陷或增加地基处理工程量。

（3）注意构（建）筑物的朝向，如滤池的操作廊、二级泵房、加氯间、化验室、检修间、办公楼等有朝向要求，尤其是二级泵房，电机散热量较大，布置时应考虑最佳方位和符合夏季主导风向的要求。

（4）考虑近期与远期的结合。当水厂明确分期建设时，既要有近期的完整性，又要有分期的协调性。一般有两种处理方式：一种是独立分组的方式，即同样规模的两组净化构筑物平行布置；另一种是在原有基础上作纵横扩建。

（三）工艺流程布置类型

水厂工艺流程布置通常有三种基本类型：直线型，折角型，回转型，如图 11-4 所示。

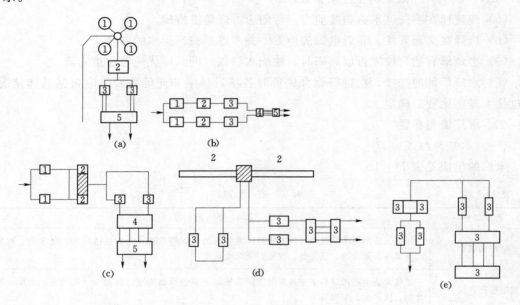

图 11-4　水厂工艺流程布置类型

（a）、（b）直线型；（c）、（d）折角型；（e）回转型

1—沉淀（澄清）池；2—滤池；3—清水池；4—吸水井；5—二级泵房

1. 直线型

直线型为常用的布置方式，从进水到出水整个流程呈直线状。这种布置生产联络管线短，管理方便。有利于扩建，特别适用于大、中型水厂，如图 11-4（a）、图 11-4（b）所示。

2. 折角型

当进出水管的走向受地形条件限制时，可采用此种布置。折角型的转折点一般选在清水池或吸水井处，使沉淀池和滤池靠近，便于管理，但应注意扩建时的衔接问题，如图 11-4（c）、图 11-4（d）所示。

3. 回转型

回转型适用于进出水管在同一方向的水厂。回转型有多种型式，但布置时近远期结合较困难。此种布置在山区小水厂或小型农村水厂应用较多。可根据地形从清水池将流程回转；

也可通过沉淀池或澄清池的进出水管方位布置，而将流程回转，如图11-4（e）所示。

近年来有些农村水厂的流程布置，将构筑物连成集成式。这种布置方式占地小，管理方便，投资低，是今后发展的方向。

三、水厂平面与竖向布置

水厂主要构筑物的流程布置确定以后，即可进行水厂的总平面布置，将各项生产和辅助设施进行组合。

（一）水厂的平面布置

1. 平面布置的主要内容

（1）各种构筑物和建筑物的平面定位。

（2）各种管道、管道节点和阀门布置。

（3）排水管、渠和检查井布置。

（4）供电、控制、通讯线路布置。

（5）围墙、道路和绿化布置。

2. 平面布置要点

水厂的平面布置应符合下列要求。

（1）按功能分区。配置得当，主要指生产、辅助生产和生活各部分的布置应分区明确，而又不过度分散。

（2）布置紧凑，减少占地面积和连接管（渠）的长度，便于操作管理。如二级泵房应尽量靠近清水池，各构筑物间应留出必要的施工间距和管渠（道）位置。

（3）充分利用地形，力求挖、填土方平衡。

（4）各构筑物之间连接管（渠）线简单、短捷，尽量减少交叉，并考虑施工与检修方便，设置必要的超越管和排空管，以保证必须供应的水量采取应急措施。

（5）沉淀池或澄清池排泥及滤池冲洗废水排除方便，力求重力排污。

（6）构筑物应设置必要的排空管与溢流管，以便某一构筑物停产检修时能及时泄空和安全生产。

（7）管件、配件等露天堆场，应考虑施工与运输的方便。

（8）建筑物布置应注意朝向和风向。加氯间和氯库应尽量设置在水厂主导风向的下风向，泵房和其他建筑物尽量布置成南北向。

（9）应考虑水厂扩建，留有适当的扩建余地。对分期建造的水厂应考虑分期施工方便。

（10）厂区道路标准，通向一般建筑物的人行道宽度为1.5～2.0m，车行道转弯半径不宜小于6m，主要建筑物的车行道宽3～4m，主干道与厂外道路连接，单车道宽度为3.5m，并应有回转车道。

（11）水厂道路应考虑雨水的排除，纵坡宜采用19.5%～20%，最小纵坡为0.4%，山区或丘陵宜控制在6%～8%。

（12）水厂应适当绿化，周围应设置围墙，其高度不宜小于2.5m。

（二）水厂的竖向布置

水厂的竖向布置包括水厂各净化构筑物的高程布置。由于农村水厂规模小，各构筑物间的水流应为重力流，并尽量利用天然地形。

为保证各构筑物之间水流为重力流，必须使前后构筑物之间的水面保持一定高差，这一高差即为流程中的水头损失。水头损失包括构筑物本身、连接管道、计量设备等。水头损失应通过计算，并留有余地。

1. 水头损失

（1）净化构筑物的水头损失见表 11 - 11。

表 11 - 11　　　　　　　　　　　净水构筑物水头损失

构筑物名称	水头损失/m	构筑物名称	水头损失/m
进水井格栅	0.15～0.30	普通快滤池	2.0～2.50
配水井	0.10～0.20	接触滤池	2.5～3.0
混合池	0.40～0.50	无阀滤池、虹吸滤池	1.5～2.0
絮凝池	0.40～0.50	压力滤池	5～10
沉淀池	0.15～0.30	慢滤池	1.5～2.0
澄清池	0.60～0.80		

（2）连接管道（渠）的水头损失连接管道（渠）的水头损失可按下式计算或参照表 11 - 12 确定。

$$h = h_1 + h_2 = \sum Li + \sum \xi \frac{v^2}{2g} \qquad (11 - 29)$$

式中　h——连接管水头损失，m；

　　　h_1——沿程水头损失，m；

　　　h_2——局部水头损失，m；

　　　L——连接管道长度，m；

　　　i——单位管长水头损失，m/m；

　　　ξ——局部阻力系数（见表 11 - 13）；

　　　v——连接管流速（见表 11 - 12），m/s；

　　　g——重力加速度，m/s²，$g = 9.81 \text{m/s}^2$。

表 11 - 12　　　　　　　　　　　连接管允许流速和水头损失

连接管段	允许流速/(m/s)	水头损失/m	附　　注
一级泵房至混合池	1.0～1.2	视管长而定	
混合池至絮凝池	1.0～1.5	0.10	
絮凝池至沉淀池	0.15～0.2	0.10	防止絮体破坏
混合池至澄清池	1.0～1.5	0.50	
混合池或进水井至沉淀池	1.00～1.5	0.30	
沉淀池或澄清池至滤池	0.6～1.0	0.30～0.50	流速宜取下限，留有余地
滤池至清水池	1.0～1.5	0.30～0.50	流速宜取下限，留有余地
滤池冲洗水的压力管道	2.0～2.5	视管长而定	因间歇运行，流速可大些
冲洗水排水管道	1.0～1.2	视管长而定	

各构筑物之间的连接管（渠）断面尺寸由流速决定，其值一般按表 11-12 选用。当地形有适当坡度可以利用时，可选用较大流速，以减小管道直径及相应配件和闸阀尺寸；当地形平坦时，为避免增加填、挖土方量和构筑物造价，宜采用较小流速。在选定管（渠）流速时，应适当留有水量的发展余地。连接管（渠）的水头损失（包括局部和沿程）应通过水力计算确定，估算时可参考表 11-13。

表 11-13　　　　　　　　　　　　　　　局部阻力系数 ξ 值

名称	简图	局部阻力系数 ξ 值										
弯头	90° R d	R/d	0.5	1.0	1.5	2.0	3.0	4.0	5.0			
		ξ	1.20	0.80	0.60	0.48	0.36	0.30	0.29			
	45°	d/mm	80	100	125	150	200	250	300	350	400	450	500	600
		ξ	0.26	0.32	0.33	0.36	0.36	0.44	0.39	0.45	0.45	0.51	0.51	0.51
	90°	d/mm	80	100	125	150	200	250	300	350	400	450	500	600
		ξ	0.51	0.63	0.65	0.72	0.72	0.87	0.78	0.89	0.90	1.01	0.96	1.01
等径三通	Q $Q-Q_a$ Q_a	Q_a/Q	0.0		0.2		0.4		0.6		0.8		1.0
		ξ_1	0.95		0.88		0.89		0.95		1.10		1.28
		ξ_2	0.04		-0.08		-0.05		0.07		0.21		1.35
	$Q-Q_a$ Q Q_a	Q_a/Q	0.0		0.2		0.4		0.6		0.8		1.0
		ξ_1	-1.2		-0.4		0.80		0.47		0.72		1.01
		ξ_2	0.04		0.17		0.30		0.41		0.51		1.60
闸阀	h D	h/D	1/8		2/8		3/8		4/8		5/8	6/8	7/8
		ξ	0.15		0.26		0.81		2.08		5.52	17.0	97.8
异径三通		突放 $\xi=1.0$ $\xi=$ 等径三通 ξ 值＋突放（突缩）ξ 值 突缩 $\xi=0.5$										
四通		$\xi=2\times$ 三通的 ξ 值										
异径管		$\xi=0.21$ $\xi=0.33$										
布气孔		$\xi=1.20$										

2. 竖向布置

当各项水头损失确定以后，便可进行构筑物竖向布置。构筑物竖向布置与厂区地形、地质条件及所采用的构筑物形式有关。考虑竖向流程布置时，应注意下列几个问题：

（1）当厂区地面有自然坡度时，竖向流程从高到低，宜与地形坡向一致。

（2）当地形比较平坦时，清水池的竖向位置要适度，防止埋深过大或露出地面过高。

（3）当采用普通快滤池时，其竖向位置应照顾到清水池的埋深。

（4）当采用无阀滤池时，应注意前置构筑物（如絮凝池、沉淀池或澄清池）的底板是否会高于地面。

（5）注明各构筑物的绝对标高。

总之，各构筑物的竖向布置，应通过各构筑物之间的水面高差计算确定。

3. 构筑物标高计算顺序

（1）确定河流取水口的最低水位。

（2）计算取水泵房（一级泵房）在最低水位和设计流量条件下的吸水管水头损失。

（3）确定水泵轴心标高。

（4）确定泵房底板标高。

（5）计算出水管水头损失。

（6）计算取水泵房至混合池、絮凝池或澄清池的水头损失。

（7）确定混合池、絮凝池、澄清池本身的水头损失。

（8）计算沉淀池与滤池之间连接管的水头损失。

（9）确定滤池本身的水头损失。

（10）计算滤池至清水池连接管的水头损失。

（11）由清水池最低水位计算送水泵房（二级泵房）水泵轴心标高。

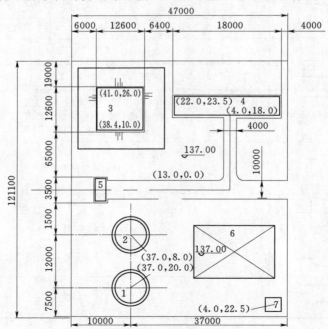

图 11-5　以地下水为水源的水厂布置（单位：坐标为 m；其余为 mm）

1—泵；2—水塔；3—水池；4—综合楼；5—加氯间；6—堆料场；7—变压器

（三）工程实例

在实践中，由于农村水厂的规模差异较大，加之工程内容随水源水质不同，因此设计时应针对工程的具体条件和内容进行统筹考虑。现介绍一典型水厂的实例供设计时参考。

【例 11-1】　图 11-5 所示为一个以地下水为水源的水厂的平面布置图。由于水源水质较好，仅需进行消毒，即可供生活饮用。该工程由于用水区地形变化较大，采用水池与水塔分压供水。

第五节　水厂的规划设计程序

一、一般程序

农村自来水厂建设同其他工程项目一样，具有其本身的特点，规划设计时应参照下列顺序进行工作。

（1）收集最基本的有关资料，为选择和确定自来水厂的水源提供依据。

（2）根据现场调查、实际测量以及水文、水文地质、水质分析等有关资料，判定水源的水量和水质能否满足设计的要求。

（3）根据当地具体情况，确定自来水工程的设计年限。

（4）确定用水人口和生活用水量标准，考虑水厂应包括的其他用水量。

（5）计算水厂供水能力和设计流量。

（6）通过技术和经济比较，确定农村给水系统与工艺流程。

（7）计算和确定单体构筑物和设备的规模。

（8）布置输水管和配水管网，并通过水力计算确定管径和水塔高度或清水泵扬程。

（9）进行水厂的总平面布置和高程布置。

（10）应有两种以上的技术方案，进行经济比较，然后做出抉择。

二、基本资料的收集

建设农村自来水厂时，首要任务是选择并确定水源。为做好这项工作，满足设计上的要求，必须收集地形、气象、水文、水文地质、地质等方面的有关资料，并进行综合分析。

（1）1:5000～1:25000 现状及规划发展地图：用来确定给水系统的范围，标明水源位置，并进行平面布置。

（2）地形图：根据地面标高考虑取水点、净水构筑物、泵房、调节构筑物、水厂等的位置和输配水管的铺设。

（3）气象资料：根据年降水量和年最大降雨量判断地表水源的补给来源是否可靠和充足，洪水时取水口、泵站等有无必要采取防洪措施；根据年平均气温、月平均气温、全年最低气温、最大冻土深度等考虑处理构筑物的防冻措施和输配水管道的埋深。

（4）地下水水文地质资料：了解地下水的埋藏深度、含水层厚度、地下水蕴藏量及开采量、补给来源、单井出水量、井的静水位和动水位变化、减压漏斗等，以便确定打井深度、井的类型和构造、井的出水量、水泵的类型和型号。

（5）地表水水文资料：根据地表水的流量、最高洪水位、最低枯水位、冰凌情况等，确定取水口位置、取水构筑物型式及供水量。

（6）土壤性质：用来估计土壤承载能力及透水性能，以便考虑自来水厂构筑物的设计和施工。

（7）地下水和地表水的水质分析资料：包括感官性状、化学、毒理学、细菌等指标的分析结果，用来确定处理工艺和估算制水成本。

（8）水资源的综合利用情况：包括渔业、航运、灌溉等，以便考虑它们对水厂的供水量、取水口位置及取水构筑物的影响。

三、可行性研究报告（设计任务书）

为实施世界银行贷款兴建的农村供水工程项目，全国爱国卫生运动委员会办公室规定必须经历编制可行性研究报告、初步设计文件和施工图设计三个阶段。

可行性研究阶段的主要任务，是着重对农村给水工程项目从技术上和经济上论证水源水量及水质的可靠性、工程总体布局及工艺流程、外部协作条件、投资估算及经济效益分析、社会效益估计、工程实施计划及分期建设安排等方面是否合理和可行，并经多方案综合论证和比较后，择优推荐最佳方案，经组织有关专家评审后，作为编制初步设计文件的依据。

可行性研究报告内容包括：

（1）工程建设地点的描述（地理位置、气象、地形地貌、水文地质、水文、工程地质、人口分布等）。

（2）农民生活用水及其他用水（家庭禽畜用水、乡镇工业用水、公共事业用水等）现状分析和评价。

（3）水源选择可靠性的论述。

（4）拟建给水工程项目的供水规模、受益人口、水厂占地面积、技术经济比较等。

（5）水处理工艺流程的确定原则。

（6）工程总投资估算。

（7）资金来源的组成，如为世界银行贷款，应有贷款偿还办法。

（8）运营管理组织的设想。

具体编制可行性研究报告时，可按以下提纲进行：

（1）项目名称。

（2）主办单位。

（3）建厂地点。

（4）自然概况。

（5）饮水现状。

（6）供水规模。

（7）供水工艺（两种以上方案技术经济比较）。

（8）总投资。

（9）社会、经济效益。

（10）图纸：供水系统总平面图、水厂总平面图、工艺流程图（高程布置）、输、配水干管布置与配水管网水力计算图。

四、初步设计文件

初步设计文件是根据批准的可行性研究报告（设计任务书）提出具体的工程实施方案，其编制深度应能满足项目投资包干、设备及主要材料订货或招标、土地征用及拆迁、用电申请和施工准备等要求。初步设计文件一般由设计说明书、设计图纸、工程概算、设备及主要材料清单四部分组成。

初步设计说明书内容包括：

(1) 建厂地点。

(2) 建厂理由。

(3) 设计年限。

(4) 设计人口。

(5) 供水能力。

(6) 水源水量与水质。

(7) 水文资料（或水文地质资料）。

(8) 工程地质资料。

(9) 供水系统。

(10) 水处理工艺流程。

(11) 供电系统和控制系统。

(12) 设备选型。

(13) 劳动定员。

(14) 生产和生活用房建筑面积。

初步设计图纸包括：

(1) 供水系统总平面图。

(2) 水厂总平面图。

(3) 工艺流程图（高程布置）。

(4) 输、配水干管布置与配水管网水力计算图。

(5) 取水构筑物图。

(6) 泵房设计图。

(7) 单项构筑物图。

(8) 主要附属构（建）筑物图。

(9) 变配电与设备的控制设计图。

初步设计中的工程概算应根据各省（市）批准的最新概（预）算定额进行编制。

五、施工图设计

施工图设计应按批准的初步设计进行，其内容、深度应能满足施工和安装的要求。施工图阶段的设计文件组成包括设计说明书、施工图纸和必要的修正概算或施工预算。

1. 施工图设计说明书

(1) 设计依据：摘要说明初步设计批准的机关、文号、日期及主要内容，以及施工图设计资料依据。

(2) 设计变更部分：对照初步设计，阐明变更部分的内容、原因、依据等。

（3）施工、安装注意事项及质量、验收要求。必要时应编制特殊工程施工方法设计。

（4）运行管理注意事项。

（5）自控及调度系统运行管理说明及操作注意事项。

2. 设计图纸

施工图设计的深度必须能满足施工、安装及部件加工要求。

（1）总体布置图。采用 1：5000～1：25000 比例，图上内容基本与初步设计相同，但要求更为详细确切。

（2）枢纽工程。水源地、净水厂等枢纽工程平面图，采用 1：200～1：500 比例，包括等高线、坐标轴线、水厂围墙、绿地、道路等的平面位置，注明厂界四角坐标或构筑物的主要尺寸和相对距离，各种管渠及室外地沟尺寸、长度、地质钻孔位置等，并附建筑物一览表、工程量表及有关图例。

另外，绘制工艺流程断面图，反映出生产工艺流程中各构筑物的高程关系及主要规模指标。工程规模较大、构筑物较多者，可另绘建筑总平面图。

厂内各构筑物和管（渠）附属设备的建筑安装详图，比例自选。

（3）输水及送水干管、配水管网。平纵断面图：一般采用比例尺横向 1：1000～1：2000，纵向 1：100～1：200。图上包括纵断面图与平面图两部分，并绘出地质柱状图，控制点坐标，在末页附工程量表。对于规模不大，地域范围广、地势平坦的情况，也可在平面图上标出控制点中心高程。

给水管（渠）、管网结构示意图：包括各节点的管件布置及各种附属构筑物（如闸门井、消火栓、排气阀、泄水阀及穿越铁路、公路、隧洞、堤坝、河道等）的位置与编号，各管段的管径（断面）、长度等，并附管件一览表及工程量表。管网节点结构有时也可在平面布置图上引出表示。

管（渠）、附属构筑物安装图：包括穿越铁路、公路、桥梁、堤坝、河流的设计图，采用 1：100～1：500 比例。

各种给水井建筑安装详图：一般尽可能套用通用标准图。

（4）单体构筑物设计图。工艺图：总图一般采用 1：50～1：100 比例，表示出工艺布置，管道、设备的安装位置、尺寸、高程，并附设备、管件一览表，以及必要的说明和主要技术数据等。

建筑图：总图一般采用 1：50～1：100 比例，表示出平、立、剖面尺寸及相对高程，表明内外装修建筑材料，并有各部构造详图、节点大样，门窗表及必要的设计说明。

结构图：总图一般采用 1：50～1：1000 比例，表示出结构整体及构件的构造、地基处理、基础尺寸以及节点构造等。列出结构单元和汇总工程量表、主要材料表、钢筋表及必要的设计说明。

采暖、通风、照明安装图：表示各种设备的管道布置与建筑物的相对位置和尺寸，并列出设备表、管件一览表和安装说明。

（5）电器设计图。变电站高、低压变配电系统图和第一、二次回路接线原理图：包括变电、配电、用电、起动和保护等设备的型号、规格和编号，附设备材料表，说明工作原理、主要技术数据和要求。

各构筑物平、剖面图：包括变电所、配电间、操作控制间电气设备位置、供电控制线路敷设、接地装置，设备材料明细表和施工说明及注意事项。

各种保护和控制原理图、接线图：包括系统布置原理图，引出或引入的接线端子板编号，符号和设备一览表以及动作原理说明。

电气设备安装图：包括材料明细表，制作或安装说明。

厂区室外线路照明平面图：包括各构筑物的布置、架空和电缆配电线路、控制线路及照明布置。

（6）附属建筑物的土建工程设计施工图纸。

3. 修正概算书或施工预算书

设计施工图时，可根据初步设计审批意见或由于其他原因引起的较为重大的设计变更部分，编制修正概算书。

施工图设计阶段必须按省（自治区）批准的最新预算定额编制工程预算书。

课外知识

美 国 城 镇 供 水 简 介

一、管理体制

美国的城镇供水管理体制大致可分为三级管理：联邦、州和地方。联邦一级的政府管理机构是环保局，管理的内容是水质，包括饮用水水质，水源水质以及水环境。管理的方式和手段是研究制订和监督实施《安全饮用水法》和《清水法》。与政府管理机构、管理内容和管理手段形成鲜明对比的是中介组织异常活跃，与城镇供水管理有关的中介组织有水工程联合会和水环境联合会。这是两个联系广泛、涉及内容全面、活动方式灵活、非以盈利为目的的国际性组织，成员包括国内外政府部门、高等学校、研究机构、工程建设和管理单位、水厂、设备生产和销售企业的政府官员、工程师、水厂经理、管理员、化验员、大学教授、研究人员、学生、设备制造商、销售商和其他环境专家共4万多人。活动内容涉及与自来水建设和水环境有关的方针政策、法律规范、专业技术、管理经验、最新研究成果及发展趋势等。活动方式有研究开发、技术培训、信息咨询、组织会议与经验交流、出版发行物等。其中仅出版物就有书籍、期刊、小册子、简讯、光盘等五种。其影响和作用是政府所不能替代的。

州一级的管理机构因地域、人口、水资源及其分布等自然和经济社会情况不同，差别很大。加州位于美国西部，面积41万 km^2，人口约2400万人。年平均降水量为584mm，径流量为876亿 m^3。由于水资源的时空分布不均，降水从时间来说都集中在每年11月至次年3月，从地域来说主要集中在北部（约为南部的3倍）；州内主要河流均位于加州北部，而80%的用水户则在中部和南部。因此，兴建水利工程的任务很重，不仅建设了众多的自来水工程，而且兴修了闻名于世的跨流域调水工程—北水南调工程。与此相适应，管水的机构也较多。与供水有关的有加州水委员会、加州水资源管理委员会、加州水资源局和加州公用事业局。水委员会负责研究水的政策问题；水资源管理委员会负责管理水权，发放排污许可证，帮助州内各地区制定水质管理规划；水资源局负责水资源工程规划、设计、施工和运行，管理与水有关的公共安全，包括防洪调度和大坝安全监测等；公用事业局负责水价审批。

除此之外，加州还有两个地区性的水管理机构。一个是东海湾大都会水管局，负责旧金山湾地区 15 座城市，800km² 范围内约 110 万人口的供水工作；另一个是南加州大都会水管局，负责解决南部沿海缺水地区 6 个县，13000km² 范围内约 1600 万人的生活和工业用水问题。

马里兰州位于美国东部，面积约 27400km²，人口约 500 万人。与自来水有关的政府管理机构是州环境局和公用事业局。环境局负责审查自来水工程规划与设计是否符合有关法律和规范的要求，核发取水许可证和工程建设许可证；承担水源保护、水源水和自来水水质的监督检查。公用事业局负责协调和监管水价。

地方包括县级和市级，因联邦、州和地方之间没有任何隶属关系，机构设置也无对口要求，地方的管理机构完全根据需要设立，没有统一固定的模式。据了解，许多地方的管理机构实际上是一个非盈利的服务实体，实体的管理体制是董事会—总经理—部门经理—员工。职能是制定自来水建设或改造方案，筹集资金，建设和管理自来水工程。董事会一般由用水户民主选举产生，总经理由董事会聘任，其他人员由总经理依法聘任，享受类似公务员的待遇。

二、投资政策

在美国，自来水被视为是投资大，回收期长，不盈利或盈利极为有限的基础设施和公用事业。所以，现有自来水厂中，除少数水厂由私人公司投资建设和管理外，绝大部分都由政府筹资兴建。资金来源一是财政拨款；二是政府贷款；三是向社会发行债券。贷款的期限多为 40 年，年利率为 4%～5%，比商业贷款利率（为 7% 左右）低 2%～3%。债券的年限一般为 30 年，利率为 4% 左右。债券与银行储蓄相比，除利率的确定比较灵活外，最主要的是公民在银行储蓄的利息收入必须纳税，而购买债券的利息收入不用纳税。此外，债券还可在证券市场上买卖，因而对投资者具有较大的吸引力。

从上面的情况可以看出，无论是财政拨款，政府贷款（期限长，利率优惠），还是社会债券（利息不用交税），都不同程度地带有扶持性质。

此外，对于工程的扩建、改造或更新，还可通过适当提高水价的办法筹集所需资金。

实践证明，上述投资政策是合理和有效的，资金来源基本能满足自来水发展的需求，而且因资金均为长期资金，利率适当，为制定和实施合理的水价政策奠定了基础。

三、价格政策

美国的经济特点之一是对经营一般商品，政府只控制税收，不控制价格。对经营自来水，表面上，政府除规定无需纳税外，也没有统一明确的价格政策。但是供水价格不能由经营单位一家确定，供水收入的多少与职工收入也没有密切的关系，在保证提取必需的还贷或还债资金的前提下，年际之间以盈补亏，盈亏平衡等实际做法来看，还是有一个基本的定价原则，即成本、费用加合理利润，利润率略高于贷款或债券利率，以保证按期还贷或还债。这一定价原则，对经营者而言，简单地说就是保本原则。

水价的确定，是由经营单位代表、政府部门代表和用户代表组成的价格管理委员会决定。具体程序是：由经营单位根据上述原则提出意见，交价格管理委员会研究，如能通过，再经州公用事业局批准后执行。在这一过程中，获得公用事业局的批准并不难，只要程序合法，材料齐备，意见一致，即能获准。所以严格地说，送公用事业局批准，只是备案。真正审查把关的是价格管理委员会，审查的结果，可能通过，也可能不通过。当委员会成员意见分歧以较大时，还可以举行有公众参与的价格听证会，听取更多人士的意见。由于水价很大程度上是由用户决定，既避免了可能出现不合理的垄断价格，也为顺利执行已经决定的价格奠定了基础。综合几个单位提供的情况，自来水实际价格水平是：居民生活用水 1 美元/t 左右，工业和商业用水是生活用水的 $1\sim5$ 倍，因地区及拥有的水权等因素而异。

四、自来水厂的管理

1. 管理模式

自来水厂视其供水规模和供水范围的大小，可能有两种管理模式，一种是供水规模和供水范围有限，水厂的管理，从水源到用户，从水的净化到水费计收，自成一个完整的系统。如加州的圣路易斯彼斯堡市自来水厂。另一种是供水规模和范围较大，甚至跨地区跨城市时，则实行分级管理。有关地区和城市协商成立一个专门机构，负责整个供水系统的一级管理，包括水源工程，净水厂及向下一级管理系统配水等。如南加州大都会水管局。有关县或市再成立二级管理机构，负责本县或本市范围内各管网和加压站的建设和管理，根据合同接受上一级管理系统的来水，再按零售价转输和分配给用户。

2. 人事管理

上述两种管理模式均引入了一定的人事竞争机制。首先是水厂的经理采用聘任制，聘用经理同董事会签订目标责任合同；其次是水厂员工实行竞争上岗，并试用六个月，根据竞争和试用的情况决定员工的去留或升迁。

3. 水质管理

根据规定，所有水厂，无论大小，都必须设置水质检测室，配备必要的检测设备，自行检测有关指标，定期报水质监督部门，并接受监督部门的不定期抽查。如果某项指标确定无法达到标准，即使相差不多，对居民身体健康没有明显影响，也必须报请水质监督部门批准。任何不报或弄虚作假的行为，都将被责令停止供水甚至可能被起诉。

4. 用户服务管理

美国一些自来水厂的服务管理，除重视人事管理、水质管理人，服务管理也做得非常细微。如每个用户均可得到一份简单明了的服务手册，内容包括从水源、输水、净水、配水直到用户的整个供水系统的简介；水价及其收缴办法；自来水常见问题的现象、原因及其简易处理方法等。此外还附有水厂各方面的联系电话，用户需要任何服务，可随时拨打，并可得到满意的答复。

五、制水技术

美国没有喝开水的习惯，要求自来水都能直接饮用。在商店、公园、体育场、游乐场等许多公共场所，都有方便的自来水供人们直接饮用。为了保证水质，很多自来水厂在采用传统的净水工艺混凝、沉淀、过滤和消毒之前，都增加了预处理设施。根据水源水质的不同，采用臭氧接触法或空气（或氧气）曝气法，以氧化原水中的有机物和降低水体中的臭阈值，并减少引起产生消毒副产物的前体物质，降低自来水中的致突变物。我们此次先后考察了加州和内华达州两个有预处理设施的自来水厂，有关情况如下：

（1）加州圣路易斯彼斯堡市自来水厂：该厂于1963年建成，1989年扩建，供水规模1600万加仑（约7万t）/d，服务人口4.3万人，水源来自鲸石水库和沙林拉斯水库。水处理工艺流程如下：

由于沙林拉斯水库水源中含有有机物和藻类，其中TOC值为3mg/L，因此于1990年投资250万美元增设了臭氧预处理设施。臭氧采用封闭接触池，接触时间为16分钟，臭氧发生器每天提供250磅臭氧。反应和絮凝池均采用机械搅拌。滤池为双层滤料的气水反冲洗滤池。双层滤料由砂和无烟煤组成。其中砂滤料粒径0.45～0.55mm，厚度10英寸；无烟煤滤料直径1.1～1.2mm，厚度20英寸。采用次氯酸钠消毒并投加氢氧化钠调整pH值。据其当天的水处理化验报告，进厂水浊度为1.51NTU，出厂水浊度为0.03NTU，出厂水含氯浓度达到1.36mg/L。

厂总投资约1000万美元，所有水处理设施全部实现自动控制，在中央控制室通过电脑可随时监控水处理过程，劳动强度低，效率高。包括化验人员在内，整个水厂管理人员仅有8人。

（2）内华达州阿尔费莱德自来水厂：该厂初建于20世纪30年代，后经扩建，目前设计规模为4亿加仑（约180万t）/d，水源来自米德湖，主要向石头城、京德逊城、拉斯维加斯城等五个地区供水，服务人口100万人。水厂的水处理工艺流程如下。

由于采用米德湖水源，原水水质好，浊度低于1NTU，因而采用了微絮凝直接过滤的水处理方法。混合池和絮凝池均采用机械搅拌，滤池采用双层滤料，分别为厚度18英寸的无烟煤和8英寸的砂。值得一提的是，整个流程也增加了一座预处理池，采用空气（必要时用纯氧）曝气以除去水中的腥臭气。反冲洗水经沉淀池后回收使用，沉淀污泥晒干后外运。

水厂累计投资2.64亿美元，年运行费2200万美元，管理全部实现自动化控制。全厂工作人员104人。

六、水源保护

美国十分重视保护水源。首先是立法标准高，政策配套。联邦《清水法》于1972年颁布实施，主要目标是使美国所有水体清洁到能养鱼能游泳的程度，不向水体中排放任何污染物。为此规定，任何工业和生活废水都须经过严格处理，达标后才能排放。政府对各地修建废水处理厂给予一定的财政补贴。我们在加州圣路易斯彼斯堡市的污水处理厂看到，出厂水的部分指标甚至超过饮用水标准。其次是执法严格。据马里兰州环境局有关人员介绍，某运输公司加油站因汽油渗漏污染了地下水，使地下水碳氢化合物达到3700PPM，环境局要求其采取措施将地下水中碳氢化合物降至15PPM以下。为此，运输公司委托一家咨询公司设计建造了一套装置进行处理，将地下水抽出处理后再回灌地下。如此循环往复，历时3年多才完成。由于有法可依，执法严格，有效地保护和改善了水体质量。据介绍，1972—1996年《清水法》实施的24年间，美国水体污染程度减轻了36％，许多流经城市的河流亦相当清澈。这不仅大大减轻了自来水厂的水处理难度，降低了生产成本，而且有效防止了那些采用常规处理方法难以去除的有害物质进入水源，有利于提高自来水质量。

（来源：叶建宏．浅谈美国水资源及供排水管理的经验与启示［J］．西南给排水，2013，06：70－78.）

思 考 题

1. 管网系统的分类有哪些？
2. 管网的构筑物有哪些？作用是什么？
3. 何谓二次污染，解决二次污染方式是什么？
4. 简述管网优化设计的目标。
5. 水厂厂址选择的原则是什么？

参 考 文 献

[1] 清华大学水力学教研组．水力学［M］．2版．北京：人民教育出版社，1980.
[2] 严煦世，范瑾初．给水工程［M］．4版．北京：中国建筑工业出版社，1999.
[3] 徐彬士．中国水利百科全书：城乡供水与排水分册［M］．北京：中国水利水电出版社，2004.
[4] 韩会玲．城镇给排水［M］．北京：中国水利水电出版社，2010.

第十二章 农村饮水安全工程

"民以食为天，食以水为先"，"水质决定体质，体质决定健康"。水是生命之源，饮用水是人类生存和发展的基本需求。安全可靠的农村饮用水直接关系到农村居民的身心健康和生活质量，关系到农村社会稳定与经济发展，关系到全面建设小康社会和社会主义新农村目标的实现。

农村饮水安全是我国社会主义新农村建设的重点工程。我国《农村饮水安全评价指标体系》（水农［2004］547号）中设定水质、水量、方便程度、保证率4项指标。①水质：符合《生活饮用水卫生标准》（GB 5749—2006）水质要求为安全，符合《农村实施生活饮用水卫生标准准则》要求为基本安全，其中一项不符合为不安全；②水量：每人每天可获得的水量不低于40～60L为安全，不低于20～40L为基本安全，低于20L为不安全；③方便程度：供水到户或人力取水往返时间不超过10min为安全，人力取水往返时间不超过20min为基本安全，超过20min为不安全；④保证率：供水水源保证率不低于95%为安全，不低于90%为基本安全，低于90%为不安全。

按以上标准进行估算，2004年底我国现约有3.22亿农村人口饮水不安全，占农村人口的34%。按地区统计，西部地区人口为1.25亿人，中部地区为1.38亿人，东部地区为6985万人。按水质和缺水问题分类，存在水质问题的人口为2.27亿人，其中，氟砷含量超过国家生活饮用水卫生标准的约有6000多万人，饮用苦咸水的有3000多万人，经常受季节性干旱影响的人口有6000多万人，因污染和自然原因饮用水微生物含量等严重超标的约有1.9亿人；存在缺水问题的人口为9558万人。突出的问题主要表现在：一是因水致病问题，二是水处理能力不足问题，三是饮水有害物超标问题。

自2005年起国家启动实施农村饮水安全工程建设。"十一五"期间国家计划下达总投资1009亿元，实际完成总投资1053亿元，其中中央补助资金590亿元，地方配套和群众自筹463亿元，解决了2.12亿农村人口的饮水安全问题。"十二五"期间，总投资1768亿元，计划解决2.98亿农村人口和11.4万所农村学校的饮水安全问题。

农村饮水安全工程主要包括：①取水工程建设，如地下水取水工程、地表水取水工程、雨水集蓄工程；②农村水处理工程，如家用水处理系统、小型集中供水沉淀池、消毒装置、紧急情况下的水处理等；③农村供水工程，如管网、水厂、水泵站；④蓄水工程等。这些内容在前面相关章节中均有表述，本章主要就我国农村饮水安全的发展、问题、工程现状及主要任务等作简要介绍。

第一节 我国农村饮水安全的发展

我国农村饮水安全由来已久。

中国人至少在四千年前就已经知道挖凿水井，注意饮用水的水源卫生和保护。在河北省邯郸涧沟四千年前的遗址处，考古工作者发现两口干涸的水井，口径约 2m，深约 7m，这是我国迄今发现的最古老的水井。

据三国时刘熙《释名》载：“井，清也；泉之清洁者也。”井水是经过过滤渗透而形成的，所以水质清洌。饮用井水较之江河湖塘水更为清洁卫生。因此，数千年来，在村落或人们聚居之处，一般多挖有水井以作为供水的水源。人们也往往以“乡井”两字代表有居民聚居的村落或地方。所以有“背乡离井”的说法。在城市中则有“市井”。据东汉应劭《风俗通义》记载：“俗言市井者，言至市鬻卖当须于井上洗濯，令鲜洁，然后市。”说明在我国古代，无论是乡村或城市，井已经相当普遍。

在我国历年出土的文物中，有为数不少的古代陶井圈、井栏等。1972 年，从嘉峪关新城汉代墓葬清理出一批画像砖，其中有一块画像砖的画，画的左方有一水井，右方有两个妇女抬着一副置有水缸的架子，她们正朝着水井走去，准备抬水。另一块有朱红书写“井饮”两字。这些文物证明我国人民饮用井水的久远历史。

我国古代，人们为了维持水井的清洁与用水安全，特在井旁建有井围或井栏，在井口制备井盖。这些措施对于维护井水的卫生都具有重要的作用。

水质的成分，是依水源所在地点的不同而不尽相同，对人体的健康也会产生不同的影响，这在两千多年前战国时代的《吕氏春秋》中已有记载，书中提到：“轻水所，多秃与瘿人；重水所，多尫与躄人。”所谓瘿病，在中医学上主要是指甲状腺肿。据实验证明，在饮水与食物中长期缺乏碘质的情况下，往往会引起“单纯性甲状腺肿”。在长期饮用含有某种过量的化学物或不正常的水之后，易引起身体发生某种畸形或病变，这在现代科学中也已得到证明。

此外，我国人民在几千年前已知水质的清洁程度与所在地点有着密切的关系。公元 1世纪王充在《论衡》中写道：“人间之水污浊，在野外者清洁，俱为一水，源从天涯，或浊或清，所在之势使之然也。”李时珍在《本草纲目》中，更明确地指出：“凡井水有远从地脉来者为上，有从近处江湖渗来者次之，其城市近沟渠污水杂入者，成碱，用须煎滚，停一时，候碱澄，乃用之，否则气、味俱恶，不堪入药、食、茶、酒也。”这是有关水源、水质及其卫生影响的更为详细的论述。

实践证明，把水煮沸是一种很有效的消毒方法。我国人民很早就有喝开水的良好习惯。宋代庄绰的《鸡肋编》说：“纵细民在道路，亦必饮煎水。”就是说，即使是普通老百姓，在出门路途中也一定要喝煮开的水。另一方面，我国人民几千年以来有饮茶的习惯，而泡茶必须用开水，这样也可说是对饮水进行一次有效的煮沸消毒作用。这对水质较差的地区更为重要。

新中国成立 60 多年来，我国先后通过结合水利工程建设解决饮水水源、实施防病改水、启动解决人畜饮水困难工程、实施农村饮水解困和农村饮水安全工程建设等形式解决农村饮水问题，特别是进入新世纪以来，解决步伐加快。按照农村饮水发展进程和特点，新中国成立以来农村饮水发展大致可划为四个阶段。第一阶段，20 世纪 50 年代初至 70 年代中期，为结合水利建设自发解决农村饮水困难阶段，主要结合以灌溉排水为重点的农田水利基本建设，建设了一批水源工程，结合兴修蓄、引、提等灌溉工程解决了一些地方农民的饮水难问题；第二阶段，20 世纪 70 年代后期至 80 年代末，为国家启动解决农村人畜饮水困难阶段，第一次提出人畜饮水困难标准，提出防病治病同治穷致富相结合的方针，但没有专门的规划；第三阶段，20 世纪 90 年代至 2004 年，为加快解决农村饮水困难阶段，此时，解决农村饮水困难被纳入国家规划，解决了 6004 万人的饮水困难问题，截至 2004 年底，基本结束了我国农村饮水困难历史；第四阶段，2005 年至今，为实施解决农村饮水安全阶段，这一时期，高氟、高砷、苦咸、污染及血吸虫等水质问题突出，新的生活饮用水卫生标准正式颁布，国家就农村饮水安全问题专门编制了"十一五"和"十二五"规划，明确提出农村饮水不安全标准，出台了多项优惠政策，中央投入大幅度增加，每年中央 1 号文件都对农村饮水安全工作提出明确要求，农村饮水安全明显进入快速发展时期。自 2005 年起国家启动实施农村饮水安全工程建设。"十一五"期间国家计划下达总投资 1009 亿元，实际完成总投资 1053 亿元，其中中央补助资金 590 亿元，地方配套和群众自筹 463 亿元，解决了 2012 亿农村人口的饮水安全问题。"十二五"期间，总投资 1768 亿元，计划解决 2.98 亿农村人口和 11.4 万所农村学校的饮水安全问题。经过十多年农村饮水安全工程建设快速发展，我国农村饮水安全最得的成果显著，农村饮水安全集中化程度进一步提高，水质保障和管理运行维护不断提高。截至 2014 年底，全国共新建 42 万处集中供水工程和 91 万处分散供水工程，累计解决 4.7 亿农村居民的饮水安全问题，农村集中式供水人口比例由 2004 年的 38％提高到 2014 年的 80％。全国已有 85％以上的县成立了县级农村供水专管机构，80％以上的县建立了县级农村供水水质卫生检测和监测体系，90％以上的县建立了县级农村饮水安全工程应急预案，80％以上的县千吨万人以上集中供水工程划定了水源保护区或保护范围，45％以上的县设立了县级农村饮水安全工程维修养护基金，大部分的县落实了用地、用电和税收优惠政策。水质卫生监测指标从 22 项增加到 42 项的情况下，2014 年集中供水工程水样合格率比 2010 年有很大程度的提高。

解决好农村饮水问题是一项长期、复杂、艰巨的任务。"十三五"时期，水利部将按照精准扶贫、精准脱贫的要求，聚焦中西部贫困地区，启动实施农村饮水安全巩固提升工程，对已建工程进行配套、改造、升级、联网，健全工程管理体制和运行机制，进一步提高农村集中供水率、自来水普及率、水质达标率和供水保证率。到 2020 年，农村自来水普及率力争达到 80％以上，集中供水率达到 85％以上，水质达标率和供水保障程度大幅提高。

第二节　我国农村饮水安全存在的主要问题

在工程建设方面。一是工程规模小且分散。截至 2014 年底，全国集中供水工程中 90％以上属于单村供水，日供水 200t（或受益人口 2000 人）以上集中供水工程只有 7 万处左右，千吨万人以上集中供水工程 1.5 万处左右，全国平均单处集中供水工程受益人口 740 人左右；二是水源稳定性差。千吨万人以上集中供水工程中有稳定水源工程的比例为 75％左右；200 人以下集中供水工程与分散供水工程中，有稳定水源工程的比例仅为 40％左右；三是早期建设的工程建设标准低，工程设施和管网老化严重。许多小型水厂取水设施和净化设备简陋，机电设备老化、水泵效率降低。全国集中供水工程管网漏损率多在

20%～30%。

在水质保障方面。一是农村饮用水水源数量多，分布广，保护难度大，水源保护工作滞后。目前全国25%的县千吨万人以上供水工程没有划定保护区或保护范围；二是不少工程未严格按规范要求设计、安装、使用水质净化消毒设施。检测经费和专业检测人员不足，技术培训滞后，消毒设备配套率低，微生物指标超标是造成水质合格率总体偏低的主要原因；三是水质检测能力建设滞后。存在缺乏运行经费、水质检测覆盖面不足、检测指标和频次不符合规范要求等问题。

在运行维护方面。一是管理体制机制尚不健全。全国不少地方农村供水专管机构和技术服务体系建设滞后，专业维修服务队伍培育发展尚处于起步阶段。全国集中水厂由村集体、乡镇、县级水利部门和企业等管理的，分别占45.6%、22.8%、18.2%和13.4%，专业化管理程度较低；二是尚未建立合理的水价形成机制。全国日供水能力200m³以上的工程中有23%的工程不收水费。全国农村饮水安全工程供水执行水价大多数低于运行成本，且实收率在60%～80%，难以维持良性运行；三是维修养护基金不足。尚有55%的县未设立维修养护基金，已设立的县平均也只有35万元左右。

第三节　农村饮水安全工程现状

中国是一个农业大国，同时又是世界上人口最多的发展中国家，经济社会的发展水平与世界上发达国家相比还有较大的差距，特别是农村还比较落后。据统计，2014年底，我国有4万多个建制镇，60万个行政村，300多万个自然村2亿多农户，乡村人口数6.1866亿人，占全国总人口的45.23%。我国又是一个多山丘的国家，国土总面积的70%为山丘区。山丘区地形复杂，农民分散居住，取水困难甚至缺乏水源。居住在山坡、岗地的群众，远离地表水；浅层地下水位，在干旱少雨季节水位严重下降，石山区和西北的大部分丘陵区根本就没有浅层地下水。石漠化严重的山区和黄土高原，地下水埋藏深，难以开发利用。在石灰岩地区，地表蓄水困难，寻找和开发地下水困难。山丘区的饮水问题具体表现为：南方深山区取水困难，浅山丘陵区季节性缺水严重，属于工程性缺水；北方山丘区不仅取水困难，季节性缺水严重，甚至既找不到地表水又找不到地下水，属于资源型缺水。

一、供水情况

1. 集中式供水基本情况

我国农村的集中式供水规模普遍较小，集中式供水受益人口中87%是小于200m³/d工程，乡镇及跨乡镇的集中式供水工程只有2.15万处，91%的工程为村级集中式供水工程。

集中式供水工程中，多数供水设施简陋，只有水源和管网，缺少水处理设施和水质检测措施；有水处理设施的集中式供水工程仅占供水工程总数的8%左右。已建成的供水工程多数大于实际供水能力。

2. 分布式供水基本情况

我国农村的分布式供水工程，多数为户建、户管、户用，普遍缺乏水质检测和监测。分布式供水人口中67%为浅水井，主要分布在浅层地下水资源开发利用较容易的农村，供水设施多数为真空井或筒井，建在庭院内或离农户较近的地方；3%为集雨，主要分布在山丘区水资源开发利用困难或海岛等淡水资源缺乏的农村；9%为引泉，主要分布在山丘区，南方较多；21%无供水设施或供水设施失效，直接取用河水、溪水、坑塘水。

二、供水模式

为确保农村饮水安全，使工程能够长久良性运行，农村供水工程应实行规模化发展、标准化建设、市场化运作、企业化经营、专业化管理。实践证明，供水规模越大，水质水量越有保证，工程投资相对越省，建设质量越便于控制，建成后越便于管理，经济效益越高。饮水安全工程供水模式应考虑水源、地形等因素因地制宜地选定，主要有以下几种。

1. 集中连片供水工程模式

对于以平原水库或浅层地下水作为饮用水源的区域，重点发展集中连片供水工程模式，提倡大规模集中供水，最好是"一县一网"形成规模化发展模式。

对于以平原水库为水源的供水工程，应采取较大规模的供水管网，供水人口最好在10万人以上。在地下水水质较好的地区可集中开辟供水水源地，以镇驻地为中心向四周辐射。平原区一个供水厂供水范围可为一个或多个乡镇，供水人口最好在15万人以上，可采取加压泵站直供或利用高位水池自流供水的方式。

2. 联村和单村供水工程模式

在水源水质水量满足要求的条件下，可几个村形成一个供水片联合供水，一个水厂的供水范围应在3个村以上，人口一般应超过2000人，修建高位水池实现自流供水，采用自动控制装置，方便管理和运行。对于位置偏僻的村，有一定的水源时，可采取单村供水模式。可建一个高位蓄水池，实现自流供水。

3. 其他

对部分地区，由于资金和其他的原因而无法采用集中供水工程模式，并且地下水也无法饮用，为解决该地区群众饮水困难问题，可利用水窖、电渗析、离子膜反渗透、屋檐接水等方式。

三、农村饮用水净化模式

（一）常规净水工艺

以地表水（山溪水、水库水、湖泊水等）为水源的水厂，水质符合《地表水环境质量标准》（GB 3838—2002）Ⅲ类以上的水体。

1. 浑浊度常年低于20NTU的原水处理

原水浑浊度常年低于20NTU，瞬间不超过60NTU，可采用微絮凝直接过滤加消毒或慢滤加消毒净化工艺，常规净水工艺如图12-1所示。

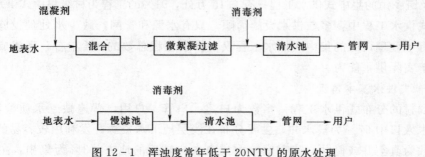

图12-1 浑浊度常年低于20NTU的原水处理

（1）混合是原水与药剂充分融合的工艺过程，混合设施对于取得良好的混凝效果具有重要作用。混合时间一般为 10～30s，不宜超过 1min。混合方式有利用水流紊动作用进行的水力混合的机械搅拌池机械混合，采用何种形式应根据净水工艺布置，水质、水量等因素确定。

（2）微絮凝过滤即原水与混凝剂快速均匀混合即水中胶体颗粒刚脱稳后，直接进入接触过滤池，在过滤过程中边絮凝边过滤使水得以净化。微絮凝过滤（接触过滤）与普通快滤池相比，滤料滤层厚，一般厚度为 0.8～1.2m，滤速一般采用 6～8m/h，原水浑浊度高时取下限，反之可取上限。

（3）慢滤池。慢滤池设计的过滤速度 0.1～0.3m/h，即每平方米慢滤池每天仅能处理 2.4～7.2m³ 的原水，故水厂占地面积大，处理效率低，城市水厂已不采用慢滤池。但对于边远山区的村落或居民点，当原水浑浊度常年较低，可考虑利用地形建造慢滤池。慢滤池选用的石英砂滤料，粒径为 0.3～1.0mm，滤层厚 800～1200mm，慢滤池管理简单，无需加药，净化效果好。

2. 浑浊度常年低于 500NTU 的原水处理

原水浑浊度常年低于 500NTU，瞬间不超过 1000NTU，采用混凝沉淀（澄清）过滤、消毒的常规净水工艺，如图 12-2 所示。

图 12-2　浑浊度常年低于 500NTU 的原水处理流程

（1）絮凝：完成絮凝的胶体在一定的外力扰动下相互碰撞、聚集，以形成较大絮状颗粒的过程。絮凝池型式的选择，应根据原水水质和相似条件下运行经验或通过试验确定。

农村供水工程常用的絮凝池池型有穿孔旋流絮凝池、网格絮凝池、折板絮凝池等。

1）穿孔旋流絮凝池：絮凝时间 15～25min，起端流速宜为 0.6～1.0m/s，末端流速宜为 0.2～0.3m/s，絮凝池分格数不少于 6 格。该池型容积小，常与斜管沉淀池合建，絮凝效果好，适用于中、小型水厂。

2）网格絮凝池：沿流程一定距离的过水断面中设置网格，通过网格的能量消耗完成任务的絮凝过程。絮凝时间 10～15min，每格竖向流速，前段和中段分别为 0.30～0.35m/s 和 0.30～0.25m/s，末段 0.10～0.15m/s，一般分成 6～18 格。该池型絮凝时间短，絮凝效果好，构造简单，适用于中、小型水厂。

3）折板絮凝池：水流以一定的流速在折板之间通过，呈紊流状态，完成絮凝过程。絮凝时间为 12～20min，絮凝过程速度第一段 0.25～0.35m/s，第二段 0.15～0.25m/s，第三段 0.10～0.15m/s。絮凝时间较短，絮凝效果好，但构造复杂，适用于水量变化不大的水厂。

（2）沉淀：利用重力沉降作用去除水中杂物的过程。农村供水工程中常用的沉淀池池型有平流沉淀池、异向流斜管沉淀池。

1）平流沉淀池：常常时间宜为 2.0～4.0h，水平流速 10～20mm/s，液面负荷一般为

$1.0\sim3.0m^3/(m^2\cdot h)$。平流沉淀池对原水适应性强，常常效果好，构造简单，管理方便。适用于大、中型水厂。

2）异向流斜管沉淀池：斜管沉淀区液面负荷为$7.2\sim9.0m^3/(m^2\cdot h)$，水在斜管内的停留时间一般为$5.8\sim7.2min$。该池型沉淀效率高、池体小、占地省，可用于各种规模的水厂，尤其适用老沉淀池的改造、扩建和挖潜。

（3）澄清：澄清池是集絮凝和泥水分离过程于一体的净水构筑物。主要有机械搅拌澄清池和水力循环澄清池。工艺特性要求澄清池必须连续运转，适用于供水规模较大的水厂。适用于农村水厂的澄清池主要是水力循环澄清。

（4）过滤：是去除沉淀池出水中残留的细小悬浮颗粒及微生物的过程。农村供水工程中常用的滤池池型有普通快滤池、重力式无阀滤池、虹吸滤池等。

普通快滤池：单层石英砂滤料滤池的正常滤速一般采用$8\sim12m/h$，滤池数量不得少于2个，冲洗前水头损失一般采用$2.0\sim2.5m$，反冲洗强度$15L/(m^2\cdot s)$。该池型构造简单，造价低廉，可采用降速过滤，水质较好，但反冲洗需配备反冲洗泵、阀门多。可适用于大、中、小型农村水厂。重力式无阀滤池：滤速可采用$6\sim10m/h$，冲洗前水头损失一般为$1.5\sim2.0m$，平均冲洗强度一般采用$15L/(m^2\cdot s)$。该池型可自动进水、自动反冲洗，过滤过程为变水位等速过滤，管理简便，但无法观察运行和冲洗过程的滤层情况，冲洗效果较差，清砂不便，适用于中、小型农村水厂。虹吸滤池：滤速可采用$8\sim10m/h$，冲洗前水头损失$1.2m$，冲洗强度$15L/(m^2\cdot s)$。该池型无需外接水源与水泵，全自动冲洗；缺点是土建结构较复杂，反冲洗耗水量大。适用于大型农村水厂。

（二）特殊水质处理

1. 氟超标的地下水

当水中含氟大于$1.0mg/L$，宜采用活性氧化铝、混凝沉淀、电渗析、反渗透及多介质过滤法进行处理。

（1）活性氧化铝吸附法，采用活性氧化铝滤料吸附、交换氟离子，将氟化物从水中除去的过程。工艺流程如图12-3所示。

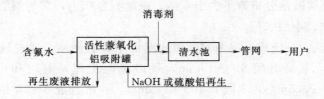

图12-3　活性氧化铝吸附法

活性氧化铝颗粒粒径一般为$0.4\sim1.5mm$，当pH值小于7.0时，宜采用连续运行方式，滤速为$6\sim8m/h$；当pH值大于7.0时，应按间断运行设计，滤速宜为$2\sim3m/h$，连续运行时间$4\sim6h$，间断$4\sim6h$。

当采用活性氧化铝吸附法，为了延长过滤周期，一般将原水加酸调pH值为$5.5\sim6.5$，以提高活性氧化铝的吸附容量，降低pH值还能缓解活性氧化铝滤床板结问题，以提高除氟效果，减少再生频率，降低制水成本。

（2）混凝沉淀法，采用混凝沉淀法，就是在水中投加具有凝聚能力或与氟化物产生沉淀的物质，以形成大量胶体物质或沉淀，氟化物也随之凝聚或沉淀，再通过过滤将氟离子从中除去的过程。工艺流程如图 12-4 所示。

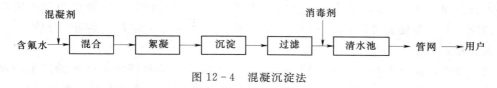

图 12-4　混凝沉淀法

凝聚剂可选用聚合氯化铝、硫酸铝等，其投加量按 Al_2O_3 计，为氟含量的 $10\sim15$ 倍。

（3）多介质过滤法。多介质过滤法是当代先进的复合式多介质组合原理，依据可吸附氟的介质的降氟过程。该方法操作简单，原水正向通过过滤器即可除氟。操作简便，可自动反冲洗，不必再生，定期更换介质滤料即可。

2. 砷超标的地下水

当原水中砷含量大于 $0.05mg/L$，宜采用铁盐混凝沉淀法、多介质过滤法等净水工艺进行处理。

（1）当采用铁、锰混凝沉淀法时，需先向含砷水中投加氧化剂（氯、高锰酸钾等），合三价砷氧化成五价砷，再投加三氯铁，经混凝、沉淀、过滤完成除砷过程。本法在我国台湾省已有工程实例。工艺流程如图 12-5 所示。

图 12-5　铁盐混凝沉淀法

（2）复合式多介质过滤法，是根据当代先进的复合介质的组合原理，由多个不同介质过滤组合而成。整套装置集净化、消毒多功能于一体，操作简便，可自动反冲洗。

3. 苦咸水

当水中溶解性总固体大于 $1000mg/L$，总硬度大于 $450mg/L$，氯化物大于 $250mg/L$，硫酸盐大于 $250mg/L$，上述某一项超标均属含盐量超标的苦咸水。

苦咸水除盐宜采用电渗析或反渗透工艺处理。为保证除盐效果的正常运行，电渗析或反渗透工艺处理前，均需对原水进行较为完善的预处理。

（1）电渗析法，是在外加直流电场的作用下，利用阴离子交换膜和阳离子交换膜的选择透过性，使一部分离子透过离子交换膜而迁移到另一部分水中，从而使一部分水淡化而另一部分水浓缩的过程。工艺流程如图 12-6 所示。

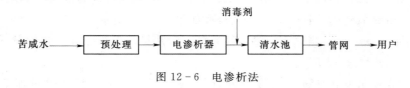

图 12-6　电渗析法

电渗析器应根据原水水质及出口水质要求，选择主机型号、流量、级、段和膜对数。

选择电渗析器主机时，离子交换膜的选择透过率应大于90％。电渗析器进水水压不应大于0.3MPa，浓水流量可略低于淡水流量，但不得低于淡水流量的2/3，极水流量可为1/4～1/3的淡水流量。

本方法净水效果好，无需加药，但需频繁倒极，定期酸洗，而且造价与制水成本高，产生的废水多，需要妥善处理，其中高盐浓水的排放量达30％左右。多用于分质供水的农村供水工程。

（2）反渗透法，在膜的原水一侧施加溶液渗透压高的外界压力，原水透过半透膜时，只允许水透过，其他物质不能透过而被截留在膜表面的过程。工艺流程如图12-7所示。

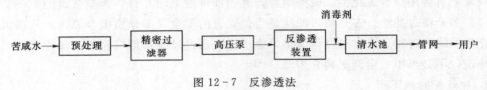

图12-7 反渗透法

4.其他污染水

（1）铁、锰超标的地下水：当水中铁大于0.3mg/L、锰大于0.1mg/L时，需采用氧化、过滤、消毒的净水工去除铁、锰。

1）地下水除铁：地下水除铁方法很多，农村供水工程采用较多的有曝气氧化法、氯氧化法和接触氧化法等。

曝气氧化法。是利用空气中的氧将二价铁氧化成三价铁，然后再沉淀、过滤予以去除。工艺流程如图12-8所示。曝气装置根据原水水质，可选用跌水、淋水、喷水、射流曝气、压缩空气、板条式曝气塔、接触式曝气塔或叶轮式表面曝气装置等。

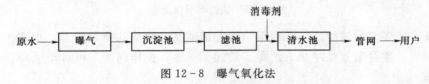

图12-8 曝气氧化法

氯氧化法。氯是强氧化剂，可在广泛的pH值范围内将二价铁氧化成三价铁，经过沉淀、过滤予以去除。当原水含铁量较少时，可省去沉淀池。工艺流程如图12-9所示。

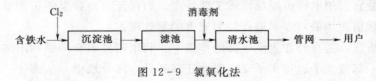

图12-9 氯氧化法

接触过滤氧化法。是以水中溶解氧为氧化剂，以固体催化剂为滤料，利用接触催化作用，以加速二价铁氧化的除铁方法。工艺流程如图12-10所示。

2）地下水除铁、锰：当原水中铁、锰共存，含铁量低于6mg/L、含锰量低于1.5mg/L，可采用图12-11处理工艺。

当原水中含铁量或含锰量超过上述数值时，必要时可采用图12-12处理工艺。

当受硅酸盐影响时，必要时可采用两级曝气、两级过滤流程或采用先空气氧化过滤除

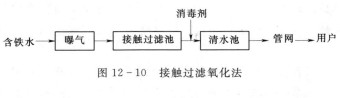

图 12-10 接触过滤氧化法

图 12-11 地下水除铁、锰工艺一

图 12-12 地下水除铁、锰工艺二

铁后，再用高锰酸钾氧化、过滤除锰。工艺流程分别如图 12-13 所示。

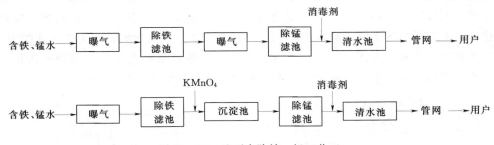

图 12-13 地下水除铁、锰工艺三

除铁与除铁、锰滤池。除铁滤池、除锰滤池可采用石英砂或锰砂滤料，石英砂滤料粒径为 0.5～1.2mm；锰砂滤料粒径宜为 $d_{min}=0.6mm$，$d_{max}=2.0mm$，厚度 800～1200mm，滤速宜为 5～7m/h。

（2）微污染地表水。当原水中部分指标如氨氮、化学耗氧量等超过饮用水源水质标准时，需针对原水水质，在常规净水工艺前增加生物预处理、化学氧化处理或在常规净水处理工艺后增加活性炭吸附深度处理工艺。

当原水中有机物、氨氮含量较高时，宜在常规净水工艺前增加生物预处理工艺。工艺流程如图 12-14 所示。

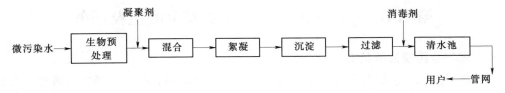

图 12-14 微污染地表水处理工艺一

生物预处理过程，一般在生物滤池或生物接触氧化池中完成。生物滤池内装填惰性颗粒填料，作为生物载体，颗粒填料可选用比表面积大，有足够机械强度的陶粒、砂子、沸石、麦饭石等，粒径约为 2.0～5.0mm，滤料厚度 2m，由上部进水、下部曝气，滤速 4～6m/h。

当原水中藻类含量较高，且含有微量有机物污染时，宜在常规处理工艺前增加化学预氧化工艺。化学预氧化系在混凝工序前投加氧化剂，用以去除原水中的有机微污染物、臭味，或起助凝作用的净水工艺。工艺流程如图 12-15 所示。

图 12-15 微污染地表水处理工艺二

目前用于给水处理的氧化剂有高锰酸钾、臭氧、氯、二氧化氯等。

采用高锰酸钾预氧化时，高锰酸钾及其复合盐宜在水厂取水口投加，若在水处理流程中投加时，先于其他水处理药剂的投加时间不宜少于 3min，用于去除微污染物、藻类和控制臭味的高锰酸钾及其复合盐的投加量可为 0.5～2.5mg/L；采用其他氧化剂预氧化时，均应合理确定投加量和投加点。在预氧化过程中，氧化剂可与水中多种有机污染物作用，能够提高对有害成分的去除效果，但投加量过高会产生某些副产物，有害于人体健康。

活性炭深度处理，宜用于经混凝、沉淀、过滤处理后某些有机、有毒物质含量或色、臭味等感官指标仍不能满足出水要求时的净水处理。工艺流程如图 12-16 所示。

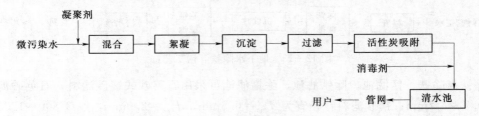

图 12-16 微污染地表水处理工艺三

活性炭吸附滤池的进水浊度应小于 3NTU，活性炭柱径 1.55mm，长度 1.0～2.5mm，炭层厚度 1.5～2.5m，水与炭床的空床接触时间宜采用 10～20min，滤速 8～10m。活性炭能吸附水中大部分有机微污染物，如腐殖酸，异臭、色度、氯化的农药、烃类有机物，有机氯化物，重金属，洗涤剂等。

第四节 "十三五"农村饮水安全的主要任务

一、做好全国规划编制工作

农村饮水安全巩固提升工程"十三五"规划立足于巩固、稳定、提质，通过采取综合措施，切实把农村饮水安全成果巩固住、稳定住、不反复，全面提高农村饮水安全保障水平，促进农村饮水安全工程向"安全型"、"稳定型"转变。一是统筹规划，突出重点。重点针对部分已建工程老化失修、工程建设标准较低和水质保障程度不高等问题，科学合理确定农村饮水安全巩固提升工程布局与供水规模;二是因地制宜,远近结合。立足问题导向,充分考虑国家中长期经济社会发展目标和当地实际,统筹当前和长远,量力而行,分步实施;三是明确责任,两手发力。进一步落实饮水安全地方行政首长负责制。充分发挥政府的统筹规划、投资主导、政策引导、制度保障作用,积极引入市场机制,引导和鼓励社会资本投入;四是建管并重,长效运行。加强工程建设管理,完善运行管护机制,落实管护主体、责任和经费,建立合理水价形成机制,落实运行管护财政补贴,健全基层专业化技术服务体系建设,确保工程长效运行。通过规划的实施使全国农村供水水质达标率、集中供水率、自来水普及率和供水保证率得到进一步提高,满足全面建成小康社会的要求。

二、指导各地做好规划或实施方案编制

1. 着重做好顶层设计

(1)着重做好水源选择。优先选用水库水、江河水等水量充足、水质良好、保证率高的地表水源,合理利用过境水,充分利用山泉水、雨水等非常规水源。

(2)着重发展规模化集中连片供水。大力推进城乡供水一体化建设,延伸市政供水管网与农村供水工程管网连通,推进城乡供水"同源、同网、同质、同管理"发展。

(3)着重新建和已建工程的统筹利用。充分利用原有供水设施,因地制宜实施工程改扩建和设施设备配套完善,做好联网并网和运行调度。

(4)着重发挥小型集中式和分散式供水工程的作用。在规模化供水工程无法覆盖的地区,坚持以抓好小型集中式和分散式供水工程标准化建设和改造升级作为保障农村饮水安全的主要途径。

2. 切实加强工程运行管理工作

(1)加强运行成本核定和水价制定。在科学核定工程制水成本核定的基础上,合理制定居民生活水价以及生产用水水价,拟定两部制水价、超定额累计加价的水价方案。

(2)加强表务管理。制定用户水表查抄工作方案,对抄表员实行奖惩机制,测算优化水表使用期限和定期轮换时间,做好坏损水表更换。

(3)加强供水单位和区域水质检测中心管理。建立健全管理人员岗前培训、持证上岗、定期轮训和绩效考评制度。

3. 努力实现三个突破

(1)实现供水水质达标率逐年提升的突破,力争达到与县城供水水平同步增长。

(2)实现工程自动化运行和信息化管理的突破。

(3)实现工程财务收入突破。使一批有条件的工程实现收支平衡,通过以水养水实现良性运行。

4. 积极促进三个转变

(1)规划目标任务转变。由原先开展大规模工程建设转变为开展局部建设与全面提升运行管理水平并举,巩固已有成果,确保工程长效运行。

(2)建设投资方式的转变。由主要依靠财政投入向政府引导、广泛吸引各类社会资金等多形式、多渠道筹措建设资金方式转变。采用 PPP、BOT 等融资模式,积极引进社会资本参与工程建设和运行管护,构建助力农村饮水安全健康快速发展的投融资模式。

（3）运行管护理念的转变。由粗放管理向"从源头到龙头"的专业化运行管护体系转变。探索通过承包将工程运行管护交由社会化的专业企业管理，政府负责实施监管。

三、完善技术标准和规程规范

为配合和指导各地开展农村饮水安全巩固提升工程建设，目前一套较为完整的技术标准和规程规范体系已经形成，涉及农村饮水安全综合类、规划设计、施工验收、运行管理等类型以及水量、水质和应急供水等方面。然而，根据"十三五"期间农村饮水安全巩固提升工程建设的新需求，仍有必要对部分技术标准和规程规范的有关内容进行甄别、修改和补充，同时编制出台新的技术标准和规程规范，更好地指导工程建设和运行管理。

四、加大技术研发与推广力度

（1）抓好重大水专项课题——农村饮用水安全保障技术标准化研究及规模化应用示范。开展水源保护、水质净化及消毒、运行监管等技术的标准化研究，通过县域规模的技术应用示范，形成一套可推广应用到我国不同地区的农村饮用水安全保障工程技术和管理技术，为全面提升我国农村饮用水安全保障技术水平提供科技支撑。

（2）在集成消毒设备研发上实现新突破。综合运用紫外线、臭氧、电解食盐水等消毒工艺研发感官性更加适宜且保证消毒效率的集成消毒设备。

（3）针对农村饮水安全工程运行管理的特点，积极开展操作简便、保障程度高、耐用时间久、运行成本低的水处理设备，尤其是降氟等特殊水处理以及适宜小型集中式和分散式供水工程的净水消毒工艺设备的研发工作。

五、指导各地加强农村饮用水水源保护

制定农村饮用水源地调查评估技术指南，完成对千吨万人规模以上农村集中式供水工程水源地调查评估。制定百吨千人农村集中式供水工程水源保护技术要求，指导地方完成小型典型农村饮用水源地调查评估。结合农村饮水安全巩固提升工程"十三五"规划，选择100处典型水源地开展农村饮用水水源保护示范工程建设。建立全国农村饮用水水源地基础信息数据库。

六、加强建设指导，提供技术支撑和服务

指导各地开展农村饮水安全巩固提升工程"十三五"规划和实施方案编制工作，通过编印农村饮水安全工程巩固提升县级规划大纲、典型工程设计图册，指导各地科学选取优质水源、合理确定供水规模、优化工程水厂和管网的改扩建方案，做好典型工程设计、技术方案比选、主要工程量及投资估算等内容。通过工程建设带动运行管理水平的提高，促进工程实现长效运行，在确保质量和深度的前提下做好前期工作和工程建设。

七、指导工程运行管理，促进良性运行

指导各地根据农村供水工程的机泵设备、净水消毒设施设备、输配水管网的运行情况，综合采取工程局部改造和运行调度方案优化调整，并结合自身特点引进自动化管理技术，科学降低能耗、药耗、水耗等运行成本，促进工程良性运行。进一步健全完善全国农村饮水安全项目管理信息系统建设，研发构建农村饮水安全水质管理信息系统。加快信息化管理手段的应用步伐，以信息化促进农村供水工程管理的现代化，提高行政监管能力、工程运行效率和水质达标率。

八、强化农村饮水安全项目监督管理

按照农村饮水安全实行行政首长负责制以及地方事权落实地方主体责任的要求，修订完善全国农村饮水安全工程建设管理考核办法和指标体系，组织对全国各省（直辖市、自治区）和新疆生产建设兵团开展年度考核，总结年度农村饮水安全工作成果，提炼各地好的经验做法，归纳分析存在的问题并提出意见建议。开展农村饮水安全项目检查。组织相关单位开展年度覆盖各省（直辖市、自治区）和新疆生产建设兵团的检查工作，对各地农村饮水安全巩固提升工程"十三五"规划实施以及相关政策的落实情况进行检查指导，对于工程建设和运行管理、受益群众用水情况进行实地查勘，为年度考核提供参考依据。

九、加强宣传科普与技术培训

加大促进农村居民养成良好卫生生活习惯的宣传科普，将普及饮水安全知识与宣传卫生常识捆绑推进，促进农村居民进一步养成饮用安全水卫生水的习惯，提高饮水安全意识，增进对农村饮水安全工程建设和运行管理的了解。同时，针对当前农村饮水安全工程运行管理存在的薄弱环节，强化对农村供水单位负责人、净水人员、水质检验人员以及县级水质检测中心检验人员的技术培训，提高从业人员专业技能水平。

十、开展对内对外合作交流

继续强化与国内科研院所、大专院校等单位、管理智囊机构的合作，共同推进新产品、新技术的研发和推广。搭建全国农村饮水安全技术交流平台，加强各地工程建设和运行管理中取得的成功经验和做法的总结交流，定期开展农村供水单位负责人、净水工、水质检验工等关键岗位人员的技能竞赛。进一步加强国际合作，加大对我国农村饮水安全取得成就和成功经验做法的宣传力度，开展多边、双边交流合作，积极引入国外先进技术和发展理念，促进我国农村饮水安全健康较快发展。

课外知识

国外农村饮用水发展历程与经验简介

一、日本

1. 发展历程

（1）第二次世界大战前，供水设施仅在城市的中心区域存在，到 2005 年，全国供水服务覆盖的范围已从战后的 30％发展到 95％。

（2）在 20 世纪 60—70 年代，供水设施覆盖的范围快速增长，主要是向未曾有供水设施的农村和超大城市的新增人口发展。

（3）在未曾有供水设施的小城镇和农村，特别是从已有的供水设施延伸供水比较困难的，新发展的供水设施以小型公共供水设施为主，受益人口多在 5000 人以下。

（4）供水设施在农村和山区发展的同时，郊区城市的水供应设施也得到了发展，而这些地区以前也是没有自来水供应。

（5）政府支持起到了决定性的作用，1952 年中央政府建立了全国补助计划，用于发展和支持小型供水设施的建设和支持小型供水设施的建设和运行。

（6）管道漏水是供水管理中一个十分重要的问题，影响稳定的水量供应和供水成本。

有效输水率从 1979 年的 77.6％提高到了 2001 年的年的 92.4％增加了 15％。

2. 主要问题

（1）设施老化。大多数的供水设施修建于 20 世纪 60—70 年代，老化问题比较突出。2000 年以来，投资减少，维修费用增加。

（2）地震。日本是个多地震的国家，供水设施的设计考虑到抗震，并有应急供应系统。

（3）小型供水设施脆弱。供水受益人口小于 50000 人的设施占全部的 96.5％，这些小型供水设施的管理成本比较高，人力缺乏等。

3. 经验

（1）启动全国性的"供水设施前景供水设施前景"（Waterworks Vision）计划，2004 年由日本健康劳工和福利部（MHLW）启动，旨在提高供水设施的管理水平，以达到更好的供水目标。

（2）当地"供水设施前景供水设施前景"计划，由各供水服务机构执行，评价和分析自身表现，提出未来的发展目标、方向和措施。

（3）采用表现指数（PI，Performance Index）来诊断问题并确定目标，以达到更好的管理。

（4）安全水计划和自来水运动。日本已经做到自来水供应的普遍化，饮用自来水是传统的习惯，但有越来越多的人选择不以自来水解渴，日本启动安全水计划和自来水运动，保证安全的自来水供应和恢复饮用自来水的习惯。

（5）小型供水设施合并。小型供水设施在管理成本上存在劣势，需要进行合并。

（6）公众和私人合作。出于对公众健康的考虑，日本的供水设施均由市政府负责。2002 年出台的供水设施法令允许供水设施的技术维护交由第三方负责，私人机构开始介入供水设施的管理。

（7）建立了建设简易供水设施国库补助制度。此项措施在日本影响很大，掀起了包括自来水管道在内的上下水管道建设高潮，使得供水设施规模和质量得到了提升。在建设简易供水设施过程中，很多都道府县也在国家补助制度之上另外制定了补助制度，促进了简易供水设施在日本农村的普及，即使是在日本偏远的农村地区也建设了供水设施，确保国民在全国任何一个地方均可用上安全卫生的饮用水。

二、美国

（1）经过多年发展，农村饮水安全问题不突出。

城市化程度高，城乡差别小；城乡饮用水水质标准高、一致，自来水可直接饮用；所有地区均实现了自来水供应；饮水安全问题不突出。

（2）社区水源保护措施和机构比较完善。

1）美国约有 11000 个农村社区饮用水供给系统，供给 16000 万人的饮用水。这些饮用水供给系统以湖泊，水库，河流为水源。这些水源一旦被污染，就需要投入大量资金进行净化。为此，政府决策部门深刻地认识到，有效的农村社区饮用水管理应该更加关注水源的质量和管理机制建设。

2）管理机构：联邦、州和地方三级，美国国家环保总署是联邦主要负责水资源管理的机构。

3）立法：清洁水法案（Clean Waters Act）和安全饮用水法案（Safe Drinking Water Act）。

（3）水源保护。

1）水源地保护区划分：三级延伸保护区、二级严密保护区和一级集水区。

2）对水源区的严格保护。三级保护区内必须防止难降解或不能联合降解的放射性污染物和化学物质的进入。一切可能导致地下水污染或水质下降的活动都被严格禁止，包括禁止将冷却水，浓缩水和雨水排入该区域，未与公共排水系统相连的家庭和工厂不允许在该区域出现。任何违反法令的人都被处以高额罚款。

二级保护区是取水口周围 100～200m 的区域。保护地下水卫生，最重要的是防止病原体污染。任何由人类持续干预而造成的地层破坏或移动行为都被严格禁止，包括建筑物建造或重建，开挖地表，有毒液体和垃圾的运输和存放。任何违法法令的人都被处以高额罚款，不管是故意还是无意的。

一级保护区即隔离集水区，是指位于一连串的取水口周围，约 10m 宽的带状区域。在此区域内，除了由当地水务部门授权的对取水口的维护和修缮外，上游土壤层的任何利用和扰动以及所有放射性污染都被严格禁止。

饮用水水源保护区都设立标志牌、警示牌，还在保护区周边的高速路、主干道上设立道路警示牌，提示司机或行人进入饮用水源保护区。

（4）供水设施水处理设施统一标准、措施完善。

三、韩国

（1）韩国农村的介水性疾病曾经十分普遍，首尔政府从 1000 个农村开始建设简易的管道供水系统，取得了极大成功，并于 1971 年将这套系统扩展到韩国的其他地区，但遇到了财政问题。

（2）借助于 1976 年开始执行的世界食物计划（WFP，World Food Programme），到 1979 年完成了 8874 处管道系统，对象为至少 20 户和附件有较好水源的村庄；随后，WFP 又提供了第二批 1600 万美元的资助，大大提高了农村饮用水的自来水供应水平。

（3）到 20 世纪 90 年代，韩国农村地区和岛屿的自来水覆盖率仍仅有 30%。为此，从 1994 年韩国政府投入仅 10 亿美元改善农业和渔业区的供水设施，从 1997 年投入仅 4 亿美元改善岛屿的供水设施，投入 8 亿美元改善中小城市的供水设施，并实施了旨在消除自来水供应差别的中长期投资计划，使农村地区的自来水普及率达到了 70%。

（4）主要经验：借助于外力，短时间内迅速完成了农村饮用水的基础设施建设；政府主导，不惜重资。

四、印度

（1）1986 年，印度中央政府启动全国饮用水任务项目，目标为：为所有的农村提供安全的饮用水；帮助社区保持饮用水源的水质；特别关注世袭阶层和部落。

（2）主要经验：加速安全供水系统没有覆盖或部分覆盖地区的建设；关注水质问题并使水质检测和监测制度化；保证可持续发展，包括水源和供水系统的运行。

五、直饮水系统在国外的普及

（1）在欧洲人眼里，自来水是可以直接喝的水，并且欧洲的饮用水标准是统一的，不管是自来水还是瓶装水。欧盟出台的《饮用水水质指令》是欧洲各国制订本国水质标准的主要依据。指令明确要求所有欧盟国家对水处理过程使用的材料和化学品建立审批制度，对水质监测指标和频率提出指导意见。欧洲各国大都依此出台自己的国家饮用水技术标准，有的比欧盟标准还高。

（2）日本水龙头一开就喝，要求喝一辈子也不会对人体健康带来坏处。日本自来水法规定管道水的水质基准是：喝一辈子也不会对人体健康带来坏处；除了提供人民饮用及洗涤，味道及颜色上不带来任何影响。

（3）新加坡处理废水污染的原则不是"谁污染，谁治理"，而是"谁污染，谁付费"。"谁污染，谁付费"的前提，是制定出严格的法律。例如，依照《污水排水法》第294章、《污水排水（工业废水）条例》等，排入公共下水道的工业废水必须不超过45℃、pH值必须不低于6并且不高于9。这些法律还对工业废水中特殊物质的含量、金属的含量进行了细致规定。同时，严格规定废水中不得含有电石、汽油及其他易燃物质。对于超标情况，新加坡公共事业局专门制定了详细的税收细则。新加坡公用事业局一项名为"新加坡无线水哨兵"的供水网络远程监测项目于2009年发起，在供水管道内安装传感器，以便在管道爆裂或水质受污染时能及时作出反应。

（4）法国：2/3以上的法国人每天都喝自来水，80%的法国人对自来水水质表示满意。为保证6600万人口的日常用水安全，法国政府根据水文分布将全国划分为12个流域，每个流域设有专门的委员会进行相对独立的管理。其中设立采水点保护区是最重要的措施之一。1992年1月3日颁布实施的《水法》规定，自来水采水点附近必须设立保护区。在距采水点较近的区域内，一切可能直接或间接影响水质的设施、工程、活动或项目等都被禁止或管制。

（5）德国人喝自来水，既不加热也不过滤，既卫生又安全。德国《饮用水条例》对于饮用水的标准做了明确而严格的规定，并且这一条例还在被不断地加强与完善。德国所有自来水管中流出的水都必须符合饮用水标准，比对矿泉水还要全面。柏林自来水公司的实验室每周会做超过1.5万次实验，确保饮用水符合相关规定的要求。德国70%的饮用水来自地下，为保障水源安全，各地都建立了水源保护区。这些水在开采收集后，还要在水厂经过大型净化、沉淀、过滤、消毒等一系列处理才能进入居民家中。德国要求自来水卫生标准达到"婴儿可以直接饮用"的水平。

（6）美国对自来水制定了严格标准，要求从水龙头流出来的自来水能够直接饮用。美国国会早在1974年就通过了《饮用水安全法》，这个法规对环境保护有着极大促进作用。

（来源：胡和平.国外发展经验对我国农村饮用水安全问题的启示（PPT）.http://wenku.baidu.com/link? urI＝HON1VITnlr7Fe_xloy519_1ZfPSVr－41YXooUNqTALpTyiFsbwFLetq0X－E9oMHLpjg54r3H7fES5w3No_ZrVFRcHNMN1T6htGL4TtHrxxa.2014.2.17.）

思　考　题

1. 农村饮水安全的指标体系有哪些？

2. 我国农村饮水安全的主要问题有哪些？

3. 试简述水质净化模式。

4. "十三五"农村饮水安全的主要任务有哪些？

参　考　文　献

[1]　曹升乐，王少青，孙秀玲，等.农村饮水安全工程建设与管理 [M].北京：中国水利水电出版社，2007.

[2]　任立良，陈喜，章树安.环境变化与水安全 [M].北京：中国水利水电出版社，2008.

[3]　曲久辉.饮用水安全保障技术原理 [M].北京：科学出版社，2007.

[4]　陈绍金.水安全系统评价、预警与调控研究 [M].北京：中国水利水电出版社，2006.

[5]　靳怀堵.中华文化与水 [M].武汉：长江出版社，2005.

[6]　刘玲花，周怀东，金旸，等.农村安全供水技术手册 [M].北京：化学工业出版社，2005.

[7]　周志红.农村饮水安全工程建设与运行维护管理培训教材 [M].北京：中国水利水电出版社，2010.

[8]　中国水利水电科学研究院.中国农村饮水安全科技新进展 [M].北京：中国水利水电出版社，2009.

[9]　李红梅.日本供水事业发展前景 [J].水利水电快报，2008，06：29-30.

[10]　闫冠宇，张汉松，张玉欣，等.为中国农村饮水安全发展做好扎实的技术和管理支撑 [J].中国农村水利水电，2015，12：11-14.

[11]　汪富贵.对农村饮水安全工程"十三五"规划的几点看法 [J].水利发展研究，2015，05：43-46.

第十三章 水土保持工程

水土保持工程是通过各种工程措施、生物措施和耕作措施，防治山区、丘陵区、风沙区水土流失，保护、改良与合理利用水土资源，并充分发挥水土资源的经济效益和社会效益，建立良好生态环境的一项措施。水土保持的工程措施主要有以下四种类型：①山坡防护工程：包括梯田、水平沟、水平阶、鱼鳞坑等；②山沟治理工程：包括沟头防护工程、谷坊、拦沙坝、淤地坝等；③山洪排导工程：包括排导沟等；④小型蓄水用水工程：包括小型水库、引洪漫地等。

本章主要简介水土流失的定义、危害、影响因素、侵蚀量计算公式及工程、生物、耕作措施等。

第一节 水 土 流 失

一、水土流失的定义

水土流失是指在水力、风力、重力等外营力作用下，山丘区及风沙区水土资源和土地生产力的破坏和损失。水土流失包括土壤侵蚀及水的损失，也称水土损失。土壤侵蚀的形式除雨滴溅蚀、片蚀、细沟侵蚀、浅沟侵蚀、切沟侵蚀等典型的形式外，还包括山洪侵蚀、泥石流侵蚀以及滑坡等形式。水的损失一般是指植物截留损失、地面及水面蒸发损失、植物蒸腾损失、深层渗漏损失、坡地径流损失。在我国水土流失概念中水的损失主要指坡地径流损失。

二、水土流失的危害

水土流失在我国的危害已达到十分严重的程度，不仅造成土地资源的破坏，直接导致农业生产环境恶化，生态平衡失调，水旱灾害频繁，而且影响各行业生产的发展。具体危害如下：

（一）破坏土地资源，蚕食农田，威胁群众生存

土地是人类赖以生存的物质基础，是环境的基本要素，是农业生产的最基本资源。年复一年的水土流失，使有限的土地资源遭受严重的破坏，地形破碎，土层变薄，地表物质"沙化""石化"，特别是土石山区，由于上层土壤流失殆尽、基岩裸露，有的群众已无生存之地。据初步估计，由于水土流失，全国每年损失土地约 13.3 万 hm²，按每公顷造价 1.5 万元统计，每年就损失 20 亿元。根据 2013 年第一次全国水利普查结果，全国土壤侵蚀面积为 294.91 万 km²，其中水蚀面积达到 129.32 万 km²。更严重的是，水土流失造成的土地损失，已直接威胁到水土流失区群众的生存，其价值是不能单用货币计算的。

（二）削弱地力，加剧干旱发展

由于水土流失，使坡耕地成为跑水、跑土、跑肥的"三跑田"，致使土地日益瘠薄，而且土壤侵蚀造成的土壤理化性状恶化，土壤透水性、持水力下降，加剧了干旱的发展，使农业生产低而不稳，甚至绝产。据测算，黄土高原多年平均每年流失的 16 亿 t 泥沙中含有氮、磷、钾总量约 4000 万 t，东北地区因水土流失的氮、磷、钾总量约 317 万 t。资料表明，全国多年平均受旱面积约 2000 万 hm^2，成灾面积约 700 万 hm^2，成灾率达 35％，而且大部分在水土流失严重区，这更加剧了粮食和能源等基本生活资料的紧缺。

（三）泥沙淤积河床，洪涝灾害加剧

水土流失使大量泥沙下泄，淤积下游河道，削弱行洪能力，一旦上游来水量增大，常引起洪涝灾害。近几十年来，特别是最近几年，长江、松花江、嫩江、黄河、珠江、淮河等发生的洪涝灾害，所造成的损失令人触目惊心，这都与水土流失使河床淤高有直接的关系。

（四）泥沙淤积水库湖泊，降低其综合利用功能

水土流失不仅使洪涝灾害频繁，而且导致泥沙大量淤积水库、湖泊，严重威胁到水利设施的安全和效益的发挥。初步估计，全国各地由于水土流失而损失的水库、山塘库容累计达 200 亿 m^3 以上，相当于淤废库容 1 亿 m^3 的大型水库 200 多座，按每立方米库容 0.5 元计，直接经济损失约 100 亿元；而由于库容降低造成的灌溉面积减少、发电量的损失以及库周生态环境的恶化，更是难以估计其经济损失。

（五）影响航运，破坏交通安全

由于水土流失造成河道、港口的淤积，致使航运里程和泊船吨位急剧降低，而且每年汛期由于水土流失形成的山体塌方、泥石流等造成交通中断，在全国各地时有发生。据统计，1949 年全国内河航运里程为 15.77 万 km，到 1985 年，减少为 10.93 万 km，1990年，又减少为 7 万 km，水土流失已经严重影响着内河航运事业的发展。

（六）水土流失与贫困恶性循环同步发展

我国大部分地区的水土流失是由陡坡开荒，破坏植被造成的，且逐渐形成了"越垦越穷，越穷越垦"的恶性循环，这种情况是历史上遗留下来的。而新中国成立以后，人口增加更快，情况更为严重，水土流失与贫困同步发展，这种情况如不及时扭转，水土流失面积日益扩大，自然资源日益枯竭，人口日益增多，群众贫困日益加深，后果不堪设想。

三、影响土壤侵蚀的因素

侵蚀环境的各因素对土壤侵蚀都有影响，这些因素主要有以下几种。

（一）降雨因素

降雨因素对土壤侵蚀的影响表现在降雨量、降雨强度、降雨时空分布和降雨能量等几个方面。

（二）地形因素

地貌的形态特征可以视为各种形状和坡度的斜面在空间的组合，也可以把它解析为各种长度、坡度、坡向几何图形的不同组合。作用于各种几何面上不同大小和方向的力的做功过程，以及各种几何面驻地作用力作用过程的反馈，则构成了地貌因素影响侵蚀的物理本质。

（三）土壤因素

土壤因素包括土壤质地、土壤结构、土壤孔隙、土壤含水量等因素。

（四）植被因素

植被的地上部分常呈多层重叠遮蔽地面，并且有一定的弹性与开张角，能承接、分散和削弱雨滴及雨滴能量，截留的雨滴汇集后又会沿枝干缓缓地流落或滴落地面，改变了降雨落地的方式，减小了林下降雨强度和降雨量。

四、土壤侵蚀量的计算（通用土壤流失方程 USLE）

通用土壤流失方程（The Universal Soil Loss Equation，USLE）是美国用于估算农耕地中的溅蚀、片蚀、细沟侵蚀以及灌木林地和林地水蚀量的一个数学模型。这一模型是经过长期发展和知识积累逐步形成的，其表达式为：

$$A = RKLSCP \tag{13-1}$$

式中　A——土壤流失量；

R——降雨侵蚀力指标，或称降雨侵蚀因子；

K——土壤可蚀性因子；

L——坡长因子；

S——坡度因子；

C——作物管理因子；

P——水土保持措施因子。

以上因子要依据具体的环境进行修正，具体修正方法请查阅有关资料，这里就不一一阐述。

第二节　水土保持工程措施

水土保持的工程措施可笼统定义为防治水土流失、改善水土环境的各种工程设施。从生产的角度来看，水土保持的工程措施大体可分为流域水沙控制与流域水沙利用两个方面，其中控制显然是第一位的，而控制措施除工程外还包括耕作、生物等多种手段。从国家重点抓的治理片可以看出，工程措施不仅是不可缺少的，而且起着关键作用；不少水土流失严重的地区，无论从地形、土质、气候以及人口密度等方面来看都不同程度地限制了耕作或生物措施的使用。只有首先开展工程治理才有可能改善其水土环境，促进其向良性循环发展。

水土保持工程措施按其作用可分为治坡工程、治沟工程以及用沙工程。治坡工程以改变坡面形状，防止集中径流，提高坡面稳定性为主要目标，这其中最具有特色的是修筑梯田。治沟工程以拦泥和提高局部侵蚀基准面为主要目标，其中最具特色的是修建拦泥拦沙坝。用沙工程以造田为主要目标，同时包括沟道引洪整治等内容。下面简单介绍几种常见的水土保持工程措施。

一、梯田

在坡地上沿等高线修建成田面平整、地边有埂的台阶式地块称为水平梯田（梯土、梯地），其主要功能有截短坡长；改变地形，拦蓄径流，防止冲刷减少水土流失；保水、保土、保肥，改善土壤理化性能，提高地力，增产增收；改善生产条件，为机械耕作和灌溉创造条件；为集约化经营、提高复种指数、推广优良品种提供良好环境。

水平梯田按埂坝材料可分为石坎梯田、土坎梯田、土石混合梯田；按利用方向可分为旱作梯田、水稻梯田、果园梯田和经济林梯田等。水平梯田规划设计必须遵循的原则是：因地制宜，山、水、田、林、路统一规划，坡面水系、田间道路和梯田综合配套，优化布设；农作梯田应在原有25°以下坡耕地上修建；工程投资少，土石方量少，便于耕作；埂坎材料就地取材，埂坎面积占耕地面积较少；集中连片，规模治理；田面宜宽不宜窄，田块宜长不宜短；尽量做到深土平整，表土复原，当年不减产；可以一次修平，也可分年修平（在复种指数高、人口密度大的地方）。

（一）规划

1. 连片梯田区规划

根据合理利用土地资源的要求，选择坡度较缓，土质较好，距村庄近，水源及交通条件方便，有利于机械化的地方，以水系、道路为骨架建设具有一定规模、集中连片的梯田。

2. 田块规划

一般沿等高线呈长条带状布设梯田田块，坡沟交错面大、地形较破碎的坡面，田块布设应做到大弯就势，小弯取直，田块与水系、道路结合。

3. 连片梯田的水系、道路规划

根据面积、用途，结合降雨和原有水源条件，在坡面的横向和纵向规划设计水系、道路工程。分层布设沿山沟、排洪沟、引水沟及在梯田边沟、背沟出水处分段设沉砂池、水窖；在纵向沟与横向沟交汇处规划布设蓄水池，蓄水池在进水口前配置沉砂池，纵向沟坡度大或转弯处修建消力设施，如图13-1所示。

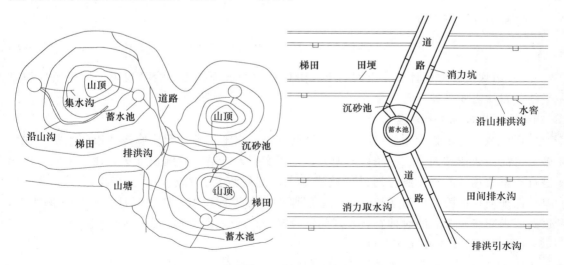

图13-1 成片梯田区水系、道路布设示意图

（二）断面设计

1. 梯田断面要素

如图13-2所示。θ 为原地面坡度（°）；α 为梯田田坎坡度（°）；H 为梯田田坎高度

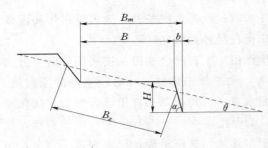

图 13-2 梯田断面设计要素示意图

(m)；B_x 为原坡面斜宽（m）；B_m 为梯田田面毛宽（m）；B 为梯田净宽（m）；b 为梯田田坎占地宽（m）。

2. 水平梯田设计

梯田埂坎形式的选择要因地制宜，有石料的地方可修建石坎梯田，无石料的可修土坎梯田。

（1）田面宽度及田坎高度计算。

1）选定田坎高度，计算田面宽度。

$$B_m = H\cot\theta \tag{13-2}$$

$$b = H\cot\alpha \tag{13-3}$$

$$B = B_m - b = H(\cot\theta - \cot\alpha) \tag{13-4}$$

2）选定田面宽度，计算田坎高度，通常定为 3～12m。

$$H = \frac{B}{\cot\theta - \cot\alpha} \tag{13-5}$$

计算出的田坎高，再加上田埂高，即为埂坎高。

（2）田坎占地率的计算。

$$N = (b/B_m) \times 100\% = (\cot\alpha/\cot\theta) \times 100\% \tag{13-6}$$

（3）土石方量的计算。

1）田面土方量计算：

$$\text{断面面积} \quad S = \frac{1}{2}\frac{H}{2}\frac{B}{2} = \frac{BH}{8} \tag{13-7}$$

则每公顷土石方量

$$V = SL = \frac{1}{8}HB\frac{10000}{B} = 1250H \tag{13-8}$$

2）田坎土石方量计算。土坎的土方量计算应与田面挖方综合考虑，一同核定挖填方平衡。石坎需要另计算石方量。

（三）梯田施工和质量监督

梯田施工的步骤为测量定线、土方平衡计算、表土处理、埂坎修筑和田间平整。梯田施工目前主要依靠人力，有条件的地方，也可实行人机结合的施工方法。在施工同时，应进行质量监督，严格按照规划设计放线施工，把好清基、砌筑埂坎、表土还原等重要关口。保证埂坎稳固、田面平整，田内土层厚度达到设计要求。同时对成片梯田区的水系、道路要求同步施工。随时抽查、发现问题及时纠正或返工，保证工程质量。

（四）维护管理与注意事项

1. 维护管理

新修好的梯田交付使用时，要把维修任务落实到村，分户承包管理。在梯田埂坎未稳定之前，必须在雨后及时进行检查，如有沉陷或损毁，应立即予以整修，避免引起水土流失，造成更大损失，同时对梯田区建设的沟、凼、池、窖要在每年汛期前后定期检查，发现垮塌、淤积、毁坏要及时清淤、修复。对表土层较薄的梯田，挖土部位的底土（母质）

应挖深 0.3m 以上，以加速土壤熟化，增加活土层厚度，以利作物生长，此外还应增施有机肥或种植绿肥作物，改良土壤。土坎应栽种固坎和经济效益兼优的多年生林草，并加强培育管理、科学经营。

2. 注意事项

在梯田的规划设计中，应充分考虑利用方向，如经济林果梯田主要在坡度不小于 25° 的坡耕地或荒坡上建设，其田面宽度和水系道路配置应考虑品种、整地、需水要求和方便耕种运输。利用埂坎栽种固土能力强、经济效益高的树草，但埂坎植物不能影响梯田内作物的生长发育。爆破整地和挖填土方量大的田块，回填时应注意保持原表土。新修梯田的第一、二季，要因地种植，选择耐生土的作物以保证当年稳产，并逐步建立适应新修梯田的耕作制度，确保梯田的高产稳产。梯田区内设置的纵向排洪沟和坡降大的横向沿山沟需要作防冲处理，如设置高消力池（坑）等。

二、谷坊

谷坊是在支毛沟内修建的高度 5m 以下的小坝，是小流域综合防治体系的沟道治理工程。谷坊常修成多个梯级，形成谷坊群体。谷坊能起固定沟床，稳定两边沟坡，分段拦蓄泥沙，减小沟道纵坡，抬高侵蚀基准面，阻止沟床下切，缓解山洪、泥石流危害等作用。谷坊按使用材料可分为土谷坊、石谷坊、植物谷坊、钢筋混凝土谷坊等类型。

（一）规划设计

谷坊修建在沟底比降较大（5％～10％或更大）、下切活跃的小型沟道。

1. 规划设计原则

在对沟道自然特征与开发状况进行详查的基础上，拟定谷坊工程的类型、功能、建筑程序；谷坊工程类型要因地制宜，就地取材，经久耐用，抗滑抗倾，能溢能泄，便于开发，功能多样；谷坊规格和数量，要根据综合防治体系对谷坊群功能的要求，突出重点，兼顾其他，统筹规划，精心设计；谷坊工程的设计洪水标准要根据工程规模确定，一般为 10～20 年一遇，3～6h 最大暴雨设计；谷坊坝址要求"口小肚大"，沟底和岸坡地形、地质状况良好，建筑材料取用方便；谷坊工程的修筑程序，要按水沙运动规律，由高到低，从上至下逐级进行；要实地测绘 1：200～1：100 沟道纵断面图及选定修筑谷坊群址的横断面图，量算出沟长与沟底比降。

2. 工程设计

谷坊高度是工程设计的关键，要依据修建谷坊的材料，反复计算确定、校核，直到承受的水压力和土压力不毁坏工程为止。土谷坊一般高 1～5m，顶宽 0.5～3m，迎水坡 1：1.0～1：1.25，背水坡 1：1～1：2；石谷坊一般高 2～5m，顶宽 1.5～3m，迎水坡 1：0.1～1：0.2，背水坡 1：0.5～1：1.1。浆砌石谷坊和钢筋混凝土谷坊溢洪口可设在谷坊顶部，溢洪口一般为矩形，可用宽顶堰公式计算。土质谷坊溢洪口断面尺寸，因其下紧接排洪渠，可用明渠均匀流方法计算。谷坊间距常用"顶底相照"原则确定。

$$L = H/(i - i') \qquad (13-9)$$

式中　L——谷坊间距，m；

　　　H——谷坊底到溢洪口底高度，m；

　　　i——原沟床比降，％；

i'——谷坊淤满后的稳定比降,‰。

不同淤积物质,淤满后形成的不冲比降,一般砂土为 0.5,黏壤土为 0.8,黏土为 1.0,粗砂夹有卵石的为 2.0。

（二）施工技术

土石谷坊的施工技术,一般可按小型水利工程要求实施,重点把握定线清基、填土夯实、开挖溢洪道、土方量计算、质量检测几个步骤;而柳栏编篱谷坊重点注意定线清基、选种栽植两步,营造植物谷坊的季节,要因地因时制宜,以当地植树最佳时节为宜。

（三）管护利用

谷坊工程要以群体为单元,实行专人承包管理责任制,暴雨时,要到现场巡视,遇险情,及时抢修;承包人要接受科技培训,对防汛、抢险、维修、利用、改良等都要按严格的科学管护进行;承包人在管护维修好工程的基础上,要充分利用谷坊间的水土资源发展种养业。

三、拦沙坝

拦沙坝是在沟道中以拦截泥沙为主要目的而修建的横向拦挡建筑物,其具有拦沙滞洪、减免泥沙或泥石流对下游的危害的作用,其修建有利于下游河道的整治、开发,提高侵蚀基准面,固定河床,防止沟底下切,稳定山坡坡脚。另外,淤出的沙渍地可复垦作为生产用地。

（一）类型

拦沙坝类型如图 13-3 所示。各类型拦沙坝示意图如图 13-4～图 13-10 所示。

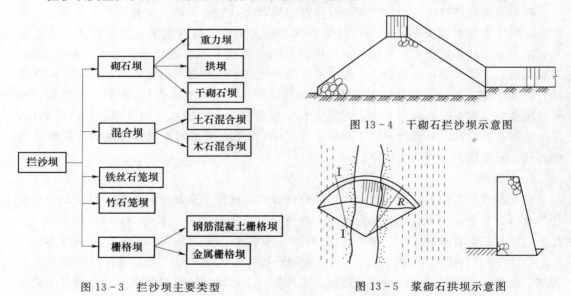

图 13-4　干砌石拦沙坝示意图

图 13-3　拦沙坝主要类型

图 13-5　浆砌石拱坝示意图

（二）规划设计

在收集地形地质、水文气象、天然建筑材料、水土流失及治理现状、社会经济等资料的基础上,遵循拦沙坝建设必须以小流域综合治理规划为基础,上下游统筹考虑,治沟与治坡有机结合,形成一个完整的小流域综合防护体系;在沟谷治理中拦沙坝与谷坊、小型

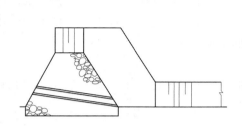

图 13-6　浆砌石坝梯形剖面图

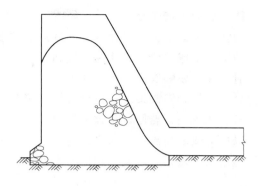

图 13-7　曲线剖面砌石坝

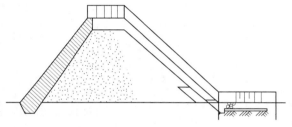

图 13-8　土石坝混合坝

图 13-9　铁丝笼坝
1—铁丝石笼；2—填石；3—钢筋

塘坝等工程互相结合，联合运用；拦沙坝设置，必须因害设防，最大限度地发挥综合功能等原则，合理地选择坝址、坝型，合理地设计坝高，并对坝进行稳定性分析，拦沙量、输沙量的估计以及拦沙坝淤积年限的计算。浆砌石重力坝还须做坝断面设计、溢流口设计和消能设计。

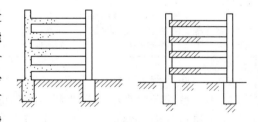

图 13-10　钢筋混凝土格栅坝

（三）施工技术

在施工放线和基础清理前务必做好施工准备，包括制定好施工计划，做好材料和机具的准备，做好施工场地的布置，合理安排交通道路、材料堆放、丁棚位置、土石材料场等，拟定施工管理制度和施工细则，做好施工导流和排水计划。

施工放线应注意两点：一是应对坝轴线和中心桩的位置高程进行认真校核，然后根据坝址地形确定放线的步骤方法，以免出错；二是对固定的边线桩、坝轴线两端的混凝土桩以及固定水准点应加以保护，以利测量放线使用。基础处理包括坝基清理、基础开挖、基础处理。石料的砌筑包括选料、铺砌、养护、质量控制等方面。

（四）管理维修

工程的管理应从落实管理责任制，建立管护制度，做好防汛工作三方面着手抓好；工程维修应注意灰缝剥落的补修养护、石块剥蚀或脱落的更换或补砌、护坦被冲毁后的修复、对冲坑的加深加固处理等工作。

四、坡面沟渠工程

为防治坡面水土流失而修建的截排水设施，统称坡面沟渠工程。坡面沟渠工程是坡面治理的重要组成部分，它能拦截坡面径流，引水灌溉，排出多余来水，防止冲刷；减少泥沙下泄，保护坡脚农田；巩固和保护治坡成果。根据其作用一般分为截水沟、排水沟、蓄水沟、引水渠和灌溉渠。具体设计可参照有关专业资料。

五、蓄水池、塘堰、水窖等蓄水工程

以拦蓄地表径流为主而修建的、有一定蓄水能力的工程统称蓄水工程。下面介绍几种常见的蓄水工程，其定义、功能与类型见表 13-1。

表 13-1　　　　　　　　　　　　　几 种 蓄 水 工 程

项目	名　称			
	蓄水池	塘堰	水窖	沉沙池
定义	拦截地表径流，蓄水量在 50～1000m³ 的蓄水工程	蓄水量在 0.1 万～10 万 m³ 的小型蓄水工程	修建于地面以下并具有一定容积的蓄水建筑物	用来沉淀坡面水系或其他引水水流中的泥沙的水池
功能	拦蓄地表径流，充分和合理利用自然降雨或泉水就近供耕地、经济林果浇灌和人畜饮水需要，减轻水土流失	拦蓄坝址以上地面径流、小溪流、泉水，抬高水位，提供农田灌溉、人畜饮需要，减轻山洪灾害，保耕地、林地、道路，防治水土流失	拦蓄雨水和地表径流，提供饮水和旱地灌溉的水源，减轻水土流失	拦沙保土，消力防冲，蓄洪济水，发展灌溉，澄清水流
类型	土池、三合土浆砌条石池、浆砌块石池、砖砌池、钢筋混凝池	山塘 平塘 石河堰	混凝土窖 浆砌石窖	

六、田间作业道

在小流域综合治理中，为便利连片梯田、经果林地的耕作、运输、经营管理，修筑的人、畜、机械行走道路称为田间作业道。作业道配置必须与坡面水系和灌排渠系相结合，统一规划、统一设计，要防止冲刷，保证道路完整、畅通。按照布置合理、有利生产、方便耕作和运输，提高劳动生产效率；占地少、节约用地；尽可能避开大挖大填，减少交叉建筑物，降低工程造价；便于与外界联系等原则来规划设计。

第三节　水土保持生物措施

水土保持生物措施是指在山地丘陵区以控制水土流失、保护和合理利用水土资源、改良土壤、维持和提高土地生产潜力为主要目的所进行的造林种草措施，也称为水土保持林草措施。

一、水土保持生物措施的种类

我国是一个以山地丘陵区为主的多山国家，在长期的水土保持科研、实践工作中，科研工作者提出了适宜不同地貌类型的水土保持生物措施，如黄土高原水土保持生物措施种类就包括梁峁顶防护林、梁峁坡防护林、沟头沟边防护林、沟底防冲林等多种类型。生产

实践中对水土保持生物措施进行命名时，多采用地形＋防护性能（＋生产性能）的原则进行，如护坡经济林、坡面水土保持林。

水土保持生物措施种类的选取直接受地貌、灾害性质及当地社会经济需求决定。水土保持生物措施的主要作用是控制水土流失，但在不同的区域，还应具有其他目的，比如改善灌区的农田小气候，此种情形下以保护、促进农业生产为主；在山区，以防止土壤侵蚀为主；在高海拔、河流源头、干旱地区，以涵养水源为主；在缺乏牲畜饲料、农民生活能源地区，还要兼顾群众生活、农牧业生产的需要。

二、水土保持生物措施的作用

在水土流失严重地区广泛种草、种林，主要作用是降低雨水对土壤的侵蚀作用，避免大量表层土壤、水分流失，同时可以改善农田气候、保护自然环境，维持生物多样性，提高群众生活水平。

（一）减少土壤侵蚀

种植的林、草，对降雨直接起到截留作用，受截留的雨水缓慢滴落或者沿树干下流，降低了雨水的动能，从而降低了降雨对土壤的侵蚀强度。林、草的枯枝树叶，覆盖在斜坡表面，直接承受落下的雨滴，对表层土壤而言是一层天然的保护层，而且枯枝树叶层类似格网、海绵，既增加了坡面的粗糙程度，减缓了坡面径流的流速，又起到了分散水流的作用。林、草的根系交织成网，从而增加了根系层土壤的稳固性，大大提高了土体的抗冲蚀能力，特别是对于深根性树木，根系深入土体较深，在较大范围能固持土层，减少了斜坡中的滑坡面形成条件，从而有效减少了泥石流、滑坡的发生。

（二）改善坡地水文环境

覆盖在坡地上的枯枝败叶，具有极强的吸水能力。有关研究表明 1kg 的枯枝树叶能吸收 2～5kg 的水分，从而延缓了地表径流形成时间、分散了水流。每年枯死的树木、草根系后留下孔隙，这减少了表土层的容重、增加了土壤孔隙度，从而使得土壤的理化性质得到改良。因此作物根系的生长活动，有利于雨水的入渗，减少地表径流量，改善了坡地、河流水文状况，调节了地下水、坡面径流。

（三）改良土壤

林草改良土壤的途径主要体现在树叶（枯枝）腐烂制造有机质、根系腐烂改善土壤理化性状等方面。林地的根系在土层重交织成网，增加了土壤孔隙度，促进了微生物的活动，加速了土壤中的有机质分解，而且林（草）地表层覆盖的枯枝树叶，腐烂后提高了土壤层中的腐殖质含量，从而改善了土壤结构。一些豆科类作物的根系还有根瘤菌，其能固定空气中的氮素，从而增加土壤的肥力。

第四节　水土保持耕作措施

水土保持耕作措施也称为水土保持农业技术措施，主要是指因地制宜确定农作物种植制度、种植技术及灌溉、施肥方式，通过合理调配区域内的土地利用结构、耕作方式及人工增加地面粗糙程度、改变坡面微小地形、增加植被覆盖，事先蓄水保土，保证、提高土壤肥力，确保稳产、高产。

水土保持耕作措施按照作用，可以分为以改变小地形增加地面糙率、增加地面覆盖、增加土壤抗侵蚀性为主的三大类农业技术措施。

一、改变小地形增加地面糙率

改变小地形增加地面糙率的主要手段是等高耕作，指沿等高线进行耕作，耕作后在犁沟内形成许多平行于等高线的蓄水沟，从而增加了地面糙率、有效拦蓄了地表径流，减少了水土流失，增加了雨水的入渗量，有利于作物的生长发育、保证作物稳产、高产。等高耕作又主要包括等高沟垄耕作、区田耕作、圳田耕作、水平防冲沟几种形式。

1. 等高沟垄耕作

等高沟垄耕作是在坡面上沿等高线开犁，形成沟和垄，坡面上形成沟、垄相间的微地貌，沟内和垄上进行作物种植，则每一条垄相当于一个拦水小坝、每一条沟相当于一个蓄水小库，这样可有效拦蓄地表径流、减少冲刷量、增加土壤含水量、保持土壤养分。

2. 区田耕作

区田耕作是一种古老的耕作方式，其是沿等高线，划分出很多的面积为 $1m^2$ 的小区，每个小区掏成长、宽、深约为 0.5m 的小坑。掏小坑时，先将表层熟土刮出放置于小坑上方，再将下层生土掏出，在小坑的下方及坑的左右等高位置围筑成小埂，然后将刮出的熟土及施加的肥料混合后填入小坑，最后种植作物。在坡面修筑小坑时，可以在刮表层熟土时，将熟土刮到下方小坑中；回填该小坑时，刮上方小坑的表层熟土来进行回填。上下相邻两行的小坑错列布置。

3. 圳田耕作

圳田耕作是在坡面形成宽度较窄的一系列台阶地，其做法是沿等高线将坡面分成 1m 宽的条带，将表层熟土全部刮出，然后在上侧 0.5m 宽范围挖土 0.5m 深，将挖出的生土在下侧 0.5m 的范围内修筑成垄，最后将该范围内刮出的熟土及肥料混合回填到沟内，最后种植作物。在坡面上耕作时，可以刮取上方 1.0m 范围的熟土来回填下方的沟。最后在坡面上就形成了一系列的窄条台阶地。

4. 水平防冲沟

水平防冲沟是在坡面上，沿等高线方向每隔一定距离用犁开一条沟，一条沟不能太长，在开沟时，每达到一定长度后将犁提出，空出很小的一段距离后再开沟。空出的那一段未开沟段称为土挡，土挡与土挡间的沟尽量水平；相邻等高位置的土挡在坡面上相互错开，这样可以起到分段拦截地表径流、分段蓄水。在犁开的沟内，仍可选择合适的作物种植。

二、增加地面覆盖

增加地面覆盖主要通过适量增加作物种植、平面上合理安排种植作物来实现，主要有草田轮作、间作和混作、等高带状间作等几种代表形式。

1. 草田轮作

草田轮作是在一定区域的农田内按照一定时间、平面上的间隔，将不同品种的农作物、牧草依据一定的原则进行周而复始的播种、收获。在轮作的农田区域内，作物栽植的先后顺序就是轮作方式，种植的作物按照一定比例进行农作物与牧草的轮作即为草田轮作。全部作物都种植一遍所经历的时间称为轮作周期。

2. 间作和混作

间作是在同一块农田内在同一生长期内，在平面上分行或分带进行相间种植多种作物的种植方式。多年生的植物与农作物相间分行（带）种植也属于间作。混作是在同一农田内，同时期内种植多种作物的种植方式。混作在田间内的耕作与间作区别主要在于混作在田间无规则分布，一种作物成行种植，其他种作物可以播种在其行内，也可在行间；在时间上可同时撒播，也可隔时播种。

3. 等高带状间作

等高带状间作是在坡面上沿等高线将坡地分成条带地块，在相邻的条带上交互、轮换种植疏生作物＋密生作物，或者农作物＋牧草的种植方法。密生作物和牧草的目的主要是覆盖地面、减缓径流，以减缓径流、拦截泥沙、保护疏生作物的生长，比一般的间作具有更有效的水土保持、农业增产作用。

三、增强土壤抗侵蚀性

水土保持耕作措施主要通过改善土壤物理性状来达到增强土壤抗侵蚀性。主要有深耕、免耕和少耕 3 大类方法。

1. 深耕

深耕的耕地深度一般多在 20cm 以上，主要的目的是通过深耕来增加土壤的入渗和蓄水、保水能力，提高土壤的通气、通热、通水能力，从而调节一定土壤层中的养分、水分、气、热状况。

2. 免耕

免耕就是不耕作、直接播种。这种种植方式的关键是不耕，主要依靠生物的自身作用来改变土壤物理性状，采用化学除草剂除草而不采用要改变表层土壤形状的机械除草的耕作方法。

3. 少耕

少耕是与一般农田的耕作次数而言尽量减少土壤的耕作次数，或者在农田内采用轮作、间息的方式来减少土地耕作次数，是一种位于常规农田耕作与免耕之间的类型。

课外知识

长江流域水土保持生态工程战略

根据《全国生态环境建设规划》和《全国水土保持规划纲要》提出的战略步骤、奋斗目标以及经济社会发展对水土保持工作提出的客观要求，长江上游水土保持委员会决定，长江流域的水土保持生态建设实施"三步走"。

第一步，从 1989—2000 年，以上游金沙江下游及毕节地区、嘉陵江中下游、陇南及陕南地区和三峡库区"四大片"为重点，开始有计划地实施水土流失综合治理，重点突破，积极推进；建立健全水土保持法律法规体系和机构队伍体系，人为水土流失防治初步走上法制化、规范化轨道，扭转破坏大于治理的局面和水土流失加剧的趋势，实现全流域水土流失面积由增到减的历史性转变。这一步目标已经实现。

第二步，从 2001—2020 年，用 20 年左右的时间，全面完成上游"四大片"和其他重要支流水土流失初步治理任务，建立比较完善的、覆盖全流域的滑坡泥石流预警系统。对人员居住集中，易发生崩岗、滑坡、泥石流的区域，有计划地开展经济可行的治理；完善水土保持监督管理体系，全面规范开发建设活动的水土保持行为，基本遏制住人为水土流失，中下游地区全面实现山川秀美目标，总体走上生产发展、生活富裕、生态良好的文明发展之路。

第三步，从 2021—2050 年，全面完成全流域水土流失初步治理任务，根据经济社会发展需要，对部分地区实施更高标准的治理，对重点区域的崩岗、泥石流、滑坡进行全面治理，水土保持工作转入以监督管理和监测预报为主体的新阶段，全社会生态环境意识极大提高，依法防治水土流失成为全社会的自觉行为，全流域全面步入人与自然和谐共处、经济社会与生态环境协调发展的新阶段。

（来源：长江流域水土保持生态工程实施"三步走"战略．http：//www．h2o‐china．com/news/31839．html．2004．10．25．）

思 考 题

1. 什么是水土流失？
2. 水土流失的危害主要是哪些？
3. 影响土壤侵蚀的因素有哪些？
4. 水土保持工程主要是哪些？

参 考 文 献

[1] 朱宪生，冀春楼．水利概论［M］．郑州：黄河水利出版社，2004.
[2] 高安泽，刘俊辉．著名水利工程分册［M］．北京：中国水利水电出版社，2004.
[3] 关君蔚．水土保持原理［M］．北京：中国林业出版社，1996.
[4] Smith. Field test of a distributed watershed erosion‐sedimentation model. In：Soil erosion，Prediction and control special publications No. 1. Soil Conservation Society of America.
[5] Williams J R. 1978. A sediment graph model based on an instantaneous unit sediment graph，Water Resource Research，14（4）：659－664.
[6] 唐克丽．中国水土保持［M］．北京：科学出版社，2004.
[7] 吴发启，张洪江．土壤侵蚀学［M］．北京：科学出版社，2012.

第十四章　防　洪　治　河　工　程

据统计，中国历史上严重的水灾极其频繁。如黄河在 2000 年内决口成灾 1500 多次，重要改道 26 次，水灾波及范围达 25 万 km²；长江在 1300 多年间水灾 200 多次；淮河在历史上每 2～3 年即发生一次水灾，特别是黄河夺淮期的 500 年间，发生水灾达 350 次；海河在 580 年间发生水灾 387 次。洪灾主要集中在占国土面积的 60％ 的广大农村地区。"善为国者，必先除其一害""除五害之说，以水为始"，可见防洪治河工程的兴建具有十分重要的意义。

20 世纪以来，人类虽然兴建了大量的防洪设施，防洪标准有所提高，但是洪水灾害仍然是对人类的主要威胁。随着社会经济的不断发展，今后如再发生同样的淹没范围，其洪灾损失将越来越大。例如日本在 1960 年洪泛区的财富密度每平方公里 200 万美元，1965 年为 360 万美元，1970 年为 660 万美元，在 1945 年以前，年均损失为 0.92 亿美元，1945 年以后，则增到 3.39 亿美元，为 1945 年前的 9 倍多。美国水资源理事会估计，近 10 多年来年平均洪灾损失为 10 亿美元，预计到 2020 年洪灾年平均损失将增加到 50 亿美元。因此，为了减少洪灾损失，今后对防洪必将更为重视。

防洪是水利科学的一项重要专业学科。它是根据洪水规律与洪灾特点，研究并采取各种对策和措施，以防止或减轻洪水灾害，保障社会经济发展的水利工作。其基本工作内容有防洪规划、防洪建设、防洪工程的管理和运用、防汛（防凌）、洪水调度和安排、灾后恢复重建等。防洪措施包括工程措施和非工程措施。

防洪治河工程是为控制、防御洪水以减免洪灾损失所修建的工程。主要有堤、河道整治工程、分洪工程和水库等。按功能和兴建目的可分为挡、泄（排）和蓄（滞）几类。主要发展趋势：①水资源的开发工作，已由单目标发展到多目标，由单纯的经济考虑发展到经济、社会、环境等多方面研究，而防洪在世界上很多国家都是作为流域综合治理的一个重要组成部分，它与发电、灌溉、排水、供水、环境和生态改善等相结合，是今后的发展方向；②非工程防洪措施将更多为人重视：如洪水预报的预见期增长，预报精度提高，信息传递加速，防洪问题将能更有效地得到经济合理的突破。研究利用新技术、新设备提高洪水预报警报的水平，已成为一个重要而紧迫的课题。又如洪泛区管理，也是研究防洪非工程措施的重要途径；③城市防洪日益重要：世界上大多数城市都是沿江河、海岸修建的，人口和财富的不断集中，将导致在城市周围及上游地区采取大规模昂贵的防洪措施。

第一节　洪水及防洪措施

一、洪水及其特征值

洪水是指流域内连续降水或冰雪迅速融化，大量地表径流急剧汇聚江河，造成江河流量剧增、水位猛涨的现象。洪水受气候因素影响较大，因此防洪工作主要在夏天雨季和冰雪融化期。

洪水又称汛水，按照洪水出现季节的不同常将洪水分为凌汛、桃汛、伏汛和秋汛。中国南北方气候相差较大，各种洪水出现的概率不同，有些洪水即便出现对沿河两岸的影响也不大，如南方河流的凌汛、北方河流的桃汛。一般来说对河流影响较大的洪水多指伏汛和秋汛。北方地区立春后，天气逐渐转暖，但日夜温差较大，白天河流冰凌融化，顺河而下；而夜间，气候下降，冰凌在河流下游重新凝结，由于冰块相互堆砌形成冰坝。日后随着温度的上升，冰坝溃决，对下游造成较大的经济损失。2005 年 2 月 18 日，黄河壶口凌汛造成壶口景区 20 余间房屋倒塌，停车场等基础设施被破坏，直接经济损失达百余万元。

进入夏季后，降雨增多，大雨、暴雨出现概率增加，易于形成伏汛。伏汛一般洪峰流量较大，是引起洪涝灾害的主要洪水，也是防洪治理工程的关键。立秋后，阴雨连绵易形成秋汛，秋汛持续时间长，洪水总量大，易对下游河道造成较大威胁。洪水未必能形成灾害，如何变害为利和利用工程措施将洪水灾害降低到最低程度是防洪治河工程的根本任务。

对于洪水，一般用下列几个特征值来进行描述。

1. 洪峰流量

洪峰流量是指一次洪水从涨水至落水过程中出现的最大流量值。

2. 洪峰总量

洪峰总量是指一次洪水过程中，从洪水来临到回落的整个洪水历时内的总水量。

3. 洪水频率

洪水频率是数理统计学中概率原理在水文学中的应用。如将某站多年实测雨量、洪水资料，分别按大小顺序排列后可以看出，大暴雨、大洪水出现的机会少，特大暴雨、特大洪水出现的概率更少；而一般暴雨、一般洪水出现的机会较多。反映某一暴雨在多年内发生的概率值叫做暴雨频率；反映某一洪水在多年内可能出现的概率值称为洪水频率，通常折合为某一百年内可能出现的次数，用百分数表示，它的倒数值称为洪水重现期。在水利工程设计中，通常用洪水频率划分设计标准，称为设计洪水频率。采用的洪水频率愈小，设计标准愈高。

4. 防洪标准

防洪标准是指河道防洪工程（堤防、水库等）防御洪水的设计标准。常用洪水频率来表示，也有的防洪工程采用历史上发生过的某一次洪水作为标准。防洪标准一般根据工程保护区的重要性、该河段的历史洪水情况及政治和经济条件等决定。

5. 洪水过程线

以时间为横坐标、流量为纵坐标，将某次洪水实测数值点绘在图纸上，并连成光滑的曲线称为洪水过程线，该次洪水所经历的时间称为洪水历时。

6. 洪峰水位

洪峰水位是指一次洪水过程中出现的最高水位。洪峰水位一般与洪峰流量是相对应的，但也有些河流例外。

二、防洪治河工程措施

防洪治河工程措施是防洪规划的具体表现。防洪工程措施是指采取修建水利工程防止洪水对人类生活形成灾害或将洪水灾害降低到最低程度。防洪工程措施一般有水土保持、堤防工程、分（蓄、滞）洪工程、河道整治工程措施等。除此之外，还有非工程性防洪措施，如洪水预报、社会保险、社会救济等。

1. 水土保持

水土保持是指在山地沟壑区采用水土保持措施防止或减少地表径流对地面土壤形成冲蚀，通过采取相应的工程措施、生物措施、农业耕种措施，有效地减少地表径流，降低洪水灾害。

2. 蓄水工程

蓄水工程是指在山区干支流适宜地段兴建水库拦蓄洪水的工程措施。蓄水工程不但能有效地防止下游河道洪水的发生，还能在干旱季节供下游灌溉用水。除满足灌溉外，还可利用水库修建水电站、开发旅游、渔业养殖等进行综合利用。

3. 堤防工程

堤防工程是在河流的两岸修筑防护堤，以增加河道过水能力，减轻洪水威胁，保护两岸农田及沿岸村镇人民生活安全。堤防工程是目前河流防洪治河采取的主要工程措施之一。

4. 分洪工程

分洪工程是在河流适当位置修建分洪闸将一部分洪水泄入滞洪区，待河道洪水位下降后再将滞洪区洪水排入河道，防止行洪期间洪水冲毁堤防对两岸人民造成灾害。分洪工程常常与滞洪工程配套使用。

5. 河道整治

河道整治是指由于河道冲淤演变妨碍了正常的行洪、航运、引水灌溉、工业与生活用水等，这种现象在北方多泥沙河道上尤为突出，因而必须采取相应措施，使河道得到控制和改善。河道整治一般包括河床整理、疏浚、裁弯、护岸等工程措施。

防洪工程措施不是孤立的，对同一条河流，必须遵循上下游和左右岸统筹兼顾、近远期结合的原则，全面规划，综合治理。

第二节　河道整治工程

河道整治是以综合治理为目的，除防治洪水灾害外，还要满足航运、取水、保护滩地等方面要求。河道整治涉及水利、工农业、旅游、航运等各部门，因此在制定河道整治方案之前，要征求各部门的意见，做到协调合理，统筹兼顾。

一、河道整治规划内容和基本方法

河道整治之前要编制河道整治规划，河道整治规划是流域规划的一个重要组成部分，在整治目标明确的前提下，应充分考虑河道管理部门及当地财力、物力，制定河道整治的总体计划及工程实施方案，其具体内容有以下几个方面。

1. 河道整治的任务和要求

河道整治规划分近期与远期目标和整治区国民经济发展过程中对河道的要求等，指标为设计防洪水位和流量、最小航深、取水水位及引水流量。河道整治的要求是指沿河今后一定时期内对用水的要求。对流域规划中其他水利设施情况、已有河道整治工程情况、建筑材料及运输能力和条件等有关资料，也应提出具体要求。

2. 河道整治的基本原则

河道整治的基本原则是全面规划，综合治理，因势利导，重点整治。

3. 河道性状分析

全面地、客观地、正确地分析河道性状参数是河道整治规划方案的依据。河道性状参数主要包括：河流的自然地理、地质地貌、水文泥沙及河床演变规律。对河道上已修建水利工程的（如水库），还应找出已建工程对下游河道水文泥沙、河床演变的影响。

4. 设计参数、整治方案编制

设计参数是河道整治方案编制的依据，其内容主要有：设计泄水流量、整治线、设计河宽、整治措施、近期整治工程项目、远期整治工程项目、洪水平衡计算等。一般将整治线、工程布置图、整治建筑物平面图绘制在 1:2000 地形图上，同时根据方案内容估算整治工程总投资。

5. 方案比较与论证

通常整治方案有好多种，最后要对不同方案进行综合分析，充分论证，主要从工程可行性、工程投资、工程效益和社会效益等方面进行比较，最后选定最优方案。

二、河道整治的基本措施

河道整治要有全面意识，对河道上下游、左右岸、近远期、干支流等各方面统筹考虑，对整治建筑物的建设还应考虑当地的经济、交通运输分期实施。河道整治的基本措施有护岸、浅滩整治、裁弯取直、分汊河道整治、卡口整治、河口整治等。

1. 护岸工程

护岸工程是平原河流常用的整治措施。平原性河流两岸多系砂质土壤，抵抗水流冲刷能力较小，特别是河岸弯曲的凹岸水流对河床淘刷更为严重。采用护岸工程可以改善这一状况，保护河岸并控导水流。护岸建筑物通常有护坡护底、坝、垛（图 14-1），其布置应遵循以下几个原则：

图 14-1　护岸工程示意图
1—护坡；2—丁坝；3—人字坝；4—流向

（1）护岸工程应沿河岸线布设在凹岸，布设范围必须超出河岸冲刷的范围，以防止主流位置发生变化时，水流在岸边顶冲位置移动而引起冲刷。

（2）对河道较宽、主流变化幅度较大的河流宜采用丁坝护岸，其特点是具有挑流和导流的作用，工程防守重点突出、战线短；但工程量较大，增加了河道的糙率系数。

（3）对相对较为稳定的河段宜采用护岸护底，尽量保持原水流状态，避免因工程修建使水流产生移动。

（4）河流位于丘陵地区的护岸工程以短丁坝或丁坝与护岸护底结合方式较好。

2. 浅滩整治

北方河流含沙量较大，洪水过后在河道淤积，而在两岸形成大面积浅滩，严重影响河道的泄洪和通航。

整治浅滩常用疏浚的办法。疏浚是采用挖泥船或水力冲沙的办法扩大河道断面，增加泄洪能力，稳定航道。采用挖泥船就是把河道上影响泄洪或航运的淤泥、硬埂挖除并运走。水力冲沙则是利用快速水流将淤泥带入外河，保证河道泄洪与航运。

3. 裁弯取直

水流在河道弯曲处比较紊乱，主流在凹岸底部会不断对凹岸形成淘刷，加大弯道的弯曲程度。当弯到一定程度时，既不利于泄洪又不利于通航，特别是当河道弯曲成近似弧形河流时，水流与河床之间的矛盾更加突出。在环道颈口采用人工裁弯取直并加以人工控制，加速河流自然裁弯取直的进程，可以有效地避免自然灾害的发生。

河流裁弯取直后，由于流程缩短，糙率降低，一般会使上游水位下降，裁弯后上游的浅滩碍航程度加剧，下游则往往会产生淤积，这些问题在设计时应予以充分考虑。图 14-2 为裁弯取直示意图。

4. 分汊河道整治

游荡性河流由于泥沙沉积不均匀，易形成分汊河道。分汊河道流量分散，水深相对较浅，不利通航。同时，分汊河道主流不明晰，给过流建筑物设计带来麻烦。分汊河道的整治，一般采用堵塞汊道，具体工程措施有丁坝、顺坝、护坡护底、导流堤锁坝等。

当河道汊道流量相差较悬殊时，一般采用丁坝、顺坝封堵较小流量汊口，将水流挑向主河槽，并在下游采取封堵措施，防止水流回流，如图 14-3 所示。

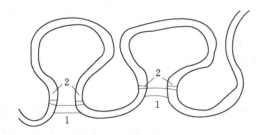

图 14-2　裁弯取直示意图
1—引河；2—锁坝

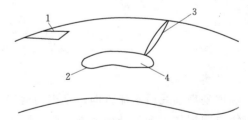

图 14-3　分汊河道整治示意图
1—丁坝；2—护坡；3—封堵堤；4—中心岛

5. 卡口整治

由于人为修建过河建筑物或河道自然条件形成河道局部束窄的现象称为卡口。卡口的存在，使河道局部过流断面面积减小，在卡口前出现局部壅水，卡口处则由于水流流速提高，冲刷加剧，对防洪十分不利，宜采用拓宽或改道的办法来整治。

凡具备拓宽条件的尽量采用拓宽的办法，确因条件限制或河道附近有重要的城镇，可考虑采用改道的方法。

6. 河口整治

河流进入海口，由于水流流速降低，泥沙沉积，河床抬高，随着河口的不断延伸，在入海口处形成三角洲淤积。同时，受潮汐冲刷在入海口易形成多汊道的喇叭口。河口的淤

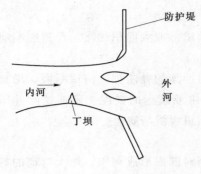

图 14-4　河口整治示意图

积与多汊影响了河道的航运和泄洪。整治的措施是采取工程方法形成相对稳定的入河口，并防止外河潮汐对入河口的侵袭，在近乎垂直内河岸线建设丁坝固定河槽，如图 14-4 所示。

三、河道整治建筑物

以整治河道为目的而修建的各种形式的建筑物统称为河道整治建筑物。河道整治建筑物的形式与河道整治的目的、使用的材料、河道水流条件等因素有关。常用的形式有：堤防工程、分（蓄、滞）洪工程、护坡护底工程、垛、坝工程。以下简介垛、坝工程中的丁坝、顺坝、锁坝、潜坝等。

1. 丁坝

丁坝是束窄河床、保护河岸的坝型建筑物。它一端与河岸相连，另一端伸向河槽，坝轴线与水流方向正交或斜交。与河岸相连的一端称为坝根，伸到外河槽的一端称为坝头，中间是坝身。因丁坝能起到挑流、导流的作用，故又称为挑水坝。丁坝种类繁多，根据坝轴线长短可分为长丁坝、短丁坝；根据坝轴线与水流方向的夹角可分为上挑丁坝、垂直丁坝和下挑丁坝（图 14-5）；根据筑坝材料可划分为土丁坝、抛石丁坝和柳石丁坝。

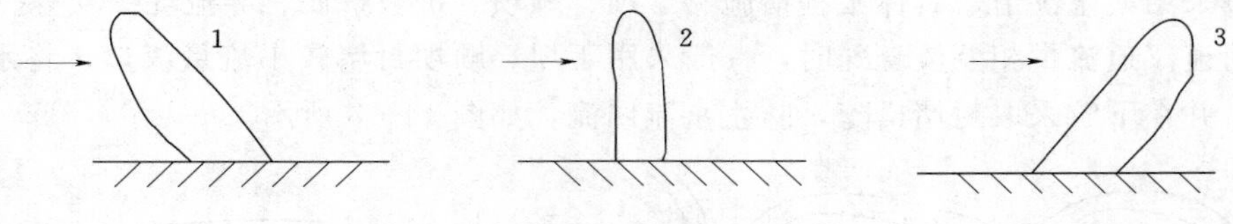

图 14-5　丁坝形式
1—上挑丁坝；2—垂直丁坝；3—下挑丁坝

2. 顺坝

顺坝是坝轴线沿水流方向，坝根与河岸相连，坝头与河岸相连或留有缺口的河道整治建筑物。顺坝与丁坝的结构基本相同，既可以是透水的，也可以是不透水的，坝顶高程因坝体作用而异。其主要作用是束窄枯水河床，增加通航水深或用以导引水流，改善水流条件。一般顺坝与格堤联合使用，用于增加顺坝坝身结构稳定性并加速顺坝与河岸之间的淤积，如图 14-6 所示。

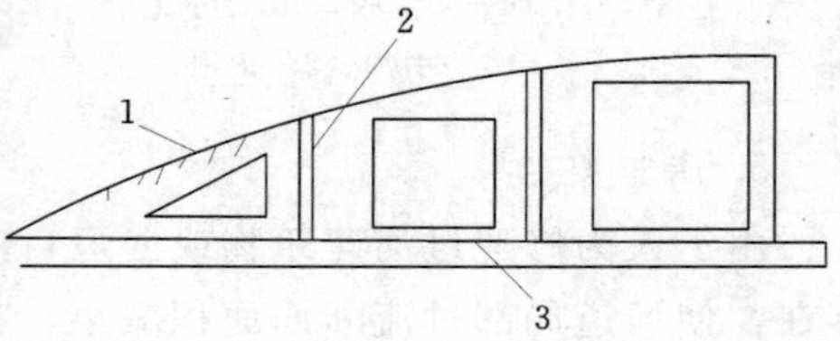

3. 锁坝

锁坝是堵塞汊河的河道整治建筑物，坝体两端与河床相连，其结构与丁坝相同。锁坝在洪水期允许坝顶过水，故锁坝应对顶部进行保护，多采用石料修筑。

4. 潜坝

潜坝位于枯水位以下，常建在深潭或河道低洼处，因此其可以增加枯水期水深，调整

图 14-6　顺坝与格堤布置
1—河岸；2—格堤；3—顺坝

河底糙率、平顺水流，同时可以保护河底、顺坝外坡底脚及丁坝坝头等部位，免遭水流冲刷。潜坝可以独立使用，若与丁坝、顺坝配合使用效果更好。

5. 护坡护底

护坡护底是用坞工材料保护河岸或丁坝、顺坝表面，防止水流冲刷淘蚀，用以改变水流运动规律，维持河道的稳定性或保护其他建筑物。

护坡护底分水下水上两部分，水下部分又称护根。水下部分是维持护坡稳定的基础工程，要求材料抗冲性强，能适应地基变形，因此多采用抛石和柳石枕。水上部分主要是导流和防止水流冲刷，因此多采用干砌石或浆砌石修筑，如图 14-7 所示。

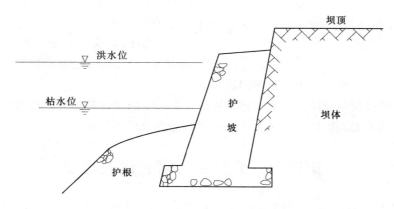

图 14-7　砌石护坡护底示意图

第三节　堤　防　工　程

堤防是沿河岸顺水流方向修建的治河工程，其目的是束缚洪水，平顺水流，减轻洪水对下游灾害，保护沿河两岸人民生命财产安全。堤防虽不是防治洪水的唯一措施，但如今仍是重要的防洪工程措施。下面就堤防工程设计及管理作简要介绍。

一、堤防的选线原则

堤线的选择是规划设计的前提，堤线选择合理与否，对河道泄洪、当地经济、防汛抢险影响很大，故在选线时要考虑以下几点：

（1）堤线尽量与河流流向保持一致，两岸堤线基本平行，避免出现局部突然变窄或变宽的现象，以利洪水宣泄。

（2）堤线与主河槽保持一定距离，在河道弯曲处，不宜离凹岸河槽太近，以防洪水主流淘刷、顶冲，造成坍塌、危及堤防安全。

（3）堤线应选在地质情况良好的地带，并尽量沿等高线修建，避免通过流沙、淤泥地带，以降低工程造价。

（4）堤线不宜随河道局部较小弯曲而弯曲，应沿河槽弯曲外沿布设。对于河道较大弯曲，堤线布设时应有较大的转弯半径，并在堤防临水面采取贴护措施，避免局部过分突出而影响洪水宣泄。

二、堤防断面构造形式

堤防多采用土（砂）石料填筑，断面一般为上下游均有一定坡度的梯形断面，当堤防较高时，为增加堤防断面稳定并防止渗透水流沿堤坡渗出，常在背水一侧修戗台。

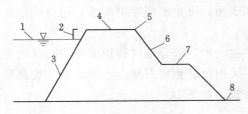

图 14-8 堤防断面

1—设计洪水位；2—超高；3—迎水坡；4—堤顶；
5—堤肩；6—背水坡；7—戗台；8—堤脚

迎水面则根据具体情况，在风浪较大地区，可采取砌石或混凝土块护坡，在无风区或风浪较小区可采用草皮护坡。堤防断面的构造型式如图 14-8 所示。

三、堤防规划设计应注意的问题

（1）堤防规划设计时，应通过泄洪量计算确定合理的堤防间距。

（2）堤防的修建，势必切断沿河城市、工矿企业的排水出路，因此应注意协调解决洪水时堤防排涝、洪水倒流入排水系统等问题。

（3）堤防建设应与滞洪区、泄洪建筑物统一考虑，应注意超标准洪水的解决对策。

（4）堤防建设提高了同标准洪水水位，上游淹没面积将增加。

第四节　分（蓄、滞）洪工程

平原性河流、游荡性河流河道宽浅，淤积严重。主槽左右摇摆，洪水期易造成淹没，主要依靠堤防来防洪。目前，我国大部分河流堤防防洪标准偏低，出现超标准洪水将会给沿河两岸造成巨大的经济损失。因此，针对中国堤防工程这一现状，应有目的、有步骤地采取分（蓄、滞）洪措施，确保沿河两岸城镇及农田防洪安全，把洪灾降低到最低程度。

分洪工程是利用泛区（滞洪洼地）修建分洪闸，在汛期分泄河道部分洪水，将超过下游河道泄洪能力的洪水通过分洪闸泄入滞洪区或通过分洪道泄入下游河道或相邻其他河道，减小下游河道的洪水负担。滞洪区多为低洼地带、湖泊、人工预留滞洪区、废弃河道等。当洪水位达到堤防防洪限制水位时，打开分洪闸，洪水进入滞洪区；待洪峰过后适当时间，滞洪区水再经泄洪闸进入原河道。

分洪工程形式虽有所不同，但目标都是削减原河道洪峰，减小洪水对沿河两岸城镇、工矿企业、农田的威胁。依据分洪工程的作用，将分洪工程分为三类：

（1）将洪水分泄于其他河流、湖泊、低洼地带等地方的分洪工程称为减洪，如图 14-9 所示。

（2）将洪水引入泛区，待洪峰过后，再将洪水输入原河道的分洪工程称为滞洪，如图 14-10 所示。

（3）在河道上修建水库，利用防洪库容拦蓄洪水的称为蓄洪，如图 14-11 所示。

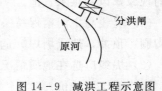

图 14-9 减洪工程示意图

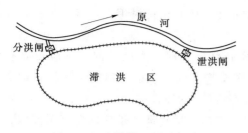

图 14-10 滞洪工程示意图

图 14-11 蓄洪工程示意图

分洪闸一般情况下不开闸，只有当河道洪水上涨到一定高度将危及到下游河道安全时，方开闸泄水。当河道水位降低到一定程度后，再将滞洪区的水排入原河道。滞洪区在枯水年份或枯水季节，要考虑安排农业生产，故滞洪区还需修建灌排渠系，干旱期引河道水灌溉，多雨季节排降内涝积水。排水系统出口应尽量与泄洪出口协调统一，这样可以降低工程造价。滞洪区内的居民应建在较高的台地上，并在居民区周围加设围堤，以保护居民区安全。滞洪期间，居民应撤离滞洪区。

规划分洪工程时，一般应将分洪垦殖结合起来。做到有计划、有安排、分洪与垦殖有序，充分利用土地资源。一般来说，分洪区在规划时应考虑以下几个方面的因素：

（1）利用河道两岸的湖泊、洼地作为分洪区，既能对洪水进行调节，又能减小分洪时过多地占用土地。

（2）分洪区应尽可能接近被保护区，因为分洪的作用在分洪口附近最显著。

（3）分洪区选择应根据洪峰大小进行确定，力求经济合理，少占用耕地。

（4）分洪区规划应与分洪区建筑物统一考虑。

分洪工程常修建的建筑物有：分洪闸、分洪道、泄洪闸、居民区围堤、河道整治建筑物等。分洪建筑物的设置应结合分洪区的具体情况而定。

第五节 防 汛 抢 险

河流在社会历史的发展中占有举足轻重的作用，河流孕育了人类的发展，为人类提供了一个连接内陆和海洋的特殊通道。同时，洪水对人类也造成了极大的危害。我国有洪泛区近 100 万 km^2，全国约 1/3 的耕地、600 多座城市，还有一些重要的油田、工矿企业、公路和铁路都受到洪水的威胁。我国土地面积广阔，河流众多，洪灾频繁且危害范围广，对国民经济影响严重。20 世纪 90 年代，洪灾造成的直接经济损失约 12000 亿元，其中1998 年洪水造成的直接经济损失达 2500 亿元。因此，防汛抢险是一个具有长期性、艰巨性、广泛性、群众性、科学性的工作，必须做好防汛抢险工作，把洪水灾害降低到最低限度，以确保社会秩序健康有序发展。

一、防汛组织

防汛工作是一项关系到国家政策、经济、人民群众贴身利益的大事，防汛的首要任务是做好组织工作，要充分依靠党政领导、地方驻军、广大人民群众。

防汛组织的设定应根据流域大小、流域所辖地区设立。相关防洪抢险机构主要有：

（1）国家设立防汛总指挥部。负责组织领导全国的防汛抗洪工作，其办事机构设在国务院水行政主管部门。

（2）长江、黄河、淮河、海河、珠江、松花江、辽河、太湖等河流，应设立有关省（直辖市、自治区）人民政府和该河流流域管理机构共同组成的防汛抗洪指挥机构。负责指挥所辖范围的防汛抗洪工作，其办事机构设在流域管理机构。

（3）有防汛任务的县级以上地方人民政府设立防汛指挥部。指挥部由有关部门、当地驻军、人民武装部负责人组成。各级政府应在上级防汛部门统一领导下，制定各项防汛抗洪措施，统一指挥本区域内的防汛抗洪任务。

（4）河道管理机构。水利水电工程管理单位和江河沿岸在建工程的建设单位，必须加强对所辖水利工程设施及防洪工程的维护与管理，保证其安全正常运行，组织并参与防洪抢险工作。

河道管理机构与其他防洪管理部门应结合平时的管理任务，组织本单位的防汛抢险队伍，做好防汛抗洪工作。

二、防汛准备

防汛准备工作是在各级防汛部门的领导下，按照流域综合规划、防洪工程实际状况和国家规定的防洪标准，制定防御洪水方案（包括对特大洪水的处置措施）。除此之外，防汛主管部门与河道管理机构还要加强日常河道工程管理，河道疏浚、清除水障、堤防维护、险工地段工程加固等工作。防御洪水方案经批准后，防汛抗洪机构及有关地方人民政府必须严格执行。

水库、水电站、拦河闸坝等工程的管理部门，应当根据工程规划设计、防御洪水方案和工程实际情况，在兴利服从防洪、保证安全的前提下，制定汛期调度运行计划，经上级主管部门审查批准后，报有管辖权的人民政府防汛指挥部备案，并接受其监督。地方政府则应根据辖区河道防洪要求，除建设和完善江河堤防、水库、蓄滞洪区等防洪设施外，还应建设并维护当地的防汛通信及报警系统。

防汛准备工作具有长期性、复杂性、科学性、组织性等特点，除做好防御洪水方案之外，还应做好以下几个方面工作。

1. 群众的思想工作

防汛抗洪的目的是最大限度地减小洪水对人类造成的灾难。一旦发生洪灾，重者造成家破人亡，轻者毁坏家园，使人背井离乡。历来，我国政府非常注重防汛抗洪工作。在防汛期间，要做好广大人民群众的思想工作，使广大参与防汛的人员及洪泛区的群众充分认识到防汛抗洪工作的重要意义，明确防汛的目的和任务，了解汛情的概念和特点，坚定防汛的思想准备，克服侥幸心理，避免麻痹思想滋生。

2. 防汛材料的准备

防汛抢险所需的主要物资应由计划主管部门在年度计划中支出，受洪水威胁的单位和群众应当储备一定的防汛抢险物料。防汛的主要材料有：砂石料、铅丝、木桩、麻袋、苇席篷布、绳缆等，防汛物料品种和数量应在汛期到来之前全部准备到位，不得延误，以免影响正常防汛工作。

3. 防汛抢险技术准备

防汛抢险工作任务艰巨，时间紧迫，既有时间的紧迫性，又有技术的针对性，故在汛期来临之前应对参与防汛的人员进行防汛抢险技术培训。参训人员既要掌握防汛抢险的基本知识和技能，又要学会险情的判断和鉴别。防汛抢险工作技术性强、涉及面广、工作强度大，因此，技术准备工作应针对防汛抢险一线人员，要求做到培训内容通俗易懂，图文并茂，必要时应开展现场教学和抢险演习。

4. 灾区群众迁移及安置

在制定防御洪水方案时，应同时制定灾区群众迁移及安置措施，这主要包括预报洪水、避洪、撤离道路、迁移地点、安置措施、紧急撤离和救生准备等汛前准备工作，并报上级防汛指挥部门批准同意。群众迁移和安置是一项重要而又复杂的工作，首先，防汛指挥部门要向洪灾区群众做好宣传，克服侥幸心理，要向群众讲清洪水可能造成的危害及可能造成的严重后果；其次，要做好村干部、共产党员的思想工作，发挥村干部、共产党员的先进性和带头示范作用；最后，要做好安置区群众的吃饭、防寒、穿衣和卫生防疫工作，保证群众的思想稳定。政府和社会各界应加大对灾区人民的关怀，使灾区群众在政府的支持下，对灾后重建充满信心。

三、防汛与抢险

（一）技术方法

在汛期应成立防汛抢险队伍，分区分片负责巡查、联络和抢护工作，要注意对大坝、堤防、护坡护底等防洪工程的运用情况进行巡逻与检查，检查其是否有裂缝、坍塌、滑坡、洞穴等不正常现象发生。对堤防背水面的检查易被忽视，背水面检查时应注意有无渗水、管涌、流土、滑裂、蚁穴等现象。对堤脚100m以内的沟塘、水井也要加强巡查，检查其有无管涌、渗水等现象。有渗水现象时，要注意观察渗水是否变浑浊，一旦渗水变浑浊，表明渗透破坏性变大，应引起足够重视。对溢洪道等泄水建筑物应检查有无淤积堵塞，两岸边坡有无松动、脱落和崩塌危险。穿越堤防的交叉建筑物的土石结合部是工程质量的弱点，应注意检查有无接触管涌、接触流土现象发生。临水面、背水面、建筑物顶部都是检查的重点，任何一处出现险情都将导致严重的后果。汛期检查时要做到"四到""五时""三清""三快"。

1. "四到"

（1）手到。用手指触摸或检查建筑物隐蔽部位，注意木桩、绳缆的松紧程度。

（2）眼到。用眼观察堤防、临水坡、背水坡有无险情，水流表面有无异常现象，堤防背水坡渗水面积是否扩大或是否发生渗水变浑现象。

（3）耳到。用耳朵听，来判别水流声音有无变化、有无石块崩落，特别是晚上，这样做有助于发现隐患。

（4）脚到。用脚检查堤防土质松软程度，以帮助判别是否有跌窝、崩塌的可能。

2. "五时"

（1）吃饭时。巡查人员较少，易漏查。

（2）黎明时。天色昏暗看不清楚，巡查人员困乏，注意力不集中。

（3）黄昏时。天色渐黑，检查人员注意力集中在走路上，险情不易被发现。

（4）刮风下雨时。受风雨干扰，视线不清，检查注意力不够集中。

（5）河水回落时。思想松懈，心情舒缓，易产生洪水已过的心理，此时堤防迎水面易产生塌滑。

3."三清"

（1）险情要查清。在检查时发生险情，应弄清险情可能造成的危害及险情出现的原因。

（2）险情要报清。发现险情，应及时向防汛指挥部报告，在报告时要报清出现险情的时间、地点、现象，能弄清原因的还应报清险情出现的原因，以便及时组织力量进行防护。

（3）报警信号要记清。发现险情后，要严格按照规定发出险情信号，以便抢险指挥部正确安排人员赶赴出事现场。

4."三快"

（1）险情发现快。巡查时要正确运用汛前培训知识及时发现险情，避免险情进一步扩大。

（2）险情报告快。发现险情时，无论大小应及时向防汛指挥部门报告。

（3）险情抢护快。发现险情时，应及时组织人力、物力进行抢护，避免险情进一步扩大。

（二）注意事项

在防汛抢险过程中，各级政府部门要严格贯彻防汛指挥部命令，步调一致，精诚合作，树立抗大汛、防大洪的思想，严禁推诿扯皮，影响防汛抗洪工作。防汛抢险过程中需要注意的问题主要有以下几点：

（1）省级人民政府防汛指挥部应根据当地的洪水规律，规定汛期起止日期。当江河、湖泊、水库的水情接近保证水位或安全流量时，或者防洪工程设施发生重大险情、情况紧急时，县级以上地方人民政府可以宣布进入紧急防汛期，并报告上级人民政府防汛指挥部。

（2）防汛期内，各级防汛指挥部必须有负责人主持工作。有关责任人员必须坚守岗位，及时掌握汛情，并按照防御洪水方案和汛期调度运用计划进行调度。

（3）在汛期，水利、电力、气象、海洋、农林等部门的水文站、雨量站，必须及时准确地向各级防汛指挥部提供实时水文信息；气象部门必须及时向各级防汛指挥部提供有关天气预报和实时气象信息；水文部门必须及时向各级防汛指挥部提供有关水文预报信息；海洋部门必须及时向沿海地区各级防汛指挥部提供风暴潮预报信息。

（4）在汛期，河道、水库、闸坝、水运设施等工作管理单位及其主管部门在执行汛期调度运用计划时，必须服从有管辖权的人民政府防汛指挥部的统一调度指挥或者监督。

（5）在汛期，河道、水库、水电站、闸坝等水工程管理单位必须按照规定对水工程进行巡查，发现险情时，必须立即采取抢护措施，并及时向防汛指挥部和上级主管部门报告。

其他单位和个人发现水工程设施出现险情，应当立即向防汛指挥部和水工程管理单位报告。

（6）在汛期，公路、铁路、航运、民航等部门应当及时运送防汛抢险人员和物资；电力部门应当保证防汛用电。

（7）在汛期，电力调度通信设施必须服从防汛工作需要；邮电部门必须保证汛情和防汛指令的及时、准确传递，电视、广播、公路、铁路、航运、民航、公安、林业、石油等部门应当运用本部门的通信工具优先为防汛抗洪服务。

（8）在紧急防汛期，地方人民政府防汛指挥部必须由人民政府负责人主持工作，组织动员本地区各有关单位和个人投入抗洪抢险。所有单位和个人必须听从指挥，承担人民政府防汛指挥部分配的抗洪抢险任务。

（9）在紧急防汛期，公安部门应当按照人民政府防汛指挥部的要求，加强治安管理和安全保卫工作。必要时有关部门可依法实行陆地和水面交通管制。

（10）在紧急防汛期，为了防汛抢险需要，防汛指挥部有权在其管辖范围内，调用物资、设备、交通运输工具和人力，事后应当及时归还或者给予适当补偿。因抢险需要占地取土、砍伐林木、清除阻水障碍物的，任何单位和个人不得阻拦。

（11）当河道水位或者流量达到规定的分洪、滞洪标准时，有管辖权的人民政府防汛指挥部有权根据经批准的分洪、滞洪方案，采取分洪、滞洪措施。采取上述措施对毗邻地区有危害的，必须经有管辖权的上级防汛指挥机构批准，并事先通知有关地区。

（12）当洪水威胁群众安全时，当地人民政府应当及时组织群众撤离至安全地带，并做好生活安排。

（13）按照水的天然流势或者防洪、排涝工程的设计标准，或者按经批准的运行方案下泄的洪水，下游地区不得设障阻水或者缩小河道的过水能力；上游地区不得擅自增大下泄流量。

（三）灾后工作

灾情发生后，物资、商业、供销、农业、公路、铁路、航运、民航等部门应积极主动做好灾区救灾物资的供给与运输；民政、卫生、教育等部门应当做好灾区群众的生活供给、医疗防疫、学生复课、恢复生产等救灾工作；水利、邮电、通信、公路等部门要做好辖区水毁工程的修复与建设；各级人民政府防汛指挥部要按照国家要求核实并统计上报辖区范围内的洪涝灾情，不得虚报、瞒报；各级人民政府应积极组织和帮助灾区群众恢复生产、重建家园。

灾后重建是关系到地方经济和政治的大事，各部门、机关团体、个人都有责任和义务帮助灾区人民尽快恢复到正常的生活中来，任何团体和个人都应顾全大局，为灾区人民的生活建设贡献自己的力量。

（四）险情抢护措施

险情抢护方法多种多样，主要可分为工程措施和非工程措施，如图 14-12 所示。防汛人员要掌握各种险情的鉴别和险情的抢护方法，由于险情的种类较多，本书在此仅介绍一些常见的险情鉴别及险情抢护的工程措施。

1. 洪水漫顶

当上游河道发生特大洪水，跨河建筑物（如桥梁）束窄了河道过水断面，河道堤防设计标准偏低等原因导致洪水超越堤顶称为洪水漫顶。

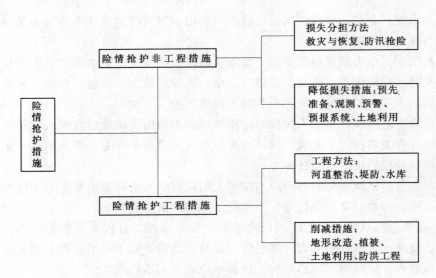

图 14-12 险情抢护措施分类

洪水漫顶的抢护原则是做到水涨堤高。其具体工程措施有加设子堤、防浪墙后加后戗等。

（1）堆筑子堤。子堤修筑常用的材料有：纯黏土料、土袋、木板和埽捆等材料。

纯黏土子堤指在堤顶（坝顶）上拆除原有路面及表面杂草，将表层土层疏松，然后分层填筑黏土夯实而成的子堤。为防止结合面渗漏，常沿子堤中心修建结合槽，使原堤与子堤紧密结合，子堤顶宽一般取 0.6～1.0m，顶高高出最高洪水位 0.5～1.0m，上游边坡不陡于 1:1.5，下游边坡不陡于 1:1。黏土子堤常在土料方便的地段修建。

土袋子堤是用草袋、蒲包、麻袋和编织袋装土修筑的子堤。用土袋填筑子堤时应注意与堤顶紧密接触，防止沿接触面产生集中渗漏，填筑时，应将堤顶表层土刨松，然后将土袋装土七成左右，紧缝袋口，由下而上依次堆砌。土袋子堤多用于砂质土料或风浪较大的堤段。

木板或埽捆子堤通常用在土料缺乏、堤顶较窄、洪水主流靠近堤防、风浪较大的情况下。修筑时，沿上游堤肩 0.5～1.0m 处楔入一排木桩，木桩背水面钉一层木板或用铁丝将埽捆绑扎在木桩上，然后在木板或埽捆后填土夯实，如图 14-13 所示。

（2）防浪墙加后戗。在土石坝水库工程中防洪时，可利用大坝防浪墙，在防浪墙后用土或土袋加戗，与防浪墙一起构成防洪子堤。

2. 管涌的防护

当洪水位超过迎水坡坡脚、迎水面受到洪水浸泡时，在背水坡坡脚附近或周围的沟槽、洼地、稻田中出现洪水逸出的现象称为管涌。管涌可能独立出现也可能出现管涌群，管涌的发展将会引起堤身坍塌甚至导致堤防溃决。管涌抢护的工程措施有围井滤水、抛石压渗、蓄水减渗等方法。

（1）围井滤水。当地基透水量较小、管涌范围不大时，可在管涌所形成的沙环外围用土袋修筑一个不很高的井，在井内抛填粗砂、细石、块石铺成反滤层，每层料厚一般为 0.2～0.3m。随着井内水位逐步壅高，临、背水坡水头差减小，渗透压力梯度逐渐降低。

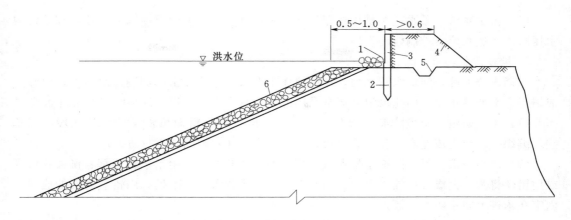

图 14 - 13 埽捆子堤（单位：m）

1—沙袋或石；2—木桩；3—埽捆子堤；4—填土；5—接合槽；6—护坡

减小渗透破坏可防止险情发生，渗水通过反滤层渗入井内，然后通过埋设在围井上部的管子导出井外，如图 14 - 14 所示。

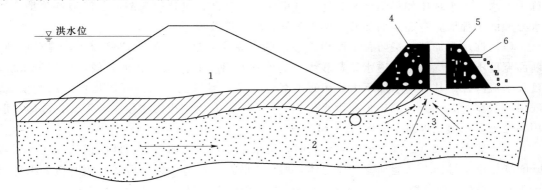

图 14 - 14 围井滤水示意图

1—覆盖层；2—坝基透水层；3—三层反滤；4—土袋；5—黏土；6—竹管

（2）抛石压渗。抛石压渗是指在出现管涌群的情况下，在管涌群地区抛填石料，以防止渗透水流带走土粒导致骨架破坏。抛填石料时应从小到大依次抛填，每层抛石厚为20～30cm，一般抛填3～4层，如图 14 - 15 所示。

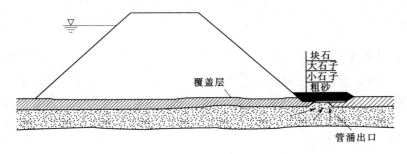

图 14 - 15 抛石压渗示意图

（3）蓄水减渗。蓄水减渗是指在管涌部位用填筑一定高度的土埂围成水池，利用池内水压减小渗透水流，控制管涌发展。

3. 风浪防护

汛期水位上涨，河道水深增加，在风浪作用下水流连续冲击并淘刷迎水表面，以致形成坍塌、滑坡等现象。防止风浪破坏常采用的措施有：土袋防浪、浮柴防浪、桩柳防浪。

（1）土袋防浪。土袋防浪是指在缺乏秸秆、柳枝等材料而风浪又较大的区段，用草袋、编织袋装土七成左右，扎紧袋口成鱼鳞状迭次沿迎水坡铺放进行防护。

（2）浮柴防浪。浮柴防浪是指在风浪较大的堤防迎水面，用铅丝将柴草、柳枝扎成捆或用铅丝将圆木捆成浮排放入水中，同时在堤防顶或背水坡打木桩，用铅丝将柴捆成浮排固定在木桩上防止顺水流漂走。

（3）桩柳防浪。桩柳防浪是指在堤防受风浪冲击部位打桩铺柳直到超出水面1m左右。其可以增加风浪阻力、减少小风浪对堤防的冲刷。

4. 渗水的处理

汛期堤防在高水位浸泡下，背水面及附近地面出现土壤潮湿或有微小清水渗出的现象称为渗水。渗水现象如得不到及时处理就可能形成管涌，以致引起漏洞、滑坡等险情。渗水处理的工程措施有迎水面加戗、柴土后戗、堆石护坡等。

（1）迎水面加戗。堤防背水面出现渗水的主要原因是上下游水位差较大，堤身单薄、断面宽度不足或堤防土质透水系数较大，迎水面加戗是在迎水面临河帮戗，增加阻水层，延长水流渗径。凡临河水深不大，附近有黏性土壤，且取土较易的堤段均可采用此措施。戗顶一般宽为3～5m，高出最高洪水位1.0～1.5m，长度超出渗水段10～15m，戗体一般用黏性土、黏壤土修筑，如图14-16所示。

（2）柴土后戗。当渗水逸出点较高时，可采用在背水面加柴土后戗的措施。柴土后戗既能满足渗水排出，又能加宽培厚堤体，增加堤防抗洪能力。柴土后戗修筑时应高出逸出点1.0m左右，戗顶宽0.7～1.0m，戗坡略缓于堤防背水坡，如图14-17所示。

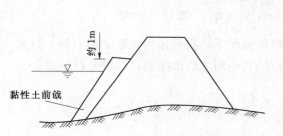 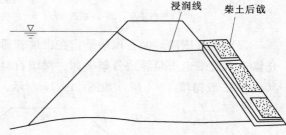

图14-16　堤防迎水面加戗示意图　　　　图14-17　堤防背水面加柴土后戗

（3）堆石护坡。当地有足够的碎石料时，可在堤防背水坡后沿堤坡堆砌一层石料来防渗，堆石护坡构造简单，石料用量少，能防止背水坡在汛期受雨水冲淋。堆石厚度一般不小于0.7～1.0m，堆石顶应高于逸水点1.0m左右，下部应伸入到堤脚以下并保证全部铺盖渗水区域，如图14-18所示。

5. 滑坡的防护

当土坝或堤防迎水面长期（较长时间）处于高水位时，由于上下游水位差存在，水流沿坝体渗流，以致土粒之间胶结能力降低，造成下游土体局部产生滑动的现象称为滑坡。滑坡虽属于局部破坏，但若不及时处理，将最终导致坝体（堤防）坍塌。对滑坡处理的措施有滤水土撑、加宽坝体。

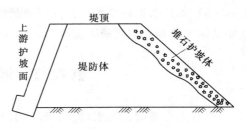

图 14-18　堆石护坡示意图

（1）滤水土撑。滤水土撑是指在背水坡滑坡范围埋设滤管、导渗沟等工程措施。该措施可减小渗透水压力并降低浸润线，消除滑坡产生的条件，然后将滑裂面下游土体削减，用非黏性土材料回填培高，回填时应分层夯实，每层厚一般为 0.3～0.5m，培厚土体应高出浸润线逸出点，土体后应加设块石固脚，如图 14-19 所示。

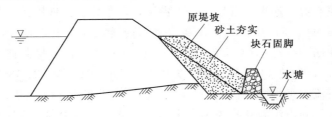

图 14-19　堆石护坡示意图

（2）加宽坝体。加宽坝体是指在原堤防剖面基础上，将背水坡表面残渣清除，表层土壤疏松，然后铺设同样土料，分层夯实直到堤顶。

6. 漏洞的防护

临河水位较高，在堤防背水坡或堤脚附近出现大股水流，水流由清逐渐变浑称为漏洞。漏洞是一种危害较大的险情，若不及时根治，将可能引起溃堤。漏洞产生的主要原因是堤身存在明显的渗水通道或堤防中有树根、洞穴等隐患，在抢护漏洞时应首先探明洞口位置。常用的漏洞口探测方法有观察法、探测杆法和潜水深摸法。观察法即是用肉眼观察水流表面是否有漩涡，若发生漩涡，则漩涡处便是洞口，此法仅适用洞口离水面较近的情况。探测杆法是将一根 1～2m 的木杆一端锯开成十字形，将两块正交的白铁皮插入锯口处并系牢，木杆另一端插上小旗或鸡毛（图 14-20），然后放入水中，若遇洞口，则会被漩涡卷入洞中，此处即为洞口。潜水探摸法则是由潜水员或熟悉水性的人员探摸、弄清漏洞口位置。

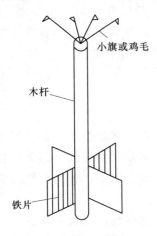

图 14-20　探测杆示意图

漏洞常用的处理方法有：软帘覆盖、抛袋堵漏、不透水器皿堵洞等。

（1）软帘覆盖。当对漏洞口较多、洞口土质软化时，可采用篷布或棉被卷成圆形筒状，筒内置重物，沿堤坡顺坡滚下，随滚随覆盖土袋，最后使漏洞闭气。

（2）抛袋堵漏。对于漏洞口较深、洞口较大又一时难以找到漏洞口的具体位置时，可用麻袋、草袋或编织袋装土，扎紧袋口抛入洞口附近，抛袋应超出洞口一定范围，待抛入水面后，抓紧集中铺盖黏土闭气。

（3）不透水器皿堵洞。在入口处洞口较小、周围土质较硬时，则可利用不透水的器皿（如铁锅、盆等）和门板覆盖洞口。然后集中铺土闭气。

第六节　泥石流防治工程

泥石流是暴雨、洪水将含有沙石且松软的土质山体饱和稀释后形成的洪流，它的面积、体积和流量都较大。泥石流流动的全过程一般只有几个小时，短的只有几分钟。它与一般洪水的区别是洪流中含有大量的泥沙石等固体碎屑物，其体积含量最少为 15%，最高可达 80% 左右，因此比洪水更具有破坏力。

1981 年，仅铁路系统就发生了成昆铁路利子依达特大泥石流灾害，宝成铁路、宝天铁路大范围特大泥石流、崩塌、滑坡、洪水灾害，及东北长大铁路万家岭老猫山地区特大泥石流灾害；2004 年，浙江乐清、四川德昌和云南盈江相继发生特大泥石流灾害，贵州毕节也发生了特大崩塌灾害；2010 年 8 月 7 日 22 点左右，甘肃舟曲特大山洪泥石流灾害塌方量达 180 万 m^3，致使 1434 人遇难，失踪 331 人；2010 年 8 月 18 日 1 点左右，云南贡山特大山洪泥石流灾害塌方量达 60 万 m^3，致使 23 人死亡，69 人失踪；2010 年 7 月 27 日 5 点多，四川省雅安市汉源县特大山洪泥石流灾害塌方量达 40 万 m^3，致使 5 人死亡，29 人失踪；2010 年 8 月 13 日，四川绵竹特大山洪泥石流灾害塌方量达 40 多万 m^3，造成 9 人死亡，多人失踪，4000 余人被困；2010 年 8 月 14 日凌晨，四川映秀特大山洪泥石流灾害塌方量达 70 万 m^3 4 人死亡，27 人失踪。

大规模泥石流灾害在 2010 年之所以表现得特别明显，除了 2010 年降雨量偏多之外，主要是由于 2008 年 "5.12" 汶川地震后，局部山体处于平衡的临界状态，山体破碎，河流失衡。在急剧的应力调整期内，山体崩塌、滑坡、泥石流由活跃向平衡发展，需要 5~10 年，甚至更长的时间，才能恢复到震前的地质稳定程度。因此，在今后相当长的一个时期内，对泥石流灾害的防范任务特别艰巨。

一、泥石流的形成条件

典型的泥石流由悬浮着粗大固体碎屑物并富含粉砂及黏土的黏稠泥浆组成。在适当的地形条件下，大量的水体浸透山坡或沟床中的固体堆积物质，使其稳定性降低，饱含水分的固体堆积物质在自身重力作用下发生运动，就形成了泥石流。泥石流是一种灾害性的地质现象。

泥石流是一种广泛分布于世界各国一些具有特殊地形、地貌状况地区的自然灾害。是山区沟谷或山地坡面上，由暴雨、冰雪融化等水源激发的、含有大量泥沙石块的介于挟沙水流和滑坡之间的土、水、气混合流。泥石流大多伴随山区洪水而发生。

泥石流的形成需要三个基本条件：有陡峭便于集水集物的适当地形；上游堆积有丰富的松散固体物质；短期内有突然性的大量流水来源。

（一）地形地貌条件

在地形上具备山高沟深，地形陡峻，沟床纵度降大，流域形状便于水流汇集。在地貌上，泥石流的地貌一般可分为形成区、流通区和堆积区三部分。上游形成区的地形多为三面环山，一面出口为瓢状或漏斗状，地形比较开阔、周围山高坡陡、山体破碎、植被生长不良，这样的地形有利于水和碎屑物质的集中；中游流通区的地形多为狭窄陡深的峡谷，谷床纵坡降大，使泥石流能迅猛直泻；下游堆积区的地形为开阔平坦的山前平原或河谷阶地，使堆积物有堆积场所。

（二）松散物质来源条件

泥石流常发生于地质构造复杂、断裂褶皱发育，新构造活动强烈，地震烈度较高的地区。地表岩石破碎，崩塌、错落、滑坡等不良地质现象发育，为泥石流的形成提供了丰富的固体物质来源；另外，岩层结构松散、软弱、易于风化、节理发育或软硬相间成层的地区，因易受破坏，也能为泥石流提供丰富的碎屑物来源；一些人类工程活动，如滥伐森林造成水土流失，开山采矿、采石弃渣等，往往也为泥石流提供大量的物质来源。

（三）水源条件

水既是泥石流的重要组成部分，又是泥石流的激发条件和搬运介质的动力来源。泥石流的水源，有暴雨、冰雪融水和水库溃决水体等形式。我国泥石流的水源主要是暴雨、长时间的连续降雨等。

二、泥石流的分类

（一）按物质成分分类

（1）由大量黏性土和粒径不等的砂粒、石块组成的叫泥石流。

（2）以黏性土为主，含少量砂粒、石块、黏度大、呈稠泥状的叫泥流。

（3）由水和大小不等的砂粒、石块组成的称之水石流。

（二）按流域形态分类

1. 标准型泥石流

为典型的泥石流，流域呈扇形，面积较大，能明显的划分出形成区，流通区和堆积区。

2. 河谷型泥石

流域呈有狭长条形，其形成区多为河流上游的沟谷，固体物质来源较分散，沟谷中有时常年有水，故水源较丰富，流通区与堆积区往往不能明显分出。

3. 山坡型泥石流

流域呈斗状，其面积一般小于 $1000m^2$，无明显流通区，形成区与堆积区直接相连。

（三）按物质状态分类

（1）黏性泥石流，含大量黏性土的泥石流或泥流。其特征是：黏性大，固体物质占 $40\%\sim60\%$，最高达 80%。其中的水不是搬运介质，而是组成物质，稠度大，石块呈悬浮状态，暴发突然，持续时间亦短，破坏力大。

（2）稀性泥石流，以水为主要成分，黏性土含量少，固体物质占 $10\%\sim40\%$，有很大分散性。水为搬运介质，石块以滚动或跃移方式前进，具有强烈的下切作用。其堆积物在堆积区呈扇状散流，停积后似"石海"。

以上分类是中国最常见的两种分类。除此之外还有多种分类方法。如按泥石流的成因分类有：冰川型泥石流，降雨型泥石流；按泥石流流域大小分类有：大型泥石流，中型泥石流和小型泥石流；按泥石流发展阶段分类有：发展期泥石流，旺盛期泥石流和衰退期泥石流等等。

三、泥石流的诱发因素

由于工农业生产的发展，人类对自然资源的开发程度和规模也在不断发展。当人类经济活动违反自然规律时，必然引起大自然的报复，有些泥石流的发生，就是由于人类不合理的开发而造成的。近年来，因为人为因素诱发的泥石流数量正在不断增加。可能诱发泥石流的因素主要有如下四个方面。

（一）自然原因

岩石的风化是自然状态下既有的，在这个风化过程中，既有氧气、二氧化碳等物质对岩石的分解，也有因为降水中吸收了空气中的酸性物质而产生的对岩石的分解，也有地表植被分泌的物质对土壤下的岩石层的分解，还有就是霜冻对土壤形成的冻结和溶解造成的土壤的松动。这些原因都能造成土壤层的增厚和土壤层的松动。

（二）不合理开挖

修建铁路、公路、水利工程以及其他工程建筑的不合理开挖。有些泥石流就是由于修建公路、水渠、铁路以及其他建筑活动，破坏了山坡表面而形成的。如云南省东川至昆明公路的老干沟，因修公路及水渠，使山体破坏，加之1966年犀牛山地震又形成崩塌、滑坡，致使泥石流更加严重。又如香港多年来修建了许多大型工程和地面建筑，几乎每个工程都要劈山填海或填方，才能获得合适的建筑场地。1972年一次暴雨，使正在施工的挖掘工程现场120人死于滑坡造成的泥石流。

（三）不合理的弃土、弃渣、采石

这种行为形成的泥石流的事例很多。如四川省冕宁县泸沽铁矿汉罗沟，因不合理堆放弃土、矿渣，1972年一场大雨暴发了矿山泥石流，冲出松散固体物质约10万 m^3，淤埋成昆铁路300m和喜（德）—西（昌）公路250m，中断行车，给交通运输带来严重损失。又如甘川公路西水附近，1973年冬在沿公路的沟内开采石料，1974年7月18日发生泥石流，使15座桥涵淤塞。

（四）滥伐乱垦

滥伐乱垦会使植被消失，山坡失去保护、土体疏松、冲沟发育，大大加重水土流失，进而山坡的稳定性被破坏，崩塌、滑坡等不良地质现象发育，结果就很容易产生泥石流。例如甘肃省白龙江中游现在是我国著名的泥石流多发区。而在一千多年前，那里竹树茂密、山清水秀，后因伐木烧炭，烧山开荒，森林被破坏，才造成泥石流泛滥。又如甘川公路石坳子沟山上大耳头，原是森林区，因毁林开荒，1976年发生泥石流毁坏了下游村庄、公路，造成人民生命财产的严重损失。当地群众说："山上开亩荒，山下冲个光"。

四、泥石流的危害

泥石流常常具有暴发突然、来势凶猛、迅速之特点。并兼有崩塌、滑坡和洪水破坏的双重作用，其危害程度比单一的崩塌、滑坡和洪水的危害更为广泛和严重。它对人类的危害具体表现在四个方面。

（一）对居民点的危害

泥石流最常见的危害之一，是冲进乡村、城镇，摧毁房屋、工厂、企事业单位及其他场所设施，淹没人畜、毁坏土地，甚至造成村毁人亡的灾难。如1969年8月云南省大盈江流域弄璋区南拱泥石流，使新章金、老章金两村被毁，97人丧生，经济损失近百万元。

如 2010 年 8 月 7—8 日，甘肃省舟曲爆发特大泥石流，5km 长、500m 宽区域被夷为平地，造成 1270 人遇难 474 人失踪。

（二）对公路和铁路的危害

泥石流可直接埋没车站、铁路、公路，摧毁路基、桥涵等设施，致使交通中断，还可引起正在运行的火车、汽车颠覆，造成重大的人身伤亡事故。有时泥石流汇入河道，引起河道大幅度变迁，间接毁坏公路、铁路及其他构筑物，甚至迫使道路改线，造成巨大的经济损失。如甘川公路 394km 处对岸的石门沟，1978 年 7 月暴发泥石流，堵塞白龙江，公路因此被淹 1km，白龙江改道使长约两公里的路基变成了主河道，公路、护岸及渡槽全部被毁。该段线路自 1962 年以来，由于受对岸泥石流的影响已 3 次被迫改线。新中国成立以来，泥石流给我国铁路和公路造成了无法估计的巨大损失。据统计，我国每年有近百座县城受到泥石流的直接威胁和危害；有 20 条铁路干线的走向经过 1400 余条泥石流分布范围内，1949 年以来，先后发生中断铁路运行的泥石流灾害 300 余起，有 33 个车站被淤埋。在我国的公路网中，以川藏、川滇、川陕、川甘等线路的泥石流灾害最严重，仅川藏公路沿线就有泥石流沟 1000 余条，先后发生泥石流灾害 400 余起，每年因泥石流灾害阻碍车辆行驶时间长达 1～6 个月。

（三）对水利水电工程的危害

主要是冲毁水电站、引水渠道及过沟建筑物，淤埋水电站尾水渠，并淤积水库、磨蚀坝面等。

泥石流对一些河流航道造成严重危害，如金沙江中下游、雅砻江中下游和嘉陵江中下游等，泥石流活动及其堆积物是这些河段通航的最大障碍。泥石流还对修建于河道上的水电工程造成很大危害，如云南省近几年受泥石流冲毁的中、小型水电站达 360 余座、水库 50 余座；上千座水库因泥石流活动而严重淤积，造成巨大的经济损失。

（四）对矿山的危害

主要是摧毁矿山及其设施，淤埋矿山坑道、伤害矿山人员、造成停工停产，甚至使矿山报废。

五、泥石流预测方法

泥石流的预测预报工作很重要，这是防灾和减灾的重要步骤和措施。目前我国对泥石流的预测预报研究常采取以下方法：

（1）在典型的泥石流沟进行定点观测研究，力求解决泥石流的形成与运动参数问题。如对云南省东川市小江流域蒋家沟、大桥沟等泥石流的观测试验研究；对四川省汉源县沙河泥石流的观测研究等。

（2）调查潜在泥石流沟的有关参数和特征。

（3）加强水文、气象的预报工作，特别是对小范围的局部暴雨的预报。因为暴雨是形成泥石流的激发因素。比如当月降雨量超过 350mm 时，日降雨量超过 150mm 时，就应发出泥石流警报。

（4）建立泥石流技术档案，特别是大型泥石流沟的流域要素、形成条件、灾害情况及整治措施等资料应逐个详细记录。并解决信息接收和传递等问题。

（5）划分泥石流的危险区、潜在危险区或进行泥石流灾害敏感度分区。

（6）开展泥石流防灾警报器的研究及室内泥石流模型试验研究。

六、泥石流预防措施

（一）房屋不要建在沟口和沟道上

受自然条件限制，很多村庄建在山麓扇形地上。山麓扇形地是历史泥石流活动的见证，从长远的观点看，绝大多数沟谷都有发生泥石流的可能。因此，在村庄选址和规划建设过程中，房屋不能占据泄水沟道，也不宜离沟岸过近；已经占据沟道的房屋应迁移到安全地带。在沟道两侧修筑防护堤和营造防护林，可以避免或减轻因泥石流溢出沟槽而对两岸居民造成的伤害。

（二）不能把冲沟当作垃圾排放场

在冲沟中随意弃土、弃渣、堆放垃圾，将给泥石流的发生提供固体物源、促进泥石流的活动；当弃土、弃渣量很大时，可能在沟谷中形成堆积坝，堆积坝溃决时必然发生泥石流。因此，在雨季到来之前，最好能主动清除沟道中的障碍物，保证沟道有良好的泄洪能力。

（三）保护和改善山区生态环境

泥石流的产生和活动程度与生态环境质量有密切关系。一般来说，生态环境好的区域，泥石流发生的频度低、影响范围小；生态环境差的区域，泥石流发生频度高、危害范围大。提高小流域植被覆盖率，在村庄附近营造一定规模的防护林，不仅可以抑制泥石流形成、降低泥石流发生频率，而且即使发生泥石流，也多了一道保护生命财产安全的屏障。

（四）雨季不要在沟谷中长时间停留

雨天不要在沟谷中长时间停留；一旦听到上游传来异常声响，应迅速向两岸上坡方向逃离。雨季穿越沟谷时，先要仔细观察，确认安全后再快速通过。山区降雨普遍具有局部性特点，沟谷下游是晴天，沟谷上游不一定也是晴天，"一山分四季，十里不同天"就是群众对山区气候变化无常的生动描述，即使在雨季的晴天，同样也要提防泥石流灾害。

（五）泥石流监测预警

监测流域的降雨过程和降雨量（或接收当地天气预报信息），根据经验判断降雨激发泥石流的可能性；监测沟岸滑坡活动情况和沟谷中松散土石堆积情况，分析滑坡堵河及引发溃决型泥石流的危险性，下游河水突然断流，可能是上游有滑坡堵河、溃决型泥石流即将发生的前兆；在泥石流形成区设置观测点，发现上游形成泥石流后，及时向下游发出预警信号。

对城镇、村庄、厂矿上游的水库和尾矿库经常进行巡查，发现坝体不稳时，要及时采取避灾措施，防止坝体溃决引发泥石流灾害。

七、典型案例

（1）2002年2月17日的印度尼西亚发生严重泥石流事件，7人死亡多人受伤。

（2）2002年8月19日云南新平泥石流死亡人数33人，3000多人参与抢险。

（3）2008年11月4日云南泥石流致35人死亡，107万多人受灾。

（4）2010年8月7日22点许，甘南藏族自治州舟曲县突降强降雨，县城北面的罗家峪、三眼峪泥石流下泄，由北向南冲向县城，造成沿河房屋被冲毁，泥石流阻断白龙江、形成堰塞湖。

（5）2010年8月11日18点—12日22点，陇南市境内突发暴雨，引发泥石流、山体滑坡等地质灾害，致使多处交通路段堵塞，电力通信设施中断，机关单位、厂矿企业和居民住房进水或倒塌。

（6）2013 年 7 月甘肃天水泥石流致 24 人遇难 1 人失踪。

八、泥石流防治工程

（一）一般规定

（1）开发建设项目处于泥石流多发地区，易受泥石流危害的，应采取泥石流防治工程。

（2）泥石流沟的防治应以小流域为单元，按以下四个类型区采取不同的工程措施，进行全面综合防治，做到标本兼治，除害兴利，开发利用水土资源，发展生产。

1）地表径流形成区。主要分布在坡面，应在坡耕地修建梯田，或采取蓄水保土耕作法；荒地造林种草，实施封育治理，涵养水源；同时配合坡面各类小型蓄排工程，力求减少地表径流，减缓流速。有条件的流域可将产流区的洪流另行引走，避免洪水沙石混合，削减形成泥石流的水源和动力。

2）泥石流形成区。主要分布在容易滑塌、崩塌的沟段，应在沟中修建谷坊、淤地坝和各类固沟工程，巩固沟床，稳定沟坡，减轻沟蚀，控制崩塌、滑塌等重力侵蚀的产生。

3）泥石流流过区。在主沟道的中、下游地段，应修建各种类型的格栅坝和桩林等工程，拦截水流中的石砾等固体物质，尽量将泥石流改变为一般洪水。

4）泥石流堆积区。主要在沟道下游和沟口，应修建停淤工程与排导工程，控制泥石流对沟口和下游河床、川道的危害。

（二）地表径流形成区的防治工程

1. 坡耕地治理

（1）以小流域为单元，对坡耕地进行全面治理，根据土层薄厚、雨量大小等条件，分别修建水平梯田、坡式梯田和隔坡梯田。有关规划、设计、施工等技术参照国家标准《水土保持综合治理技术规范坡耕地治理技术》（GB/T 16452.1—1996）第二篇的规定执行。

（2）对于 25°以下未修梯田的坡耕地，应根据不同条件结合农事耕作，分别采取沟垄种植、草田轮作、套种、间作、深耕深松等耕作法。具体技术要求参照国家标准《水土保持综合治理技术规范坡耕地治理技术》（GB/T 16453.1—1996）第一篇的规定执行。

2. 荒坡荒地治理

（1）对于荒坡荒地，应布设植物工程，其中宜林地营造经济林、薪炭林、用材林，并搞好林种、林型、树种规划和整地工程设计。具体技术要求参照国家标准《水土保持综合治理技术规范荒地治理技术》（GB/T 16453.2—1996）第一篇的规定执行。

（2）适宜种草的土地采取人工种草，须搞好人工草地规划，选好草种和种植方式。具体技术要求参照国家标准《水工保持综合治理技术规范荒地治理技术》（GB/T 16453.2—1996）第二篇的规定执行。

（3）对于残林、疏林和退化草地，采取封育治理，育林育草，并搞好有关的工程管理与技术管理。具体技术要求参照国家标准《水土保持综合治理技术规范坡耕地治理技术》（GB/T 16453.2—1996）第三篇的规定执行。

3. 小型蓄排工程

对于雨量较多、坡面径流较大的山丘地区，坡耕地和荒地治理还应配合截水沟、排水沟、沉沙池、蓄水池、路旁水窖、涝池等小型蓄水工程，搞好各项工程的规划、设计、减少暴雨径流。具体技术要求参照国家标准《水土保持综合治理技术规范小型蓄排引水工程》（GB/T 6453.4—1996）的规定执行。

4. 沟头沟边防护工程

小流域的沟头、沟边，还应根据不同条件，修建围埝式、跌水式、悬臂式等不同类型的防护工程。具体技术要求参照国家标准《水土保持综合治理技术规范沟壑治理技术》（GB/T 16453.3—1996）的规定执行。

（三）泥石流形成区的防治工程

1. 谷坊

对于小流域沟底比降较大，沟底下切严重的沟段，应分别修建土谷坊、石谷坊、柳谷坊等各种类型的谷坊，稳定沟坡，减轻沟蚀。具体技术要求参照国家标准《水土保持综合治理技术规范沟壑治理技术》（GB/T 16453.3—1996）第二篇的规定执行。

2. 淤地坝

这是治理沟壑的一项有效工程，可以拦截泥沙、巩固沟床，增加耕地。具体技术要求参照国家标准《水土保持综合治理技术规范沟壑治理技术》（GB/T 16453.3—1996）第三篇的规定执行。

沟底防冲林：

（1）在纵坡比较小的支毛沟沟底，顺沟成片造林，以巩固沟底、缓流落淤。

（2）在纵坡较大，下切较为严重的沟段，在谷坊淤泥面上成片造林。

3. 护坡工程

对存在活动性滑场、崩塌的沟坡、谷坡、山坡应采取削头减载，排除地下水、滑坡体上造林、抗滑桩和坡脚修建挡土墙等工程，制止沟坡崩场、滑塌的发展。

（四）泥石流流过区的防治工程

1. 格栅坝

在沟中用混凝土、钢筋混凝土或浆砌石修筑重力坝，其过水部分，用钢材作成格栅，以拦截泥石流中的巨石与大漂砾而使其余泥水下泄，减小石砾冲撞。

格栅坝上的过流格栅有梁式、耙式、齿状等多种形式。

（1）梁式坝［图 14－21（a）］：

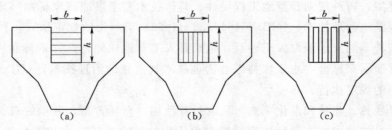

图 14－21　格栅坝示意图

(a) 梁式坝；(b) 耙式坝；(c) 齿状坝

在重力坝中部作溢流口，口上用钢材作横梁，形成格栅，梁的间隔应能上下调整，以便根据坝后淤积和泥石流活动情况及时将梁的间隔放大或缩小。

溢流口尺寸一般为矩形断面，高为 h，宽为 b，则高与宽之比 $h:b=1.5\sim2.0$。

筛分率 e 按下式计算：

$$e=V_1/V_2 \tag{14-1}$$

式中　V_1——一次泥石流过程中库内的泥沙滞留量，m^3；

　　　V_2——通过坝体下泄的泥沙量，m^3。

使用正常的梁式坝筛分效果一般应达到：当下泄粒径 $D_c=0.50m$ 时，滞留库内的泥沙百分比为 20％。

同一沟段布置的梁式坝，按筛孔大小，依次向下布置成坝系，并使此坝系有最高的筛分效率。

（2）耙式坝［图 14-21（b）］：

重力坝和溢流口作法与梁式坝相同。不同的是，在溢流口处用钢材作成耙式竖梁，形成格栅。

筛分率 e 计算，与梁式坝相同。

（3）齿状坝［图 14-21（c）］：

将重力坝的顶部作成齿状溢流口，齿口采用窄深式的三角形、梯形或矩形断面。

齿口尺寸，主要确定齿口的深宽比，一般要求深：宽＝1：1～2：1。

齿口密度应符合下式要求：

$$0.2<\sum b/B<0.6 \tag{14-2}$$

式中　B——溢流口总宽度，m；

　　　b——齿口宽度，m。

当 $\sum b/B=0.4$ 时，调节量效果最佳。

齿口宽与拦截作用关系，设 D_{m1} 与 D_{m2} 分别为中小洪水与大洪水可挟带的最大粒径。则当 $b/D_{m1}>2\sim3$ 和 $b/D_{m2}\leqslant1.5$ 时，拦截效果最佳。

齿口宽与闭塞条件，设 D_m 为洪水中挟带的最大粒径，则 $b/D_m>2.0$ 时不闭塞，$b/D_m<1.5$ 时为闭塞。

2. 桩林

（1）在泥石流间歇发生、暴发频率较低的沟道中下游，在沟中用型钢、钢管桩或钢筋混凝土桩，横断沟道成排打桩，形成桩林，拦阻泥石流中粗大石砾和其他固体物质，削弱其破坏力。

（2）垂直于沟中流向，布置两排或多排桩，每两排桩上下交错成"品"字形。设 D_m 为洪水中挟带的最大粒径，桩间距为 b，二者之比应符合下式要求：

$$b/D_m=1.5\sim2.0 \tag{14-3}$$

（3）当桩总长在地面外露部分在 3～8m 的范围内时，要求桩高 A 为间距 b 的 2～4 倍。

（4）桩基应埋在冲刷线以下，且埋置长度不应小于总长度的 1/3。

（5）桩林的受力分析与结构设计类同悬臂梁。

3. 拦沙坝

与格栅坝、桩林等配合，拦截经筛滤后的沙砾与洪水，以巩固沟床、稳定沟坡，减轻对下游的危害。

（1）拦沙坝一般为浆砌石或混凝土、钢筋混凝土实体重力坝，坝高 5m 以上，单坝库容 1 万～10 万 m^3。

（2）坝址选择根据项目区的特点和要求，坝体按一般小型水利工程技术设计。

（五）泥石流堆积区的防治工程

（1）应有停淤工程与排导工程两类，二者互相配合，共同减轻泥石流对堆积区的危害。

（2）停淤工程：根据不同条件，分别采取侧向停淤场、正向停淤场、凹地停淤场三种形式，将泥石流拦阻于保护区之外。同时，减少泥石流的下泄量，减轻排导工程的压力。

1）侧向停淤场。当堆积扇和低阶地面较宽、纵坡较缓时，将堆积扇径向垄岗或宽谷一侧山麓做成侧向围堤，在泥石流前进方向构成半封闭的侧向停淤场，将泥石流控制在预定的范围内停淤。

其布置要点是：

入流口选在沟道或堆积扇纵坡变化转折处，并略偏向下游，使上部纵坡大于下部，便于布置入流设施，获得较大落差。

在弯道凹岸中点靠上游处布设侧向溢流堰，在沟底修建潜槛，并适当抬高，以实现侧向入流和分流。要求既能满足低水位时洪水顺沟道排泄，又有利于在超高水位时也能侧向分流，使泥石流的分流与停淤达到自动调节。

停淤场入流口处沟床设横向坡度，使泥石流进入后能迅速散开，铺满横断面并立即流走，避免在堰首发生拥塞、滞流，产生累积性淤积而堵塞入流口。

停淤场具有开敞、渐变的平面形状，消除阻碍流动的急弯和死角。

2）正向停淤场。当泥石流出沟处前方有公路或其他需保护的建筑物时，在泥石流堆积扇的扇腰处，垂直于流向修建正向停淤场。布设要点如下：

正向停淤场由齿状拦挡坝与正向防护围堤结合而成，拦挡坝的两端有出口，齿状拦挡坝与公路、河流之间建防护围堤，形成高低两级正向停淤场（图 14-22）。

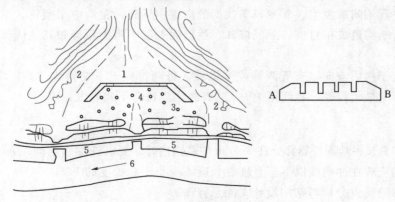

图 14-22　正向停淤场
1—正向停淤堤；2—导流坝；3—围堤；4—停淤场；5—公路；6—主河

拦挡坝两端不封闭，两侧留排泄道，在堆积扇上形成第一级高阶停淤场，具有正面阻滞停淤、两侧泄流的功能，加快停淤与水土（石）分离。

拦挡坝顶部作成疏齿状溢流口，在拦挡石砾的同时，将分选不带石砾的洪水排向下游。

在齿状拦挡坝下游河岸（公路路基上游）修建围堤，构成第二级低阶停淤场。经齿状拦挡坝排入的洪水在此处停淤。

沿堆积扇两侧开挖排洪沟，引导停淤后的洪水排入河道。

3）凹地停淤场。在泥石流活跃、沿主河一例堆积扇有扇间凹地的，修建凹地停淤场。布设要点如下：

在堆积扇上部修导流堤，将泥石流引入扇间凹地停淤。凹地两侧受相邻两个堆积扇挟持约束，形成天然围堤。

根据凹地容积及泥石流的停淤场总量，确定是否需要在下游出口处修建拦挡工程，以及拦挡工程的规模。

在凹地停淤场出口以下，开挖排洪道，将停淤后的洪水排入下游河道。

（3）排导工程：在需要排泄泥石流，或控制泥石流走向和堆积的地方，修建排导工程。根据不同条件，分别采用排导槽或渡槽等形式。

1）排导槽。主要修建在泥石流的堆积扇或堆积阶地上，使泥石流按一定路线排泄。

排导槽自上而下由进口段、急流段和出口段三部分组成。进口段作成喇叭形，并有渐变段，以利与急流段衔接。

根据排导流量，确定排导槽的断面和比降，保证泥石流不漫槽。

排导槽出口以下的排泄区要比较顺直或通过裁弯取直能变得比较顺直，以有利于泥石流流动。排导槽要有足够的坡度，或者通过一定的工程制造足够的坡度，保证泥石流在排导槽内不淤不堵，顺畅排泄。

排泄区以下要有充足的停淤场，保证泥石流经排导槽导流后不带来新的危害。

2）渡槽。在铁路、公路、水渠、管道或其他线形设施与泥石流的流过区或堆积区交叉处，需修建渡槽，使泥石流从渡槽通过，避免对建筑物造成危害。

采用渡槽需具备以下条件：①泥石流暴发较为频繁，高含沙水流与洪水或常流水交替出现，且沟道常有冲刷；②泥石流最大流量不超过200m³/s，其中固体物粒径最大不超过1.5m；③具有足够的地形高差，能满足线路设施立体交叉净空的要求；④进出口顺畅，基础有足够的承载力并具有较高的抗冲刷能力。

不宜采用渡槽的条件：沟道迁徙无常，冲淤变化急剧，洪水流量、容重和含固体物粒径变幅很大的高黏性泥石流和含巨大漂砾的泥石流。

渡槽由沟道入流衔接段、进口段、槽身、出口段和沟道出流衔接段五部分组成。各部分布设要求如下：①沟道入口衔接段在渡槽进口以上需有15～20倍于槽宽的直线引流段，沟道顺直，与渡槽进口平滑地连接；②渡槽进口段采用梯形或弧形断面的喇叭口，从沟道入流衔接段渐变到槽身。渐变段长度一般大于槽宽的5～10倍，且不应小于20m，其扩散角应小于8°～15°；③槽身部分。作成均匀的直线段，其宽度根据槽下的跨越物而定，其长度比跨越物的净宽再增加1.0～1.5倍；④渡槽出口段与沟道出流衔接段顺直相连，避开弯曲沟道，避免在槽尾附近散流停淤；⑤沟道出流衔接段其断面与比降要求能顺畅通过渡槽出口排出的泥石流，不产生淤积或冲刷，保证渡槽的正常使用。

课外知识

新农村建设要补防洪设施课

2010年9月23日本书主编倪福全及冉瑞平教授共同作客《中国水利报》现代水利周刊高端访问，针对中小河流防洪设施薄弱、农田水利建设、社会主义新农村建设和村庄整治及规划建设、更新农村防洪观念、改进农村防洪措施等问题进行了探讨。

现代水利周刊：您认为，当前我国农村防洪的重点在哪里？

倪福全：据统计，中国历史上严重的水灾极其频繁。如，黄河在2000年内决口成灾1500多次，重要改道26次，水灾波及范围达25万 km^2；长江在1300多年间水灾200多次；淮河在历史上每2～3年即发生一次水灾，特别是黄河夺淮期的500年间，发生水灾达350次；海河在580年间水灾387次。2010年我国气候异常，极端天气频繁，多种灾害频发并发。特别是降水时空分布不均，全国呈现先旱后涝、旱涝并发的特点。部分地区发生了严重的山洪、泥石流、滑坡灾害。据统计，今年的洪灾共波及28个省（直辖市、自治区），涉及人口约1.34亿人，死亡928人，直接经济损失达1765亿元。洪灾主要集中在占国土面积的60%的广大农村地区。"善为国者，必先除其一害"，"除五害之说，以水为始"。当前，在着力推动大江大河防洪减灾体系建设、加快推进蓄滞洪区安全建设的同时，我国农村防洪的重点是：一是应**着力加强中小河流重点治理和山洪灾害防治**。我国中小河流大多分布在广大农村地区，缺乏系统和有效的治理，防洪设施比较薄弱，一般年份中小河流洪涝灾害损失占全国70%以上，近10年洪灾造成的死亡人数有2/3以上发生在中小河流。因此，必须把中小河流治理作为民生水利的重要内容，加大投入，加快治理。各地要以洪涝灾害发生频繁、灾害损失严重，沿岸需要保护的城镇、乡村、人口、耕地较多的河流河段为治理重点，逐步提高中小城镇和农村的防洪能力。要防止盲目提高标准，侵占河道，造成行洪不畅，导致人员伤亡和灾害损失。积极开展山洪灾害防治工作，加强监测预报、发布预警信息、及时转移避险、建立群测群防体系等措施，最大程度地减少山洪灾害造成的人员伤亡；二是应**着力加强村庄和宅旁的洪水预防**。我国农村房屋与集镇建设中存在很多的安全隐患：一是选址隐患。为了生产生活的便利，农村集镇、街道、民舍大多沿江河溪沟而建；有些山区农村，村民的房屋建在半山腰，当持续降雨时，若山体禁不住浸泡而出现滑坡或泥石流，就会危及人与牲畜的生命安全；二是建设隐患。农村住宅建设无统一规划，乱挖乱建，不考虑地质水文条件。无技术设计，甚至偷工减料，不考虑建设结构和施工质量。无防洪保安等公共设施，各自为政，甚至挤占河道，不考虑行洪泄洪需求；三是环境隐患。一方面为了扩大集镇规模，开山削坡，破坏了植被和山体的稳定；另一方面，基本建设占用河道，违背了人与自然相和谐的规律，直接阻碍了河道行洪，是酿成水患的根本所在。此外，农村住房的房前屋后大都栽有各种树木，这些树木虽然对美化环境和增加家庭收入起到一定的作用，但是也往往在暴风雨的作用下，对房屋和人畜造成损害。三是应**着力强化农村防洪减灾非工程措施建设**。主要包括：防洪减灾责任制体系建设；防洪减灾预案体系建设；水文监测能力建设；预报预警体系建设；洪水风险管理工作；防汛抗旱服务体系和应急能力建设；大力开展农村防洪科研工作。

现代水利周刊：农田水利建设是农村发展的基础。那么，它该如何与农村防洪体系建设结合起来？

冉瑞平：目前，我国农村水利的主要问题是：①农田水利基础设施仍很脆弱，农业抗御自然灾害的能力低下。据统计，全国有54％的耕地缺少基本灌排条件，基本上是靠天吃饭；很多灌区工程老化失修严重，灌不进、排不出的问题突出。特别是在全球气候变暖的背景下，极端天气气候事件频繁，灾害损失呈加重趋势。加强农田水利基本建设，提高防灾减灾和农业综合生产能力，任务非常繁重，要求极为紧迫；②病险水库安全和群众饮水安全问题突出。全国8万多座水库中有3.7万座是病险库，汛期随时都有可能发生严重事故，是悬在我们头上的一把利剑，严重威胁着人民群众的生命财产安全。农村有近3亿人饮水不安全，特别是高氟水、高砷水、苦咸水等，严重威胁着广大农民的身心健康；③生态环境恶化问题突出。我国水土流失、生态恶化的趋势还没有得到根本遏制，草地退化、沙化、碱化面积仍在扩大，部分地区水资源开发利用超过水资源和水环境承载能力，出现了河道断流、湖泊干涸、湿地萎缩、绿洲消失、地下水位急剧下降、蓝藻暴发等现象，严重制约着经济社会可持续发展。加强农田水利基本建设，提高农业综合生产能力，具有特殊重要的意义，是促进人与自然和谐、建设生态文明的重要支撑。农田水利基本建设是灾后重建和民生工程的重要内容；是扩大内需，巩固和发展经济止滑回升、向好发展势头的重要手段；是增强农业抗灾减灾能力、确保粮食安全的有力抓手；是发展现代农业的基础；是解决"三农"问题的基础。当前农田水利建设工程主要有：农村应急水源工程、病险水库除险加固工程、农村饮水安全工程、农田灌溉工程、防洪保安工程等。从农村防洪的视角审视农田水利建设，应重点加强防洪保安工程、小型水库除险加固、加强小流域综合治理等的建设，以增强农村防洪能力，再造山川秀美的新农村。为保障农业生产安全，要健全完善真正体现农田水利特色的防洪工程体系：一是以大中型河道、水库、调水工程和重要湖泊、湿地为主构成的区域防洪抗旱减灾体系，二是以沿海防潮堤、防潮涵闸为主构成的沿海防风暴潮体系。

现代水利周刊：如何将新农村建设与农村防洪工作结合？

冉瑞平：当前正是新农村建设打基础的关键时期。水利作为农业的命脉，作为农村重要的基础设施和基础产业，在新农村建设中发挥着"生力军"作用，必须高度重视。新农村的建设目标是"生产发展，生活富裕，乡风文明，村容整洁，管理民主"。新农村水利建设涉及农民群众生产生活中最直接、最基础的问题，应以饮水安全、灌溉排水、水土保持和农村水环境建设为主要内容。必须牢固树立全面发展、协调发展、可持续发展的观念，服务于现代农业发展和社会主义新农村建设，切实把加强农田水利基本建设与土地整治、耕地质量建设结合起来，与农业综合开发、粮棉油高产创建结合起来，与村镇规划建设、生态环境建设结合起来，采取有效措施，加大投入力度，创新体制机制，全面提高农田水利基本建设成效和水平。灾后重建中，应该结合社会主义新农村建设和村庄整治，加强村庄规划建设。对目前还坐落在山塘水库之下、地质灾害地区、低洼积水地段的村庄，进行规划调整，采取土地整理、生态移民等措施，进行新的选址和建设。把农民脱离险境放到村庄整治的首位。特别危险的地方，政府要对农民迁移进行资金扶持，尽快把他们安置到地势高、地质条件相对安全、不易受到洪水冲击的地方。

现代水利周刊：农村防洪出现问题的主要原因一个是工程，另一个是观念。那么，造成农村防洪观念落后的原因是什么？

倪福全：长期对湖泊、河滩地的大规模垦殖和水土流失，严重削弱了洪水的调蓄能力和工程防洪能力。随着我国大江大河的不断开发治理，对洪水的调控能力越来越大。尽管在 2010 年的洪灾防治中，洪水预报准确率已达 90％以上，防洪监测预报体系已成为调度水利工程、科学调蓄洪水的重要技术支撑，但是，人们的仍感觉到洪水灾害有增无减。究其原因，主要是农村防洪观念落后，主要表现在：一是在流域或地区的防洪规划和设计中，往往先拟定出一个"确定的"防洪目标，认为只要足以抵御或防止该次最不利事件，就认为基本满足了防洪安全的需求，在社会舆论上形成一种思维定势，有时会误导公众的侥幸心理或者麻痹思想；二是误认为随着经济和科技的发展、防洪投入的增加，防洪目标应逐年提升，而且洪涝灾害也应日渐减少，直至彻底消灭。这个理念体现了征服自然，控制洪水，造福人民的情绪，但在今后可以预见的数十年期间，几乎是无法实现的。

现代水利周刊：您认为，该如何增强农村防洪意识，更新防洪观念？

冉瑞平：一是要从"防洪控制"更新到"洪水风险管理"，牢固树立人水和谐的观念。洪灾存在众多的不确定性和大量的致灾因子，无法确知未来的洪水状况，一方面无论是采取多么高的设计标准，也不能排除发生超标准洪水引发灾害的可能，如，7 月 27—28 日，吉林省永吉县突然遭遇特大暴雨。据水利部门测算，其中温德河为有水文记录以来最大洪水，口前水文站为 1600 年一遇洪水。另一方面致灾因子有多种多样的组合，即使是在低于"最不利事件"的常遇的洪水条件下，仍然存在安全事故和成灾的风险。二是要从水资源管理更新到综合河流流域管理。以可持续发展为导向，通过"3S"技术、洪水预报、洪水仿真模拟等新技术系统规划和优化配置水资源，来最大程度地满足整个流域范围内的相关者的利益，完成对水和环境的高效无损利用。可喜的是，目前可持续发展治水思路已深入人心，形成了打造"平安水利、民生水利、生态水利"的共识。

现代水利周刊：现有农村防洪措施主要有哪些？

倪福全：洪水是一种自然随机现象，人类要想完全避免是不可能的，即使是科学技术高度发达的先进国家仍免不了遭受水患之灾。随着社会经济的发展，防洪的重要性也与日俱增。在与洪水作斗争的过程中，人们逐渐认识到单纯从提高防洪标准来完全控制洪水灾害，无论从经济上的合理性还是从兴建工程的可行性来说，都是不现实的。要有效防治洪水灾害，必须从多途径入手，采取工程和非工程措施相结合的方法来达到尽可能大的防洪效益。现有的农村防洪措施主要是工程措施，其目的在于改变洪水天然运动特性。防洪水库、堤防、分洪道、蓄滞洪区、高出地面的道路（公路、铁路）路基、围墙等。工程措施的局限性主要表现在：水灾绝对损失仍呈攀升趋势；兴建控制性防洪枢纽的坝址告罄；防洪水库的建设所面临的经济、社会、生态环境问题日趋严重；堤防建设面临着经济、技术、环境因素的制约；蓄滞洪区运用进退两难。

现代水利周刊：针对上述局限，该如何改进？

倪福全：一是科学做好新农村水系的规划工作，全面理顺河网水系，恢复、强化和拓展河道的防洪、排涝、调水和水环境、水生态等功能；二是加强农村防洪的非工程措施的实施。非工程措施可以辅助工程措施发挥功能、协调人与洪水之间关系、缓解洪水灾难影响。它规范人的防洪行为、洪水风险区内的开发行为和减轻或缓解洪水灾难发生后的影响，如辅助工程措施和上述非工程措施制定、实施和充分发挥效益的有关技术、方法和手段，对洪水特性、洪水灾难特性的熟悉、洪水预测技术、洪水风险图等。辅助性的非工程措施指辅助防洪工程措施更好地发挥防洪功能，提高防洪效益的措施，主要包括洪水预测、防洪调度、防洪调度决策支持系统等。

思 考 题

1. 洪水的特征值有哪些？

2. 什么是河道整治工程？

3. 什么是堤防工程？

4. 分洪工程分为哪几类？

5. 汛期检查应该注意什么问题？

参 考 文 献

[1] 朱宪生，冀春楼. 水利概论 [M]. 郑州：黄河水利出版社，2004.

[2] 高安泽，刘俊辉. 著名水利工程分册 [M]. 北京：中国水利水电出版社，2004.

[3] 李宗坤，孙明权，郝红科，等. 水利水电工程概论 [M]. 郑州：黄河水利出版社，2005.

[4] 陈浩. 水利工程管理 [M]. 北京：中国水利水电出版社，1997.

第十五章　农村小水电工程

　　小水电是指装机容量 5 万 kW 以下的水电站。我国小水电资源区位分布与我国相对贫困人口区位分布基本一致。小水电没有大量水体集中和移民，规模适宜，技术成熟，投资省、工期短、见效快，可就地开发、就近供电。在促进我国中、西部地区特别是贫困地区、少数民族地区和革命老区的农村经济社会全面发展中发挥了巨大作用。小水电在增加能源供应、改善能源结构、保护生态环境、减少温室气体排放方面作出了重要贡献。经过多年发展，小水电已成为我国农村经济社会发展的重要基础设施、山区生态建设和环境保护的重要手段。

　　目前，我国累计建成农村小水电站 47000 多座、装机容量 7500 多万 kW，年均发电量 2300 多亿 kW·h，农村水电装机和年发电量约占全国水电装机和年发电量的 1/4。农村水电在促进经济社会发展、保护生态环境、推动国际合作等方面进一步发挥了作用。我国拥有 1.28 亿 kW 的小水电资源，还有很大的增长空间。

第一节　水电站的组成和类型

一、组成

　　水电站之所以能发电，是因为利用了水的能量，水头和流量是水能的两个基本要素。水电站是把水能转变为电能的场所。水力发电需要蓄积水能，需要提供安全工作条件，还需要将电能送到用户。因此以发电为主的水利枢纽一般由下列建筑物组成：

　　(1) 挡水建筑物。用于拦截水流，集中落差，形成水库。一般为坝、闸。

　　(2) 泄水建筑物。用于下泄水库容纳不了的多余水量，或用于调节控制上游水位。如溢流坝、溢洪道、泄洪洞等。

　　(3) 进水建筑物。又称取水建筑物，将符合水电站要求的水引入引水建筑物。

　　(4) 引水建筑物。又称输水建筑物，输送水流到电厂发电。如动力渠道、压力隧洞、压力钢管等。

　　(5) 平水建筑物。用于平稳引水建筑物中流量及压力的变化，保证输水建筑物和发电建筑物的安全运行。如调压室、压力前池等。

　　(6) 发电、变电和配电建筑物。有发电厂主厂房、副厂房，高压变电站等。

　　(7) 其他建筑物。如过坝建筑物、防沙冲沙建筑物、导水建筑物等。

　　本章以农村小水电常用的引水式水电站为例，主要讲述进水建筑物、压力钢管、平水建筑物和发电、变电、配电建筑物。

二、类型

水电站可按不同方法分类。按其装机容量分为大型（＞250MW）、中型（50～250MW）、小型（＜50MW）；按其厂房位置与拦河坝之间的关系可分为坝后式、河床式、引水式和混合式。抽水蓄能电站和潮汐电站也是水能利用的重要形式。

1. 坝后式水电站

当水库上下游水头落差较大时，机组和厂房的尺寸相对较小，厂房难以独立承受库水的巨大推力，因此，需要用拦河大坝承担挡水任务，抬高水位、集中落差。水电站厂房紧靠在大坝的后面布置，厂坝之间设置沉陷缝，使两者之间互不传力，厂房不承受上下游水位差所形成的压力，如图15-1所示。坝后式水电站适用于中高水头的混凝土坝。举世闻名的湖北宜昌三峡水电站就是坝后式水电站，混凝土重力坝，安装32台单机容量为70万kW的水电机组，其中左岸14台，右岸12台，地下6台，另外还有2台5万kW的电源机组，总装机容量2250万kW，是全世界装机容量最大的水力发电站。

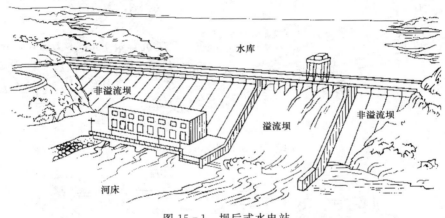

图15-1　坝后式水电站

2. 河床式水电站

河床式水电站适用于较低水头的水电站。在上下游水头落差较小的地方，可以用水电站的厂房直接挡水，使之成为挡水建筑物的一部分，并直接承受水压力，如图15-2所

图15-2　河床式水电站

示。湖北长江葛洲坝水电站、湖北汉江王甫洲水电站就是河床式水电站。

3. 引水式水电站

引水式水电站是在河流上游修建低坝或闸取水，用较长的引水道（渠道、压力钢管、隧洞）将水引到落差较大的地方（地形较陡坡处）集中水头发电。引水式水电站只需不高的拦河坝或拦河闸、底栏栅坝等挡水建筑物。引水式水电站可以减少库区淹没和工程造价，是中小型水电站经常采用的型式。它分为无压引水式电站和有压引水式电站，如图15-3、图15-4所示。

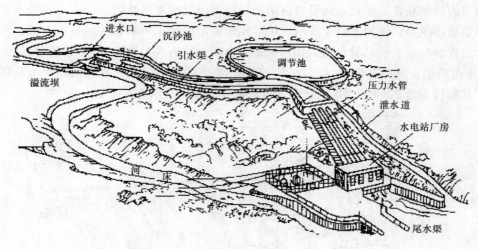

图 15-3　无压引水式水电站

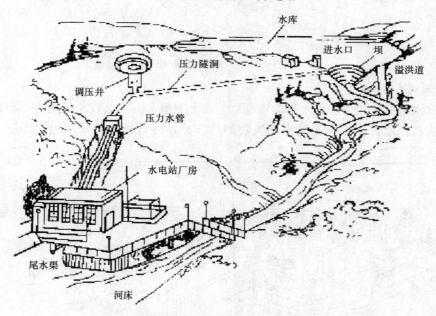

图 15-4　有压引水式水电站

我国小水电资源大多位于山区，河道坡降大，因此多采用引水式水电站，工程量小，投资少。在山区许多地方，开发和利用水力资源的一种方式是在河道上修建"底栏栅坝取水枢纽"，把天然河水引入渠道（隧洞），到压力前池，经压力管道，引入水轮机组，构成了水力动能与电能的转化过程，这种发电形式称"底栏栅坝"引水式发电方式。随着近几年山区中小河流的水电开发，底格栏栅坝的运用也越来越多。

4. 混合式水电站

混合式水电站是坝式和引水式两种方式的结合。在河道适合的地方修建较高的拦河大坝，上游形成一个有调节能力的水库，再用压力引水道将水引到水电站厂房。厂房建在下游合适地形处，如图 15-5 所示。混合式水电站的厂房位置比较灵活，既可以布置在紧靠大坝的下游处，也可以用较长的压力引水管道将厂房布置在距离水库较远的地方，并且可以进一步利用发电水头落差。大中型水电站常采用这种形式。

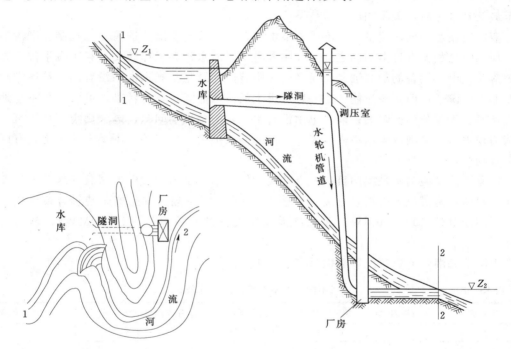

图 15-5　混合式水电站开发平、剖面图

混合式水电站的水头是由坝和引水建筑物共同形成的，即发电水头一部分靠拦河坝壅高水位获得，另一部分靠引水道集中落差取得，电站的总水头等于这两部分之和，且坝构成水库，水库参与调节作用；而引水式电站的水头主要由引水建筑物形成。

在土石坝枢纽中，引水管道不适宜于穿过坝体而布置成坝后式，常常采用混合式，即将水电站厂房布置在下游河床适当的位置。如湖北古夫河古洞口水电站，面板堆石坝，最大坝高 120m。在拱坝枢纽中，往往利用狭窄河道修建拦河坝。因此具有河道狭窄、洪水流量大、泄洪建筑物与水电站厂房争占河床的特点。将拦河坝修建在河道狭窄处，水电站厂房布置在下游河道开阔处，能解决枢纽布置上的困难。如，湖南澧水贺龙水电站，混凝土单曲拱坝，最大坝高 47.2m，引水式地面厂房布置在狭谷出口下游左岸。在下游有较大的弯曲河道时，采用混合式水电站，利用弯曲河道，还可以进一步利用落差，往往比较经济。

混合式水电站结合了坝后式和引水式的优点，有一定的调节能力，能够减少库区淹没，最大限度地利用水位落差，在地形地质条件适合的情况下，往往较其他型式经济。

5. 潮汐水电站

潮汐水电站利用海水潮汐涨落变化造成的水位差来发电。它把海水涨潮、落潮的能量转变为机械能，再把机械能转变为电能，是唯一实际应用海洋能的电站。

海水涨潮时，外海水位高于水库水位，可以利用水位差开机发电。水库水位随之上升，待水位差小至难于发电时，全部打开泄水闸门，海水迅速流入水库，使水库水位蓄至最高潮水位，关闭闸门。海水落潮后，水库水位高于外海水位，水电站利用反向水位差发电，水库水位随之逐渐降低。直至两端水位差小至难于发电时，全开泄水闸门。水库水位降至最低潮水位后，关闭闸门，等待下一次涨潮。

潮汐电站水头低，流量大，不受季节影响，但一天内受潮汐涨落变化控制。潮汐电站和常规水电站相比有许多不同之处，如潮汐电站以海水作为工作介质，利用海水位和库水位的落差发电，设备的防腐蚀和防海洋生物附着的问题是常规水电站没有的；单库潮汐电站发电有间歇性；但是潮汐能源是一种可再生的清洁能源，没有污染，可以经久不息地利用，且不受气候条件的影响；潮汐电站没有水电站的枯水期问题，电量稳定而且还可以做到精确预报；建设潮汐电站不需移民，不仅无淹没损失，相反还可围垦大片土地，有巨大的综合利用效益。

江厦潮汐试验电站是我国目前最大的潮汐能电站，是潮汐发电的试验基地。电站安装了 6 台双向灯泡贯流式机组，总装机容量 3900kW。江厦潮汐试验电站装机容量仅次于法国朗斯潮汐电站（24×10MW）及加拿大安纳波利斯潮汐电站（1×20MW），名列世界第三。

中国沿海潮汐能资源统计数据见表 15-1。

表 15-1　　　　　　　　　中国沿海潮汐能资源统计表

省区名称	平均潮差/m	装机容量/MW	占全国比重/%	年发电量/(亿 kW·h)	占全国比重/%
山东	2.36	118	0.55	3.6	0.59
长江北支	3.04	704	3.26	22.8	3.68
浙江	4.29	8800	40.79	2.64	42.68
福建	4.20	10324	47.85	283.8	45.88
辽宁	2.57	586	2.72	16.1	2.61
河北	1.01	5		0.1	
广东	1.38	640	3.01	17.2	2.78
广西	2.46	387	1.8	10.9	1.77
全国合计	18.95	21564	100	618.7	100

注　1. 长江北支分属江苏省、上海市。
　　2. 除海南岛外，南海诸岛和台湾省暂缺。

6. 抽水蓄能电站

电能在生产过程中是无法贮存的。在电力系统中，负荷是随时变化着。有些类型的电站难以适应负荷的迅速变化，特别是核电站，一旦启动需要连续运行。为了满足电力系统的负荷变化要求，减少其他电站（火电站、核电站）的负荷变幅，改善运行的条件，抽水蓄能电站利用水电站启闭转换迅速的特点，在电力系统中起到补峰填谷的作用。

抽水蓄能电站一般有上、下两个水库，水电站内装设有抽水和发电两种功能的机组。在电力系统低负荷时，抽水蓄能电站将下水库的水抽至上水库。这时，电站不是发电，而是耗电，将其他电站发出的电能转换成水能储存在水库中。待到电力系统负荷高峰时，电站利用上、下水库的落差发电，如图 15－6 所示。抽水蓄能电站可采用可逆式电机（即水泵—水轮机），不另安装水泵抽水，减少厂房高度，节省投资。

我国已经建成的大中型抽水蓄能电站有浙江天荒坪抽水蓄能电站、广州抽水蓄能电站、十三陵抽水蓄能电站等，详见表 15－2。浙江天荒坪抽水蓄能电

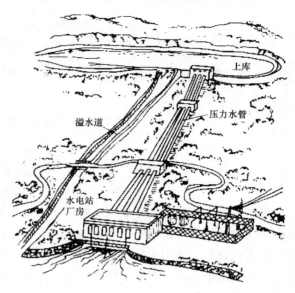

图 15－6 抽水蓄能水电站

站位于浙江省北部安吉县境内，电站枢纽主要包括上水库和下水库、输水系统、中央控制楼和地下厂房等部分组成。电站装机容量 1800MW（6×300MW），上、下水库水平距离 1km，自然高差约 590m，地下厂房采用尾部式布置，围岩为含砾流纹质凝灰岩。广州抽水蓄能电站位于中国广东省从化市。电站分两期建设，一期和二期工程分别装设 4 台可逆式水泵水轮机，单机容量 300MW，总装机容量为 2400MW，是目前世界上装机容量最大的抽水蓄能电站。一期、二期工程共用上水库、下水库，上水库、下水库之间距离 4.2km。上水库、下水库都有天然径流补充，上水库的召大水和下水库的九曲水同属流溪河上游牛栏河支流。一期、二期工程主要建筑物有上水库、下水库、引水系统、厂房和 500kV 开关站。电站平面布置如图 15－7 所示。

表 15－2　　　　　　　　我国已建成的大中型抽水蓄能电站

电站名称	所在地	水头/m	总装机容量/MW	机组台数	单机容量/MW
天荒坪	浙江省	560	1800	6	300
桐柏	浙江省	244	1200	4	300
溪口	浙江省	276	80	2	40
十三陵	北京市	450	800	4	200
潘家口	河北省	85	270	3	90
广州一期	广东省	535	1200	4	300
广州二期	广东省	535	1200	4	300
泰安	山东省	253	1000	4	250
琅琊山	安徽省	126	600	4	150
响洪甸	安徽省	64	80	2	40
沙河	江苏省	93～121	100	2	50
白山	吉林省	105.8	300	2	150
羊卓雍湖	西藏自治区	840	90	4	22.5

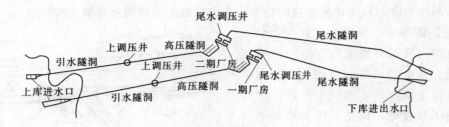

图 15-7　广州抽水蓄能电站平面布置图

第二节　水电站进水建筑物

水电站进水建筑物又称取水建筑物。通常是无压引水道之前或有压隧洞、有压管道之前的建筑物。其作用是将符合要求的水引入引水建筑物。水电站进水口是水电站水流的进口，按水流条件可分为无压进水口和有压进水口两大类。

（1）无压进水口：引取表层水为主，水流为明流，进水口后通常接无压引水道，适用于无压引水式电站。

（2）有压进水口：进水口设置在水库最低水位以下，引取水库深层水为主，水流为有压流，进水口后通常接有压隧洞或有压管道，适用于坝式、有压引水式、混合式水电站。

一、有压进水口建筑物

有压进水口由进口段、闸门段及渐变段组成。进口段是连接拦污栅与闸门段。闸门及启闭设备布置在闸门段，闸门段是进口段和渐变段的连接段。渐变段是矩形闸门段到圆形隧洞的过渡段。

有压进水口的主要设备有拦污设备、闸门及启闭设备、通气孔及充水阀，其中闸门包括事故闸门和检修闸门。拦污设备是防止漂木、树枝、垃圾等漂浮物和有害污物堵塞进水口，影响过水能力；事故闸门作用是当出现紧急情况时切断水流，以防事故扩大；检修闸门是设在事故闸门的上游，当检修事故闸门和门槽时用于堵水；通气孔布置在事故闸门之后，当引水道充水时用以排气，事故闸门紧急关闭放空引水道时用以补气以防出现有害真空；冲水阀作用是开启闸门前向引水道充水，平衡闸门前后水压，以便在静水中开启闸门。

有压进水口主要特征为进水口后接有压隧洞或有压管道。有压进水口可分为隧洞式进水口、塔式进水口、墙式进水口及坝式进水口等。有压进水口应低于运行中可能出现的最低水库水位，并有一定的淹没深度，底部高程应高于淤沙高程。

1. 隧洞式进水口

隧洞式进水口的结构特点是拦污栅布置于进水口洞外，从山体中开凿喇叭形进口段，在隧洞进口附近的岩体中再开挖竖井，井壁一般要用钢筋混凝土衬砌，检修闸门和事故闸门安置在竖井中，竖井的顶部布置启闭机及操纵室，闸门段经渐变段之后接隧洞洞身，如图 15-8 所示。

隧洞式进水口适用于工程地质条件好，岩体完整、稳定，地形坡度适中的情况，这样便于开挖喇叭形洞口和在隧洞进口附近岩体中开挖竖井，而不致引起坍塌。它充分利用了岩石的作用，减少钢筋混凝土工程量，造价低，是一种既经济又安全的结构形式。

2. 墙式进水口

墙式进水口的结构特点是进口段、闸门段和闸门竖井均布置在山体之外，形成一个紧靠在山岩上的单独墙式建筑物，承受水压及山岩压力。因而需要有足够的稳定性和强度，如图 15-9 所示。

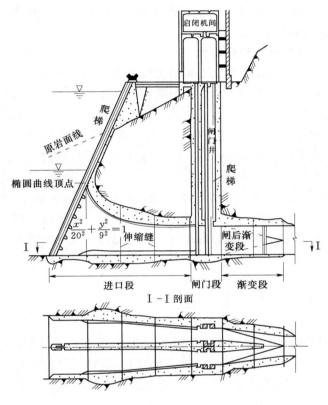

图 15-8 隧洞式进水口

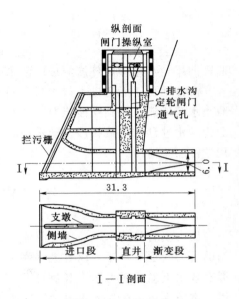

图 15-9 墙式进水口

墙式进水口适用于工程地质条件不利于开挖进口段和竖井的情况，而且地形坡度较陡，岩面坚固稳定，可将检修闸门和事故闸门紧靠在山岩上布置，其稳定性比塔式进水口要好。

3. 塔式进水口

塔式进水口的结构特点是塔式进水口不依靠山坡修建，其进口段及闸门段及其一部框架形成一个塔式结构，耸立在水库之中，塔顶设操纵平台和启闭机室，塔用工作桥与岸边或坝顶连接。塔式进水口可以设置几个不同高程的进水口，分层取水，进水口可一边或四周进水，如图 15-10 所示。

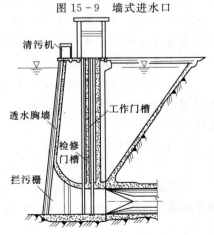

图 15-10 塔式进水口

塔式进水口适用于进口处山岩较差、岩面较差、河岸比较平缓的情况。受风浪和水的影响较大，抗震性能差，因此需要有足够的强度和抗震稳定性。

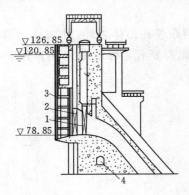

图 15-11　坝式进水口
1—事故闸门；2—检修闸门；
3—拦污栅；4—廊道

4. 坝式进水口

坝式进水口的结构特点是进水口直接布置在坝体的上游面上，并与坝内压力管道连接。进口段和闸门段常合二为一，布置紧凑合理，如图 15-11 所示。

坝式进水口适用于混凝土重力坝的坝后式厂房、坝内式厂房和河床式厂房。

二、无压进水口建筑物

无压进水口建筑物通常包括无压进水口和沉沙池。沉沙池依实际情况而定，如少沙的河流可不设置沉沙池。

无压进水口的主要特征是首部枢纽无坝，或是只起抬高水位便于引水作用的低坝。进水口后通常接无压引水道，适用于无压引水式电站。无压进水口应布置在河流弯曲段凹岸，利用横向环流原理取清水。

沉沙池位于无压进水口之后，引水道之前。通过扩大过水断面，加设分流墙和格栅，减小水流的流速及其挟沙能力，使有害泥沙沉淀在池内。沉沙池内的泥沙要定时清除，可分为动水冲沙和机械排沙。动水冲沙主要通过底部冲沙廊道清除淤积的泥沙，机械冲沙是用挖沙船来清沙。

第三节　压　力　管　道

压力水管是从水库、压力前池或调压室将水流直接引入水轮机的输水管。河床式水电站的压力管道非常短，仅有进水喇叭口。坝后式水电站的压力管道穿过坝体，长度较短。混合式水电站的压力管道长度随厂房与水库的距离长短不一。引水压力隧洞亦属压力管道。本节重点讲述进入水电站厂房前的压力钢管段。

大中型水电站压力水管的材料多采用钢管，亦称为压力钢管。钢材强度高，防渗性能好，能承受很高的内水压力，应用最广泛。中小型水电站也有采用混凝土水管。

一、压力水管的布置和分类

压力水管的路线布置应该短而直，选择在地质条件好的情况。压力钢管的进口或出口要设置闸门。进口闸门用于检修或事故关闭，常用平板闸门；出口根据情况而定，常用平板闸门或蝴蝶阀。

压力水管常用的布置方式有

1. 露天式

露天式压力钢管直接暴露在大气中，管壁承受水压力等荷载。露天式压力钢管的材料有钢管和钢筋混凝土管。露天式压力钢管多用于无压引水式水电站从压力前池到主厂房段。

2. 坝内式

压力钢管包容在坝体内部，由坝体混凝土与钢管共同承担水管内水压力，称为坝内埋管，如图 15-12 所示。坝内式压力钢管多用于坝后式水电站。

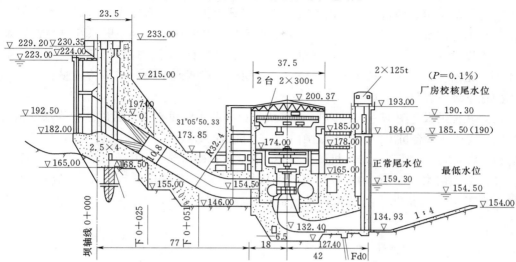

图 15-12 岩滩水电站厂房剖面图

3. 隧洞式

隧洞式压力水管多用于有压引水式水电站。表 15-3 所列为我国已建的大中型水电站中，输水长度为 5km 以上的有压隧洞。

表 15-3　　　　我国已建大中型水电站长度超过 5km 的有压输水隧洞统计表

序号	工程名称	地质条件	隧洞长度 /km	断面尺寸 /m	衬砌型式	引水流量 /(m³/s)	压力水头 /m	建成年份
1	太平驿	花岗岩	10.6	9	钢筋混凝土	250	125	1994
2	天生桥二级	灰岩	3×9.8	8.7~9.8	混凝土、钢筋混凝土	566	15~80	1992
3	鲁布革	白云岩、长岩	9.4	8	混凝土、钢筋混凝土	214	44~74	1988
4	渔子溪一级	黑云母片岩	8.4	4.7~5.0	不衬砌、喷混凝土、混凝土、钢筋混凝土	69.2	25~60	1972
5	西洱河一级	花岗岩	8.2	4.3	混凝土、钢筋混凝土	57	12~40	1972
6	渔子溪二级	灰岩	7.7	6.5~7.4	不衬砌、喷混凝土、混凝土、钢筋混凝土	73	22~61	1987
7	下马岭		7.6	5.62	钢筋混凝土	81	10~24	1962
8	小干沟	花岗岩	7.6	4				
9	南桠河三级		7.3	4.5	钢筋混凝土	54	18~50	1983
10	大桥		6.6	5.1				
11	石板		6	4.6				1995
12	羊卓雍湖	变质砂岩、板岩	5.9	2.5	钢筋混凝土		20~40	1997
13	大七孔		5.7	3.2				1988
14	古田二级	流纹斑岩	5.3	6.4~6.9	不衬砌、混凝土、钢筋混凝土	118.5	20~58	1969
15	大化	灰岩	5.2			18	18~62	
16	猫跳河五级	白云岩	5.1	6.0	混凝土、钢筋混凝土	96.9	20~34	1966

二、压力水管的供水方式

水电站的机组在两台和两台以上时，压力水管向机组的供水方式有以下三类：

(1) 单元供水 [图 15-13 (a)]。每台机组由一根水管供水。一般只在进口设置事故闸门，不设下阀门。这种方式结构简单，工作可靠，运行灵活，检修时相互无干扰，单管尺寸小、无岔管，适用于管线较短的情况。多用于坝后式水电站，或单管流量很大、长度较短的地下埋管。

(2) 联合供水 [图 15-13 (b)]。全部机组由一条水管供水，然后用岔管将水分别引到各机组。需要在每台机组前设置事故闸门。联合供水的管线少，管理方便经济，但运行、检修时相互影响大。适用于供水单机流量不大、管线较长的情况。多用于隧洞式压力水管。

(3) 分组供水 [图 15-13 (c)]。采用几条管道，每条管道分别向几台机组供水。其优缺点介于单元供水和联合供水之间。如天生桥二级水电站，三条压力隧洞向六台机组供水。

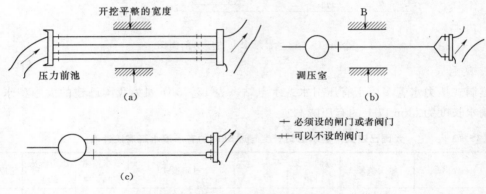

图 15-13 压力水管供水方式图
(a) 单元供水；(b) 联合供水；(c) 分组供水

三、露天压力钢管的构造

压力钢管的横断面为圆形，其经济直径根据动能经济计算来确定。它与管道流速、水头损失、工程造价、管理运行、施工维修等因素有关。

压力钢管在正常工作状况下承受内水压力，其壁厚应能满足强度和刚度要求，还要考虑一定的锈蚀和磨损安全量。压力钢管是一种薄壁结构，在放空、发生负水击等不利工作状态下，钢管管身可能被外部大气压力压扁，丧失稳定。导致钢管抗外压失稳的最小外部压力称为临界压力。为了防止压力钢管抗外压失稳，每隔一段距离加设一个刚性加劲环。加设刚性加劲环的钢管能够明显提高抗外力失稳的临界压力。加劲环的间距小，则临界压力大。露天钢管在转弯处要设镇墩将其固定，一般为混凝土浇筑而成。镇墩承受从钢管传来的轴向力、剪力和弯矩等荷载，必须以其自重来满足抗滑、抗倾稳定和地基承载力的要求。镇墩由封闭式和开敞式两种，后者应用较为广泛。

在两镇墩间的平直段上，露天钢管每隔一段距离（6～8m）设一个支墩，以支撑钢管，支墩离地面不小于 60cm，以便于维护和检修，如图 15-14 所示。支墩座用混凝土浇筑而成。按钢管与支座相对位移方式分，支座有以下形式：滑动式、滚动式和摇摆式。

为了适应温度变化，减少温度应力，露天钢管上要设伸缩节。钢管上还设有排水孔和进人孔。排水孔设在钢管的最低处，供检修时放空管内积水、排除泥沙。进人孔供检修人员进入管道内部检修、修理、涂漆等工作。

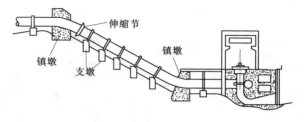

图15-14　露天压力钢管敷设图

采用联合供水式或分组供水的压力钢管分岔处需要设置岔管。岔管结构复杂，水头损失集中，是压力水管的重要组成部分。

四、坝内钢管的构造和布置

坝内埋管的内水压力绝大部分传给坝体，使坝内产生拉应力。当拉应力过大时，可能导致钢管外的混凝土开裂，对坝体安全造成不利影响。因此，需要在钢管外侧混凝土的环向布置钢筋。为了减少坝体承担的内水压力，也可以在钢管外设置软垫层，将钢管与坝体隔离开来。软垫层能够吸收钢管在内水压力作用下的径向变位，从而使内水压力很少一部分传到坝体。水口水电站坝内压力钢管是我国最早采用软垫层的、管径最大的坝内管。

坝内埋管有三种布置方式：倾斜式布置、水平式布置和竖直式布置。重力坝多用于倾斜式布置，拱坝多采用水平式布置，竖直式布置适用于坝内式厂房。

为了克服坝内钢管在布置、结构上存在的问题，近年出现了下游坝面管道，亦称坝后背管。坝后背管材料为钢衬钢筋混凝土，主要有以下优点：①减少对坝体的削弱，有利于保护大坝的整体性；②坝体不承受内水压力，结构受力条件明确；③钢衬钢筋混凝土较露天钢管经济；④避免坝体与钢管安装的施工干扰；⑤可按照机组的安装次序分阶段制作和安装，避免长期积压资金。我国已建工程中，采用坝后背管的工程有湖南耒水东江水电站（双曲拱坝）、浙江龙泉溪紧水滩水电站（双曲拱坝）、青海黄河李家峡水电站（双曲拱坝）、湖南沅江五强溪水电站（重力坝）。

坝内埋管在放空、负水击作用等情况下，也存在抗外压失稳问题。导致坝内埋管抗外压失稳的荷载有坝体渗透水压力等。受外侧混凝土的限制，同样尺寸的坝内钢管的临界压力明显大于露天钢管。

第四节　平水建筑物

平水建筑物的作用是平稳水流，保证发电机工作稳定和管道安全。常用的有压力前池和调压室、调压井。

一、压力前池

压力前池位于引水渠道的末端，是无压输水渠道和压力钢管之间的连接建筑物，如图15-15所示。压力前池的作用是：

（1）将引水渠道引来的流量按要求分配给各压力水管，并使水头损失最小。

（2）再次清除水中的污物、泥沙、浮冰等。

（3）宣泄多余的水量。较长的引水渠道在水电站出力发生变化，改变引用流量时，取水建筑物往往难于及时作出相应反应。前池处应有泄水建筑物将多余的流量泄放掉，避免

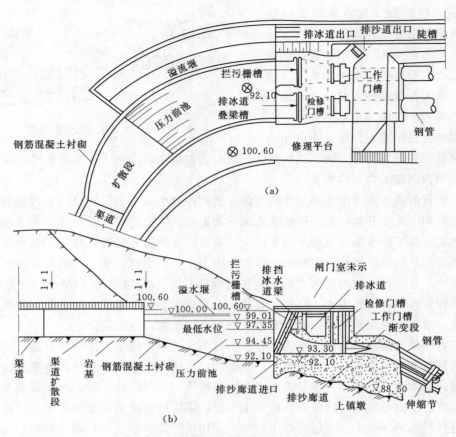

图 15-15 某电站压力前池
(a) 平面图; (b) 纵剖面图

输水管道的水位过高或产生较高的水面波动。

(4) 适应水轮机的流量调节。前池的尺寸要满足调节流量的要求, 前池的容量越大调节性能越高。较大的前池可以满足调频甚至日调节任务。

压力前池由池身、渐变段、溢流堰、拦污栅、沉沙池、排砂廊道等组成。较大的前池能够使水电站承担峰荷, 满足日调节的要求。

二、调压室

(一) 水击现象

在有压输水系统中, 当电力负荷瞬时变化时, 压力隧洞 (水管) 中出现压力迅速波动, 并沿管道传递, 这种现象称为水击现象。

当电力负荷突然丢失时, 水轮机紧急关闭, 水管内的水流受到突然阻挡。在流体的惯性作用下, 水体受到压缩 (压缩量微小), 管壁发生膨胀变形, 管道压力升高。压力升高段最先在闸门处形成, 迅速向上游传播, 形成压力波 (水击波)。压力波传至水库、前池等处时, 压力波产生的水压力突然消失, 管壁收缩, 水体恢复原态。在惯性作用下, 水压继续降低, 管内产生负压。负压力波反向向下游传播, 水击波因此往返不停地在管道内传播, 并逐渐消耗, 直至消失。压力水管内发生水击现象时, 常伴随发生锤击声, 也称水锤。水击产生的压力变化取决于水流的惯性力大小。水流流量越大，管线越长，水击压力就越大；其初始流速越大，阀门关闭时间越短，则水流的惯性加速度越大，水击压力就越大。水击压力增加压力水管承受的内水压力，容易引起水管爆裂，需要增加管壁厚度。采取延长关闭时间，缩短水管长度，增大水管直径等措施可以降低水击压力。这些措施或增加了投资，或限制了运行，对水电站不利。当管线较长时，常在靠近厂房处设置调压井或调压室，是降低水击压力的有效措施。

（二）调压室的工作原理

调压室截断水击波的传播通道，利用扩大的断面和自由水面反射水击波，使压力隧洞基本避免了水击压力值。由于缩短了压力水管，可以大大降低水击压力，改善机组的运行条件。水电站丢弃负荷后，水轮机端的压力水管内产生水击。水击波上传至调压室时，调压室至水轮机之间的水已经停止流动。这时，压力隧洞中的水流由于惯性作用仍继续流向调压室，使得调压室的水位升高。随着调压室水位升高，与水库水位差逐渐减小，直至水位差为零。此后，水库的水靠惯性继续流向调压室，调压室内水位开始高于水库水位，直至流量等于零，调压室水位升至最高点。然后，调压室的水向水库反向流动。调压室水位降至与上游水位齐平时，水流的惯性使其继续流动，直至调压室水位降至最低点。调压室水位如此往复波动。在调压井水位升降的变化过程中，显著地延缓了水击波的传播速度，大大地降低了水击压力。运动水体在摩阻中不断地消耗能量，水击波逐渐趋于平复。

当水电站增加负荷时，水轮机流量增加，调压室和引水隧洞中的水流过程与上述过程相反。"引水道-调压室"系统的特点是大量水体的往复运动，其周期长、压力变化缓慢，伴随着水体运动有不大的和较为缓慢的压力变化，这种变化与水击不同。在一般情况下，当调压室水位达到最高或最低时，水击压力已经大大衰减，甚至消失，二者的最大值不会同时出现。

（三）对调压室的基本要求

从上述可知，设置调压室后可以反射水击波，缩短压力水管长度，改善机组在负荷变化时的运行条件。根据调压室的功用，调压室应满足以下基本要求：①尽量靠近厂房以缩短压力水管的长度；②能充分反射水击波；③工作稳定；④水头损失小；⑤工作安全可靠，施工简单方便，造价经济合理。

（四）调压室的布置

调压室的布置主要有四种基本方式：

1. 上游调压室（引水调压室）

上游调压室设在距离厂房前不远的地方［图 15-16（a）］，适用于厂房上游有压引水道很长的情况。这种布置方式应用最广泛。

2. 下游调压室（尾水调压室）

在厂房下游的有压尾水隧洞较长的情况下，需要设置下游调压室［图 15-16（b）］。如导流隧洞改造成发电尾水洞。

3. 上下游双调压室

有些地下式水电站上下游都有比较长的有压引水道，为了减少水击压力，改善电站运行条件，在厂房上下游均设置调压室，形成双调压室系统［图 15-16（c）］。

4. 上游双调压室

在上游引水隧洞很长时，可以设两个调压室加快衰减水击波 [图 15－16 (d)]。

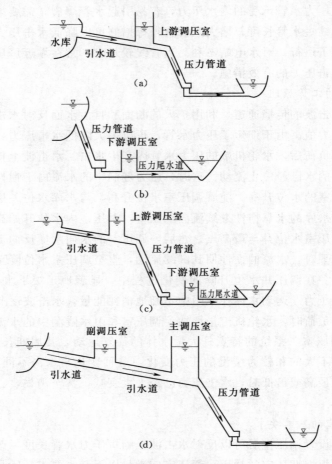

图 15－16　调压室布置方式图

(a) 上游调压室；(b) 下游调压室；(c) 上下游双调压室；(d) 上游双调压室

（五）调压室的类型

调压室按其结构形式可分为以下几类。

1. 简单式

简单式调压室自上而下具有相同的断面 [图 15－17 (a)]。简单式调压室结构形式简单，反射水击波好。但是，需要较大的容积才能得到较好的效果，工程量大。正常运用时底部水头损失大。

2. 阻抗式

将调压室底部收缩成孔口 [图 15－17 (b)]，阻抗孔口面积小于调压室处压力水道的面积，进出调压室的水流在孔口处消耗一部分能量。阻抗式调压室正常工作时水头损失小，但水击波的反射效果较差。

3. 双室式

由一个断面较小的竖井和上下两个断面扩大的调压室组成 [图 15－17 (c)]。上室的底部高程在最高静水位以上，用于丢弃负荷，调压室水位上升时蓄水；下室顶部高程在最低静水位以下，用于增加负载，向压力管道补弃水量。双室式调压室适用于水头较高、工作深度较大的水电站。

4. 溢流式

调压室顶部有溢流堰［图15-17（d）］，利用水流通过溢流堰外溢，限制水位上升。由于溢水过程中，调压室水位保持不变，可削减水击波压力。

5. 差动式

由两个直径不同的同心圆组成［图15-17（e）］。直径大的为大井，直径小的为升管。升管顶部较大井低，底部有若干小孔（阻尼孔）与大井相连通。发电机丢弃负荷时，引水隧洞中的水涌入升管，使升管水位迅速上升，很快升至顶部并向大井溢水。同时，一部分水经阻尼孔流入大井。由于大井断面大，水位上升缓慢，因此，要溢流一段时间大井与升管的水位才相等，调压室达到最高涌浪水位。此时，调压室水位高于水库水位，水流开始流向水库，升管水位迅速下降。大井水经阻尼孔缓慢流出，直至内外水位相等。此时，水库水位达到最高。水库水位高于调压室水位，水流又流向调压室，如此重复过程，直至水击波消耗怠尽。差动式调压室的断面小，水位稳定快，但是结构复杂。一般用于较高水头的水电站。

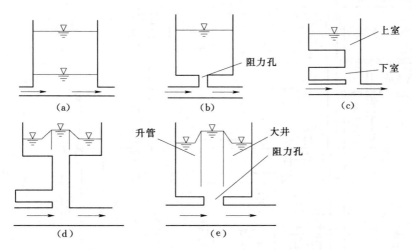

图15-17　调压室类型

第五节　水电站厂房及其设备

一、水电站厂房布置

水电站厂房是各种水工建筑物、机械设备、电气设备的综合体，是水电站的核心部分。厂房枢纽的建筑物一般包括主厂房、副厂房、变压器场和高压开关站等。厂房建筑物是为机械及电气设备服务的。装机容量小的小型水电站可不分主副厂房，所有机电设备均可装在同一厂房内。机械、电气设备大致分为五个系统：①水流系统。包括压力钢管、蝴蝶阀（或球阀）、蜗壳、水轮机、尾水管、尾水闸门等；②电流系统。即电气一次回路系统。包括发电机、发电机引出线、发电机电压配电设备、主变压器、高压开关及各种电缆、母线等；③电气控制设备系统。包括机旁盘、励磁设备、中央控制室、各种互感器、表计、继电器、控制电缆、自动及远动装置、通信及调度设备等；④机械控制设备。包括水轮机调速设备、蝴蝶阀的操作控制设备、其他各种阀门、减压阀、拦污栅等操作控制设备；⑤辅助设备系统。包括厂用电系统、油气水系统、起重设备、电气和机械修理室、试验室、工具室、通风采暖设备等。

1. 主厂房

主厂房是水电站厂房枢纽的主体，布置有水轮发电机组、电气设备、调速设备、机械设备、油气水系统、装配场等，如图 15-18 所示。主厂房由机组段组成，机组段是一台水轮发电机组所占用的厂房空间。机组段以发电机层底板为界可分为上部结构和下部结构。下部结构在高程上常分为四层：发电机层、水轮机层、蜗壳层和尾水管层。发电机层与水轮机层之间高差超过 6~8m 时，可在其间增设一个出线层，布置水轮发电机引出线、中性点接地装置、母线和互感器等设备。

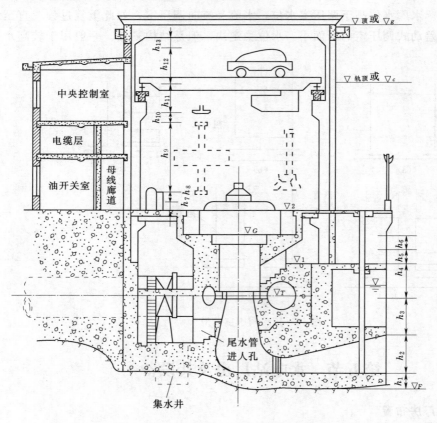

图 15-18 主厂房剖面图

以发电机层底板以上为上部结构，装有发电机、各种控制开关、调速器、励磁盘、机旁盘等。上部结构常采用板梁结构。发电机层是管理人员的值班场所，要求通风、采光、防潮和对外交通。发电机层高程可略高于设计洪水位。

下部结构的布置决定于水流系统。水流系统包括进水管、蝴蝶阀（或球阀）、蜗壳、水轮机、尾水管及其附属设备。下部结构为块体结构，以支撑发电机、水轮机等。

水轮机层的高程由水轮机的安装高程决定。水轮机的安装高程决定于水轮机的气蚀特性和下游最低水位。在水轮机不发生气蚀的情况下，应尽量提高水轮机的安装高程，以减少开挖、降低造价。

主厂房应该落在岩基上。厂房应分段以适应温度变化和不均匀沉陷。分段长度一般为 20～40m，可以一机一段，或两机一段。坝后式厂房分段长度要与坝段长度一致。装配场常常单独为一段。

2. 装配场

装配场是主厂房的一部分，用于组装、检修水轮机，有时变压器也要推入装配场进行检修。水电站的对外交通必须能够直达装配场。装配场一般与发电机同层，因此，装配场一般布置在主厂房靠近对外交通的一端。装配场的地面高程与外部交通齐平，使汽车（或火车）能将部件直接运送进厂房。有的水电站装配场分为两部分，一部分与外部公路（或铁路）齐平，以满足对外交通，一部分与主厂房的发电机层齐平，以便布置检修部件。

电站厂房内的机电设备可能重达数百吨，在厂房内一般采用桥式吊车卸车、运送、组装。装配场宽度与主厂房相同，便于桥吊在装配场和主厂房之间自由运动。装配场的长度大约为机组段的 1.0～1.5 倍。水电站的机组数量较多时可以考虑采用两台桥吊。一般情况下，装配场的大小需要考虑一台机组解体大修时，四大部件（发电机转子、发电机上机架、水轮机转轮和水轮机顶盖）能够放置在装配场内。

3. 副厂房

副厂房是指为了布置各种机电设备及工作生活用室而在主厂房旁建筑的房屋。副厂房内安装有各种运行控制设备、检修管理设备、办公和生活用房，包括：中央控制室、蓄电池室、贮酸室、开关室、厂用变压器及值班室等。各个水电站所需要的副厂房数量、尺寸各不相同。副厂房的布置较为灵活，可以在主厂房的上游侧、下游侧或某一端。

4. 主变压器场

主变压器场应尽可能靠近发电机，以缩短母线长度。坝后式厂房常将主变压器布置在厂坝之间的平台上。主变压器要便于运输、安装及检修。主变压器的维修在装配场内进行，其位置最好与装配场在同一高程上，一般通过轨道运输。

5. 高压开关站

高压开关站一般选择在开敞的露天平台上。在厂区地形陡峻时，也可布置成阶梯式。高压开关站的位置要尽量避免在泄洪时的水流区，防止雾化造成高压放电，乃至短路。

二、水轮机及调速设备

（一）水轮机

水轮机将水能转换为机械能，然后带动发电机将机械能转换为电能。水轮机和发电机合在一起称为水轮发电机组。在水轮机中，能量转换的主要部件是转轮。

按水流对转轮的作用方式可分为反击式水轮机和冲击式水轮机。反击式水轮机利用水流的势能和动能，冲击式水轮机仅利用水流的动能。

1. 反击式水轮机

反击式水轮机工作时，所有水流通道（流道）内都充满水。水流连续地流过水轮机的转轮，推动水轮机旋转。与此同时，转轮叶片给水流以反作用力，使水流的流速、方向均发生变化。反击式水轮机常见型式有混流式、轴流式、斜流式和贯流式。

（1）混流式水轮机。混流式水轮机的水流幅向进入转轮，在转轮内折转90°，从转轮的轴向流出，如图15-19所示。混流式汽轮机由下列主要部件组成：

1）蜗壳。其作用是使水流产生圆周运动，并引导水流均匀、轴对称进入水轮机。蜗壳的过水断面绕圆周逐渐减小，最终为零，形同蜗牛壳。混流式水轮机的蜗壳内壁材料常采用金属，过水断面呈椭圆形。

2）导水叶，简称导叶。其作用是将水流按最有利的方向导入转轮，并能调节流量满足负荷变化的要求。叶片为机翼形，以减少水阻。导叶均匀地分布在转轮的周围，通常为16～24片。导叶与接力器、控制环相连接组成导水机构，可以随发电机负荷的变化不断改变流量，如图15-20所示。

3）转轮。水能转换核心部件。由叶片、上冠、下环和泄水锥组成。上冠的中心下部装有泄水锥引导水流，避免水流从叶片流出后相互撞击损失能量，如图15-19所示。

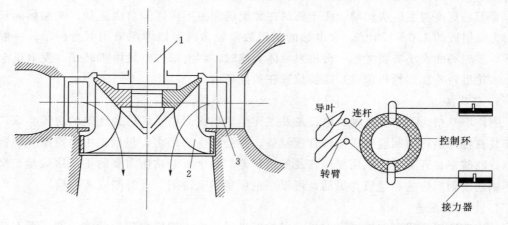

图15-19 混流式水轮机
1—主轴；2—转轮叶片；3—导叶
图15-20 导水机构传动原理示意图

4）座环。承受水轮机构的轴向推力，立式机组还承受发电机的重量和上部混凝土重量，将其传至基础。由上环、下环和固定导叶组成。固定导叶的个数是活动导叶的一半。

5）顶盖。固定在座环上，使水流只能经过导叶片、转轮后进入尾水管。

6）尾水管。其作用是将经过转轮的水流排向下游，同时将经过转轮后的残余能量回收为有用的动能，提高水轮机的效率。大中型水电站用弯肘型尾水管，小型水电站有时采用直锥形尾水管。水流从压力钢管进入水电站厂房，要流经蜗壳、座环、导水机构、转轮和尾水管，最后流出。一般将蜗壳、座环、导水机构、转轮和尾水管统称为过流部件。

混流式水轮机使用水头为20～700m，应用最为广泛。如小浪底水电站共装设6台混流式水轮发电机组，单机容量300MW，总装机容量1800MW，运行水头范围68～141m，额定流量196.0m³/s，转轮直径6.356m。

（2）轴流式水轮机。压力水流经过轴流式水轮机转轮时，方向始终平行于转轮的轴，如图 15-21 所示。轴流式水轮机的转轮很像轮船的推进器，通常有 3～8 个叶片。轴流式分为定桨式和转桨式。转桨式的叶片可以调整角度，以适应水流条件，其效率高，但结构相对复杂，造价高。轴流式水轮机的蜗壳、导叶、座环和尾水管与混流式类似。轴流式水轮机的蜗壳材料多为混凝土。

轴流式水轮机工作水头的范围为 2～80m，是低中水头、大流量的机型。如葛洲坝水电站，单机装机容量是 170MW，轴流转桨式水轮机，额定流量 1130m³/s，额定工作水头 18.6m，工作水头范围 8.3～27.0m，叶轮的最大外径是 111.3m，质量 468t。

（3）贯流式水轮机。贯流式水轮机不设蜗壳，进水管和尾水管都与转轮同轴，为管状进水。整个机组为卧式布置，形同灯泡，置于水中，又称为灯泡式机组，如图 15-22 所示。贯流式机组对止水密封要求高。贯流式水轮机用于低水头水电站，装机容量为几千瓦到几万千瓦。贯流式水轮机是一种成熟的具有较大经济价值的低水头水轮机。如王甫洲电站装机 4 台灯泡贯流式水轮机，单机容量为 27.25MW，转轮直径 7.2m，额定流量 412m³/s，工作水头范围 3.7～10.3m。

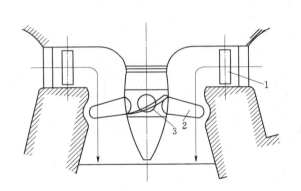

图 15-21 轴流式水轮机
1—转轮叶片；2—导叶；3—发电机定子

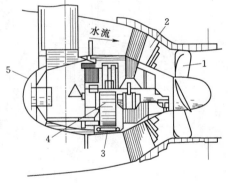

图 15-22 灯泡贯流式水轮机
1—主轴；2—转轮叶片；3—轮毂；4—发电机
转子；5—灯泡体

（4）斜流式水轮机。水流斜向经过转轮，转轮叶片可随情况变化而转动，如图 15-23 所示。斜流式水轮机适用水头范围较宽，可达 200m，工作效率高，多用于大中型电站。

2. 冲击式水轮机

冲击式水轮机是利用喷嘴把高压水流变为具有动能的高速自由射流，高速射流冲击转轮，使水流动能转化为机械能，驱动转轮旋转。冲击式水轮机按其结构特点可分为水斗式、双击式和斜击式。

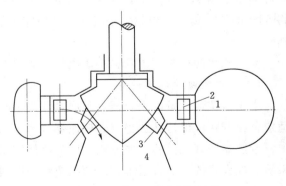

图 15-23 斜流式水轮机
1—蜗壳；2—导叶；3—转轮叶片；4—尾水管

（1）水斗式水轮机。水斗式水轮机由喷嘴、转轮、机壳等部件组成。转轮装在转轴上。四周装有许多勺形水斗，水斗中间有一道突出的尖缘，以便将射入的水分从两边排走。喷嘴装置于转轮旋转平面内，用针形阀前后移动来调节流量。喷嘴附近有折流板，用于针阀关闭时将射流折向或切断，如图 15-24 所示。水斗式水轮机在大气压下工作，无气蚀影响，一般用于 300m 以上的工作水头，最大水头已达 1770m。如广西天湖水电站，是我国第一座工作水头超过 1000m 的水斗式水电站。水头落差高达 1074m。设计装机容量 60MW（4×15MW），分两期建设，每期工程装机容量各 30MW（2×15MW）。已经建成的天湖一期采用立式双喷嘴水斗式水轮机。

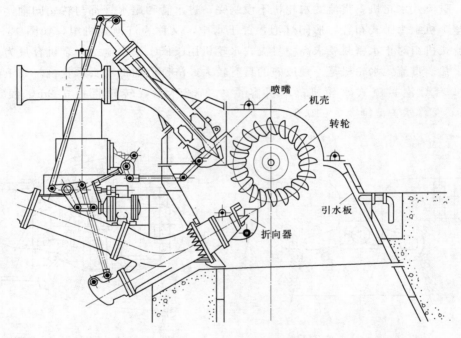

图 15-24　水斗式水轮机

（2）双击式水轮机。双击式水轮机的工作轮为带有轮叶的圆筒，类似于农村的水车。轮叶固定于两端的圆盘上，下端设有轮缘，其喷嘴为矩形孔口。水流第一次冲击轮叶时，将 83％的能量传给工作轮。水流在内部空间下落时，再次冲击工作轮，将剩余能量传给工作轮。

双击式水轮机多用于农村小水电站，其水头一般在 5～100m。

（二）水轮机的调速设备

水轮机调速设备的主要任务是通过调节水轮机的流量和出力来改变发电机的出力，以适应负荷变化，保持转速稳定。调速器分为手动和自动两类，前者仅用于农村小水电。

调速器按其元件的工作方式可分为机械液压调速器和电气液压调速器。调速器由测量系统、放大系统、执行系统、反馈系统和辅助调节系统几部分组成。

三、水轮发电机及主要电气设备

水轮发电机按其轴的装置方式可分为卧式和立式两种。卧式水轮发电机常用于中小型水电站，立式水轮发电机多用于大中型水电站。立式水轮发电机主要部件一般有转子、定子、励磁机、永磁机、制动闸、空气冷却器。

立式水轮发电机按其推力轴承的位置又可分为悬吊式和伞式。悬吊式由于转子重心在推力轴承下面，机组运转的稳定性较好，安装维护较方便；但是，上机架和定子机座为承重结构，因定子机座直径较大，则要消耗较多的钢材。悬吊式机轴长度较长，增加了厂房高度。伞式缩短了机轴长度，消耗钢材少，但运行稳定性差。

水电站的主要电气设备有变压器、开关设备、互感器、二次回路和保护设备。

四、油、气、水系统

水电站厂房的油、气、水系统是保证机电设备正常运行和安装检修所必需的。为了区分各种管道，油、气、水管分别涂上不同颜色的油漆。

1. 油系统

水电站中用油分为两大类：润滑油和绝缘油。

润滑油用于水轮机、发电机、各种电动机和油压操作系统，作用是润滑、散热和传递热量。绝缘油用于变压器、油开关等电气设备，作用是绝缘、散热和消弧。

在水电站厂房中，一般红管为进油管，黄管为出油管。

一个大型水电站的用油量可达数百吨乃至上千吨。为了保证大量的油经常处于良好状态，水电站要设油系统。油系统包括：油库、油处理室、中间排油槽、废油槽、事故油槽、油管等。

2. 水系统

水电站的水系统分为供水系统和排水系统。排水系统包括渗漏排水及检修排水系统。

供水系统供给生活用水、消防用水和技术用水。供水方式有上游坝前取水、厂区引水钢管取水、下游水泵取水和地下水源取水。在水电站厂房中，蓝管为供水管。

厂区内要排除的水有：生活用水、技术用水、渗透水。需要排除到下游的水尽量使其自流到下游。下游水位以下部分的水先流到集水井内，再用水泵排往下游。

3. 压气系统

水电站的压缩空气用于空气开关灭弧、机组制动、各种风动工具的动力。压缩空气系统包括空气压缩机、储气罐、输气管、各种阀门等。压缩空气系统可分为高压和低压两个系统，分别用于不同要求。在水电站厂房中，白管为气管。

第六节　厂房有特点的水电站

水电站厂房除了三种基本形式（坝后式、河床式和引水式）外，还发展出其他有特点的厂房形式如溢流式、坝内式、地下式等。

一、溢流式厂房水电站

厂房布置在溢流坝后，下泄水流越过厂房顶泄入下游，这样的厂房称为溢流式厂房。它用于解决河床狭窄，枢纽布置困难的情况，可以减少工程量。由于溢流厂房是全封闭的，主变压器也封闭以免受影响。厂房顶板是泄水道底板，因溢流会引起不同程度的厂房振动，对厂房工作不利。因此，也有的工程将厂房置于坝后，水流从厂房顶挑越而过，避免厂房顶振动。但是，当闸门初始开启时，小流量因挑射不远而冲击房顶。

新安江水电站（图 15-25），位于浙江省建德市，是我国第一个大型坝后厂房顶溢流式水电站。混凝土宽缝重力坝，坝高 105.0m，9 台混流式机组，总装机 662.5MW，厂房全长 216m，最大泄洪量 14000m³/s。

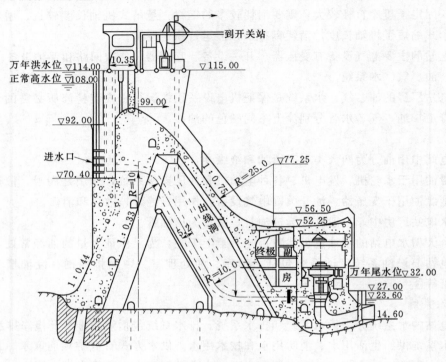

图 15-25 新安江厂房顶溢流式水电站

漫湾水电站，位于云南省澜沧江。拦河大坝为混凝土重力坝，坝高 132.0m。漫湾水电站为坝后厂房顶溢流式水电站，6 台 250MW 混流式机组，总装机 1500MW，厂房全长195m。此外，采用厂房溢流的还有贵州乌江渡水电站等。

二、坝内式水电站

坝内式水电站是指主机房布置在坝体空腔内的水电站，如图 15-26 所示。坝内式水电站布置紧凑，总体工程量省，但结构复杂，施工不便。适用于河道狭窄，枢纽布置中厂房与泄水建筑物之间布置有困难的情况。如凤滩水电站，位于湖南省酉水河上，是我国第一座混凝土空腹重力拱坝，坝高 112.5m。厂房长 85m，宽 20.5m，高 40.1m，装有 4 台100MW 混流式机组，机组布置在溢流坝的空腹内。

三、闸墩式厂房水电站

将水电站的厂房布置在扩大后的闸墩内，整体布置紧凑，如图 15-27 所示。闸墩式厂房适用于河床狭窄，不足以容纳泄水闸和集中布置厂房的情况。其厂房与泄水闸的总长度小于采用厂房集中布置时的长度。闸墩式厂房可以减少开挖，改善水轮机的进出水流条件，能利用泄水闸冲淤排沙。但厂房机组分散，运行管理不方便。青铜峡水电站是我国最早的闸墩式水电站。机组布置在每个宽 21m 的闸墩内，每个闸墩内安装 1 台竖轴转桨式水

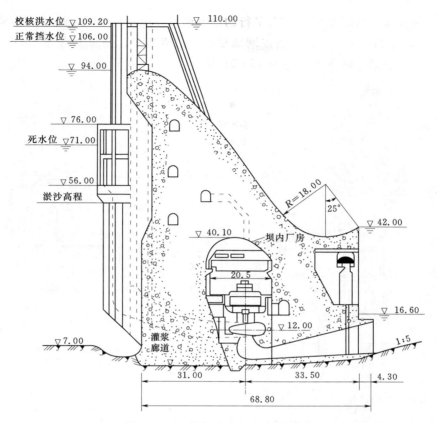

图 15-26　某坝内式水电站剖面图

轮发电机组。共安装 7 台 36MW 和 1 台 20MW 水轮发电机组，总容量 272MW。

四、地下式厂房水电站

厂房位于地面以下，在岩体中开挖而成。

地下式厂房枢纽布置灵活，可以避开地面不良地质条件，施工期不受气候影响，适宜于河床狭窄，洪水量大而且地面无适当地段布置地面厂房的情况。可以解决泄水建筑物争河床问题。地下式厂房开挖量大，应布置得很紧凑以缩小厂房尺寸，减少工程量和投资。因此，设计中要注意照明、通风、防潮、通信和对外交通等问题，保证运行人员的健康和电厂运行安全。

坝式水电站和引水式水电站均可用地下式厂房。如二滩水电站由于机组及主变压器尺寸大，形成了由地下主厂房、

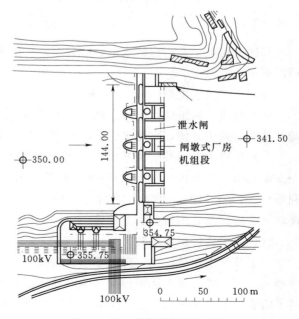

图 15-27　闸墩式厂房水电站

主变压器室和尾水调压室组成的三大平行的地下洞室。地下厂房长 280.29m，宽 25.5m，高 65.38m，埋深 200～400m，采用锚网加预应力锚索支护。安装 6 台 550MW 水轮机发电机组，总装机容量 3300MW，如图 15-28 所示。

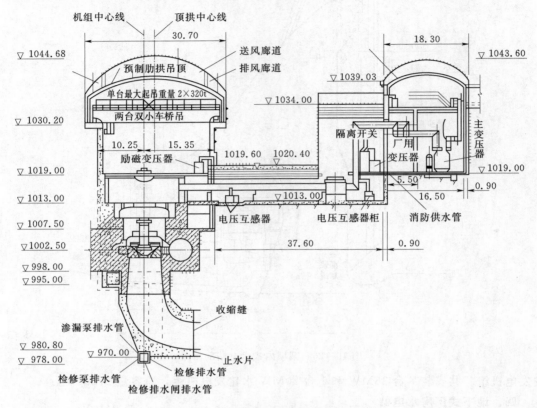

图 15-28 二滩水电站地下厂房剖面图

我国采用地下式厂房的水电站还有湖南江垭水电站、河南黄河小浪底水电站，湖北忠建河洞坪水电站等。

五、贯流式水电站

装有贯流式机组的水电站。其厂房下部结构简单，水下部分埋深小，机组间距小，基础开挖浅，施工方便，水流平顺，故投资省，适用于大流量、低水头。

广西桥巩水电站共安装 8 台单机容量 57MW 目前国内单机容量最大的灯泡贯流式水轮发电机组，总装机容量为 456MW。此外，采用贯流式机组的水电站还有广东飞来峡水利枢纽（4×35MW）、湖南凌津滩水利枢纽（9×30MW）、广西桂平枢纽水电站、湖南马迹塘水电站、湖北王甫洲水电站等。

六、露天式厂房水电站

为了节省工程量，把厂房上部建筑物省去，形成露天式厂房。大中型电站很少使用这种型式。露天式厂房上部结构没有墙壁和屋顶，并用简单的防护罩盖住发电机，一般只安装了门式吊车，利用门式吊车安装、检修机组，辅助设备布置在水轮机层；半露天式厂房的主、辅设备布置在低矮的房间中，房顶开孔，孔口用活动防护罩盖住，发电机周围有较大空间便于巡视。露天式和半露天式厂房具有投资省、工期短等优点，但运行时必须满足防冻、防热、防潮、防雨雪、防风沙、防震和巡视、检修方便等要求，适用于机组台数较多和少雨地区。青铜峡水电站就采用了半露天闸墩式厂房，8台轴流转桨式机组，总装机容量为272MW。

第七节　中国农村小水电的发展及存在的问题

一、中国农村小水电资源的分布

中国农村小水电资源十分丰富，据初步调查，农村小水电资源总蕴藏量约为1.3亿kW，可开发利用量8700万kW，居世界第一。我国可开发小水电资源分布分布在全国30个省（直辖市、自治区）的1715个县（市），与我国贫困人口、退耕还林区、自然保护区、天然林保护区和水土流失重点治理区的分布基本一致，其中398个县是国家级扶贫重点县。

从资源的地区分布看，我国长江以南雨量充沛，河流陡峻，是小水电资源分布的主要地区。黄河与长江之间，小水电资源主要在大别山区、伏牛山区、秦岭南北、甘肃南部和青海省的部分地区。新疆、西藏的喜马拉雅山脉，昆仑山脉及天山南北、阿尔金山南麓为小水电资源比较集中的地区。华北及东北的小水电资源主要集中在太行山、燕山、长白山及大兴安岭等地区。

我国小水电资源主要分布在湖南、湖北、广州、广西、河南、浙江、福建、江西、云南、四川、新疆和西藏等省（自治区），这13个省区的可开发的小水电资源约占全国90%左右。具体来说，在可开发小水电资源量8700万kW中，西南部的广西、重庆、四川、贵州、云南、西藏等6省（直辖市、自治区）和湖北恩施州、湖南湘西州是我国小水电资源蕴藏量最丰富的地区，可开发资源量约4474万kW，占51.4%。西北部的内蒙古、陕西、甘肃、宁夏、青海、新疆等6省（自治区），小水电可开发资源量有1354万kW，占15.6%。中部地区的湖南、湖北山区，小水电可开发资源量有1437万kW，占16.5%。东部地区的浙江、福建、广东山区，小水电可开发资源量有1435万kW，占16.5%。

二、农村小水电的概念

人类开发利用水电资源是从小水电开始，在开发利用江河干支流的大中型水电站的同时，人们注意到小水电的开发利用是一个不可忽视的部分。

现阶段我国所谓的"农村小水电"，是指分布在广大农村地区，江河上游中小支流上，由地方、集体或个人集资兴办与经营管理的5万kW及以下的中小型水电站和配套地方供电电网系统。

对于小水电装机容量定义范围大小，各个国家不尽相同。这是由于不同时期，不同国家的国情、水电开发历史、科学技术水平和地域经济要求等条件的差异所致。例如美国的小水电规定为15000kW及以下。日本、挪威规定为10000kW及以下。土耳其规定为5000kW及以下。其他各国一般把装机容量5000kW以下的水电站定义为小水电站。

我国在20世纪50年代，一般称500kW以下的水电站为农村水电站；到60年代，小水电站的容量界限到3000kW，并在一些地区出现了小型供电线路；80年代以后，随着以

小水电为主的农村电气化计划的实施，小水电的建设规模迅速扩大，小电站定义也扩大到
2.5 万 kW；90 年代以后，国家计委、水利部进一步明确装机容量 5 万 kW 以下的水电站
均可享受小水电的优惠政策，并出现了一些容量为几万至几十万千伏安的地方电网。中国
小水电各发展阶段的定义容量范围情况见表 15-4。

表 15-4　　　　　　　　　　中国小水电容量范围发展情况表

发展阶段	小水电定义容量/kW	全国小水电已装机容量/万 kW	机组及运行方式	输电电网电压	用　途
20 世纪 50 年代	<500	15	铁木结合水轮机电站孤立运行	低压 400V，就近送电	照明
20 世纪 60 年代	<3000	72.9	铸铁铸焊水轮机多电站联网运行	高压 10kV 输电	照明与加工
20 世纪 70 年代	<12000	632.9	机组系列化，骨干电站自动调速	高压 35kV 输电，县级地方电	照明、加工、排灌，县级企业
20 世纪 80—90 年代	<25000	1009.5	高效率机组，自动化操作	高压 110kV 输电，县级小水电公司	县级区域电气化
21 世纪初	<50000	3080.0	新型高效率机组，全盘自动化操作	高压 110kV 输电，地区小水电联网公司	地区农村电气化

三、中国农村小水电的发展

1949 年全国 500kW 以下的小水电站只有 33 座，装机容量 3634kW（不包括台湾省）。
其中，1912 年建成从昆明滇池出口螳螂川引水发电的石龙坝水电站，装机容量 2×
240kW，是中国的第一座水电站，后经逐步改建，1958 年扩建为 2×3000kW。

在 20 世纪 50 年代，由于新中国成立初期工业基础薄弱，小水电多数采用简易的木制
或铁制水轮机，配以由电动机改装成的发电机，通过 400V 低压线路，向附近的农村提供
照明。全国小水电站装机容量 15 万 kW。在 20 世纪 60 年代，全国已有制造中小型水轮发
电机组的专业工厂 10 多家，小水电生产能力提高，并被用于照明和粮食加工。全国小水
电站装机容量 72.9 万 kW。

在 20 世纪 70 年代，我国小水电的单站容量扩大至 12000kW，小水电逐步联成地方小
电网，小电网的电压等级增至 35kV，进行集中调度，并向工农业生产供电。全国小水电
站装机容量 632.9 万 kW。

在 20 世纪 80—90 年代，我国小型水力发电设备制造厂，年生产能力达到 100 万 kW。
按国家计委规定，小水电的装机容量范围扩大至 25000kW。一些地区开始用 110kV 高压
线路联成地方电网，组成县级小水电公司，实行分级管理，互通有无，调度运行。全国小
水电站装机容量 1009.5 万 kW。

至 1987 年底，全国小水电装机容量共 1110 万 kW，年发电量 290 亿 kW·h，年利用
小时 2744h，占全国水力发电总装机容量的 1/3；在小水电中，500kW 以上的骨干电站共
有 4585 座，其装机容量占 2/3 以上，发电量占 80% 以上。

我国在 1986—2000 年期间，连续组织三批农村水电初级电气化县建设，建成了 653

个农村水电初级电气化县。这些县基本上都实现了国民生产总值、财政收入、农民人均收入、人均用电量等指标明显高于全国平均水平。农村水电已经成为中国广大农村重要的基础设施和公共设施，在中国经济社会发展中发挥着重要的作用。

进入新世纪以来的 10 年，中国政府更加重视小水电在农村经济社会发展中的作用，强调要大力发展小水电、建设农村电气化、实施小水电代燃料工程。随着国家经济体制改革的不断深化，社会资本大量进入小水电开发领域，促进了小水电的快速发展，小水电总装机容量达到 5100 万 kW，增加了 2750 万 kW，年均投产装机达 306 万 kW。小水电在解决山区农村用电问题的同时，也极大地促进了农村经济社会的全面发展。

"十二五"期间农村水电的主要成就如下。

完成投资共计 1400 多亿元，其中中央投资 138 亿元，是"十一五"中央投资的 5 倍多。新增农村水电装机 1400 多万 kW，总装机超过 7500 万 kW，提前 5 年完成《可再生能源中长期发展规划》确定的目标任务。5 年累计发电量超过 1 万亿 kW·h，相当于节约了 3.2 亿 t 标准煤，减排二氧化碳 8 亿 t。

中央财政补助 88 亿元，带动地方和企业投入近 160 亿元，累计改造 4400 多座老旧农村水电站，改造后装机容量和年发电量达到 900 万 kW 和 350 亿 kW·h，分别比改造前增加 20% 和 40% 以上，实现了增加可再生能源供应、修复河流生态环境、消除安全隐患、提高水资源综合利用能力和强农惠农等多个目标。

全国累计安排中央投资 29 亿元，涉及 1070 多个项目，建成 300 个电气化县，带动完成农村水电新增装机容量 515 万 kW。累计解决了 82 万无电人口和 228 万缺电人口用电问题，西藏农村水电新解决和改善了 22 万农牧民用电问题。水电新农村电气化与社会主义新农村建设紧密结合，在山区农村经济社会发展、贫困地区脱贫致富等方面起到了积极的推动作用。

小水电代燃料建设与退耕还林、水土流失治理和新农村建设有机结合，进一步扩大实施范围，优化项目布局，整村整乡整县集中连片推进。自 2009 年规划实施以来全国又建成代燃料项目 249 个，投产代燃料装机 66.7 万 kW，建成 3 个代燃料生态示范县、80 个代燃料乡和 1478 个代燃料村，解决了 224 万山区农民的生活燃料问题，当地生态环境明显改善，农村面貌焕然一新。

全面落实农村水电安全生产和监管"双主体"责任，水利部对近 1400 座 1 万 kW 以上水电站的"双主体"责任人进行公告，水利部网站对近 2 万座 500kW 以上电站"双主体"责任人进行公示，"双主体"责任基本实现全面覆盖。启动了 1000 座安全生产标准化试点电站建设。"十二五"安全生产责任事故比"十一五"年均起数下降了 65%，2015 年全年未发生导致人身伤亡的安全生产责任事故。

2012 年，水利部印发《关于开展中小河流水能资源开发规划工作的意见》，要求对 2025 年以前有开发需求但尚未编制规划以及原有规划不能满足可持续发展新要求的河流修编水能资源规划。2015 年，全国 25 个省份确定修编 3681 条河流规划，近 2600 条河流规划报告修编完成，其中 1000 多条河流规划通过审查，400 多条河流规划批复实施，各地共落实规划经费 9800 多万元。

2011 年中央 1 号文件指出，要大力发展农村水电。2013 年中国农发行专门出台意见，在贷款期限、担保抵押等多方面扶持小水电代燃料等中央补助投资的农村水电建设项目。2014 年财政部、国家税务总局联合将小水电增值税征收率统一下调为 3％。国家发展改革委明确新投产电站以省为单位实行标杆电价。河北、安徽、重庆、海南等地小水电上网电价大幅度提高，小水电上网电价长期偏低问题逐步改善。

17 个省份的百余座小水电站完成绿色小水电评价试点，《绿色小水电评价标准》纳入水利部行业标准体系。通过推进绿色小水电建设，强化电站减水河段治理和最小下泄流量监管，中小河流生态明显改善。全球环境基金中国小水电增效扩容改造增值项目将采取绿色小水电建设和标准化建设措施，进一步提升电站环保和管理水平。

水利部修订完成《水利技术标准体系表》，其中农村水电相关标准共有 47 项。与 2008 版相比，新增 3 项、删减 5 项、合并 11 项、保留 44 项。修改后的农村水电技术标准体系重点突出，结构合理，有利于更好地发挥支撑农村水电中心工作的基础性作用。

作为世界小水电发展大国，中国将经验和智慧推广至世界。2012 年，国际小水电中心实施的"点亮非洲"项目投产，赞比亚总统和联合国官员出席竣工仪式。《2013 世界小水电发展报告》全球首发。2015 年，国家主席习近平同巴基斯坦总理纳瓦兹·谢里夫共同为水利部农村电气化研究所执行的外援项目"中巴小型水电技术国家联合研究中心"揭牌。

四、中国农村小水电特点

相对于大型水电站，小水电对环境的影响较小，是符合水电开发和经济持续发展与环境相协调的可再生能源。而且农村小水电资源多分布在人烟稀少，用电负荷分散，大电网难以覆盖，也不适宜大电网长距离输送供电的山区。小水电工程简单、建设工期短，一次基建投资小，水库的淹没损失、移民、环境和生态等方面的综合影响甚小。而且小水电运行维护简单且接近用户，故输变电设备简单、线路输电损耗小。以上这些优点使小水电在我国和其他发展中国家发展迅速，成为农村和边远山区发电的主力，所以农村小水电既是农村能源的重要组成部分，也是大电网的有力补充。我国农村小水电资源的特点如下：

（1）农村小水电工程建设规模适中、投资省、工期短、见效快，不需要大量水库移民和淹没损失。而且小水电技术也比较成熟，我国在小水电规划、设计、施工、设备制造、运行管理等方面都已处于世界领先行列，向 50 多个国家的数百个项目提供了技术咨询、对外劳务和工程承包，为 60 多个国家培训了数千名工程技术人员。

（2）由于农村小水电系统服务于本地区，分散开发、就地成网、就近供电、发供电成本低，是大电网的有益补充，具有不可替代的优势，在促进当地经济发展和提高人民群众生活水平等方面将继续发挥重要作用。而且适合国家、地方、集体、企业、个人以及外资等各种投资开发，符合先进的分散分布式供电战略方向。

（3）农村小水电资源分散在广大的农村地区，适合于农村和农民组织开发，吸收农村剩余劳动力就业，有利于促进较落后地区的经济发展。这些地区大多是天然林保护区、退耕还林还草区、重要的生态保护区和主要的水土流失区。结合农村电气化和小水电代柴工程的实施，开发小水电有利于控制水土流失、美化环境和生态环境的保护。

（4）小水电资源总量大，占全国水电资源总量 23％，在电力结构调整中，具有不可忽视的重要地位。

（5）小水电资源是清洁可再生能源，不排放温室气体和有害气体，符合水资源可持续利用的原则，有利于人口、资源、环境的协调发展。我国已向世界承诺到 2020 年单位国内生产总值二氧化碳排放比 2005 年下降 40%～45%，非化石能源占一次能源消费的 15% 左右。目前，我国核能、可再生能源等非化石能源的比重还不到 9%，需要大力发展。小水电是国际公认和《中华人民共和国可再生能源法》确定的可再生能源，与其他能源相比，具有突出优势。

因此，世界各国特别是发展中国家，对农村小水电资源的利用给予特别的重视，并获得迅速的发展。小水电是我国最具优势的可再生能源，新的形势呼唤着小水电的进一步发展。

五、中国农村小水电存在的问题

农村小水电建设是一项涉及亿万人口生活的伟大工程，发展中必然出现各种各样的问题。近年来出现的突出问题有以下几点：

（1）我国西部地区小水电资源量丰富，目前开发程度很低，仅为 28.6%，具有很大潜力。应当提高全社会对减少温室气体和污染排放、保护生态环境、开发清洁可再生能源重要性的认识，完善有效的政策和相应的措施，大力开发农村小水电。

（2）一些地区农村水电开发不按流域和水能规划进行。目前许多小流域内已建的小水电站多数是零星开发，没有整体规划，这种开发方式只注重了近期效益，容易造成小水电资源的浪费。一些开发商不按梯级规划的装机规模开发，而依自己的财力任意选点建设，缩小装机规模，造成资源和财力的大量浪费，甚至危害防洪、灌溉、饮水和生态用水安全。一些工程违反基建程序，出现无审查、无设计、无验收、无管理的"四无"水电站，存在着严重的事故隐患。对国家和人民群众的生命财产安全构成严重威胁，有的已造成特大事故。

（3）由于近年来农村水电迅猛发展，设计市场、设备市场、建设市场亟须规范。一些不具备设计资质的单位承担设计；一些不具备生产条件和技术水平低下的工厂、车间，甚至个人都大量承揽设备制造任务；一些不具备施工资质的建设单位承建农村水电工程等。造成工程、设备和生产安全的严重隐患。

（4）一些地方大电网平调小水电资产，不按市场供求关系实行同网同质同价。有水发不了电、有电上不了网的问题在某些地方存在。为了保证小水电代燃料供电保证率，需采用合理的管理体制，电网与小电站联合供电的管理体制，需不断研究、总结、改革和完善。

（5）采用农村径流式电站机组大小搭配选择的方案，提高机组运行效率和供电保证率。由于农村小水电调节性能一般较差，在径流式电站机组选择时，采用一大一小或两大一小搭配运行，可得到较好的效益。因为丰水期河流水量较大，用大机组和全部机组满发，枯水期水量较少，用小机组运行，使机组都在比较满负荷的工况下运转，运行效率高，增加发电量。避免机组在低负荷低效率运行时，造成较大的机组磨损和维修费用。

（6）农村小水电所在地多为贫困地区，当地银行放贷能力有限，由上级银行拨付转贷，加大了放贷成本和风险，导致农村小水电开发贷款渠道不畅。

（7）农村水电立法滞后。清洁可再生能源发展还没有立法支持。《农村水电条例》尚未出台。新的电价政策，电价机制形成尚待时间。

（8）国家对小水电开发的资本金投入缺乏，国有小水电资产出资人缺位等。

我国的农村小水电和小水电代燃料工程建设，是涉及国家发展大局、功在当代利及千秋的事业。在短短的几年时间中，获得巨大的发展。已经取得令人瞩目的成效。许多地区积累了很好的经验，例如有的地区把农村水电迅速发展的原因，主要归功于有"好思路、好政策，日益成熟的市场化投融资机制以及良好的发展环境"。并归纳为一句话，"政府引导、政策扶持、统一规划、市场运作、股份制开发"就是实例。

上面列举的几个问题，有关部门正采取措施，进行清理、整顿和规范。我们相信，只要以实事求是的科学精神，调查研究，发现问题，认真对待，不断总结经验，采取有效的对策加以解决，农村小水电和小水电代燃料工程规划的建设目标，一定能成功地实现。

六、小水电站工程选型的特点

由于小水电站规模较小，位置分散，工程比较简单，因此具有因地制宜，就地取材，经济实用的特点。小型调节水库的引水渠道，电站前池，压力水管，电站厂房水轮发电机等建筑物，多选择当地材料修建，以降低工程造价。例如小型拦河坝多采用土坝、堆石坝、浆砌石坝、砌石拱坝、双曲拱坝、碾压混凝土坝等当地建坝材料易于获得的坝型。压力水管常采用木制水管、钢筋混凝土管、预应力钢筋混凝土管、钢管等。

课外知识

中国水电 2050 年展望

随着人口的增加和社会的现代化，水和能源是人类可持续发展的关键问题。以能源为例，2014 年 11 月联合国发布的报告称，在遏制气候变化问题上，要争取平均温度升幅不超过 2℃，至 2050 年全球温室气体排放必须较当前减少 40％～70％，到 2100 年接近零。否则，到 21 世纪末，气候变暖将很可能在全球范围内带来严重的、广泛的、不可逆转的影响。

为此，中国政府在《应对气候变化的政策与行动（2011）》中，提出要"加快水能、风能、太阳能等可再生能源开发"。为了能保障风电、太阳能发电的使用，中国一直把优先发展（包括抽水蓄能在内的）水电作为国家能源发展的重要方针。

截至 2014 年底，中国水电装机 3.018 亿 kW，年发电量 10661 亿 kW·h。按照技术可开发的发电量计算，开发程度为 39％。根据规划，到 2020 年，中国的水电装机将达到 4.2 亿 kW（其中包括抽水蓄能 0.7 亿 kW）。

从 2010 年开始到 2020 年的这十年，是中国水电发展最快的时期，预计水电装机容量将增加 2 亿 kW，平均每年增加的装机容量达到 2000 万 kW 以上。从 2015 年起，中国的常规水电将采取"三步走"的发展战略。

第一步，到 2020 年，实现规划的西部地区水电基地水电开发初具规模，各河流龙头水库全面开工，部分投产，实现常规水电（包括小水电）装机容量达到 3.5 亿 kW 的目标。

第二步，到 2030 年，在 2020 年基础上新增水电装机容量 7000 万 kW 左右，西南地区规划水电基地全面形成，澜沧江、金沙江等主要河流干流水电开发基本完毕。

第三步，到 2050 年，实现在 2030 年基础上新增水电装机 7000 万 kW，雅砻江、大渡河和怒江等大江大河的水电资源基本开发完毕。

（来源：张博庭．中国水电 2050 年展望：开发程度达到 80%．http：//news. bjx. com. cn/html/20150717/643351. shtml. 2015.7.17）

思 考 题

1. 水电站建筑物主要包括哪些？
2. 水电站的类型主要有哪些？
3. 有压进水口的类型及其适用条件是什么？
4. 什么是压力管道？
5. 压力前池的作用是什么？
6. 根据调压室的功用，调压室应满足什么要求？
7. 调压室的类型及其布置方式是什么？
8. 反击式水轮机的类型有哪些？
9. 混流式水轮机主要部件有哪些？它们的作用分别是什么？
10. 什么是溢流式厂房？它的特点是什么？
11. 农村小水电具有哪些特点？
12. 我国农村小水电存在哪些问题？

参 考 文 献

[1] 田士豪，陈新元．水利水电工程概论 [M]．北京：中国电力出版社，2006.
[2] 张超．水电能资源开发利用 [M]．北京：化学工业出版社，2005.
[3] 李仲奎等．水力发电建筑物 [M]．北京：清华大学出版社，2007.
[4] 刘启钊．水电站 [M]．3 版．北京：中国水利水电出版社，1998.
[5] 马善定，汪如泽．水电站建筑物 [M]．3 版．北京：中国水利水电出版社，1996.
[6] 王树人，董毓新．水电站建筑物 [M]．2 版．北京：清华大学出版社，1992.
[7] 张洪楚．水电站 [M]．北京：水利电力出版社，1991.
[8] 郑贤，罗高荣．农村小水电实用技术 [M]．北京：金盾出版社，1993.

农业水利工程专业名词解释

1. 农田水利（irrigation and drainage）

防治旱、涝、渍和盐碱等灾害，对农田实施灌溉、排水等人工措施的总称。

2. 农田水利基本建设（capital construction of farmland water conservancy; capital construction of irrigation and drainage）

建设旱涝保收、高产稳产农田所采取的工程技术措施。

3. 旱涝碱综合治理（comprehensive harnessing of drought, waterlogging, salinization and alkalization）

防治旱、涝、渍和盐碱等灾害，改善农业生态环境所采取的水利、农业、林业、生物和化学等综合措施。

4. 灌溉（irrigation）

按照作物生长需要，利用水利工程设施有计划地将水送到田间，以补充农田水分的人工措施。

5. 农田排水（farmland drainage）

将农田中过多的地表水、土壤水和地下水排除，改善土壤的水、肥、气、热关系和其他理化性状，以利于作物生长的人工措施。

6. 灌区（irrigation district; irrigation scheme; irrigation region）

具有一定保证率的水源和专门的管理机构、由完整的灌溉排水系统控制的区域及其工程设施保护区域。

7. 节水灌溉（water-saving irrigation）

根据作物需水规律和当地供水条件，高效利用降水和灌溉水，以取得农业最佳经济效益、社会效益和生态环境效益的综合措施。

8. 灌溉水源（water sources for irrigation）

可用于灌溉的地表水、地下水和达到利用标准的非常规水的总称。

9. 灌溉用水量（irrigation use of water; water use in irrigation）

从水源引入的灌溉水量（又称毛灌溉水量）。包括作物正常生长所需的灌溉水量（又称净灌溉水量）、渠系输水损失水量和田间损失水量。

10. 灌水方法与技术（irrigation method and technique）

将渠道或管道中的水分配到田间各个地块对作物实施灌溉的方式与技术措施。

11. 水利计算（analysis of irrigation water resources）

在灌溉工程建设和管理中，为经济、有效地利用灌溉水资源所进行的分析计算工作。

12. 当地地表径流（local surface runoff）

灌区范围内由降水所产生的地表径流。

13. 总库容（total storage capacity）

水库校核洪水位以下的容积。

14. 集雨沉沙池（sedimentation basins for water harvest）

设置在水窖进水口前用于沉积雨水泥沙的工程设施。

15. 集流工程（water harvesting project）

用于收集、导引天然雨水的工程设施。

16. 无坝取水（intake without dam）

无拦河坝的灌溉取水方式。

17. 有坝取水（intake with dam）

修建拦河坝调节河流水位的灌溉取水方式。

18. 地下水储量（groundwater storage）

在水循环中贮存于透水岩层和土壤孔隙中的地下水量。

19. 地下水补给（recharge to groundwater）

通过降雨、灌溉、地下径流、渠道或河道渗漏等多种途径对地下水量的补充。

20. 孔隙水（pore water）

存在于松散岩层和土层孔隙中的地下水。

21. 裂隙水（fissure water）

贮存和运动在岩层裂隙中的地下水。

22. 给水度（specific yield）

饱和的土壤或岩层在重力作用下排出的水量与土壤或岩层体积的比值。

23. 渗透系数（coefficient of permeability）

在单位水力梯度下，水流通过多孔介质单位断面积的流量，亦称渗透率、水力传导率、达西系数。

24. 降雨入渗补给（recharge from rainfall infiltration）

降雨通过土壤入渗补充地下水的现象。

25. 地下水量平衡（groundwater balance）

对规定时段和一定区域内地下水补给量和开采量所作的平衡计算。

26. 灌溉水质标准（irrigation water quality standard）

为防止土壤和水体污染及作物产品质量下降而规定的灌溉水质要求。

27. 土壤孔隙度（soil porosity）

在一定容积土体内孔隙容积所占的百分数。

28. 土壤水（soil moisture；soil water）

土壤孔隙中的水分。

29. 土壤含水量（土壤含水率）（soil water content）

以占烘干土重或土壤容积百分数表示的一定量土壤中含有水分的数量。

30. 田间持水量 （field capacity）

农田土壤某一深度内保持吸湿水、膜状水和毛管悬着水的最大含水量。

31. 土壤毛管水 （capillary soil water）

在土壤孔隙内能借毛管作用自由移动、易为植物吸收利用的水分。亦即存在于土壤毛细孔隙里的水量。

32. 土壤有效含水量 （effective soil water content）

土壤中能被作物吸收利用的水量，即田间持水量与凋萎系数之间的土壤含水量。

33. 土壤容重 （bulk density）

单位体积的自然状态土壤（包括孔隙）的干重。

34. 地下水补给量 （supplement from groundwater）

地下水借助土壤毛管作用上升，补充到上层土壤，并能为作物利用的水量。

35. 灌溉设计保证率 （insurance probability of irrigation water）

在多年运行中，灌区用水量能得到充分满足的概率，一般以正常供水或供水不破坏的年数占总年数的百分数表示。

36. 灌水率 （irrigation modulus）

单位灌溉面积上的灌溉净流量。

37. 干渠 （main canal）

从灌溉水源取水，向支渠分水的渠道。

38. 支渠 （branch canal）

从干渠引水，向斗渠分水的渠道。

39. 斗渠 （lateral canal）

从支渠引水，向农渠分水的渠道。

40. 农渠 （field canal）

从斗渠引水，向田间配水的末级固定渠道。

41. 净流量 （net discharge of canal）

扣除渠道输水损失的流量。

42. 毛流量 （gross discharge of canal）

渠道净流量与输水损失之和。

43. 渠道输水损失 （conveyance loss of irrigation canal）

渠道输配水过程中的渗漏和蒸发水量损失之和。

44. 灌溉渠道横断面 （cross section of irrigation canal）

垂直于灌溉渠道轴线的剖面。

45. 渠底坡降 （longitudinal slope of canal）

渠段首末两端底部高差与渠段长度的比值，也称底坡、纵坡。

46. 渠床糙率 （roughness of canal bed）

表示渠道表面粗糙程度的无因次数。

47. 边坡系数 （side slope coefficient of canal）

渠道侧坡的水平长度与垂直高度的比值。

48. 宽深比（ratio of bottom width to water depth of canal）

梯形或矩形渠道底宽与水深的比值。

49. 渠道水力最优断面（optimal hydraulic cross section of canal）

具有最大输水能力或最小过水断面积的渠道横断面。

50. 允许不冲流速（permissible velocity for erosion control of canal）

不使渠床冲刷的允许最大水流速度。

51. 允许不淤流速（permissible velocity for sedimentation control of canal）

不使渠道泥沙淤积的允许最小水流速度。

52. 明渠（open canal）

在地表开挖或填筑的具有自由水面的渠道。

53. 暗渠（underground canal）

在地下开挖或砌筑的具有自由水面或压力水面的渠道。

54. 渠道纵断面（longitudinal section of irrigation canal）

灌溉渠道沿其中心线的垂直剖面。

55. 田间工程（field works）

末级固定渠道控制范围内修建的临时性或永久性灌排设施以及平整土地的总称。

56. 梯田（terraced farmland）

在山地、丘陵和地形不平的高原，为防止水土流失和便于耕作利用修筑成的阶梯状局部水平的田块。

57. 灌溉管道系统（irrigation pipe system；irrigation pipe network）

通过各级管道从水源把水送往田间的灌溉管道网络。

58. 农田水分状况（water conditions of farmland）

农田中地表水、土壤水、地下水的状态、变化规律及对作物生长影响的总称。

59. 地面排水（surface drainage）

排除涝水、灌溉渠系退水以及来自上游的坡面径流等地表水的措施。

60. 地下排水（subsurface drainage）

排除过多的土壤水和地下水，以防治渍害和盐碱化的排水措施。

61. 明沟排水（drainage by open ditches）

利用各级沟网排除多余的地表水和地下水的排水措施。

62. 暗管排水（subsurface pipe drainage）

利用埋设在地表以下的管道，排除农田土壤中多余水分的排水措施。

63. 排水沟（drainage ditch；drain）

用以汇集和排除地表水与地下水的明沟。

64. 集水井（sump）

汇集暗管中排出的水，通过水泵将水抽排入下级管道或排水沟渠的设施。

65. 淤积（silting）

水中含有的泥沙或其他杂质超过水流的挟带能力而造成沟渠或暗管过水断面减小的现象。

66. 溃决（breach）

由于水流冲蚀或漫顶、动物巢穴或其他原因造成的坝、渠堤、河堤的决口现象。

67. 滑坡（landslip）

坝坡、堤坡、岸坡、山坡的土体因失去平衡而产生的滑动。

68. 崩塌（slumping；falling）

坝坡、堤坡、岸坡、山坡的土体或岩体失去平衡，在重力作用下突然产生的崩垮、塌陷。

69. 除险加固（eliminating potential danger and reinforcement）

对灌区工程设施进行老化及病害等进行诊断、分析与处理，对安全标准及措施进行复核、评估与改进，以消除不安全因素的工作。

70. 环境评价（environmental assessment）

工程项目兴建后对自然和社会环境的影响、环境容量、可恢复或发展能力的评价分析工作。

71. 水情监测（water monitoring）

对来水水文信息、灌区水量、流量、水位、水质等信息进行测量、分析的过程。

72. 设计灌溉面积（design irrigation area，command irrigation area）

按规定的保证率设计的灌溉面积。

73. 实际灌溉面积（actual irrigated area）

灌区每年实际灌溉的面积。

74. 有效灌溉面积（effective irrigation area）

灌区现有工程、水源等条件下能正常灌溉的面积。

75. 流速仪（current meter）

利用悬置于流体中带叶片的转子或叶轮感受流体平均速度的仪器。

76. 水质监测（water quality monitoring）

对水体中污染物（包括自然含盐量）的种类、数量、运移和变化规模及其对水体的影响进行监控与测试的工作。

77. 地下水污染（groundwater pollution）

由于人为或自然因素使地下水体中一些元素超出允许限量的现象。

78. 节制闸（check gate；regulating sluice）

为调节上游水位、满足下一级河（渠）道分水要求，并可控制下泄流量而拦河（渠）修建的水闸。

79. 冲沙闸（flushing sluice）

枢纽或渠系中的冲沙建筑物。兼有泄洪作用的冲沙闸又称泄洪冲沙闸。

80. 进水闸（water intake sluice）

渠道首部用于取水并控制进水流量的水闸。

81. 分水闸（diversion sluice）

干渠以下各级渠道首部控制分水流量的水闸。

82. 渡槽（aqueduct；flume）

输送渠水跨越山冲、谷口、河流、渠道及交通道路等的桥式交叉输水建筑物。

83. 涵洞（culvert）

埋设在填土下面具有封闭形断面的过水建筑物。

84. 隧洞（tunnel）

在山体中开挖的、具有封闭断面的过水通道。

85. 倒虹吸管（inverted siphon）

以倒虹吸形式敷设于地面或地下用以输送渠道水流穿过其他水道、洼地、道路的压力管道式交叉建筑物。

86. 涵管（pipe culvert）

埋设在填土下面具有封闭形断面的过水管道。

87. 跌水（drop；plunge）

连接两段不同高程的渠道、使水流直接跌落的阶梯式落差建筑物。

88. 陡坡（chute）

连接两段高程不同的渠道、其底坡大于临界坡的陡槽式落差建筑物。

89. 泄水建筑物（outlet structures；release works）

从挡水建筑物上游（或从涝区）向下游宣泄多余水量的水工建筑物。

90. 溢流堰（spilling weir）

水库、渠道中用以宣泄、控制水流溢流的堰。

91. 溢洪道（spillway）

从水库向下游泄放超过水库调蓄能力的洪水以保证工程安全的泄水建筑物。

92. 沉砂池（sedimentation basin；silting basin）

用以沉淀和清除水流中过多泥沙的池型建筑物。

93. 挡土墙（retaining wall）

承受土压力、防止土体塌滑的挡土建筑物。

94. 挡水建筑物（retaining structures）

拦截水流、抬高水位、调蓄水量以及阻挡河水泛滥或海水入侵的各种建筑物。

95. 重力坝（gravity dam）

主要依靠自身重量抵抗水的作用力等荷载以维持稳定的坝。

96. 拱坝（arch dam）

在平面上拱向上游将荷载主要传递给两岸的曲线型坝。

97. 土石坝（earth-rock dam）

用土、砂、砂砾石、卵石、块石、风化岩等当地材料填筑而成的坝。

98. 枢纽布置（layout of hydroproject）

水利枢纽中各项永久性水工建筑物相互协调的总体布置。

99. 流域面积（watershed area；catchment area）

流域分水线所包围的面积。

100. 设计洪水（design flood）

符合设计标准要求的以洪峰流量、洪水总量和洪水过程线等表示的洪水。

101. 校核洪水（check flood）

符合校核标准要求的以洪峰流量、洪水总量和洪水过程线等表示的洪水。

102. 警戒水位（warning stage）

江河、湖泊中的水位在汛期上涨可能出现险情之前而须开始警戒并准备防汛工作时的水位。

103. 沿程水头损失（frictional head loss）

单位重量的水体流动时由于边壁表面阻力在流程中所引起的水头损失。

104. 局部水头损失（local head loss）

单位重量的水体流动时由于边壁形状突变而在该处引起的水头损失。

105. 水跌（hydraulic drop）

明槽（渠）水流流经跌坎处（或由缓坡变为陡坡），水流由缓流转变为急流时所形成的水面急骤降落的水流现象。

106. 堰流（weir flow）

水流通过泄水建筑物的控制断面，具有自由降落水面的溢流。

107. 薄壁堰（thin‐plate weir）

堰顶为锐缘、堰的厚度小于 0.67 倍堰上水头、堰口呈矩形、三角形、梯形、或曲线形的堰。

108. 宽顶堰（broad crested weir）

堰的厚度为 2～10 倍堰上水头、堰顶水面线有一段近似为水平段的堰。

109. 实用堰（practical weir）

堰顶横剖面为曲线形或折线形、堰的厚度为 0.67～2 倍堰上水头、实际工程中常用的堰。

110. 自由堰流（free overflow）

堰顶的溢流量不受下游水位变动影响的堰流。

111. 底流消能（energy dissipation by hydraulic jump）

利用水跃消除从泄水建筑物贴底泄出的急流的余能、将急流转变为缓流与下游水流相衔接的消能方式。

112. 面流消能（energy dissipation by rolling current）

在泄水建筑物的出流处设置跌坎或小挑坎、将泄出的急流挑向下游水流的上层、并在底部形成漩滚的消能方式。

113. 挑流消能（ski‐jump energy dissipation）

在泄水建筑物的出流处设置挑流鼻坎将泄出的急流挑向空中，形成掺气射流落入下游水垫的消能方式。

114. 戽流消能（bucket energy dissipation）

在泄水建筑物的出流处设置凹面戽斗，下泄高速水流在下游水深和戽斗的作用下形成"三滚一浪"的强烈流态的消能方式。

115. 消能工 （energy dissipator）

建在泄水建筑物下游，消减下泄急流的动能，使水流与下游正常水流平顺衔接，防止下游冲刷的破坏的工程措施。

116. 消力池 （stilling basin）

建在水闸或泄水建筑物下游有护坦及边墙保护的水跃消能设施。

117. 荷载 （load）

作用在建筑物上的力或具有与力有等效作用的各项影响因素（如温度、湿度、冻胀等）。

118. 水压力 （hydraulic pressure）

水在静止或流动时作用在建筑物与水接触的表面上的力。

119. 扬压力 （uplift pressure）

渗入建筑物及其地基内的水作用在建筑物底面、方向向上的水压力（等于浮托力与渗透压力之和）。

120. 地震惯性力 （earthquake inertia force）

发生地震时由地震加速度和建筑物质量引起的惯性力。

121. 基本荷载 （basic load；usual load）

建筑物在正常运用情况下所承受的荷载。

122. 特殊荷载 ［special load （unusual load）］

建筑物在特殊运用情况下可能承受的荷载。

123. 荷载组合 （load combination）

建筑物在不同运用情况下对可能同时承受的各项荷载分别进行的组合。

124. 安全超高 （freeboard）

建筑物的顶部超出最高静水位加波浪高度以上所预留的富余高度。

125. 施工图 （construction drawing）

按照初步设计（或技术设计）所确定的方案表明施工对象的全部尺寸、用料、结构以及施工技术要求的图样。

126. 施工总工期 ［construction period （construction duration）］

工程从开工直至完成全部设计内容的总时间，包括工程准备期、主体工程施工期及工程完建期。

127. 保护层 （armour course；protection layer）

地基开挖中，为避免地基遭受破坏，在设计开挖界线以内预留一定安全厚度的待建筑物修建前再予挖除的岩层或土层。

128. 地基处理 （foundation treatment）

为提高地基的承载或抗渗能力，防止过量或不均匀沉陷以及处理地基的缺陷而采取的加固、改进措施。

129. 灌浆 （grouting）

用压力将可凝结的浆液通过钻孔或管道注入建筑物或地基的缝隙中，以提高其强度、整体性和抗渗性能的工程措施。

130. 固结灌浆（consolidation grouting）

用灌浆加固有裂隙或软弱的地基以增强其整体性和承载能力的工程措施。

131. 帷幕灌浆（curtain grouting）

用灌浆充填地基中的缝隙形成阻水帷幕，以降低作用在建筑物底部的渗透压力或减小渗流量的工程措施。

132. 水灰比（water-cement ratio）

单位体积混凝土内的用水量与水泥用量的重量比值。

133. 坍落度（slump）

按规定方法以装入标准圆锥筒内的混凝土拌和物在提起筒后所坍落的厘米数来表示混凝土拌和物流动性大小的指标。

134. 护坡（slope protection）

防止土石坝坝坡或提防、渠道的边坡等受风浪、雨水的冲刷侵蚀而修筑的坡面保护层。

135. 防渗层（impervious layer；impermeable layer）

在建筑物表面或内部设置的渗透系数较小的材料层，用以堵截渗流或延长渗径的防渗设施。

136. 地基加固（foundation stabilization）

为提高地基的承载、抗渗能力、防止过量或不均匀沉陷，以及处理地基的缺陷而采取的加固措施。

137. 止水片（waterstop strip；sealing strip）

在收缩缝或沉降缝内设置的柔性金属或塑性材料做成的 Ω 形或 Z 形的阻水薄片。

138. 开挖回填法（excavation and backfill method）

坝体顶部裂缝在处理时清除表土层，再按照原设计将土料分层回填和夯实的施工方法。

139. 灌浆法（grouting method）

用压力将可凝结的浆液通过钻孔或管道注入建筑物或地基的缝隙中，以提高其强度、整体性和抗渗性能的工程方法。

140. 渗透灌浆（infiltrate grouting）

利用浆液的渗透性将浆液注入建筑物或地基的缝隙中，以提高其强度、整体性和抗渗性能的工程方法

141. 基础灌浆（foundation grouting）

用灌浆充填基础中的空隙使之形成一整体，以增加基础的承载力或减少渗漏的工程措施。

142. 充填灌浆（filling grouting）

用灌浆填充混凝土衬砌与围岩间，或钢板衬砌与混凝土衬砌间的空隙，以改善传力条件与减少渗漏的工程措施。

143. 帷幕灌浆（curtain grouting）

用灌浆充填地基中的缝隙形成阻水帷幕，以降低作用在建筑物底部的渗透压力或减小

渗流量的工程措施。

144. 裂缝（crack；fissure）

由于沉陷、应力、温度等原因造成建筑物表面或内部出现的开裂。

145. 坝体渗漏（dam leakage）

水库蓄水后，水从坝上游坡渗入，并流向坝体下游的现象。

146. 坝基渗漏（foundation leakage）

上游水通过坝基的透水层，从下游坝脚或覆盖层薄弱部逸出的现象。

147. 渗透变形（seepage deformation）

由于渗流作用而产生的土体细小颗粒流失或沸动。常见的有管涌和流土。

148. 可靠度（reliability）

建筑物在规定的时间内，规定的条件下完成预定功能的概率。

149. 农村饮水安全（safe drinking water in rural area）

村镇居民能及时得到充足、卫生饮用水的简称。

［引自 SL 56—93《农田水利技术术语》（水农水［1993］585 号）. 北京：水利电力出版社出版，1993.］